Werner Kutzelnigg

Einführung in die Theoretische Chemie

Band 1: Quantenmechanische Grundlagen

VCH

Vertrieb:

VCH, Postfach 10 11 61, D-6940 Weinheim (Bundesrepublik Deutschland)

Schweiz: VCH, Postfach, CH-4020 Basel (Schweiz)

United Kingdom und Irland: VCH (UK) Ltd., 8 Wellington Court, Cambridge CBI IHZ (England)

USA und Canada: VCH, Suite 909, 220 East 23rd Street, New York, NY 10010-4606 (USA)

ISBN 3-527-28426-5

Werner Kutzelnigg

Einführung in die Theoretische Chemie

Band 1: Quantenmechanische Grundlagen

VCH Weinheim · New York · Cambridge · Basel

Prof. Dr. Werner Kutzelnigg
Lehrstuhl für Theoretische Chemie
Abteilung für Chemie der
Ruhr-Universität Bochum
D–4630 Bochum-Querenberg
Universitätsstraße 150

1. Auflage 1975
1. korrigierter Nachdruck, 1992, der 1. Auflage 1975

Lektorat: Dr. Hans F. Ebel
Herstellerische Betreuung: Dipl.-Ing. (FH) Hans Jörg Maier

Die Deutsche Bibliothek – CIP-Einheitsaufnahme
Kutzelnigg, Werner:
Einführung in die theoretische Chemie / Werner Kutzelnigg. –
Weinheim, New York ; Basel ; Cambridge : VCH.
Teilw. im Verl. Chemie, Weinheim, New York
Bd. 1 Quantenmechanische Grundlagen : mit 9 Tabellen. – 1.
korr. Nachdr. der 1. Aufl. – 1992
ISBN 3-527-28426-5

Gedruckt auf säurefreiem und chlorarm gebleichtem Papier.

Satz und Druck: Richarz Publikations-Service, D-5205 Sankt-Augustin.
Bindung: Wilh. Osswald+Co · Großbuchbinderei; D-6730 Neustadt/Weinstraße
Printed in the Federal Republic of Germany.

Vorwort

Versucht man, ein Lehrbuch über ein Gebiet der Theoretischen Chemie abzufassen, so steht man immer vor einer grundsätzlichen Schwierigkeit. Man wendet sich vom Thema her hauptsächlich an Chemiker, muß aber andererseits physikalisch-mathematische Kenntnisse voraussetzen, die ein Chemiker normalerweise nicht besitzt. Zwei mögliche Auswege werden oft gewählt. Der eine besteht darin, daß man versucht, unter Verzicht auf Strenge der Darstellung eine vereinfachte, leicht verständliche Theorie anzubieten; der andere, daß man zunächst die quantenmechanischen Grundlagen erläutert und in Kauf nimmt, daß das eigentliche Thema dann zu kurz kommt.

Wir haben uns dafür entschieden, den quantenmechanischen Grundlagen der Theoretischen Chemie einen in sich abgeschlossenen selbständigen Band zu widmen, der zwar in erster Linie als Vorbereitung für Band 2 ‚Die chemische Bindung' gedacht ist, der sich aber auch als Grundlage für andere Teilgebiete der Quantenchemie eignet. Im vorliegenden Band werden keine mathematischen Kenntnisse vorausgesetzt, die über die elementare Differential- und Integralrechnung hinausgehen. Die benötigte Mathematik wird in diesem Band selbst, hauptsächlich im Anhang, vorgestellt.

Gegenstand dieses Bandes ist die nichtrelativistische, zeitunabhängige Quantenmechanik, insbesondere die Theorie der Atome. Es ist im wesentlichen nur von stationären Zuständen die Rede, weil man es in der Quantenchemie fast nur mit solchen zu tun hat. Auf die Theorie der Kontinuumszustände sowie die der zeitabhängigen Erscheinungen wurde bewußt verzichtet und damit auch auf das ‚freie Teilchen', das Durchdringen einer Potentialschwelle (Tunneleffekt) sowie die gesamte Streutheorie. Ebenso mußten die Wechselwirkung der Materie mit dem elektromagnetischen Feld und damit die Theorie der Licht-Absorption und -Emission und die Theorie der Auswahlregeln und Intensitäten unberücksichtigt bleiben. Hingegen wird das Verhalten von Atomen in statischen Magnetfeldern behandelt, weil es für die Theorie der chemischen Bindung der Übergangsmetallionen wichtig ist.

Die Darstellung ist an den Methoden der gegenwärtigen Forschung orientiert, doch werden gelegentlich auch weniger moderne oder elegante Formulierungen verwendet, wenn diese leichter zu verstehen sind. Grundsätzlich hat der Autor der Versuchung widerstanden, zur Erleichterung des Verständnisses halbrichtige oder saloppe Formulierungen zu benutzen. Die axiomatische Einführung der Quantenmechanik wurde von vornherein auf die Schrödinger-Darstellung im Ortsraum festgelegt. Eine darstellungsfreie Einführung wäre zwar eleganter gewesen, hätte aber weder didaktisch noch im Hinblick auf die Anwendungen Vorteile gebracht. Die wenigen Beispiele von Schrödingergleichungen, die sich exakt lösen lassen, sind für die Quantenchemie relativ uninteressant. Deshalb stehen in diesem Band die allgemeineren Prinzipien der näherungsweisen Lösung der Schrödingergleichung im Vordergrund. Einen breiten Raum nehmen das Variationsprinzip und die auf ihm basierenden Methoden ein, speziell das lineare Variationsverfahren, das zu einer endlichen Matrixdarstellung der Schrödingergleichung führt.

Es ließ sich nicht vermeiden, daß die verschiedenen Abschnitte unterschiedliche Anforderungen an den Leser stellen. Vielleicht empfiehlt es sich bei einer ersten Lektüre, Abschn. 2.7 zu überschlagen, vom Kap. 3 nur die Zusammenfassung zu lesen und sich in Kap. 5 auf Abschn. 5.1 und 5.7 zu beschränken. Die Störungstheorie (Kap. 6) wird später nur im Zusammenhang mit Atomen im Magnetfeld und auch in Band 2 nur einige Male benutzt, so daß man sie ebenfalls zunächst übergehen kann. Auf den mathematischen Anhang wird im Text mehrfach verwiesen. Man kann natürlich diesen Anhang auch vor dem eigentlichen Buch durcharbeiten.

Der Verfasser dankt Herrn Dr. V. Staemmler und Herrn Dr. R. Ahlrichs für die kritische Durchsicht früherer Versionen dieses Manuskripts und für wertvolle Anregungen, den Herren H. Diehl, F. Driessler, F. Keil, Dr. H. Kollmar und M. Schindler für ihre Hilfe bei der Suche nach Fehlern im Manuskript und beim Korrekturlesen, Herrn B. Weinert für seine Mitwirkung bei der Abfassung des Registers und Frau H. Jansoone für einen großen Teil der Schreibarbeit.

Bochum, im März 1974 Werner Kutzelnigg

Inhalt

Inhalt von Band 2

Verwendete Symbole (in Klammern Definitionsgleichungen)

A, B, C	sowie a, b, c wird für vorübergehend auftretende Größen und in wechselnder Bedeutung verwendet
A, B, C	speziell in Kap. 10 und 11: Racah – Parameter (10.7–5)
$\vec{A}$	in Kap. 11: Vektorpotential des magnetischen Feldes (11.4–3)
$\boldsymbol{A}$	Matrix mit den Elementen A_{ik} (A7 – 3)
$\lvert A \rvert = \lvert A_{ik} \rvert$	Determinante der Matrix A (A7 – 33)
A^{-1}	Inverses der Matrix A (A7 – 39)
A	Operator zur Größe A
A^{+}	zu A adjungierter Operator (A7 – 76)
$\langle \mathsf{A} \rangle$	Erwartungswert des Operators A (2.3–3)
$\langle \mathsf{A} \rangle_{\varphi}$	Erwartungswert des Operators A, gebildet mit der Wellenfunktion φ (5.6–5)
$[\mathsf{A},\mathsf{B}]_{-}$	Kommutator der Operatoren A und B (2.4–7)
$\vec{a}$	Vektor mit den Komponenten a_i (A1–1)
$\vec{a} \cdot \vec{b} = (\vec{a}, \vec{b}) = \sum_i a_i^* b_i$	Skalar-Produkt von $\vec{a}$ und $\vec{b}$ (A1–9)
$\vec{a} \times \vec{b}$	Vektorprodukt von $\vec{a}$ und $\vec{b}$ (A1–26)
$\vec{a}_k$	Vektor mit den Komponenten $a_i^{(k)}$
$\dot{a}$	zeitliche Änderung von a
a	als Index: antisymmetrisch
$a = \lvert \vec{a} \rvert$	Betrag des Vektors $\vec{a}$ (A1–6), (A1–8)
a^*	zu a konjugierte komplexe Größe
a_0	atomare Längeneinheit (Bohr) ≈ 0.529 Å (4.2–3)
a.u.	atomare Energieeinheit (Hartree) ≈ 27.21 eV ≈ 627.71 kcal / mol (4.2–2)
C^n	komplexer n-dimensionaler cartesischer Vektorraum
c	speziell in Kap. 3 und 11: Lichtgeschwindigkeit
D	Mehrelektronenzustand mit $L = 2$
d	im Anhang: Entartungsgrad
d	Einelektronenzustand mit $l = 2$
$d_{xy}, d_{yz}, d_{xz}, d_{z^2}, d_{x^2-y^2}$	reelle d-Funktionen (4.5–6)
div	Divergenz (A2 – 9)
$\mathrm{d}\tau = \mathrm{d}x\mathrm{d}y\mathrm{d}z$	Volumenelement
$\mathrm{d}\tau_i$	Volumenelement des i-ten Teilchens
E	Energie, insbesondere Gesamtenergie oder exakte Energie
E_0	Energie des Grundzustandes
E_k	Energie des k-ten angeregten Zustandes
E_λ	von einem Parameter λ abhängige Energie
$E^{(k)}$	k-ter Term der Störentwicklung der Energie nach Potenzen von λ (6.1–2)

E_{corr}	Korrelationsenergie
E_{ex}	Exakte (experimentelle) Energie (12.1–2)
E_{HF}	Hartree-Fock-Energie (12.1–1)
E_{rel}	relativistische Korrektur zur Energie (12.1–3)
E_{SB}	Spin-Bahn-Wechselwirkungsenergie (11.1–15)
$\vec{\mathcal{E}}$	Elektrische Feldstärke, mit den cartesischen Komponenten $\mathcal{E}_x$, $\mathcal{E}_y$, $\mathcal{E}_z$
e	elektrische Elementarladung = $4.8029 \cdot 10^{-10}$ el.stat.Einh.
e	Basis der natürlichen Logarithmen
e_k	Einelektronenenergie des k-ten Orbitals bei separierbaren Problemen (7.1–9)
F, f, G, g	vorübergehend auftretende Funktionen
F	Gesamtzustand mit $L = 3$
$\vec{F}$	Kraft, mit den cartesischen Komponenten F_x, F_y, F_z
F^k, F_k	speziell in Kap. 10: Slater-Condon-Parameter (10.6–8), (10.7–3)
f	Einelektronenzustand mit $l = 3$
G	Gesamtzustand zu $L = 4$
g	Einelektronenzustand zu $l = 4$
g	speziell in Kap. 11: g-Faktor des Elektrons (11.4–10) bzw. Landéscher g-Faktor (11.4–26)
$g^{-1}(y)$	Inverses der Funktion $y = g(x)$
g	als Index: gerade (10.9–1)
grad	Gradient (A2–5)
H	Hamiltonfunktion (1.2–16)
H	Wasserstoffatom
H	Hamiltonoperator (2.1–11)
$\mathsf{H}_0 = \mathsf{H}^{(0)}$	ungestörter Hamiltonoperator (6.2–3)
H'	Störoperator (6.2–3)
H_λ	von einem Parameter λ abhängiger Hamiltonoperator
$\mathsf{H}^{(k)}$	Koeffizienten von λ^k in der Entwicklung von H_λ nach Potenzen von λ (6.2–2)
H_{SB}	Spin-Bahn-Wechselwirkungsoperator (11.1–1)
H	Matrixdarstellung des Hamiltonoperators
H_{jk}	Matrixelement des Hamiltonoperators
H_{pp}	Matrixelement zwischen zwei gleichen p-Funktionen
$\vec{\mathcal{H}}$	magnetische Feldstärke mit den cartesischen Komponenten $\mathcal{H}_x$, $\mathcal{H}_y$, $\mathcal{H}_z$
h	Plancksches Wirkungsquantum
$\hbar = \frac{h}{2\pi}$	reduziertes Plancksches Wirkungsquantum = $1.0544 \cdot 10^{-27}$ erg s
h	Einelektronen-Hamiltonoperator
h_{eff}	effektiver Einelektronen-Hamiltonoperator

h_{SB}	Einelektronen-Spin-Bahn-Wechselwirkungsoperator (11.1–1)
I	Elektronenwechselwirkung
i	imaginäre Einheit
i, j, k, l	Summationsindices, speziell über Elektronen
i	Inversionsoperator
$(ii \mid jj)$	Coulombintegral in Mulliken-Schreibweise (9.2–26)
$\vec{\mathsf{J}}$	Gesamtdrehimpulsoperator mit Komponenten J_x, J_y, J_z
J	Gesamtdrehimpulsquantenzahl
$\mathsf{J}(i)$	speziell in Kap. 7: Gesamt-Coulomb-Operator
$\mathsf{J}^k(i)$	Coulomb-Operator des k-ten Orbitals (9.3–5)
$\vec{\mathsf{j}}$	Einelektronen-Gesamtdrehimpuls-Operator mit Komponenten j_x, j_y, j_z
j	Einelektronen-Gesamtdrehimpuls-Quantenzahl
$[j_1, j_2]$	Spinorbital-Unterkonfiguration
$\mathsf{K}^k(i)$	Austauschoperator
k	in Kap. 2: Eigenwert des Impulsoperators in Einheiten von $\hbar$
L	in Kap. 1: Lagrange-Funktion
L	in Kap. 2: für die Bewegung charakteristische Länge
L	Gesamtdrehimpulsquantenzahl
$\vec{\mathsf{L}}$	Gesamtbahn-Drehimpulsoperator, mit Komponenten L_x, L_y, L_z (10.2–1)
$\mathcal{L}^2$	Hilbertraum der quadratintegierbaren Funktionen
l	Drehimpulsquantenzahl
$\vec{l}$	Drehimpuls (1.5–1)
$\vec{\ell}$	Einteilchen-Drehimpuls-Operator, mit Komponenten ℓ_x, ℓ_y, ℓ_z (3.1–2)
L_+, L_-, ℓ_+, ℓ_-	step-up und step-down-Operator (3.4–1), (10.8–3)
$\vec{\mathsf{M}}$	Gesamt-Dipolmoment-Operator
M	Kernmasse
$\vec{\mathsf{m}}$	Einelektronen-Dipolmoment-Operator
m	Elektronenmasse = 9.108 10^{-28} g
M_J, m_j	Quantenzahl zu J_z bzw. j_z
M_L, m_l (oder M, m)	Quantenzahl zu L_z bzw. ℓ_z
M_S, m_s	Quantenzahl zu S_z bzw. s_z
N_e	Zahl der Elektronen
N_k	Zahl der Kerne
N	Normierungskonstante (2.1–3)
N	normaler Operator (A6–81)
N_L	Loschmidtsche Zahl
N	Gesamtzahl der Teilchen (Kerne und Elektronen)

n^{α}, n^{β}	Zahl der Elektronen mit α-, bzw. β-Spin
n	Quantenzahl für ein Teilchen im eindimensionalen Kasten
n	Hauptquantenzahl beim H-Atom
n	Dimension einer Basis bzw. eines Vektors oder einer Matrix
n_k	Besetzungszahl des Orbitals φ_k
n_k^{α}, n_k^{β}	Besetzungszahl des Orbitals φ_k mit α- bzw. β-Spin
n_x, n_y, n_z	Quantenzahlen für ein Teilchen im dreidimensionalen Kasten
P_{12}	Permutations-Operator (8.2–1)
$\vec{P}$	Gesamtimpuls (Impuls der Schwerpunktsbewegung) mit Komponenten P_X, P_Y, P_Z
$\vec{\mathsf{P}}$	Gesamtimpulsoperator
P	Gesamtzustand mit $L = 1$
$P(x)$, $Q(x)$	beliebiges Polynom in x
$\mathrm{P}_n(x)$	n-tes Legendresches Polynom (3.3–10)
p	Einelektronenzustand mit $l = 1$
$\vec{p}$	Impuls, insbesondere Relativimpuls, mit den Komponenten p_x, p_y, p_z
$\vec{\mathsf{p}}$	Einteilchen-Impulsoperator
p_u	in Kap. 1: der zu u kanonisch konjugierte Impuls
p_x, p_y, p_z	reelle p-Funktionen (4.5–1)
$p\sigma$, $p\pi$, $p\bar{\pi}$	komplexe p-Funktionen
Q, q	elektrische Ladung
Q_i	elektrische Ladung des i-ten Teilchens
q_i	in Kap. 1: verallgemeinerte Koordinaten
$\mathbb{R}^n$	reeller n-dimensionaler cartesischer Vektorraum
$\vec{R}$	in Kap. 1: Vektor der Schwerpunktsbewegung, mit den Komponenten X, Y, Z
$R(r)$	Funktion von r bei Separationsansatz
$\mathrm{Re}(A)$	Realteil von A
$\vec{r}$	Ortsvektor, insbesondere Vektor der Relativbewegung, mit den Komponenten x, y, z
$\vec{r}_i$	Ortvektor des i-ten Teilchens, mit den Komponenten x_i, y_i, z_i
$r = \lvert\vec{r}\rvert$	Betrag von $\vec{r}$
r_{ij}	Abstand zwischen i-tem und j-tem Teilchen
rot	Rotation (A2–18)
$r_>$, $r_<$	größerer und kleinerer von 2 r-Werten (10.6–6)
S	Gesamtspin-Quantenzahl
S	Gesamtzustand mit $L = 0$
S_{ik}	Überlappungsintegral zweier Funktionen

S	Überlappmatrix
$S(x)$	in Kap. 2: Phasenintegral der WKB-Methode (2.6–25)
$\vec{\mathsf{S}}, \vec{S}$	Gesamtspin-Operator (Matrix) mit den Komponenten $\mathsf{S}_x, \mathsf{S}_y, \mathsf{S}_z$ bzw. S_x, S_y, S_z
Spur (A)	Spur der Matrix A (A7–86)
$\vec{\mathsf{s}}, \vec{s}$	Einelektronenspin-Operator (Matrix) mit den Komponenten $\mathsf{s}_x, \mathsf{s}_y, \mathsf{s}_z$ bzw. s_x, s_y, s_z (3.5–2)
s	Einelektronen-Spinquantenzahl
s	Einelektronen-Zustand mit $l = 0$
s	als Index: symmetrisch
s	Spinkoordinate
s_i	Spinkoordinate des i-ten Elektrons
T	kinetische Energie
T	Operator der kinetischen Energie
$\overline{T}$	in Kap. 1: zeitliches Mittel von T (1.4–35)
t	Zeit
U, U	unitärer Operator bzw. unitäre Matrix (A6–78)
u,v,w	in Kap. 1: beliebige Koordinaten
u	als Index: ungerade (10.9–2)
V	potentielle Energie, Potential
$\overline{V}$	in Kap. 1: zeitliches Mittel von V
V	Operator der potentiellen Energie
V_{ee}	Potentielle Energie der Elektronenabstoßung
V_{ek}	Potentielle Energie der Anziehung zwischen Kernen und Elektronen
V_{kk}	Potentielle Energie der Kernabstoßung
$X(x),\ Y(y),\ Z(z)$	Funktionen bei Separation in cartesichen Koordinaten
x,y,z	cartesische Koordinaten
$\vec{x}_i=(\vec{r}_i, s_i)$	Zusammenfassung von Orts- und Spinkoordinaten des *i*-ten Teilchens
$Y_l^m(\vartheta,\varphi)$	normierte Kugelfunktion (3.3–14)
$y(x)$	beliebige Funktion
Z	Kernladung
Z_{eff}	effektive Kernladung, im Sinne der Slaterschen Regeln
α, β, γ	für vorübergehend auftretende Größen in wechselnder Bedeutung und Summations-Indices
α	in Kap. 11: Feinstrukturkonstante (11.1–1)
α, β	Einteilchenspinfunktionen (3.5–8)
β	Speziell in Kap. 11: Bohrsches Magneton
$\gamma(\vec{r}, s)$	in Kap. 8: Einelektronendichte mit Spin
Δ	Mehrelektronenzustand mit $M = 2$

Δ	Laplace-Operator (A2–15)
ΔA	Varianz (Unschärfe) des Erwartungswertes $\langle A \rangle$ (2.3–5)
δ	in Kap. 1: Phasenverschiebung
δ	in Kap. 4: Variation, z.B. $\delta(\varphi, A\,\varphi)$
δ_{ij}	Kronecker-Symbol (=1 für $i=j$, sonst =0)
$\delta, \bar{\delta}$	Einelektronenzustand mit $m_l = 2, -2$
δ_l	Quantendefekt der Rydbergserie mit Nebenquantenzahl l
ϵ	in Kap. 5: Abstand zweier Funktionen im Hilbert-Raum (5.5–1)
ϵ_k	Orbitalenergie (insbes. Hartree-Fock-Energie) des k-ten Orbitals
η	(Scaling) – Parameter, Variable im Exponenten
${}^3\theta_1, {}^3\theta_0, {}^3\theta_{-1}, {}^1\theta$	2-Elektronen-Spinfunktionen (8.5–8, 9)
ϑ	sphärische Polarkoordinate
Λ	Diagonalmatrix
λ	wird für beliebige Skalare verwendet, insbesondere Lagrange-Multiplikatoren, sowie Eigenwerte von Matrizen, Störparameter
λ	in Kap. 2: De-Broglic-Wellenlänge (2.6–20)
λ	in Kap. 11: Mehrelektronen-Spin-Bahn-Wechselwirkungsparameter
$\lambdabar$	in Kap. 2: reduzierte De-Broglie-Wellenlänge (2.6–20)
μ, ν	Summations-Indices, vor allem für Kerne
μ	reduzierte Masse (1.4–11)
μ	Entartungsgrad
ν	Frequenz (insbesondere in der Verknüpfung $h\nu$)
$\xi(r)$	in Kap. 11: Radialfaktor der Spin-Bahnwechselwirkung
ξ	für Variablen verwendet
ξ_{nl}	in Kap. 11: Spin-Bahn-Wechselwirkungsparameter
$\Pi, \bar{\Pi}$	Mehrelektronen-Zustand mit $M_L = 1, -1$
$\prod_{i=1}^{n} a_i$	Produkt $(= a_1 \cdot a_2 \ldots a_n)$
π	3.14 ...
$\pi, \bar{\pi}$	Einelektronenzustand mit $m_l = 1, -1$, speziell für $p\pi$, $p\bar{\pi}$
$\pi(\vec{r}_1, \vec{r}_2)$	in Kap. 12: Paardichte
$\pi^{\alpha\alpha}, \pi^{\alpha\beta}, \pi^{\beta\alpha}, \pi^{\beta\beta}$	Beiträge zur Paardichte mit verschiedenen Spin-Kombinationen
$\rho(x)$	Wahrscheinlichkeitsdichte
$\rho(\vec{r})$	Einteilchendichte
ρ^α, ρ^β	Einteilchendichte mit α- bzw. β-Spin

Σ	Mehrelektronenzustand mit $M_L = 0$
$\sum$	Summe
σ	Einelektronenzustand mit $m_l = 0$, speziell für pσ
τ	in Kap. 1: Umlaufszeit
τ	siehe dτ!
ϕ	Mehrelektronen-Wellenfunktion in der Form einer Slater-Determinante
ϕ_{ij}^{ab} etc.	substituierte Slater-Determinanten (12.5–1)
φ	sphärische Polarkoordinate
$\varphi_i(\vec{r})$	Orbital (Einelektronenfunktion)
$\{\varphi_i\}$	Basis von Einelektronenfunktionen
φ	in Kap. 5: Variationsfunktion
χ_k	Basisfunktionen
χ_k	in Kap. 12: natürliche Orbitale (12.4–5)
χ	in Kap. 11: magnetische Suszeptibilität
Ψ	in Kap. 2: Zeitabhängige Wellenfunktion
Ψ	Mehrelektronenwellenfunktion, die der Korrelation Rechnung trägt
$\psi_i(\vec{r}, s)$	Spin-Orbital
ψ	in Kap. 2: Zeitunabhängige Wellenfunktion
$\|\psi_1(1) \ldots \psi_n(n)\|$	Slater-Determinante
$\|\psi\|$	Betrag von ψ
$\|\psi\|$	Norm von ψ (2.5–5)
(ψ, φ)	Überlappungsintegral (2.5–3)
$(\psi, A\varphi) = \langle\psi\|A\|\varphi\rangle$	Matrixelement (2.5–1)
$\vec{\psi} = \begin{pmatrix}\psi_1\\ \psi_2\end{pmatrix}$	zweikomponentige Einteilchen-Wellenfunktion (3.5–1)
$\Omega(1,2)$, $\omega(1,2)$	Spinfreie Zweielektronenfunktion
ω	$= 2\pi\nu$ Kreisfrequenz
ω	$= e^{\frac{2\pi i}{3}}$ komplexe dritte Einheitswurzel
∇	Nabla-Operator (A2–12)

1. Klassisch-mechanische Behandlung von Atomen und Molekülen

1.1. Vorbemerkung

Zwar wissen wir, daß man die Existenz und die Eigenschaften von Atomen und Molekülen nur auf der Grundlage der Quantenmechanik verstehen kann. Der Versuch einer klassischen, d.h. nichtquantenmechanischen Beschreibung ist aber in verschiedener Hinsicht lehrreich. Erstens versteht man die Quantenmechanik besser, wenn man sich klarmacht, in welcher Hinsicht sie eine von der der klassischen Physik abweichende Beschreibung liefert. Zweitens sind die aus der klassischen Mechanik abgeleiteten Gleichungen unmittelbar anwendbar, zwar nicht auf die Bewegung der Elektronen in Atomen und Molekülen, aber doch oft in guter Näherung für die Bewegung der Atomkerne – und in aller Strenge natürlich für die Bewegung der Planeten um die Sonne. Drittens nehmen wir die Gelegenheit wahr, den Hamiltonschen Formalismus der Mechanik einzuführen, von dem aus sich ein besonders zwangloser Zugang zur Quantenmechanik ergibt. Viertens schließlich können wir das Bohrsche Atommodell auf diesem Wege gleichsam als kleinen Abstecher mitnehmen.

Daß Atome aus Atomkernen und Elektronen bestehen, weiß man erst seit den Arbeiten von Rutherford, d.h. seit etwa 1911. Die Kräfte zwischen diesen Teilchen gehorchen dem Coulombschen Gesetz und unterscheiden sich formal nicht (abgesehen davon, daß Anziehung *und* Abstoßung auftreten kann) von den Gravitationskräften, so daß die Übertragung der Newtonschen Theorie der Planetenbewegung auf der Hand liegt.

Atomkerne und Elektronen lassen sich sicher gut als Massenpunkte idealisieren. Diese Idealisierung wird übrigens auch in der quantenmechanischen Beschreibung beibehalten, obwohl wir heute wissen, daß Atomkerne und Elektronen eine endliche Ausdehnung haben. Der Fehler, den man macht, indem man sie als punktförmig ansieht, ist aber für die Quantenchemie bedeutungslos.

Wonach wir jetzt fragen, ist die Bewegung unserer Massenpunkte. Zu einer Zeit t ist die Position des i-ten Massenpunktes durch den Ortsvektor $\vec{r}_i$ gekennzeichnet. Wir wünschen, die Ortsvektoren sämtlicher N Teilchen als Funktion der Zeit zu kennen, d.h. die N *Bahnkurven:*

$$\vec{r}_i\,(t)\ ;\quad i = 1,2\,.\,.\,.\,.\,.\ N$$

Die klassische Mechanik gibt keine unmittelbare Auskunft über diese Bahnkurven, sondern sie liefert uns sog. *Bewegungsgleichungen,* das sind Differentialgleichungen, die eine Vielfalt von Bahnkurven als Lösung haben, aus denen wir die ‚richtige' auswählen können, wenn wir bestimmte Anfangsbedingungen einsetzen. Außerdem liefert uns die Mechanik Aussagen über Größen wie Energie oder Impuls, die während der Bewegung unverändert bleiben und die man als *Bewegungskonstanten* bezeichnet.

In diesem Kapitel wird der Formalismus der Vektorrechnung benutzt, wir verwenden außerdem Polarkoordinaten sowie den Begriff des Feldes. Ferner kommen einfache gewöhnliche Differentialgleichungen vor. Der mit diesen Dingen nicht vertraute Leser sei auf den mathematischen Anhang (A1, A2, A4, A5) verwiesen.

1.2. Der Newtonsche und der Hamiltonsche Formalismus für die Bewegung eines Massenpunktes

Seit Newton wissen wir, daß für die Bewegung eines Massenpunktes der Masse m unter dem Einfluß einer Kraft $\vec{F}$ folgende Beziehung gilt (das sog. 2. Newtonsche Axiom).

$$m \cdot \ddot{\vec{r}} = \vec{F} \tag{1.2–1}$$

wobei $\ddot{\vec{r}}$ die zweite Ableitung des Ortsvektors nach der Zeit ist. Die erste Ableitung des Ortsvektors nach der Zeit, $\dot{\vec{r}}$ heißt Geschwindigkeit, und die zweite Ableitung $\ddot{\vec{r}}$ Beschleunigung.

Wir wollen uns auf den Fall beschränken, daß die Kraft nur eine Funktion des Ortes ist, an dem sich das Teilchen befindet, daß sie aber unabhängig von der Geschwindigkeit des Teilchens ist und nicht explizit von der Zeit abhängt. (Mittelbar kann die Kraft, die auf das Teilchen wirkt, natürlich von der Zeit abhängen, weil das Teilchen sich bewegt und die Kraft vom Ort abhängt.) In diesem Fall kann man die Kraft durch ein Kraftfeld $\vec{F}(\vec{r})$ beschreiben. Nicht durch ein Kraftfeld beschreibbar sind z.B. Reibungskräfte, weil diese von der Geschwindigkeit des Teilchens abhängen, aber bei der Bewegung von Teilchen im freien Raum braucht man keine Reibung zu berücksichtigen.

Eine weitere Einengung der möglichen Kräfte erweist sich für viele Fälle als nützlich, und wir kommen mit diesem weiter eingeschränkten Fall im folgenden immer aus. Man bezeichnet ein Kraftfeld als *konservativ,* wenn $\vec{F}(\vec{r})$ sich als Gradient einer skalaren Feldfunktion $V(\vec{r})$ schreiben läßt, d.h., wenn es ein $V(\vec{r})$ gibt, derart daß

$$\vec{F}(\vec{r}) = -\operatorname{grad} V(\vec{r}) = -\nabla \cdot V(\vec{r}) \tag{1.2–2}$$

(Die Definition des Gradienten sowie des Differentialoperators ∇, des sog. Nablaoperators, und einige Anwendungen findet man im Anhang A2.)

Für Coulombkräfte gilt Gl. (1.2–2), hierbei ist

$$\vec{F}(\vec{r}) = Q\, q \cdot \frac{\vec{r}}{r^3} \;; \quad V(r) = \frac{Q \cdot q}{r} \tag{1.2–3}$$

wenn eine Ladung Q im Koordinatenursprung das Feld erzeugt und das betrachtete Teilchen die Ladung q in elektrostatischen Einheiten besitzt.

In konservativen Systemen gilt ein wichtiger Satz, den wir für den Spezialfall einer eindimensionalen Bewegung aus dem Newtonschen Axiom ableiten wollen. Die Bewegung verlaufe in x-Richtung, d.h., y und z bleiben bei der Bewegung konstant. Dann ist

$$m\,\ddot{x} = F(x) = -\frac{\mathrm{d}V}{\mathrm{d}x} \tag{1.2–4}$$

Multiplizieren dieser Gleichung mit $\dot{x} = \dfrac{\mathrm{d}x}{\mathrm{d}t}$ führt zu

$$m\,\dot{x}\ddot{x} = -\frac{\mathrm{d}V}{\mathrm{d}x} \cdot \frac{\mathrm{d}x}{\mathrm{d}t} \tag{1.2–5}$$

Die linke Seite dieser Gleichung ist aber gleich

$$m \cdot \frac{1}{2} \frac{\mathrm{d}}{\mathrm{d}t} (\dot{x})^2$$

und die rechte Seite gleich $-\frac{\mathrm{d}V}{\mathrm{d}t}$ (weil V nicht explizit von t abhängt, also $\frac{\partial V}{\partial t} = 0$), so daß folgt

$$\frac{\mathrm{d}}{\mathrm{d}t}\left(\frac{1}{2} m \dot{x}^2\right) = -\frac{\mathrm{d}V}{\mathrm{d}t} \qquad (1.2\text{–}6)$$

Kürzen wir $1/_2\, m\, \dot{x}^2$ als T ab und nennen T die *kinetische Energie*, und definieren wir $E = T + V$ als Gesamtenergie sowie V als potentielle Energie, so haben wir den *Energiesatz* abgeleitet

$$\frac{\mathrm{d}E}{\mathrm{d}t} = \frac{\mathrm{d}\,(T + V)}{\mathrm{d}t} = 0 \qquad (1.2\text{–}7)$$

Die Summe aus potentieller und kinetischer Energie ist in einem konservativen Kraftfeld zeitlich konstant. Analog läßt sich dieser Satz für eine Bewegung im dreidimensionalen Raum beweisen. Hierbei ist

$$T = \frac{m}{2} (\dot{x}^2 + \dot{y}^2 + \dot{z}^2) = \frac{m}{2} \dot{\vec{r}}^{\,2} \qquad (1.2\text{–}8)$$

Es mag irritieren, daß wir den bekannten Energiesatz hier indirekt gewonnen haben – nämlich aus dem Newtonschen Axiom – und nur für Bewegungen in konservativen Kraftfeldern. Tatsächlich gilt der Energiesatz in der angegebenen Form nicht für Bewegungen in beliebigen äußeren Kraftfeldern. Er gilt wohl allgemein für abgeschlossene Systeme, d.h. Systeme ohne äußeres Kraftfeld. Über das Kraftfeld kommt im Prinzip eine Wechselwirkung mit der Außenwelt zustande, es kann unseren Teilchen Energie zugeführt oder weggenommen werden, allerdings nicht, wie wir soeben bewiesen haben, wenn das Kraftfeld konservativ ist.

Für konservative Kraftfelder ist es vorteilhaft, anstelle von Kraft und Beschleunigung die potentielle und kinetische Energie in den Mittelpunkt der Theorie zu stellen. Das führt uns zur Hamiltonschen Formulierung der Mechanik. Wie gesagt, beschränken wir uns auf den Fall, daß die potentielle Energie V definiert ist und nur von den Ortskoordinaten abhängt*). V muß aber nicht notwendigerweise in cartesischen Koordinaten $x, y, z,$ sondern kann z.B. auch in sphärischen Polarkoordinaten r, ϑ, φ oder beliebigen Koordinaten u, v, w gegeben sein. Wir definieren jetzt zu jeder Ortskoordinate die *kanonisch konjugierte Impulskoordinate* in folgender Weise

$$p_u = \frac{\partial T}{\partial \dot{u}} \qquad (1.2\text{–}9)$$

* Wenn wir diese Einschränkung nicht machen, ist die im folgenden gegebene Einführung des Hamiltonschen Formalismus nicht zulässig, sondern man muß in zwei Schritten vorgehen, indem man zunächst die sog. Lagrange-Funktion $L = T - V$ und die sog. Lagrange-Gleichungen einführt.

In cartesischen Koordinaten ist

$$T = \frac{m}{2} (\dot{x}^2 + \dot{y}^2 + \dot{z}^2) \tag{1.2–10}$$

also

$$p_x = \frac{\partial T}{\partial \dot{x}} = m\dot{x} \; ; \quad p_y = m\dot{y} \; ; \quad p_z = m\dot{z} \tag{1.2–11}$$

Den Ausdruck für T in sphärischen Polarkoordinaten müssen wir aus dem in cartesischen Koordinaten erst berechnen. Aus $x = r \sin\vartheta \cos\varphi$, $y = r \sin\vartheta \sin\varphi$, $z = r \cdot \cos\vartheta$ folgt nach der Produktregel der Differentialrechnung:

$$\dot{x} = \dot{r} \sin\vartheta \cos\varphi + r\dot{\vartheta} \cos\vartheta \cos\varphi - r\dot{\varphi} \sin\vartheta \sin\varphi$$

$$\dot{y} = \dot{r} \sin\vartheta \sin\varphi + r\dot{\vartheta} \cos\vartheta \sin\varphi + r\dot{\varphi} \sin\vartheta \cos\varphi$$

$$\dot{z} = \dot{r} \cos\vartheta - r \cdot \dot{\vartheta} \sin\vartheta$$

$$\dot{x}^2 + \dot{y}^2 + \dot{z}^2 = \dot{r}^2 + r^2 \cdot \dot{\vartheta}^2 + r^2 \dot{\varphi}^2 \cdot \sin^2\vartheta$$

$$T = \frac{m}{2} \left\{ \dot{r}^2 + (r \cdot \dot{\vartheta})^2 + (r \sin\vartheta \cdot \dot{\varphi})^2 \right\} \tag{1.2–12}$$

Daraus erhalten wir

$$p_r = \frac{\partial T}{\partial \dot{r}} = m\dot{r}$$

$$p_\vartheta = \frac{\partial T}{\partial \dot{\vartheta}} = mr^2 \dot{\vartheta}$$

$$p_\varphi = \frac{\partial T}{\partial \dot{\varphi}} = mr^2 \sin^2\vartheta \cdot \dot{\varphi} \tag{1.2–13}$$

Als nächstes eliminieren wir die $\dot{u}$ aus dem Ausdruck für T und ersetzen sie durch die p_u, d.h., wir drücken die kinetische Energie durch die Impulse statt durch die Geschwindigkeiten aus.

In cartesischen Koordinaten:

$$\dot{x} = \frac{1}{m} p_x \quad \text{etc.}$$

$$T = \frac{1}{2m} (p_x^2 + p_y^2 + p_z^2) = \frac{1}{2m} \vec{p}^{\,2} \tag{1.2–14}$$

In sphärischen Polarkoordinaten:

$$\dot{r} = \frac{1}{m} p_r \; ; \; \dot{\vartheta} = \frac{1}{m \cdot r^2} p_\vartheta \; ; \; \dot{\varphi} = \frac{1}{mr^2 \sin^2 \vartheta} p_\varphi$$

$$T = \frac{1}{2m} \left[p_r^2 + \frac{1}{r^2} p_\vartheta^2 + \frac{1}{r^2 \sin^2 \vartheta} p_\varphi^2 \right] \qquad (1.2\text{–}15)$$

Die Gesamtenergie $T + V$ als Funktion der Ortskoordinaten und der konjugierten Impulse (aber nicht der Geschwindigkeiten) bezeichnet man als die *Hamilton-Funktion*

$$H(u,v,w,p_u,p_v,p_w) = T(u,v,w,p_u,p_v,p_w) + V(u,v,w) \qquad (1.2\text{–}16)$$

Unter Benutzung der Hamilton-Funktion läßt sich das Newtonsche Gesetz

$$m\ddot{\vec{r}} = \vec{F} \qquad (1.2\text{–}1)$$

das ja den Charakter eines Axioms hat, durch ein anderes, gleichwertiges Gleichungssystem ersetzen, nämlich:

$$\frac{\partial H}{\partial u} = -\dot{p}_u \quad \text{dto. } u \text{ durch } v \text{ und } w \text{, sowie} \qquad (1.2\text{–}17a)$$

$$\frac{\partial H}{\partial p_u} = \dot{u} \qquad p_u \text{ durch } p_v \text{ und } p_w \text{ ersetzt} \qquad (1.2\text{–}17b)$$

Diese Gleichungen heißen die Hamiltonschen (oder kanonischen) Bewegungsgleichungen. Überzeugen wir uns für die Beschreibung in cartesischen Koordinaten, daß die beiden Beschreibungen (nach Newton und Hamilton) in der Tat äquivalent sind:

$$H = \frac{1}{2m} (p_x^2 + p_y^2 + p_z^2) + V(x,y,z)$$

$$\frac{\partial H}{\partial x} = \frac{\partial V}{\partial x} = -F_x = -\dot{p}_x$$

$$\frac{\partial H}{\partial p_x} = \frac{1}{m} p_x = \dot{x} \qquad (1.2\text{–}18)$$

Kombination beider Gleichungen ergibt tatsächlich

$$F_x(x) = m\ddot{x} \qquad (1.2\text{–}4)$$

Die Gleichungen für die y- und z-Komponenten sind entsprechend.

Ein Vorteil der Hamiltonschen Gleichungen gegenüber denen von Newton besteht darin – was wir allerdings hier nicht bewiesen haben –, daß sie in beliebigen Koordinatensystemen gültig sind, bei denen die Newtonschen Gleichungen nicht unmittelbar anwendbar sind.

1.3. Die Hamilton-Funktion eines Moleküls

Im letzten Abschnitt haben wir die Hamilton-Funktion *eines* Teilchens kennengelernt. Die Hamilton-Funktion eines N-Teilchen-Systems ist analog die Summe aus kinetischer und potentieller Energie dieses Systems. Die kinetische Energie setzt sich dabei additiv aus den kinetischen Energien der einzelnen Teilchen zusammen,

$$T = \sum_{i=1}^{N} T_i \, ; \; T_i = \frac{1}{2m_i} \vec{p}_i^{\,2} = \frac{1}{2m_i} (p_{xi}^2 + p_{yi}^2 + p_{zi}^2) \qquad (1.3-1)$$

während die potentielle Energie aus der Summe der potentiellen Energie der Teilchen im äußeren Feld sowie einer Wechselwirkung der Teilchen besteht. Im allgemeinen Fall ist also V irgendeine Funktion der Ortskoordinaten $\vec{r}_i$ sämtlicher Teilchen.

$$V = V(\vec{r}_1, \vec{r}_2, \ldots\ldots \vec{r}_N) \qquad (1.3-2)$$

Jeder Ortsvektor entspricht drei Koordinaten, deshalb numeriert man oft die Koordinaten, die man dann q_i nennt, von 1 bis $3N$ durch:

$$V = V(q_1, q_2 \ldots\ldots q_{3N}) \qquad (1.3-3)$$

Die zu den q_i konjugierten Impulse p_i ergeben sich wie bei einem Teilchen aus

$$p_i = \frac{\partial T}{\partial \dot{q}_i} \qquad (1.3-4)$$

und die kanonischen Bewegungsgleichungen lauten

$$\frac{\partial H}{\partial q_i} = -\dot{p}_i \, ; \; \frac{\partial H}{\partial p_i} = \dot{q}_i \qquad (1.3-5)$$

Das ist ein System von $6N$ gekoppelten gewöhnlichen Differentialgleichungen 1. Ordnung. Die allgemeine Lösung dieses Systems enthält $6N$ Integrationskonstanten, deshalb kann man z.B. die Orts- und Impulsvektoren sämtlicher Teilchen zu einem Zeitpunkt t_0 vorgeben, um eine bestimmte Lösung zu spezifizieren.

Betrachten wir jetzt ein Molekül bei Abwesenheit eines äußeren Feldes! Die potentielle Energie ist dann einfach die Coulombsche Anziehungs- bzw. Abstoßungsenergie der Kerne und Elektronen untereinander:

$$V = \sum_{i<j=1}^{N} \frac{Q_i Q_j}{r_{ij}} \tag{1.3-6}$$

wobei Q_i die Ladung des i-ten Teilchens (Elektron oder Kern) ist (Vorzeichen eingeschlossen) und

$$r_{ij} = |\vec{r}_i - \vec{r}_j| = +\sqrt{(x_i - x_j)^2 + (y_i - y_j)^2 + (z_i - z_j)^2} \tag{1.3-7}$$

den Abstand zwischen dem i-ten und dem j-ten Teilchen bedeutet. Die Summe (1.3–6) enthält $\frac{N(N-1)}{2}$ Terme. Die Hamilton-Funktion lautet also

$$H = \sum_{i=1}^{N} \frac{1}{2m_i} \vec{p}_i^{\,2} + \sum_{i<j=1}^{N} \frac{Q_i Q_j}{r_{ij}} \tag{1.3-8}$$

Schreiben wir jetzt H um, indem wir zwischen Kernen und Elektronen unterscheiden! Jedes Elektron hat die Masse m, der μ-te Kern die Masse M_μ, die Elektronenladung ist gleich der Elementarladung $-e$, der μ-te Kern mit der Ordnungszahl Z_μ hat die Ladung $+Z_\mu \cdot e$. Benutzen wir die Summationsindizes k, l für Elektronen und μ, ν für Kerne, so ergibt sich:

$$H = \sum_{\mu=1}^{N_k} \frac{\vec{p}_\mu^{\,2}}{2M_\mu} + \frac{1}{2m} \sum_{k=1}^{N_e} \vec{p}_k^{\,2} + e^2 \sum_{\mu<\nu=1}^{N_k} \frac{Z_\mu \cdot Z_\nu}{r_{\mu\nu}}$$

$$-e^2 \sum_{\mu=1}^{N_k} \sum_{k=1}^{N_e} \frac{Z_\mu}{r_{\mu k}} + e^2 \sum_{k<l=1}^{N_e} \frac{1}{r_{kl}} \tag{1.3-9}$$

Dabei ist N_e die Zahl der Elektronen und N_k die Zahl der Kerne. Anziehende Terme in der potentiellen Energie haben negatives, abstoßende ein positives Vorzeichen.

1.4. Das Keplerproblem am Beispiel des H-Atoms

Die Hamiltonschen Bewegungsgleichungen für ein Atom oder ein Molekül lassen sich jetzt leicht schreiben. Wir wollen uns aber auf den einfachsten Fall, das H-Atom, beschränken, bzw. auf H-ähnliche Ionen, die aus einem Kern der Ordnungszahl Z und einem Elektron bestehen. Die Hamilton-Funktion ist

$$\mathrm{H} = \frac{1}{2M} \vec{p}_k^{\,2} + \frac{1}{2m} \vec{p}_e^{\,2} - \frac{Ze^2}{r} \tag{1.4-1}$$

wobei M und p_k Masse und Impuls des Kernes, m und p_e Masse und Impuls des Elektrons und

$$r = |\vec{r}_e - \vec{r}_k| \tag{1.4-2}$$

den Abstand zwischen Kern und Elektron bedeutet. Wir könnten jetzt gleich die kanonischen Bewegungsgleichungen aufstellen; es ist aber sinnvoll, zuerst neue Koordinaten einzuführen und die Tatsache auszunützen, daß die Hamiltonschen Gleichungen auch in den neuen Koordinaten gelten. Unsere neuen Koordinatenvektoren, die man als Schwerpunkts- und Relativkoordinaten $\vec{R}$ und $\vec{r}$ bezeichnet, hängen mit den alten folgendermaßen zusammen

$$\vec{r} = \vec{r}_e - \vec{r}_k$$

$$\vec{R} = \frac{m\vec{r}_e + M\vec{r}_k}{m + M} \tag{1.4–3}$$

V hängt dann nämlich nur von $\vec{r}$, nicht aber von $\vec{R}$ ab. Um die zu $\vec{r}$ und $\vec{R}$ konjugierten Impulse $\vec{p}$ und $\vec{P}$ zu erhalten, müssen wir T zuerst als Funktion von $\dot{\vec{r}}$ und $\dot{\vec{R}}$ ausdrücken:

$$T = \frac{1}{2} m \dot{\vec{r}}_e^{\,2} + \frac{1}{2} M \dot{\vec{r}}_k^{\,2} \tag{1.4–4}$$

$$\vec{r}_e = \vec{R} + \frac{M}{M + m} \vec{r} \tag{1.4–5}$$

$$\vec{r}_k = \vec{R} - \frac{m}{m + M} \vec{r} \tag{1.4–6}$$

Durch elementare Umrechnung findet man:

$$T = \frac{1}{2} (M + m) \dot{\vec{R}}^2 + \frac{1}{2} \frac{M \cdot m}{M + m} \dot{\vec{r}}^2 \tag{1.4–7}$$

und daraus:

$$P_X = \frac{\partial T}{\partial \dot{X}} = (M + m) \dot{X} \tag{1.4–8}$$

$$p_x = \frac{\partial T}{\partial \dot{x}} = \frac{M \cdot m}{M + m} \dot{x} \tag{1.4–9}$$

wobei $\vec{R}$ die cartesischen Koordinaten X, Y, Z und $\vec{r}$ die Koordinaten x, y, z haben und P_X zu X sowie p_x zu x konjugiert sei. Analoge Formeln findet man für die y- und z-Komponenten. Folglich ergibt sich:

$$\vec{P} = (M + m) \dot{\vec{R}} = m\dot{\vec{r}}_e + M\dot{\vec{r}}_k = \vec{p}_e + \vec{p}_k \tag{1.4–10}$$

$$\vec{p} = \frac{M \cdot m}{M + m} \dot{\vec{r}} = \mu \cdot \dot{\vec{r}} \tag{1.4–11}$$

Dabei ist $M + m$ die Gesamtmasse und $\mu = \frac{M \cdot m}{M + m}$ die sog. reduzierte Masse. Der Impuls der Schwerpunktsbewegung $\vec{P}$ ist gleich der Summe der Impulse der beiden Teilchen und wird deshalb auch als *Gesamt*impuls bezeichnet.
Als Funktion von $\vec{P}$ und $\vec{p}$ schreibt sich T jetzt:

$$T = \frac{1}{2(M+m)} \vec{P}^2 + \frac{1}{2\mu} \vec{p}^2 \tag{1.4–12}$$

und die Hamilton-Funktion

$$H = \frac{1}{2(M+m)} \vec{P}^2 + \frac{1}{2\mu} \vec{p}^2 - \frac{Ze^2}{r} \tag{1.4–13}$$

Der Koordinatenvektor $\vec{R} = (X, Y, Z)$ tritt in H nicht auf, d.h.

$$\frac{\partial H}{\partial X} = -\dot{P}_X = 0 \tag{1.4–14}$$

mit analogen Gleichungen für die Y- und Z-Komponenten, folglich

$$\dot{\vec{P}} = \vec{0} \tag{1.4–15}$$

oder

$$\vec{P} = \text{const.} \tag{1.4–16}$$

Der Gesamtimpuls $\vec{P}$ ist zeitlich konstant (ein Ergebnis, das nicht nur für den hier betrachteten Fall gilt, sondern für jedes N-Teilchensystem mit nur abstands-abhängigen Wechselwirkungen in einem konservativen Kraftfeld), und da $\vec{P} = (M+m)\,\dot{\vec{R}}$, bedeutet das:

$$\vec{R} = \vec{A}\,t + \vec{B} \tag{1.4–17}$$

Der Schwerpunkt des Systems führt eine gleichförmige geradlinige Bewegung aus. Was ergibt sich jetzt für die Relativbewegung?

$$\frac{\partial H}{\partial x} = + \frac{Ze^2 \cdot x}{r^3} = -\dot{p}_x \tag{1.4–18}$$

$$\frac{\partial H}{\partial p_x} = \frac{1}{\mu}\, p_x = \dot{x} \tag{1.4–19}$$

woraus folgt:

$$p_x = \mu \cdot \dot{x} \tag{1.4–20}$$

$$\dot{p}_x = \mu \cdot \ddot{x} = -\frac{Ze^2 \cdot x}{r^3} \tag{1.4–21}$$

mit entsprechenden Gleichungen für die y- und z-Komponenten. Folglich lauten die Bewegungsgleichungen in Vektorform (d.h. genau in der Newtonschen Formulierung, wenn auch nicht für die Bewegung eines Teilchens, sondern für die Relativbewegung)

$$\mu \cdot \ddot{\vec{r}} = -\frac{Z \cdot e^2 \cdot \vec{r}}{r^3} \tag{1.4—22}$$

Ersetzen wir $Z \cdot e^2$ durch $f \cdot m \cdot M$, wobei f die Gravitationskonstante ist, so haben wir genau die Differentialgleichung, die die Bewegung eines Planeten um die Sonne beschreibt.

Wir wollen nicht die allgemeine Lösung dieser Differentialgleichung (DG) (1.4—22) (genauer dieses Systems von DG) suchen, sondern zunächst einmal versuchen, ob eine Kreisbahn evtl. Lösung der Differentialgleichung ist. Wir machen also den Ansatz

$$x = a \cdot \cos(\omega t + \delta)$$

$$y = a \cdot \sin(\omega t + \delta)$$

$$z = 0 \tag{1.4—23}$$

d.h., wir legen unser Koordinatensystem so, daß die Bahnkurve in der x—y-Ebene liegt und ihr Mittelpunkt im Koordinatenursprung. Der Radius der Bahn erweist sich

$$r = |\vec{r}| = a\sqrt{\cos^2(\omega t + \delta) + \sin^2(\omega t + \delta)} = a \tag{1.4—24}$$

in der Tat als konstant und gleich a, während $\tau = \frac{2\pi}{\omega}$ offenbar die Umlaufzeit bedeutet, denn für $t = t_0 + \tau$ haben x, y und z die gleichen Werte wie für $t = t_0$

Mit unserem Ansatz (1.4—23) ergibt sich:

$$\mu\ddot{x} = -\mu \cdot a\,\omega^2 \cdot \cos(\omega t + \delta) = -\mu \cdot \omega^2 \cdot x$$

$$\mu\ddot{y} = -\mu \cdot a\,\omega^2 \cdot \sin(\omega t + \delta) = -\mu \cdot \omega^2 \cdot y$$

$$\mu\ddot{z} = 0 = -\mu \cdot \omega^2 \cdot z \tag{1.4—25}$$

also

$$\mu \cdot \ddot{\vec{r}} = -\mu \cdot \omega^2 \cdot \vec{r} \tag{1.4—26}$$

und nach Einsetzen in die Bewegungsgleichung

$$-\mu \cdot \omega^2 \vec{r} = -\frac{Z \cdot e^2 \cdot \vec{r}}{a^3} \tag{1.4—27}$$

Diese Gleichung ist offenbar identisch erfüllt, wenn

$$\mu \cdot \omega^2 = \frac{Z \cdot e^2}{a^3} \quad \text{oder} \quad \frac{a^3}{\tau^2} = \frac{Z \cdot e^2}{4\pi^2 \cdot \mu} \tag{1.4–28}$$

Unser Ansatz ist also tatsächlich Lösung der Differentialgleichung, vorausgesetzt, daß a und τ, d.h. Bahnradius und Umlaufzeit, in der durch (1.4–28) gegebenen Weise zusammenhängen. a und τ (bzw. ω) sind nicht unabhängig voneinander, sondern eines von beiden bestimmt das andere.

Gl. (1.4–28) ist übrigens im wesentlichen nichts anderes als das 3. Keplersche Gesetz: Die Quadrate der Umlaufzeiten verhalten sich wie die dritten Potenzen der Bahnradien. Wir werden die Gleichung später noch benötigen.

Wir fragen uns jetzt, ob wir mit unserem Ansatz die *allgemeine* Lösung des Problems erhalten haben. Diese muß (vgl. die Bemerkung im Anschluß an Gl. (1.3–5)) sechs Integrationskonstanten enthalten. Unsere Lösung enthält die drei Konstanten a, ω und δ, von denen aber nur zwei (z.B. a und δ) unabhängig sind. Indem wir das Koordinatensystem so wählten, daß die Bewegung in der x–y-Ebene verläuft, haben wir zwei weitere Konstanten festgelegt, insgesamt also vier. Wir können deshalb nicht die allgemeine Lösung haben, da diese zwei Integrationskonstanten mehr enthalten muß. Wir wir hier nicht im einzelnen zeigen wollen, ist die allgemeine Lösung eine elliptische Bahn (mit dem Schwerpunkt des Systems in einem Brennpunkt), die durch zwei weitere Parameter, beispielsweise durch die Exzentrizität und die Richtung der großen Hauptachse, charakterisiert wird.

Wie gesagt, wollen wir darauf verzichten, die allgemeine Lösung zu finden, aber wir wollen immerhin im nächsten Abschnitt beweisen, daß die Bewegung in einer Ebene verläuft. Zunächst wollen wir aber für die Kreisbewegung die Energie berechnen, und zwar nur die der Relativbewegung, ohne die kinetische Energie der Schwerpunktbewegung.

$$T = \frac{1}{2}\mu\,(\dot{x}^2 + \dot{y}^2) = \frac{1}{2}\mu\,\omega^2 a^2 = \frac{1}{2}\frac{Z \cdot e^2}{a^3} \cdot a^2 = \frac{1}{2}\frac{Ze^2}{a} \tag{1.4–29}$$

$$V = -\frac{Z \cdot e^2}{a} \tag{1.4–30}$$

$$E = T + V = \frac{1}{2}\frac{Ze^2}{a} - \frac{Ze^2}{a} = -\frac{1}{2}\frac{Ze^2}{a} \tag{1.4–31}$$

Zweierlei fällt auf:

1. Die Gesamtenergie ist negativ, das System aus Kern und Elektron in endlicher Entfernung in Bewegung hat eine niedrigere Energie, als wenn die beiden Teilchen unendlich weit entfernt und in Ruhe wären*). Es liegt Bindung vor. Das liegt natürlich an der

* Dann ist sowohl $T = 0$ als auch $V = 0$ und mithin $E = 0$. An sich ist der Nullpunkt der Energie willkürlich, aber wir haben ihn durch die Wahl (1.2–3) des Coulombpotentials festgelegt.

Coulombschen Anziehung, die eine negative potentielle Energie bedeutet. Dieser Anziehung wirkt aber die kinetische Energie (die immer positiv ist) entgegen.

2. Zwischen potentieller, kinetischer und gesamter Energie ergibt sich die Beziehung

$$T = -E = -\frac{1}{2} V \tag{1.4–32}$$

Diese Beziehung gilt in der einfachen Form nur für eine Kreisbewegung, weil nur bei einer solchen T und V für sich zeitlich konstant sind. Bei beliebigen Bewegungen ist ja nur E zeitlich konstant. Man kann aber zeigen, daß für Bewegungen in Coulombfeldern, d.h. in Feldern, für die gilt

$$V = \sum_{i<j} \frac{Q_i Q_j}{r_{ij}} \tag{1.4–33}$$

die folgende Gleichung erfüllt ist

$$\overline{T} = -E = -\frac{1}{2} \overline{V} \tag{1.4–34}$$

wobei $\overline{T}$ und $\overline{V}$ die zeitlichen Mittelwerte von kinetischer und potentieller Energie bedeuten

$$\overline{T} = \lim_{\tau \to \infty} \frac{1}{\tau} \int_0^{\tau} T(t)\, dt \tag{1.4–35}$$

Die Beziehung (1.4–34) bezeichnet man als *Virialsatz.* Er gilt auch in der Quantenmechanik.

1.5. Bewegungskonstanten – Der Drehimpuls

Es gibt einige, mit der Bewegung zusammenhängende, physikalisch interessante Größen, die während der Bewegung konstante Werte behalten.

1. Die Gesamtenergie E. In einem abgeschlossenen System oder bei Anwesenheit eines äußeren konservativen Kraftfeldes ist diese eine Bewegungskonstante.

2. Der Gesamtimpuls $\vec{P} = \sum_i \vec{p}_i$. Er ist eine Bewegungskonstante für abgeschlossene N-Teilchen-Systeme, wenn die Kräfte zwischen diesen nur von der relativen Lage der Teilchen zueinander abhängen.

3. Der Drehimpuls. Der Drehimpuls eines Teilchens in bezug auf einen Koordinatenursprung ist definiert als

$$\vec{l}_i = \vec{r}_i \times \vec{p}_i \tag{1.5–1}$$

Er stellt also einen Vektor dar, der senkrecht auf Orts- und Impulsvektor steht und für dessen Länge gilt

$$|\vec{l}_i| = |\vec{r}_i| \cdot |\vec{p}_i| \cdot \sin(\vec{r}_i, \vec{p}_i) \qquad (1.5\text{–}2)$$

Wir wollen den Drehimpulssatz nicht in seiner allgemeinsten Form, sondern für den Fall der Bewegung *eines* Teilchens in einem sog. Zentralfeld, und zwar für ein konservatives Zentralfeld beweisen. Ein solches Feld hat ein Potential $V(r)$, das nur vom Abstand des Teilchens vom Ursprung des Feldes (nicht aber von der Richtung) abhängt.

Die Hamilton-Funktion ist in cartesischen Koordinaten

$$H = \frac{1}{2m}(p_x^2 + p_y^2 + p_z^2) + V(r); \quad r = \sqrt{x^2 + y^2 + z^2} \qquad (1.5\text{–}3)$$

und die Hamiltonschen Gleichungen lauten in Vektorform

$$-\dot{\vec{p}} = \frac{\partial V}{\partial r} \cdot \frac{\vec{r}}{r}; \quad \dot{\vec{r}} = \frac{1}{m}\vec{p} \qquad (1.5\text{–}4)$$

Die zeitliche Änderung des Drehimpulses ist

$$\dot{\vec{l}} = \vec{r} \times \dot{\vec{p}} + \dot{\vec{r}} \times \vec{p} \qquad (1.5\text{–}5)$$

Ersetzen wir $\dot{\vec{p}}$ und $\dot{\vec{r}}$ nach dem Hamiltonschen Gleichungen (1.5–4), so erhalten wir

$$\dot{\vec{l}} = -\frac{\partial V}{\partial r} \cdot \frac{1}{r} \cdot \vec{r} \times \vec{r} + \frac{1}{m}\vec{p} \times \vec{p} = \vec{0} \qquad (1.5\text{–}6)$$

$\dot{\vec{l}}$ verschwindet, da das Vektorprodukt eines Vektors mit sich der Nullvektor ist.

Die Konstanz des Drehimpulses bedeutet u.a., daß die Bewegung in einer Ebene verläuft, denn $\vec{r}$ und $\vec{p}$ müssen beide immer senkrecht zu $\vec{l}$ sein, mithin in der zu $\vec{l}$ senkrechten Ebene.

Unter Benutzung der Tatsache, daß die Bewegung in einer Ebene verläuft, ist es sinnvoll, das Koordinatensystem so zu legen, daß die Bewegung in der x–y-Ebene stattfindet, und in dieser Ebene Polarkoordinaten einzuführen. Die Hamilton-Funktion lautet dann (man gehe hierzu von (1.2–15) aus und berücksichtige, daß $\vartheta \equiv 90°$ und damit $p_\vartheta \equiv 0$ während der gesamten Bewegung):

$$H = \frac{1}{2m}[p_r^2 + \frac{1}{r^2}p_\varphi^2] + V(r) \qquad (1.5\text{–}7)$$

wobei die Impulse p_r und p_φ gegeben sind durch (vgl. 1.2–13)

$$p_r = m\dot{r}; \quad p_\varphi = mr^2\dot{\varphi} \qquad (1.5\text{–}8)$$

Da φ in H nicht vorkommt, hat man sofort

$$-\dot{p}_\varphi = \frac{\partial H}{\partial \varphi} = 0\,;\quad p_\varphi = \text{const.} \tag{1.5–9}$$

Man überzeugt sich leicht davon, daß p_φ nichts anderes ist als der Betrag des Drehimpulses, dessen z-Komponente in cartesischen Koordinaten gegeben ist durch $l_z = m(x\dot{y} - y\dot{x})$, und dessen Komponenten in x- und y-Richtung l_x und l_y (für Bewegungen in der xy-Ebene) verschwinden, weil $z \equiv 0$ und $\dot{z} \equiv 0$. Setzen wir nämlich in $|\vec{l}| = m\,(x\dot{y} - y\dot{x})$ für x, $\dot{x}$, y und $\dot{y}$ deren Ausdrücke in Polarkoordinaten ein

$$x = r\cos\varphi\,;\quad \dot{x} = \dot{r}\cos\varphi - r\sin\varphi\,\dot{\varphi}$$

$$y = r\sin\varphi\,;\quad \dot{y} = \dot{r}\sin\varphi + r\cos\varphi\,\dot{\varphi}$$

so erhalten wir in der Tat

$$|\vec{l}| = m\,(x\dot{y} - y\dot{x}) = mr^2\,\dot{\varphi} = p_\varphi \tag{1.5–10}$$

Berücksichtigen wir in der Hamilton-Funktion, daß $p_\varphi = l$ eine Konstante ist, so schreibt sie sich als Funktion von r und p_r allein

$$H = \frac{1}{2m}\left[p_r^2 + \frac{l^2}{r^2}\right] + V(r) \tag{1.5–11}$$

und die entsprechende Bewegungsgleichung ergibt sich zu

$$-\dot{p}_r = \frac{\partial H}{\partial r} = -\frac{l^2}{mr^3} + \frac{\partial V}{\partial r} = -m\ddot{r} \tag{1.5–12}$$

Die Bewegung von r findet also so statt, als sei die Bewegung eindimensional mit dem „effektiven" Potential

$$\widetilde{V}(r) = V(r) + \frac{l^2}{2mr^2} \tag{1.5–13}$$

Den Term $\frac{l^2}{2mr^2}$, der immer abstoßend ist, bezeichnet man auch als Zentrifugalterm und den Beitrag $-\frac{l^2}{mr^3}$ zur Kraft als Zentrifugalkraft.

In unserem Beispiel eines ‚klassischen' H-Atoms für den Spezialfall einer Kreisbahn ist $\varphi = \omega t + \delta$, folglich

$$l = |\vec{l}| = p_\varphi = \mu r^2\dot{\varphi} = \mu a^2\omega\,;\quad \omega = \frac{l}{\mu a^2} \tag{1.5–14}$$

und wir können sowohl den Bahnradius a als auch die Energie E durch l ausdrücken:

$$a^3 = \frac{Z \cdot e^2}{\mu \cdot \omega^2} = \frac{Z \cdot e^2 \cdot a^4 \cdot \mu}{l^2} \qquad (1.5\text{–}15)$$

$$a = \frac{l^2}{Z \cdot e^2 \cdot \mu} \qquad (1.5\text{–}16)$$

$$E = -\frac{1}{2} \cdot \frac{Z \cdot e^2}{a} = -\frac{1}{2} \frac{Z^2 \cdot e^4 \cdot \mu}{l^2} \qquad (1.5\text{–}17)$$

1.6. Das Bohrsche Atommodell

Bisher haben wir zur Beschreibung unseres Atoms die Gesetze der klassischen Mechanik benutzt. Da Atomkerne und Elektronen elektrisch geladen sind, müssen wir aber auch die Elektrodynamik berücksichtigen. Diese sagt uns, daß ein Atom, wie wir es beschrieben, einen schwingenden Dipol darstellt und daß ein solcher ständig Energie abstrahlen muß, damit aber in kurzer Zeit unter ständigem Energieverlust in sich zusammenfallen, kollabieren müßte. Es könnte also gar keine stabilen Atome geben.

Bohr fand einen Trick als Ausweg, indem er postulierte, daß es sogenannte strahlungsfreie Bahnen gäbe, und zwar sollten das diejenigen sein, bei denen der Betrag des Drehimpulses gleich einem ganzzahligen Vielfachen der Naturkonstante $\hbar = \frac{h}{2\pi}$ ist. Diese Konstante hat genau die Dimension eines Drehimpulses.

Macht man dieses doch recht künstliche Postulat, das eigentlich eher eine Korrektur an der Elektrodynamik als an der Mechanik darstellt, so erhält man unter Benutzung von (1.5–16 und 17) für die ‚strahlungsfreien' Bahnen folgende Radien und Energiewerte:

$$l_n = \hbar \cdot n \qquad (1.6\text{–}1)$$

$$a_n = \frac{\hbar^2}{Z \cdot e^2 \cdot \mu} \cdot n^2 \qquad n = 1, 2, 3 \ldots\ldots \qquad (1.6\text{–}2)$$

$$E_n = -\frac{1}{2} \cdot \frac{Z^2 e^4 \cdot \mu}{\hbar^2} \cdot \frac{1}{n^2} \qquad (1.6\text{–}3)$$

Diese Energiewerte sind genau diejenigen, die man aus einer Analyse der Spektren des H-Atoms und H-ähnlicher Ionen unter Benutzung des sog. Kombinationsprinzips gefunden hatte.

Bei anderen physikalischen Problemen führte allerdings das Bohrsche Postulat nicht zu der gewünschten Übereinstimmung mit der Erfahrung. Insbesondere ist eine chemische Bindung im Rahmen des Bohrschen Modells nicht zu verstehen. Erst die systematische Abänderung der klassischen Mechanik zur Quantenmechanik durch Heisenberg, Schrödinger u.a. führte zu einer befriedigenden Theorie der Bewegungen in atomaren Dimensionen.

Zusammenfassung zu Kap. 1

Atome sowie Moleküle bestehen aus Atomkernen und Elektronen. Beide Arten von Teilchen werden als Massenpunkte idealisiert. Eine Beschreibung im Sinne der klassischen Mechanik geschieht durch die sog. Bahnkurven $\vec{r}_i(t)$, die die Bewegung des i-ten Teilchens als Funktion der Zeit darstellen. Die klassische Mechanik liefert diese Bahnkurven nicht unmittelbar, sondern sie gibt nur die sog. Bewegungsgleichungen. Das sind Differentialgleichungen, die eine Vielfalt von möglichen Bahnkurven als Lösung haben. Die einem physikalischen Problem entsprechende richtige Lösung muß man dann durch Vorgabe der Anfangsbedingungen auswählen.

Die Bewegungsgleichungen können in verschiedenen Formalismen angegeben werden. Am bekanntesten ist der Newtonsche Formalismus, bei dem Kräfte und Beschleunigungen verknüpft werden. Demgegenüber stehen beim Hamiltonschen Formalismus die kinetische sowie die potentielle Energie und ihre Summe, die sog. Hamilton-Funktion, im Mittelpunkt. Wir beschränken uns auf den Fall, daß eine potentielle Energie definiert ist, d.h., daß die Kraft sich als Gradient einer Potentialfunktion darstellen läßt. Außerdem verlangen wir, daß die Potentialfunktion weder von den Geschwindigkeiten der Teilchen, noch explizit von der Zeit abhängt. Das ist für die zwischen Kernen und Elektronen wirkenden Kräfte (auch für die zwischen Sonne und Planeten) verwirklicht. In einem solchen „konservativen" Kraftfeld gilt der Energiesatz: Die Summe von potentieller und kinetischer Energie ist zeitlich konstant. Die Gesamtenergie E ist eine ‚Bewegungskonstante'. Weitere Bewegungskonstanten, d.h. Größen, die ihren Wert während der Bewegung nicht ändern, sind der Gesamtimpuls (oder Impuls der Schwerpunktsbewegung) sowie der Drehimpuls, letzterer allerdings nur für eine Bewegung in einem sog. Zentralfeld bzw. bei Abwesenheit äußerer Felder. In einem Zentralfeld hängt die Kraft nur vom Abstand des Teilchens von einem gegebenen Zentrum ab und ist auf diese gerichtet. Die Elektronen eines Atoms bewegen sich z.B. in einem Zentralfeld.

Die Hamiltonschen Bewegungsgleichungen (1.2—17) gelten in beliebigem Koordinatensystem, z.B. auch in sphärischen Polarkoordinaten.

Die Bewegung eines Elektrons um ein Proton ist formal analog der eines Planeten um die Sonne. Bei der theoretischen Behandlung trennt man zumeist die Schwerpunktsbewegung ab, d.h., man führt statt der Ortskoordinaten der beiden Teilchen sog. Schwerpunkts- und Relativkoordinaten ein. Der Schwerpunkt führt eine kräftefreie, d.h. mit konstanter Geschwindigkeit verlaufende, lineare Bewegung aus. Für die Relativbewegung erhält man ein Differentialgleichungssystem (1.4—22), das wir nicht allgemein lösen. Wegen des Drehimpulssatzes muß die Bewegung in einer Ebene verlaufen (2. Keplersches Gesetz). Das legt eine Beschreibung in ebenen Polarkoordinaten nahe. Die Bewegung der r-Koordinate verläuft so, als sei die Bewegung eindimensional in einem effektiven Potential (1.5—13), das außer dem tatsächlichen Potential noch einen sog. Zentrifugalterm enthält.

Eine spezielle Lösung ist eine Kreisbewegung. Für eine solche ist die dritte Potenz des Bahnradius proportional zum Quadrat der Umlaufzeit (Gl. 1.4—28), dies ist im wesentlichen das 3. Keplersche Gesetz. Für diese Bewegung gilt Gl. (1.4—34), die man als

Virialsatz bezeichnet, und die besagt, daß die Gesamtenergie gleich dem Negativen der mittleren kinetischen Energie ist.

Im Gegensatz zum Fall der Planetenbewegung stellt ein ‚klassisches' Atom einen schwingenden Dipol dar, der ständig Energie abstrahlen und dadurch in sich zusammenfallen müßte. Bohr fand als Ausweg das Postulat, daß es sog. strahlungsfreie Bahnen geben sollte, die dadurch gekennzeichnet sind, daß ihr Drehimpuls gleich einem ganzzahligen Vielfachen der Naturkonstante $\hbar = h/2\pi$ ist. Diese Bahnen haben die durch (1.6–2) und (1.6–3) gegebenen Radien und Energiewerte, wobei letztere mit den experimentell gefundenen übereinstimmen. Diese Bohrsche Korrektur der klassischen Beschreibung führte aber in anderen Fällen zu falschen Ergebnissen, und erst die Quantenmechanik erwies sich als zulässige Grundlage für die Beschreibung von atomaren und molekularen Systemen.

Viele Begriffe, die in der klassischen Mechanik eine zentrale Bedeutung haben, behalten diese auch in der Quantenmechanik. Hierzu gehören u.a. Ort, Impuls, Drehimpuls, kinetische und potentielle Energie, Hamilton-Funktion. Die Bewegungskonstanten der klassischen Mechanik haben eine ähnliche Bedeutung in der Quantenmechanik.

2. Einführung in die Quantenmechanik

2.1. Wellenfunktionen und Operatoren

Der Zustand eines Systems wird in der klassischen Mechanik durch die Bahnkurven $q_i(t)$ ($i = 1, 2 \ldots 3N$) für sämtliche Koordinaten des Systems beschrieben. Alle möglichen Zustände sind Lösungen der Bewegungsgleichungen dieses Systems, ein bestimmter Zustand eines N-Teilchensystems kann durch $6N$ Anfangsbedingungen bzw. ebensoviele Integrationskonstanten festgelegt werden.

In der Quantenmechanik gibt es keine Bahnkurven, oder vielleicht genauer gesagt, Bahnkurven sind grundsätzlich nicht bekannt. Die Kenntnis der Bahnkurve eines Teilchens würde gleichzeitige Kenntnis seines Ortes und seines Impulses zu einem bestimmten Zeitpunkt bedeuten, und genau diese gleichzeitige Kenntnis ist im Sinne der Quantenmechanik nicht möglich.

Anstelle von Bahnkurven wird der Zustand eines Systems durch eine sogenannte *Wellenfunktion* $\Psi(q_1, \ldots q_{3N}, t)$ beschrieben, die eine Funktion sämtlicher Ortskoordinaten der N Teilchen und der Zeit ist. Diese Wellenfunktion ist eine skalare Größe, und sie kann reell oder komplex sein. Die zu Ψ konjugiert komplexe Funktion werde Ψ^* genannt. Das Produkt $\Psi\Psi^* = |\Psi|^2$ ist dann für alle Werte der q_i reell und sogar nicht-negativ (wie das für das Produkt einer Größe mit ihrem konjugiert komplexen immer gilt).

$$\Psi\Psi^* \geqslant 0 \quad \text{für alle Werte der } q_i \tag{2.1-1}$$

Wir interpretieren $|\Psi|^2$ als die Wahrscheinlichkeitsdichte, das erste Teilchen an der Stelle $\vec{r}_1$, das zweite an der Stelle $\vec{r}_2$ etc. zur gleichen Zeit anzutreffen, d.h., wir fassen $|\Psi|^2\, dx_1\, dy_1\, dz_1\, dx_2\, dy_2\, dz_2 \ldots dx_N\, dy_N\, dz_N$ als die Wahrscheinlichkeit auf, daß gleichzeitig das erste Teilchen seine x-Koordinate zwischen x_1 und $x_1 + dx_1$, seine y-Koordinate zwischen y_1 und $y_1 + dy_1$ hat, etc. Da die Gesamtwahrscheinlichkeit gleich 1 sein soll*), muß gelten

$$\int |\Psi|^2\, d\tau_1\, d\tau_2 \ldots d\tau_N = 1 \tag{2.1-2}$$

wobei $d\tau_i = dx_i dy_i dz_i$ und wobei die Integration über jede der Koordinaten dx_i etc. von $-\infty$ bis $+\infty$ gehen soll. Man sagt auch, man integriert über den gesamten Konfigurationsraum der N Teilchen. Es handelt sich um ein $3N$-faches Integral, aber man schreibt in der Regel nur ein Integralzeichen.

* Es wird sich herausstellen, daß Wellenfunktionen nur bis auf einen konstanten Faktor bestimmt sind. Diesen Faktor kann man so wählen, daß (2.1–2) erfüllt und damit eine wahrscheinlichkeitstheoretische Interpretation unmittelbar möglich ist. Es ist aber oft sinnvoll, mit Funktionen zu arbeiten, die nicht auf 1 normiert sind. Zwei Wellenfunktionen, die sich nur um einen konstanten (reellen oder komplexen) Faktor unterscheiden, beschreiben grundsätzlich denselben physikalischen Tatbestand.

Das mathematische Problem, wie die Funktion Ψ beschaffen sein muß, damit dieses uneigentliche Gebietsintegral überhaupt existiert – was gleichzeitig bedeutet, daß sein Wert unabhängig von der Reihenfolge der Integrationen ist – soll uns jetzt nicht interessieren. (Das Integral ist ‚uneigentlich', da die Integrationsgrenzen unendlich sind, s. Anhang A3.) Wir begnügen uns mit der qualitativen Feststellung, daß eine notwendige Voraussetzung für die Existenz des Integrals darin besteht, daß für $r_i \to \infty$, Ψ gegen 0 gehen muß. Jede Funktion Ψ, für die das Integral $\int |\Psi|^2 \, d\tau$ existiert (was ja auch bedeutet, daß es endlich ist), läßt sich durch Multiplikation mit einer reellen Konstanten N immer auf 1 normieren:

$$\int |\Psi|^2 \, d\tau = A$$

$$\int |\mathrm{N}\Psi|^2 \, d\tau = \mathrm{N}^2 \int |\Psi|^2 \, d\tau = \mathrm{N}^2 A = 1 \Rightarrow \mathrm{N} = \frac{1}{\sqrt{A}} \qquad (2.1\text{–}3)$$

Die Ψ-Funktion für den Zustand eines Systems ist insofern das Gegenstück zur Gesamtheit der Bahnkurven, als $\Psi\Psi^*$ den zeitlichen Verlauf der Wahrscheinlichkeitsverteilung beschreibt, gleichzeitig das erste Teilchen an der Stelle $\vec{r}_1$, das zweite an der Stelle $\vec{r}_2$ etc. anzutreffen.

Wie kann man nun von den Gleichungen der klassischen Mechanik zu denen der Quantenmechanik übergehen? Dazu gibt es ein einfaches Rezept:

Man ersetze die in Gleichungen der klassischen Mechanik unmittelbar auftretenden meßbaren Größen, wie Ort, Impuls, Energie etc., durch die entsprechenden Operatoren. Ein Operator **A** ist eine Vorschrift, die einer Menge von Funktionen ψ_i eindeutig eine Menge von Funktionen φ_i zuordnet, was man formal so schreibt:

$$\mathbf{A}\,\psi_i = \varphi_i \qquad (2.1\text{–}4)$$

Die wichtigsten Operatoren sind

a) multiplikative Operatoren, z.B.

$$\mathbf{f} = f(x) \quad \text{d.h.} \quad \mathbf{f}\,\psi_i(x) = f(x)\,\psi_i(x) \qquad (2.1\text{–}5)$$

(Hier bedeutet die durch **f** symbolisierte Vorschrift: multipliziere mit $f(x)$.)

b) Differentialoperatoren, z.B.

$$\mathbf{g} = \frac{\partial}{\partial x} \quad \text{d.h.} \quad \mathbf{g}\,\psi_i(x) = \frac{\partial \psi_i}{\partial x} \qquad (2.1\text{–}6)$$

(Die durch den Operator **g** symbolisierte Vorschrift bedeutet also: differenziere nach x.)

c) Integraloperatoren, z.B.

$$\mathbf{h}\,\psi_i(x) = \int h(x,x')\,\psi_i(x')\,dx' \qquad (2.1\text{–}7)$$

(Jedem Integraloperator **h** ist ein Integralkern $h(x,x')$ zugeordnet, und die Vorschrift **h** – angewendet auf $\psi_i(x)$ – bedeutet: multipliziere $h(x,x')$ mit $\psi_i(x')$ und integriere über die Variable x'. Die so gebildete Funktion $\varphi_i(x)$ ist gleich $\mathbf{h}\psi_i(x)$.)

Um von der klassischen Mechanik zur Quantenmechanik zu kommen, gelte die in Tab. 1 gegebene Zuordnung zwischen den klassischen Größen und den quantenmechanischen Operatoren, kurz gesagt: man ersetze in den klassischen Ausdrücken p_{x_i} überall durch $\frac{\hbar}{i}\frac{\partial}{\partial x_i}$ und E durch $i\hbar\frac{\partial}{\partial t}$.

Tab. 1. Übergang von den klassischen Größen zu den quantenmechanischen Operatoren.

klassisch	quantenmechanisch
Ort	
z.B. x_i, y_i	$\mathbf{x}_i = x_i;\ \mathbf{y}_i = y_i$
Funktionen der Ortskoordinaten	multiplikative Operatoren
z.B. $x_i^2 \cdot y_j$	$\mathbf{x}_i^2\mathbf{y}_j = x_i^2 y_j$
oder allgemein $f(x_i, y_j, z_k)$	$\mathbf{f} = f(x_i, y_j, z_k)$
Impuls	
z.B. p_{x_i}	$\mathbf{p}_{x_i} = \frac{\hbar}{i}\frac{\partial}{\partial x_i}$
Funktion der Impulskoordinaten	Differentialoperatoren
z.B. $(p_{x_i})^2$	$(\mathbf{p}_{x_i})^2 = \mathbf{p}_{x_i} \cdot \mathbf{p}_{x_i} = -\hbar^2 \frac{\partial^2}{\partial x_i^2}$
$g(p_{x_i}, p_{y_j}, p_{z_k})$	$\mathbf{g} = g(\mathbf{p}_{x_i}, \mathbf{p}_{y_j}, \mathbf{p}_{z_k})$
Funktionen von Ort und Impuls	
z.B. $\vec{l} = \vec{r} \times \vec{p}$	$\vec{\ell} = \vec{\mathbf{r}} \times \vec{\mathbf{p}} = (x,y,z) \times \frac{\hbar}{i}\left(\frac{\partial}{\partial x}, \frac{\partial}{\partial y}, \frac{\partial}{\partial z}\right)$
Zeit t	$\mathbf{t} = t$
Energie E	$\mathbf{E} = i\hbar\frac{\partial}{\partial t}$

Operatoren, die uns besonders interessieren, sind natürlich diejenigen der kinetischen Energie, der potentiellen Energie und der Gesamtenergie. Beschränken wir uns gleich auf ein molekulares System. Zunächst die kinetische Energie:

$$T = \frac{1}{2}\sum_k \frac{1}{m_k}(\vec{p}_k)^2 = \frac{1}{2}\sum_k \frac{1}{m_k}(p_{xk}^2 + p_{yk}^2 + p_{zk}^2) \tag{2.1–8}$$

$$\mathbf{T} = \frac{1}{2}\sum_k \frac{1}{m_k}(\vec{\mathbf{p}}_k)^2 = -\frac{\hbar^2}{2}\sum_k \frac{1}{m_k}\left(\frac{\partial^2}{\partial x_k^2} + \frac{\partial^2}{\partial y_k^2} + \frac{\partial^2}{\partial z_k^2}\right)$$

$$= -\frac{\hbar^2}{2}\sum_k \frac{1}{m_k}\Delta_k \tag{2.1–9}$$

Δ_k ist hierbei der sogenannte Laplace-Operator

$$\Delta_k = \frac{\partial^2}{\partial x_k^2} + \frac{\partial^2}{\partial y_k^2} + \frac{\partial^2}{\partial z_k^2} \qquad (2.1\text{–}10)$$

Die potentielle Energie $\mathbf{V}$ bleibt völlig derselbe Ausdruck wie in der klassischen Mechanik. Die Summe $\mathbf{H} = \mathbf{T} + \mathbf{V}$ wird in Analogie zur Hamilton-Funktion der klassischen Mechanik als *Hamilton-Operator* bezeichnet. Für ein Molekül lautet der Hamilton-Operator also

$$\mathbf{H} = -\frac{\hbar^2}{2m}\sum_k \Delta_k - \frac{\hbar^2}{2}\sum_\nu \frac{1}{M_\nu}\Delta_\nu - \sum_\nu\sum_k \frac{Z_\nu e^2}{r_{\nu k}}$$

$$+ \sum_{\nu<\mu} \frac{Z_\nu Z_\mu e^2}{r_{\nu\mu}} + \sum_{k<l} \frac{e^2}{r_{kl}} \qquad (2.1\text{–}11)$$

Hierbei haben wir wie in Kap. 2 die Elektronenmasse als m, die Elektronenladung als e, die Masse und Ordnungszahl des ν-ten Kerns als M_ν und Z_ν und den Abstand zwischen I-tem und J-tem Teilchen als r_{IJ} abgekürzt. Die Summenindices k, l gehen über alle Elektronen, ν, μ über alle Kerne.

Die klassische Aussage, daß für einen Zustand eines Systems (beschrieben durch eine Wellenfunktion Ψ) die Hamilton-Funktion gleich der Gesamtenergie ist, lautet quantenmechanisch:

$$\mathbf{H}\,\Psi = \mathbf{E}\,\Psi = i\hbar\,\frac{\partial\Psi}{\partial t} \qquad (2.1\text{–}12)$$

Diese Gleichung wird als Schrödingergleichung bezeichnet, und zwar, genau gesagt, als *zeitabhängige Schrödingergleichung.* Das ist eine Differentialgleichung, die für bestimmte Funktionen Ψ erfüllt ist, die zulässigen Wellenfunktionen des Systems. Man kann also die möglichen Wellenfunktionen eines Systems dadurch bestimmen, daß man die Schrödingergleichung löst.

Wir interessieren uns jetzt für sog. ‚stationäre Zustände' eines Systems. Für diese ist die Gesamtenergie eine Konstante, d.h.

$$\mathbf{E}\Psi = E\Psi \text{ bzw. } i\hbar\,\frac{\partial\Psi}{\partial t} = E\Psi \qquad (2.1\text{–}13)$$

Das ist jetzt eine gewöhnliche Differentialgleichung mit t als Variable. Die Lösung ist

$$\Psi(x_1, y_1 \ldots z_N, t) = \psi(x_1, y_1 \ldots z_N)\exp\left(\frac{E}{i\hbar}t\right) \qquad (2.1\text{–}14)$$

wobei ψ noch eine beliebige Funktion der Ortkoordinaten sein kann. Wir sehen: Die Ψ-Funktion eines stationären Zustandes ist eine periodische Funktion der Zeit

$$\exp\left(\frac{E}{\mathrm{i}\hbar}t\right) = \exp\left(-\mathrm{i}\frac{E}{\hbar}t\right) = \cos\left(\frac{E}{\hbar}t\right) - \mathrm{i}\sin\left(\frac{E}{\hbar}t\right) \tag{2.1–15}$$

mit der Frequenz $\nu = \dfrac{E}{h}$

Gehen wir jetzt mit diesem Ansatz in die Schrödingergleichung ein:

$$\mathbf{H}\Psi = \mathbf{H}\psi\, \mathrm{e}^{-\mathrm{i}\frac{E}{\hbar}t} = \mathrm{i}\hbar\frac{\partial\Psi}{\partial t} = E\,\Psi = E\psi\,\mathrm{e}^{-\mathrm{i}\frac{E}{\hbar}t} \tag{2.1–16}$$

Da der Operator $\mathbf{H}$ die Zeit nicht enthält, kann man $\mathrm{e}^{-\mathrm{i}\frac{E}{\hbar}t}$ vor den Operator ziehen und dadurch kürzen. Wir erhalten

$$\mathbf{H}\,\psi = E\,\psi \tag{2.1–17}$$

Das ist die sogenannte *zeitunabhängige Schrödingergleichung.* Sie ist eine Differentialgleichung zur Bestimmung der zeitunabhängigen Wellenfunktion ψ eines stationären Zustands. Wir wollen uns im weiteren Verlauf auf solche Zustände beschränken und werden daher von nun an nur mit zeitunabhänigen Wellenfunktionen und der zeitunabhängigen Schrödingergleichung zu tun haben.

2.2. Lösungen einfacher Schrödingergleichungen

2.2.1. Das Teilchen im eindimensionalen Kasten

In einigen wenigen Fällen kann man die Schrödingergleichung geschlossen lösen. Eines der einfachsten Beispiele ist ein Teilchen in einem eindimensionalen Kasten. Die Hamilton-Funktion lautet:

$$H(x,p_x) = \frac{1}{2m}p_x^2 + V(x) \tag{2.2–1}$$

mit

$$V(x) = \begin{cases} \infty & \text{für} \quad x \leqslant 0 \\ 0 & \text{für} \quad 0 < x < a \\ \infty & \text{für} \quad x \geqslant a \end{cases} \tag{2.2–2}$$

Die klassische Behandlung ist trivial. Das Teilchen bewegt sich mit konstanter Geschwindigkeit in x-Richtung, bis es auf die Wand stößt, an dieser reflektiert wird und sich anschließend mit gleicher Geschwindigkeit in entgegengesetzter Richtung bewegt etc.

Die Hamiltonsche Bewegungsgleichungen sind nämlich:

$$\dot{p}_x = -\frac{\partial H}{\partial x} = \begin{cases} 0 & \text{für} \quad 0 < x < a \\ \infty & \text{für} \quad x = 0,\ x = a \end{cases}$$

$$\dot{x} = \frac{\partial H}{\partial p_x} = \frac{1}{m} p_x \tag{2.2–3}$$

Der Hamilton-Operator für das gleiche Problem ist

$$\mathbf{H} = -\frac{\hbar^2}{2m} \frac{\mathrm{d}^2}{\mathrm{d}x^2} + V(x) \tag{2.2–4}$$

mit dem gleichen V. Das Elektron kann sich offenbar nur innerhalb des Kastens aufhalten, weil außerhalb seine potentielle Energie unendlich groß wäre. Also

$$\psi(x) = 0 \qquad \text{für} \begin{cases} x \leqslant 0 \\ x \geqslant a \end{cases} \tag{2.2–5}$$

Innerhalb des Kastens gilt (da $V = 0$)

$$\mathbf{H}\psi = -\frac{\hbar^2}{2m} \frac{\mathrm{d}^2\psi}{\mathrm{d}x^2} = E\psi \tag{2.2–6}$$

Die allgemeine Lösung dieser gewöhnlichen Differentialgleichung ist bekanntlich (vgl. A5):

$$\psi = A \cos(2\pi\nu \cdot x + \delta) \tag{2.2–7}$$

mit

$$\nu^2 = \frac{2mE}{h^2} \tag{2.2–8}$$

Wir dürfen aber nur solche Lösungen zulassen, die die Randbedingungen $\psi(0) = \psi(a) = 0$ erfüllen. Das bedeutet $\delta = \pi/2$ und $2\pi\nu a = n \cdot \pi$ mit ganzzahligem n. Damit sind die möglichen Werte von ν eingeschränkt zu

$$\nu_n = \frac{n}{2a}; \quad n = 0, 1, 2 \ldots \tag{2.2–9}$$

Die entsprechenden ψ-Funktionen sind

$$\begin{aligned} \psi_n &= A \cos\left(\frac{\pi n}{a} \cdot x + \frac{\pi}{2}\right) \\ &= -A \sin\left(\frac{\pi n}{a} x\right); \quad n = 0, 1, 2 \ldots \end{aligned} \tag{2.2–10}$$

Die zugehörigen Eigenwerte ergeben sich zu

$$E_n = \frac{h^2 \nu^2}{2m} = \frac{h^2 n^2}{8ma^2}; \quad n = 0, 1, 2 \ldots \tag{2.2–11}$$

Wir hatten früher gesagt, daß Wellenfunktionen auf 1 normiert sein sollen. Wir schreiben jetzt A_n statt A, um anzudeuten, daß die Normierungskonstante a priori von n abhängen sollte, und legen A_n so fest, daß

$$\int_{-\infty}^{+\infty} \psi^* \psi \, dx = A_n^2 \int_0^a \sin^2 \frac{\pi n}{a} x \, dx = 1$$

Man setze

$$u = \frac{\pi n}{a} \cdot x$$

dann ist

$$\int_0^a \sin^2 \frac{\pi n}{a} x \, dx = \int_0^{n\pi} \sin^2 u \cdot \frac{a}{\pi \cdot n} \, du = \frac{a}{\pi} \int_0^{\pi} \sin^2 u \, du =$$

$$= \frac{a}{\pi} \cdot \frac{\pi}{2} = \frac{a}{2} \tag{2.2–12}$$

Daraus folgt $A_n = \sqrt{\frac{2}{a}}$ (für $n \neq 0$)
(A_n erweist sich also als von n unabhängig), und unsere normierten Wellenfunktionen sind (das Vorzeichen kann noch beliebig gewählt werden):

$$\psi_n = \sqrt{\frac{2}{a}} \sin \frac{\pi n}{a} x \tag{2.2–13}$$

Den Fall $n = 0$ müssen wir jetzt allerdings ausschließen, denn zwar erfüllt

$$\psi_0 = -A \cdot \sin(0x) \equiv 0 \tag{2.2–14}$$

die Schrödingergleichung. Aber diese Lösung (die man manchmal auch als triviale Lösung bezeichnet) ist nicht normierbar. Nicht normierbare Lösungen sind physikalisch unsinnig und auszuschließen.

Was ist anders als bei der klassischen Behandlung? Klassisch kann das Teilchen jede beliebige Energie haben, quantentheoretisch sind für stationäre Zustände nur diskrete Energiewerte

$$E_n = \frac{h^2}{8ma^2} \cdot n^2 \tag{2.2–15}$$

zugelassen. Dieses Ergebnis ist übrigens, wie wir sahen, wesentlich unseren Randbedingungen zuzuschreiben.

Tragen wir die Energieniveaus und die Wellenfunktionen schematisch auf, so ergibt sich Abb. 1. Mit steigendem n nimmt die Zahl der Knoten (Nullstellen) von ψ zu und E geht wie n^2.

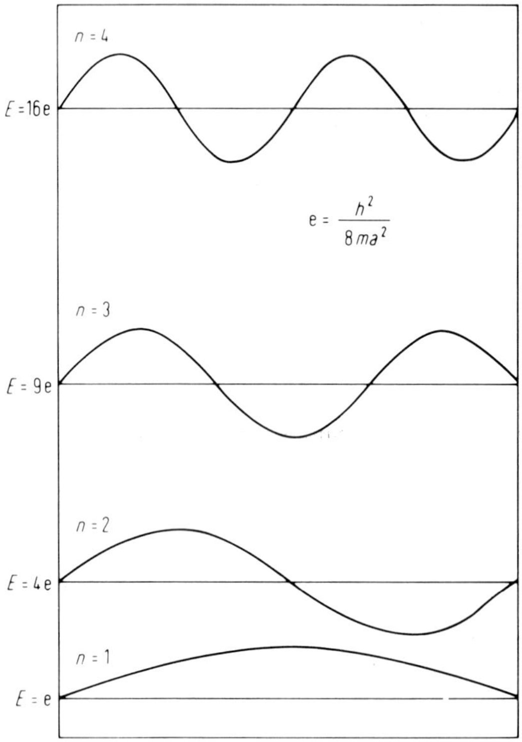

Abb. 1. Energieniveaus und Wellenfunktionen für ein Teilchen im eindimensionalen Kasten

2.2.2. Das Teilchen im dreidimensionalen Kasten

Das zweite Beispiel sei ein Teilchen in einem würfelförmigen Kasten. Die Schrödingergleichung lautet:

$$-\frac{\hbar^2}{2m}\left[\frac{\partial^2\psi}{\partial x^2}+\frac{\partial^2\psi}{\partial y^2}+\frac{\partial^2\psi}{\partial z^2}\right]+V(x,y,z)\,\psi = E\,\psi \qquad (2.2\text{–}16)$$

$$\text{mit}\quad V(x,y,z) = \begin{cases} 0 & \text{für } 0<x<a,\ 0<y<a,\ 0<z<a \\ \infty & \text{sonst} \end{cases} \qquad (2.2\text{–}17)$$

Bei diesem Potential verschwindet die Wellenfunktion nur innerhalb des Kastens nicht identisch, und wir erhalten die Randbedingungen

$$\begin{aligned} \psi(x, y, 0) &= \psi(x, 0, z) = \psi(0, y, z) = 0 \\ \psi(x, y, a) &= \psi(x, a, z) = \psi(a, y, z) = 0 \end{aligned} \qquad (2.2.-18)$$

d.h. ψ verschwindet, wenn eine der drei Koordinaten gleich 0 oder gleich a ist. Innerhalb des Kastens gilt die partielle Differentialgleichung

$$\Delta\psi = -\frac{2mE}{\hbar^2} \cdot \psi \qquad (2.2-19)$$

Anders als bei gewöhnlichen Differentialgleichungen hängt bei partiellen Differentialgleichungen die analytische Form der Lösung sehr von den Randbedingungen ab (z.B. hat die Differentialgleichung $\frac{\partial}{\partial x} f(x,y,z) = 0$ jede beliebige Funktion $g(y,z)$ zur Lösung, und wir können den Wert der Funktion auf der (y–z)-Ebene als Randbedingung vorgeben, vgl. hierzu den Anhang A5).

In der Tat hängt es sehr von den Randbedingungen ab, welchen Lösungsansatz man sinnvollerweise wählt. In diesem Fall bewährt sich ein Separationsansatz, d.h. man setzt versuchsweise an

$$\psi(x,y,z) = X(x)Y(y)Z(z) \qquad (2.2-20)$$

Ein solcher Ansatz führt nicht immer zum Ziel, aber in unserem Fall ist das Verfahren erfolgreich, was an der speziellen Form der Differentialgleichung und der Randbedingungen liegt.

$$\begin{aligned} \Delta\psi = \Delta(XYZ) &= YZ\,\frac{d^2X}{dx^2} + XZ\,\frac{d^2Y}{dy^2} + XY\,\frac{d^2Z}{d^2z^2} \\ &= -\frac{2mE}{\hbar^2}\,XYZ \end{aligned} \qquad (2.2-21)$$

Unter Ausschluß der ‚trivialen' Lösung, daß X, Y oder Z identisch verschwinden, können wir die Gleichung durch XYZ dividieren und erhalten

$$\frac{1}{X}\frac{d^2X}{dx^2} + \frac{1}{Y}\frac{d^2Y}{dy^2} + \frac{1}{Z}\frac{d^2Z}{dz^2} = -\frac{2mE}{\hbar^2} \qquad (2.2-22)$$

Offenbar ist $\frac{1}{X}\frac{d^2X}{dx^2}$ nur von x abhängig, nach dieser Gleichung aber gleich einem Ausdruck, der von x überhaupt nicht abhängt. Es muß also konstant sein. Das gleiche gilt für die analogen Ausdrücke in Y und Z. Wir erhalten also:

$$\frac{1}{X}\frac{d^2X}{dx^2} = -\alpha \quad \text{bzw.} \quad \frac{d^2X}{dx^2} = -\alpha X$$

$$\frac{1}{Y}\frac{d^2Y}{dy^2} = -\beta \quad \text{bzw.} \quad \frac{d^2Y}{dy^2} = -\beta Y$$

$$\frac{1}{Z}\frac{d^2Z}{dz^2} = -\gamma \quad \text{bzw.} \quad \frac{d^2Z}{dz^2} = -\gamma Z$$

$$\alpha + \beta + \gamma = +\frac{2mE}{\hbar^2}$$

$$E = \frac{\hbar^2}{2m}\,[\alpha + \beta + \gamma] \qquad (2.2\text{–}23)$$

Bestimmt man X, Y und Z aus den obigen gewöhnlichen Differentialgleichungen (2.2–23) (die genau denen im eindimensionalen Kasten (2.2–6) entsprechen) und multipliziert man sie miteinander, so gehorcht ihr Produkt offenbar der ursprünglichen partiellen Differentialgleichung. Man muß allerdings noch zweierlei prüfen:

1. Hat man so die allgemeine Lösung?
2. Kann die Lösung die Randbedingungen erfüllen?

Meist lassen sich nicht beide Fragen bejahen. Im vorliegenden Fall lassen sich die Randbedingungen offenbar erfüllen. Die Funktion (2.2–10) mit

$$X = A\cos(\sqrt{\alpha}\cdot x + \delta) \quad \text{etc.} \qquad (2.2\text{–}24)$$

erfüllt die Randbedingungen, wenn $\delta = \pi/2$ und $\sqrt{\alpha} = n_x\pi/a$; $\alpha = n_x^2 \cdot \pi^2 a^{-2}$ etc.. Tatsächlich gibt es hier keine anderen Lösungen, die die gleichen Randbedingungen erfüllen. Für die Energie erhalten wir

$$E = \frac{h^2}{8ma^2}\left[n_x^2 + n_y^2 + n_z^2\right] \qquad (2.2\text{–}25)$$

Betrachten wir diese Formel für die Energie-Eigenwerte etwas genauer! Die Zahlen n_x, n_y, n_z, die alle beliebige natürliche Zahlen sein können, bezeichnet man als ‚Quantenzahlen'. Während beim Teilchen im eindimensionalen Kasten die Energie nur von einer Quantenzahl abhängt, hängt sie hier von dreien ab. Der Grundzustand, d.h. der Zustand niedrigster Energie, ist offenbar durch $n_x = n_y = n_z = 1$ gekennzeichnet. Seine Energie ist $\frac{h^2}{8ma^2}\cdot 3$. Der nächste Energiezustand ist $\frac{h^2}{8ma^2}(1^2 + 1^2 + 2^2) = \frac{h^2}{8ma^2}\cdot 6$. Offenbar haben drei verschiedene Wellenfunktionen,

nämlich:

1. $n_x = 1, n_y = 1, n_z = 2$
2. $n_x = 1, n_y = 2, n_z = 1$
3. $n_x = 2, n_y = 1, n_z = 1$

dieselbe Energie. Es kommt oft vor, daß es zu einem Energiewert E mehrere linear unabhängige Eigenfunktionen $\psi_1, \psi_2 \ldots\ldots$ gibt. Man spricht dann von ‚*Entartung*'. In unserem Beispiel ist der Grundzustand nicht entartet, der erste angeregte Zustand dreifach entartet.

2.3. Erwartungswerte

Ein Zustand eines Systems werde durch die Wellenfunktion ψ beschrieben. Der Einfachheit halber nehmen wir an, daß ψ nur von einer Koordinate x abhängt. Für $3N$ Koordinaten ist alles ganz analog.

Wir haben gesagt, $|\psi(x)|^2 = \psi^*(x)\,\psi(x) = \rho(x)$ ist die Wahrscheinlichkeitsdichte für den Aufenthalt des Teilchens, oder anders gesagt $\rho(x)$ dx ist die Wahrscheinlichkeit, das Teilchen zwischen x und $x + \mathrm{d}x$ anzutreffen. Die Gesamtwahrscheinlichkeit sei gleich eins, d.h.

$$\int \rho(x)\,\mathrm{d}x = 1 \tag{2.3–1}$$

Die potentielle Energie des Teilchens ist offenbar eine Funktion von x (sowohl klassisch als auch quantenmechanisch). Versuchen wir die potentielle Energie zu messen!
Mit der Wahrscheinlichkeit $\rho(x)$ dx finden wir das Teilchen zwischen x und $x + \mathrm{d}x$, mit der gleichen Wahrscheinlichkeit $\rho(x)$ finden wir, daß das Teilchen die potentielle Energie $V(x)$ hat. Machen wir sehr viele Messungen am gleichen System und fragen, welchen Wert von V wir im Mittel messen!

Dazu müssen wir jeden Wert $V(x)$ mit der Wahrscheinlichkeit multiplizieren, daß das Teilchen an der Stelle x ist, und wir müssen über alle x-Werte summieren bzw. im Grenzfall integrieren.

$$<\mathbf{V}> = \int_{-\infty}^{+\infty} V(x)\,\rho(x)\,\mathrm{d}x = \int_{-\infty}^{+\infty} \psi^*(x)\,V(x)\,\psi(x)\,\mathrm{d}x \tag{2.3–2}$$

Wir bezeichnen $<\mathbf{V}>$ als den Mittelwert oder *Erwartungswert* der potentiellen Energie. In analoger Weise können wir die Erwartungswerte für beliebige Funktionen von x definieren.

Diese anschauliche Argumentation führt uns dagegen nicht zu einer Definition der Erwartungswerte von Größen, etwa des Impulses, deren Operatoren nicht multiplikativ sind. Allerdings haben wir in (2.3–2) im Ausdruck rechts des zweiten Gleichheitszeichens bereits die Erweiterung von (2.3–2) für beliebige Operatoren vorbereitet, nämlich (2.3–3). Daß diese Definition physikalisch sinnvoll ist, wird in Abschn. 2.7 deutlich, wo wir zeigen werden, daß zwischen den nach (2.3–3) definierten Erwartungswerten die Bewegungsgleichungen der klassischen Physik gelten, insbesondere daß

$$<\mathbf{p}_x> = m\,\frac{\mathrm{d}<\mathbf{x}>}{\mathrm{d}t}$$

Wird irgendeine physikalische Größe A durch den Operator $\mathbf{A}$ beschrieben, so ist der Erwartungswert von $\mathbf{A}$, d.h. der bei der Messung von A im Mittel erhaltene Wert für einen durch die (auf 1 normierte) Wellenfunktion ψ beschriebenen Zustand, gegeben durch

$$\langle \mathbf{A} \rangle = \int_{-\infty}^{\infty} \psi^*(x)\,[\mathbf{A}\psi(x)]\,\mathrm{d}x = \int_{-\infty}^{\infty} \psi^* \mathbf{A}\,\psi\,\mathrm{d}x \tag{2.3–3}$$

Die Klammern können weggelassen werden. Sie sollen nur daran erinnern, daß zuerst der Operator $\mathbf{A}$ auf ψ anzuwenden ist, und daß man dann erst mit ψ^* multipliziert und integriert. Für multiplikative Operatoren erhalten wir genau den Ausdruck, den wir vorher bereits anschaulich hergeleitet haben.

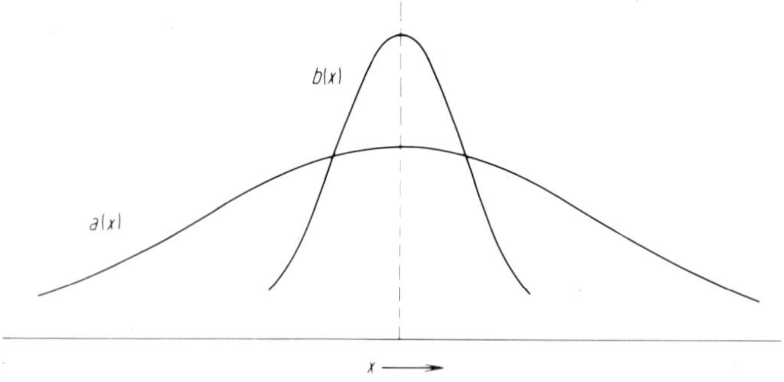

Abb. 2. Zwei Verteilungen mit gleichem Mittelwert, aber verschiedener Unschärfe

Wie bei allen statistischen Größen interessiert uns neben dem Mittelwert auch die Streuung um den Mittelwert, die sogenannte Varianz. Die beiden Verteilungen auf Abb. 2 haben den gleichen Mittelwert, bei a ist die mittlere Abweichung vom Mittelwert aber viel größer. Wir betrachten den Operator der quadratischen Abweichung vom Mittelwert

$$(\mathbf{A} - \langle \mathbf{A} \rangle)^2 = \mathbf{A}^2 - 2\langle \mathbf{A} \rangle\,\mathbf{A} + \langle \mathbf{A} \rangle^2 \tag{2.3–4}$$

und berechnen jetzt den Mittelwert dieses Operators (2.3–4) nach der Formel (2.3–3) und nennen diesen Mittelwert $(\Delta A)^2$

$$(\Delta A)^2 = \int_{-\infty}^{\infty} \psi^*\,(\mathbf{A} - \langle \mathbf{A} \rangle)^2\,\psi\,\mathrm{d}x$$

$$= \int_{-\infty}^{\infty} \psi^*\,\mathbf{A}^2\,\psi\,\mathrm{d}x - 2\langle \mathbf{A} \rangle \int_{-\infty}^{\infty} \psi^* \mathbf{A}\,\psi\,\mathrm{d}x + \langle \mathbf{A} \rangle^2 \int_{-\infty}^{\infty} \psi^*\,\psi\,\mathrm{d}x$$

$$= \langle \mathbf{A}^2 \rangle - \langle \mathbf{A} \rangle^2 \tag{2.3–5}$$

Die Größe ΔA, d.h. die positive Wurzel aus $(\Delta A)^2$, heißt Varianz oder Unschärfe des Erwartungswertes. (Das Δ hat in diesem Fall nichts mit dem Laplace-Operator Δ zu tun.)

Wenn $\Delta A = 0$ ist, sagen wir der Erwartungswert $\langle \mathbf{A} \rangle$ ist *scharf*, dann messen wir bei jeder Messung immer den gleichen Wert. Ein Operator mit einem scharfen Erwartungswert entspricht einer Bewegungskonstanten der klassischen Physik.

Man sieht leicht, daß $\Delta A = 0$, genau dann, wenn $\mathbf{A}\psi = \alpha\psi$, d.h. wenn ψ eine Eigenfunktion von $\mathbf{A}$ ist.

Dann ist

$$\mathbf{A}^2 \psi = \mathbf{A} \cdot \mathbf{A}\psi = \mathbf{A} \cdot \alpha\psi = \alpha\mathbf{A}\psi = \alpha^2 \psi$$

$$\int \psi^* \mathbf{A}\psi \mathrm{d}x = \alpha \int \psi^* \psi \, \mathrm{d}x; \quad \int \psi^* \mathbf{A}^2 \psi \mathrm{d}x = \alpha^2 \int \psi^* \psi \, \mathrm{d}x$$

$$(\Delta A)^2 = \langle \mathbf{A}^2 \rangle - \langle \mathbf{A} \rangle^2 = \alpha^2 - \alpha^2 = 0 \tag{2.3-6}$$

Wenn ψ eine Eigenfunktion des zugehörigen Hamilton-Operators ist ($\mathbf{H}\psi = E\psi$), dann folgt, daß $\langle \mathbf{H} \rangle = E$ ein scharfer Erwartungswert ist.

Wählt man eine nicht auf 1 normierte Wellenfunktion, so ist statt des Ausdrucks (2.3–3) zu bilden

$$\langle \mathbf{A} \rangle = \frac{\int \psi^* \mathbf{A} \psi \mathrm{d}x}{\int \psi^* \psi \mathrm{d}x} \tag{2.3-7}$$

Bei Funktionen von mehr als einer Variablen ist natürlich $\mathrm{d}x$ durch $\mathrm{d}\tau$ zu ersetzen.

Erwartungswerte können sowohl für zeitunabhängige als auch für zeitabhängige Wellenfunktionen berechnet werden. Bei letzteren sind die Erwartungswerte i.allg. zeitabhängig. Sei z.B. $\Psi(\vec{r}, t)$ eine zeitabhängige Wellenfunktion, so ist

$$\langle \mathbf{A} \rangle = \int \Psi^* (\vec{r}, t) \; \mathbf{A} \; \Psi (\vec{r}, t) \, \mathrm{d}\tau \tag{2.3-8}$$

eine Funktion von t.

Bei stationären Zuständen ist allerdings der mit der zeitabhängigen Wellenfunktion

$$\Psi (\vec{r}, t) = \psi (\vec{r}) \, \mathrm{e}^{\frac{E}{\mathrm{i}\hbar} t} \tag{2.3-9}$$

gebildete Erwartungswert eines zeitunabhängigen Operators $\mathbf{A}$ zeitunabhängig und gleich dem mit der zeitunabhängigen Wellenfunktion gebildeten Erwartungswert

$$\langle \mathbf{A} \rangle = \int \psi^*(\vec{r}) \, \mathrm{e}^{-\frac{E}{\mathrm{i}\hbar} t} \, \mathbf{A} \, \psi (\vec{r}) \, \mathrm{e}^{\frac{E}{\mathrm{i}\hbar} t} \, \mathrm{d}\tau = \int \psi^*(r) \, \mathbf{A} \, \psi (r) \, \mathrm{d}\tau \tag{2.3-10}$$

2.4. Vertauschbarkeit von Operatoren

Wenn $\mathbf{A}$ und $\mathbf{B}$ zwei Operatoren sind, so gilt i.allg. nicht, daß

$$\mathbf{AB} = \mathbf{BA} \tag{2.4–1}$$

anders gesagt, daß

$$\mathbf{AB}\varphi = \mathbf{BA}\varphi \tag{2.4–2}$$

für beliebige φ. Wir sehen das an einem einfachen Beispiel, nämlich für

$$\mathbf{A} = \mathbf{x}=x, \; \mathbf{B} = \mathbf{p}_x = \frac{\hbar}{\mathrm{i}} \frac{\partial}{\partial x} \tag{2.4–3}$$

Wir finden:

$$\mathbf{x}\,\mathbf{p}_x\,\varphi = x\,\frac{\hbar}{\mathrm{i}}\frac{\partial\varphi}{\partial x} = \frac{\hbar}{\mathrm{i}}x\,\frac{\partial\varphi}{\partial x}$$

$$\mathbf{p}_x\,\mathbf{x}\,\varphi = \frac{\hbar}{\mathrm{i}}\frac{\partial}{\partial x}(x\varphi) = \frac{\hbar}{\mathrm{i}}x\,\frac{\partial\varphi}{\partial x} + \frac{\hbar}{\mathrm{i}}\varphi \tag{2.4–4}$$

Folglich ist

$$(\mathbf{p}_x\mathbf{x} - \mathbf{x}\,\mathbf{p}_x)\,\varphi = \frac{\hbar}{\mathrm{i}}\varphi \tag{2.4–5}$$

oder

$$\mathbf{p}_x\mathbf{x} - \mathbf{x}\,\mathbf{p}_x = \frac{\hbar}{\mathrm{i}} \tag{2.4–6}$$

Einen Ausdruck der Form $\mathbf{AB} - \mathbf{BA}$ bezeichnet man auch als Kommutator, und man führt die folgende Abkürzung ein:

$$[\mathbf{A},\mathbf{B}]_- = \mathbf{AB} - \mathbf{BA} \tag{2.4–7}$$

Statt Gl. (2.4–6) können wir also auch schreiben

$$[\mathbf{p}_x, \mathbf{x}]_- = \frac{\hbar}{\mathrm{i}} \tag{2.4–8}$$

Wenn zwei Operatoren $\mathbf{A}$ und $\mathbf{B}$ Gl. (2.4–1) bzw. (2.4–2) erfüllen, d.h. wenn ihr Kommutator verschwindet, so sagt man, sie ‚vertauschen' oder ‚kommutieren'. Die Tatsache, daß z.B. $\mathbf{x}$ und $\mathbf{p}_x$ nicht vertauschen, stellt einen wesentlichen, wenn nicht sogar den wesentlichen Unterschied zwischen Quantenmechanik und klassischer Mechanik dar. Man kann in der Tat (und das ist in modernen Darstellungen der

Quantentheorie allgemein üblich) die ‚Vertauschungsrelationen' vom Typ (2.4—8) als Axiome an den Anfang der Theorie stellen und wichtige Sätze der Quantentheorie unmittelbar aus den Vertauschungsrelationen ableiten (vgl. Abschn. 3.4). Man kann dann anschließend zeigen, daß die in Tab. 1 angegebene Zuordnungsvorschrift zwischen klassischen Größen und quantenmechanischen Operatoren die grundlegenden Vertauschungsrelationen erfüllt oder, wie man sagt, eine ‚Darstellung' dieser Vertauschungsrelationen ist. Diese von uns verwendete Darstellung heißt allgemein die ‚Schrödinger-Darstellung im Ortsraum'. Es gibt andere, gleichwertige Darstellungen, auf die wir nicht eingehen wollen. Wir weisen noch darauf hin, daß Gl. (2.4—8) jeweils für eine Ortskoordinate und die zu ihr gehörende Impulskoordinate gilt, daß aber z.B.

$$[\mathbf{p}_x, \mathbf{y}]_- = 0 \qquad (2.4\text{—}9)$$

Für zwei Operatoren $\mathbf{A}$ und $\mathbf{B}$, die kommutieren, d.h. für die (2.4—1) erfüllt ist, gilt, daß sie gemeinsame Eigenfunktionen haben, d.h. daß die Eigenfunktionen von $\mathbf{B}$ gleichzeitig Eigenfunktionen von $\mathbf{A}$ sind bzw. daß sie im Falle von Entartung immer so gewählt werden können, daß sie auch Eigenfunktionen von $\mathbf{A}$ sind.

Wir wollen den Beweis für diesen wichtigen Satz nur unter der etwas einschränkenden Voraussetzung führen, daß der Eigenwert b von $\mathbf{B}$ nicht entartet ist, d.h. daß zu b nur eine Eigenfunktion (abgesehen von einem beliebigen skalaren Faktor) gehört. Der vollständige Beweis wird im Anhang A6 gegeben.

Es gelte also

$$\mathbf{B}\psi = b\,\psi \qquad (2.4\text{—}10)$$

hieraus und aus (2.4—1) folgt:

$$\mathbf{A}\,\mathbf{B}\,\psi = \mathbf{A}\,b\,\psi = b\,\mathbf{A}\,\psi = \mathbf{B}\,\mathbf{A}\,\psi \qquad (2.4\text{—}11)$$

Man sieht, daß neben ψ auch $\varphi = \mathbf{A}\psi$ eine Eigenfunktion von $\mathbf{B}$ zum Eigenwert b ist. Da aber b nach Voraussetzung ein nicht-entarteter Eigenwert sein soll, muß φ bis auf einen konstanten Faktor a gleich ψ sein, d.h.

$$\varphi = \mathbf{A}\psi = a\,\psi \qquad (2.4\text{—}12)$$

Also ist ψ auch eine Eigenfunktion von $\mathbf{A}$.

Wenn zwei Operatoren $\mathbf{A}$ und $\mathbf{B}$ vertauschen, so gibt es Wellenfunktionen (nämlich ihre gemeinsamen Eigenfunktionen), bezüglich derer $\mathbf{A}$ und $\mathbf{B}$ gleichzeitig scharfe Erwartungswerte haben. Das bedeutet, daß $\langle \mathbf{A} \rangle$ und $\langle \mathbf{B} \rangle$ gleichzeitig genau gemessen werden können. Für nicht-vertauschbare Operatoren gilt dies in der Regel nicht.

Es wird sich in späteren Kapiteln als wichtig erweisen, Operatoren $\mathbf{A}$ zu finden, die mit dem Hamilton-Operator $\mathbf{H}$ kommutieren und deren Eigenfunktionen leichter zu finden sind als die von $\mathbf{H}$.

Wir wollen noch die Kommutatoren zwischen der kinetischen und potentiellen Energie $\mathbf{T}$ und $\mathbf{V}$ einerseits und $\mathbf{x}$ sowie $\mathbf{p}_x$ andererseits berechnen, weil wir diese später brauchen werden. Betrachten wir zunächst

$$[\mathbf{p}_x, \mathbf{p}_y^2]_- = \mathbf{p}_x \mathbf{p}_y \mathbf{p}_y - \mathbf{p}_y \mathbf{p}_y \mathbf{p}_x \qquad (2.4\text{—}13)$$

Da $\mathbf{p}_x$ und $\mathbf{p}_y$ vertauschen, können wir das zweite Glied auch als $\mathbf{p}_y \mathbf{p}_x \mathbf{p}_y$ bzw. nach nochmaliger Vertauschung als $\mathbf{p}_x \mathbf{p}_y \mathbf{p}_y$ schreiben, so daß der Kommutator verschwindet. Das gleiche gilt für $[\mathbf{p}_x, \mathbf{p}_z^2]_-$ und in noch trivialerer Weise für $[\mathbf{p}_x, \mathbf{p}_x^2]$. Nach (2.1—9) gilt folglich auch, daß

$$[\mathbf{p}_x, \mathbf{T}]_- = 0 \qquad \text{bzw.} \qquad [\vec{\mathbf{p}}, \mathbf{T}]_- = \vec{0} \qquad (2.4\text{—}14)$$

Die Operatoren von Impuls und kinetischer Energie vertauschen.

In ähnlicher Weise folgt aus der Vertauschbarkeit von $\mathbf{x}$ mit $\mathbf{p}_y$ bzw. mit $\mathbf{p}_z$, daß

$$[\mathbf{x}, \mathbf{p}_y^2]_- = [\mathbf{x}, \mathbf{p}_z^2]_- = 0 \qquad (2.4\text{—}15)$$

Nicht vertauschbar sind dagegen $\mathbf{x}$ und $\mathbf{p}_x^2$, da schon $\mathbf{x}$ und $\mathbf{p}_x$ nicht vertauschen. Bilden wir

$$[\mathbf{x}, \mathbf{p}_x^2]_- = \mathbf{x}\,\mathbf{p}_x \mathbf{p}_x - \mathbf{p}_x \mathbf{p}_x\, \mathbf{x} \qquad (2.4\text{—}16)$$

und ersetzen wir in zweitem Glied $\mathbf{p}_x \mathbf{x}$ nach (2.4—6)

$$[\mathbf{x}, \mathbf{p}_x^2]_- = \mathbf{x}\,\mathbf{p}_x \mathbf{p}_x - \mathbf{p}_x\left(\frac{\hbar}{i} + \mathbf{x}\,\mathbf{p}_x\right) = -\frac{\hbar}{i}\,\mathbf{p}_x + \mathbf{x}\,\mathbf{p}_x \mathbf{p}_x - \mathbf{p}_x\,\mathbf{x}\,\mathbf{p}_x \qquad (2.4\text{—}17)$$

Erneute Anwendung von (2.4—6) führt zu

$$\begin{aligned}[\mathbf{x}, \mathbf{p}_x^2]_- &= -\frac{\hbar}{i}\,\mathbf{p}_x + \left(-\frac{\hbar}{i} + \mathbf{p}_x \mathbf{x}\right)\mathbf{p}_x - \mathbf{p}_x\,\mathbf{x}\,\mathbf{p}_x \\ &= 2i\hbar\,\mathbf{p}_x\end{aligned} \qquad (2.4\text{—}18)$$

Daraus folgt unmittelbar

$$[\mathbf{x}, \mathbf{T}]_- = \left[\mathbf{x}, \frac{\vec{\mathbf{p}}^2}{2m}\right]_- = \frac{i\hbar}{m}\,\mathbf{p}_x \qquad (2.4\text{—}19)$$

bzw.

$$[\vec{\mathbf{r}}, \mathbf{T}]_- = \frac{i\hbar}{m}\,\vec{\mathbf{p}} \qquad (2.4\text{—}20)$$

Da sowohl $\mathbf{x}$ als auch $\mathbf{V}(r)$ multiplikative Operatoren sind, vertauschen sie miteinander

$$[\mathbf{x}, \mathbf{V}]_- = 0 \qquad (2.4\text{—}21)$$

Den Kommutator $[\mathbf{p}_x, \mathbf{V}]_-$ wenden wir auf eine Funktion ψ an:

$$[\mathbf{p}_x, \mathbf{V}]_- \psi = \mathbf{p}_x \mathbf{V}\psi - \mathbf{V}\mathbf{p}_x \psi = \frac{\hbar}{\mathrm{i}} \frac{\partial}{\partial x}(V\psi) - \frac{\hbar}{\mathrm{i}} V \frac{\partial \psi}{\partial x}$$

$$= \frac{\hbar}{\mathrm{i}} \frac{\partial V}{\partial x} \cdot \psi + \frac{\hbar}{\mathrm{i}} V \frac{\partial \psi}{\partial x} - \frac{\hbar}{\mathrm{i}} V \frac{\partial \psi}{\partial x} = \frac{\hbar}{\mathrm{i}} \frac{\partial V}{\partial x} \cdot \psi \qquad (2.4\text{—}22)$$

Also ist

$$[\mathbf{p}_x, \mathbf{V}]_- = \frac{\hbar}{\mathrm{i}} \frac{\partial V}{\partial x} \qquad (2.4\text{—}23)$$

Schließlich können wir noch die Kommutatoren von $\mathbf{H}$ mit $\mathbf{x}$ bzw. mit $\mathbf{p}_x$ hinschreiben.

$$[\mathbf{x}, \mathbf{H}]_- = [\mathbf{x}, \mathbf{T}]_- = \frac{\mathrm{i}\hbar}{m} \mathbf{p}_x \qquad (2.4\text{—}24)$$

$$[\mathbf{p}_x, \mathbf{H}]_- = [\mathbf{p}_x, \mathbf{V}]_- = \frac{\hbar}{\mathrm{i}} \frac{\partial V}{\partial x} \qquad (2.4\text{—}25)$$

2.5. Der harmonische Oszillator

Zu den wenigen Beispielen einer geschlossen lösbaren Schrödingergleichung gehört dasjenige des harmonischen Oszillators.

Die klassische Hamilton-Funktion eines eindimensionalen harmonischen Oszillators ist

$$H = \frac{p_x^2}{2m} + \frac{1}{2} k x^2 ; \quad k > 0 \qquad (2.5\text{—}1)$$

Entsprechend sind die Hamiltonschen Bewegungsgleichungen

$$\frac{\partial H}{\partial p_x} = \frac{p_x}{m} = \dot{x} \qquad (2.5\text{—}2)$$

$$\frac{\partial H}{\partial x} = kx = -\dot{p}_x = -m\ddot{x} \qquad (2.5\text{—}3)$$

mit der Lösung

$$x = A \cos (\omega t + \delta) \qquad (2.5\text{—}4)$$

$$\omega = \sqrt{\frac{k}{m}} \qquad (2.5\text{—}5)$$

wobei $\omega\ (= 2\pi\nu)$ die sog. Kreisfrequenz ist und A sowie δ beliebig sein können.

Man kann H in folgender Weise als ein Produkt schreiben

$$H = b_+ b_- = b_- b_+ \tag{2.5–6}$$

mit

$$b_+ = \frac{1}{\sqrt{2m}} p_x + \mathrm{i}\sqrt{\frac{k}{2}} \cdot x$$

$$b_- = \frac{1}{\sqrt{2m}} p_x - \mathrm{i}\sqrt{\frac{k}{2}} \cdot x \tag{2.5–7}$$

Der quantenmechanische Hamilton-Operator

$$\mathbf{H} = \frac{\mathbf{p}_x^2}{2m} + \frac{1}{2} k x^2 \tag{2.5–8}$$

läßt sich allerdings nicht genauso wie das klassische H zerlegen, denn die (2.5–7) entsprechenden Operatoren

$$\mathbf{b}_+ = \frac{1}{\sqrt{2m}} \mathbf{p}_x + \mathrm{i}\sqrt{\frac{k}{2}}\, x$$

$$\mathbf{b}_- = \frac{1}{\sqrt{2m}} \mathbf{p}_x - \mathrm{i}\sqrt{\frac{k}{2}}\, x \tag{2.5–8}$$

kommutieren nicht. Vielmehr gilt wegen der Vertauschungsbeziehung (2.4–8) zwischen $\mathbf{p}_x$ und $\mathbf{x}$, daß

$$\mathbf{b}_+\mathbf{b}_- = \frac{1}{2m} \mathbf{p}_x^2 + \frac{k}{2} x^2 - \frac{\mathrm{i}}{2}\sqrt{\frac{k}{m}} [\mathbf{p}_x, \mathbf{x}]_-$$

$$= \mathbf{H} - \frac{\hbar}{2}\sqrt{\frac{k}{m}} = \mathbf{H} - \frac{\hbar\omega}{2} \tag{2.5–9}$$

$$\mathbf{b}_-\mathbf{b}_+ = \frac{1}{2m} \mathbf{p}_x^2 + \frac{k}{2} x^2 + \frac{\mathrm{i}}{2}\sqrt{\frac{k}{m}} [\mathbf{p}_x, \mathbf{x}]_- = \mathbf{H} + \frac{\hbar\omega}{2} \tag{2.5–10}$$

Sei nun ψ eine Eigenfunktion von $\mathbf{H}$ zum Eigenwert E

$$\mathbf{H}\psi = E\psi \tag{2.5–11}$$

Wir drücken in (2.5–11) $\mathbf{H}$ nach (2.5–9) aus und wenden auf die Gleichung von links $\mathbf{b}_-$ an:

$$\left[\mathbf{b}_+\mathbf{b}_- + \frac{\hbar\omega}{2}\right]\psi = E\psi \tag{2.5–12}$$

$$\mathbf{b}_-\left[\mathbf{b}_+\mathbf{b}_- + \frac{\hbar\omega}{2}\right]\psi = \mathbf{b}_-\mathbf{b}_+\mathbf{b}_-\ \psi + \frac{\hbar\omega}{2}\mathbf{b}_-\psi = E\,\mathbf{b}_-\ \psi \qquad (2.5-13)$$

Setzen wir im mittleren Ausdruck in (2.5–13) für $\mathbf{b}_-\mathbf{b}_+$ jetzt (2.5–10) ein,

$$\left(\mathbf{H} + \frac{\hbar\omega}{2}\right)\mathbf{b}_-\ \psi + \frac{\hbar\omega}{2}\,\mathbf{b}_-\ \psi = (\mathbf{H} + \hbar\omega)\ \mathbf{b}_-\ \psi = E\,\mathbf{b}_-\ \psi \qquad (2.5-14)$$

bzw.

$$\mathbf{H}\,(\mathbf{b}_-\ \psi) = (E - \hbar\omega)\ (\mathbf{b}_-\ \psi) \qquad (2.5-15)$$

so sehen wir, daß, wenn ψ Eigenfunktion von $\mathbf{H}$ zum Eigenwert E ist, $\mathbf{b}_-\psi$ eine Eigenfunktion von $\mathbf{H}$ zum Eigenwert $E - \hbar\,\omega$ ist oder aber identisch verschwindet, Analog findet man

$$\mathbf{H}\,\mathbf{b}_+\ \psi = (E+\hbar\omega)\ \mathbf{b}_+\ \psi \qquad (2.5-16)$$

Sei nun ψ_0 Eigenfunktion zum *tiefsten* Eigenwert*) E_0 von $\mathbf{H}$

$$\mathbf{H}\,\psi_0 = E_0\ \psi_0 \qquad (2.5-17)$$

Einen kleineren Eigenwert $E_0 - \hbar\omega$ kann es nicht geben, weil E_0 ja der kleinste Eigenwert sein soll, also muß $\mathbf{b}_-\ \psi_0$ identisch verschwinden, d.h.

$$\mathbf{b}_-\ \psi_0 = 0 \qquad (2.5-18)$$

---

* Daß es einen tiefsten Eigenwert auch wirklich gibt, wie wir bei unserer Ableitung stillschweigend voraussetzen, ist durchaus nicht selbstverständlich, sondern muß eigentlich bewiesen werden. Es genügt hier, zu zeigen, daß eine untere Schranke für die Eigenwerte existiert. Der Erwartungswert $(\varphi, \mathbf{H}\varphi)$ gebildet mit einer beliebigen (zum Definitionsbereich von $\mathbf{H}$, $\mathbf{b}_+$ und $\mathbf{b}_-$ gehörenden) Funktion läßt sich nämlich nach (2.5–9) und (2.5–10) sowie unter Benutzung der Tatsache, daß $\mathbf{b}_+$ und $\mathbf{b}_-$ zueinander adjungiert sind (vgl. Anhang A6) umformen gemäß

$$(\varphi, \mathbf{H}\varphi) = \frac{1}{2}(\varphi, \mathbf{b}_+\mathbf{b}_-\varphi) + \frac{1}{2}(\varphi, \mathbf{b}_-\mathbf{b}_+\varphi) = \frac{1}{2}(\mathbf{b}_-\varphi, \mathbf{b}_-\varphi) + \frac{1}{2}(\mathbf{b}_+\varphi, \mathbf{b}_+\varphi)$$

Die Normierungsintegrale $(\mathbf{b}_-\varphi, \mathbf{b}_-\varphi)$ und $(\mathbf{b}_+\varphi, \mathbf{b}_+\varphi)$ sind aber sicher nicht-negativ, so daß auch

$$(\varphi, \mathbf{H}\varphi) \geqslant 0$$

Ist insbesondere φ irgendeine Eigenfunktion zum Eigenwert E, so folgt hieraus sofort, daß $E \geqslant 0$, d.h. daß nur nicht-negative Eigenwerte möglich sind.

Wie wichtig diese ‚Beschränktheit des Hamiltonoperators nach unten' ist, erkennt man, wenn man formal die Eigenfunktion zum höchsten (statt zum tiefsten) Eigenwert sucht. Mit der gleichen Argumentation wie von Gl. (2.5–17) bis (2.5–21) nur mit $\mathbf{b}_+$ und $\mathbf{b}_-$ vertauscht erhält man $E_0 = -\frac{\hbar\omega}{2}$ für den ‚höchsten' Eigenwert, wenn man vergißt, sich vorher zu vergewissern, ob es wirklich einen höchsten Eigenwert gibt, bzw. ob negative Eigenwerte möglich sind.

Hierauf kann man von links $\mathbf{b}_+$ anwenden:

$$\mathbf{b}_+ \mathbf{b}_- \psi_0 = \left(\mathbf{H} - \frac{\hbar\omega}{2}\right)\psi_0 = \mathbf{b}_+ \, 0 = 0 \tag{2.5–19}$$

d.h.

$$\mathbf{H}\,\psi_0 = \frac{\hbar\omega}{2}\,\psi_0 = E_0\,\psi_0 \tag{2.5–20}$$

Der tiefste Eigenwert ist folglich

$$E_0 = \frac{\hbar\omega}{2} = \frac{h\nu}{2} \tag{2.5–21}$$

Um ψ_0 zu berechnen, schreiben wir (2.5–18) explizit hin (vgl. 2.5–8):

$$\mathbf{b}_-\,\psi_0 = \left[\frac{1}{\sqrt{2m}}\,\frac{\hbar}{\mathrm{i}}\,\frac{\mathrm{d}}{\mathrm{d}x} - \mathrm{i}\sqrt{\frac{k}{2}}\,x\right]\psi_0 = \frac{-\mathrm{i}\hbar}{\sqrt{2m}}\,\frac{\mathrm{d}\psi_0}{\mathrm{d}x} - \mathrm{i}\sqrt{\frac{k}{2}}\,x\,\psi_0 = 0 \tag{2.5–22}$$

Diese Differentialgleichung für $\psi_0\,(x)$ läßt sich durch Separation lösen (vgl. Anhang A5.3):

$$\frac{\mathrm{d}\psi_0}{\psi_0} = -\frac{\sqrt{km}}{\hbar}\,x\,\mathrm{d}x \tag{2.5–23}$$

$$\ln\psi_0 = -\frac{\sqrt{km}}{2\hbar}\,x^2 + C \tag{2.5–24}$$

$$\psi_0 = \exp\left(-\frac{\sqrt{km}}{2\hbar}\,x^2\right)\mathrm{e}^C \tag{2.5–25}$$

Die Konstante C wählt man dann so, daß ψ_0 auf 1 normiert ist.

Die Eigenfunktionen ψ_n zu den Eigenwerten $\left(n + \frac{1}{2}\right)\hbar\omega$ erhält man durch n-malige sukzessive Anwendung von $\mathbf{b}_+$ auf ψ_0. Sie sind von der Form (auf 1 normiert)

$$\psi_n = \mathrm{N}_n\,\mathrm{H}_n\,(u)\,\mathrm{e}^{-\frac{u^2}{2}} \tag{2.5–26}$$

mit

$$u = \frac{(km)^{\frac{1}{4}}}{\sqrt{\hbar}}\cdot x = \sqrt{\alpha}\cdot x \tag{2.5–27}$$

$$\mathrm{N}_n = \left(\frac{\alpha}{\pi}\right)^{\frac{1}{4}}\frac{1}{\sqrt{2^n n!}} \tag{2.5–28}$$

wobei die $H_n(u)$ als Hermitische Polynome bezeichnet werden. Ihre ersten Vertreter sind

$$H_0(u) = 1 \qquad H_1(u) = 2u$$

$$H_2(u) = -2+4u^2 \qquad H_3(u) = -12u + 8u^3$$

$$H_4(u) = 12-48u^2 + 16u^4 \tag{2.5–29}$$

Die ersten normierten Eigenfunktionen des linearen harmonischen Oszillators sind auf Tab. 2 zusammengestellt und auf Abb. 3 graphisch dargestellt.

Tab. 2. Die ersten Eigenfunktionen des eindimensionalen harmonischen Oszillators $\alpha = \frac{\sqrt{km}}{\hbar}$.

$$\psi_0 = \left(\frac{\alpha}{\pi}\right)^{\frac{1}{4}} e^{-\frac{\alpha}{2}x^2}$$

$$\psi_1 = \left(\frac{4\alpha^3}{\pi}\right)^{\frac{1}{4}} x e^{-\frac{\alpha}{2}x^2}$$

$$\psi_2 = \left(\frac{\alpha}{4\pi}\right)^{\frac{1}{4}} (1-2\alpha x^2)\, e^{-\frac{\alpha}{2}x^2}$$

$$\psi_3 = \left(\frac{9\alpha^3}{\pi}\right)^{\frac{1}{4}} \left(x-\frac{2\alpha}{3}x^3\right) e^{-\frac{\alpha}{2}x^2}$$

$$\psi_4 = \left(\frac{9\alpha}{64\pi}\right)^{\frac{1}{4}} \left(1-4\alpha x^2+\frac{4}{3}\alpha^2 x^4\right) e^{-\frac{\alpha}{2}x^2}$$

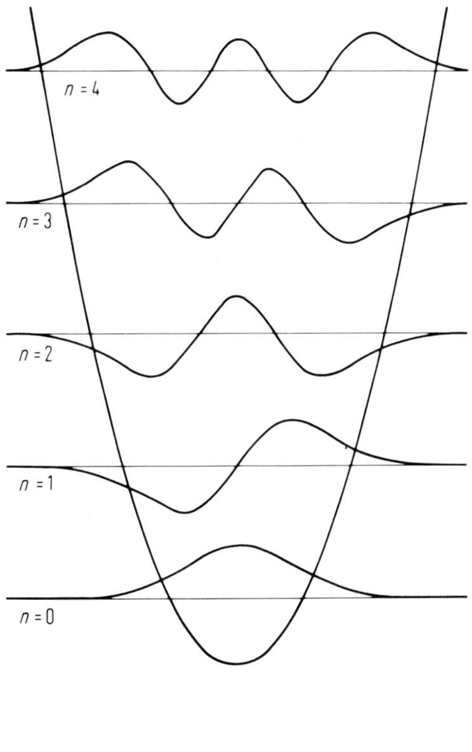

Abb. 3. Energieniveaus und Eigenfunktionen des harmonischen Oszillators.

Es ist noch der Beweis nachzutragen, daß andere Eigenwerte als $\left(n + \frac{1}{2}\right)\hbar\omega$ mit $n = 0, 1, 2 \ldots$ nicht möglich sind. Nehmen wir etwa an, es gäbe einen Eigenwert $E = (n + a)\,\hbar\omega$ mit $0 \leqslant a \leqslant 1$, $a \neq \frac{1}{2}$. Durch n-malige Anwendung von $\mathbf{b}_-$ auf die zugehörige Eigenfunktion erhält man eine Eigenfunktion zum Eigenwert $a\hbar\omega$ und durch (n + 1)malige Anwendung eine Eigenfunktion zum negativen Eigenwert $(a - 1)\,\hbar\omega$ oder eine identisch verschwindende Funktion. Ersteres ist nicht möglich, da negative Eigenwerte nicht vorkommen können, letzteres aber nach (2.5—18, 19) nur dann, wenn $a = \frac{1}{2}$. Unsere Annahme, es gäbe andere als die oben abgeleiteten Eigenwerte, ist damit als falsch erwiesen.

Man kann die Eigenwerte und Eigenfunktionen des eindimensionalen harmonischen Oszillators auch nach einem Verfahren erhalten, das analog zu dem ist, das wir in Kap. 4 zur Lösung der radialen Schrödingergleichung des H-Atoms benutzen werden. Der hier beschrittene Weg über eine unmittelbare Anwendung der Vertauschungsrelationen ist offensichtlich eleganter. In Kap. 3 werden wir in einer analogen Weise die Eigenwerte und Eigenfunktionen der Drehimpulsoperatoren ableiten.

2.6. Matrixelemente von Operatoren

Eine Erweiterung des Begriffs des durch (2.3—3) definierten Erwartungswertes ist das sog. Matrixelement

$$(\psi, \mathbf{A}\varphi) = \int \psi^* \,[\mathbf{A}\varphi]\, d\tau \qquad (2.6\text{—}1)$$

eines Operators zwischen zwei Funktionen ψ und φ. Der Erwartungswert ist ein Spezialfall für $\psi = \varphi$ und $\int \psi^* \psi \, d\tau = 1$. Für Matrixelemente sind auch andere Schreibweisen üblich, die wir gleichberechtigt verwenden wollen.

$$(\psi_i, \mathbf{A}\,\psi_k) = \langle \psi_i \,|\mathbf{A}|\, \psi_k \rangle = \langle i \,|\mathbf{A}|\, k \rangle = A_{ik} \qquad (2.6\text{—}2)$$

Einen Spezialfall von Matrixelementen stellen diejenigen dar, bei denen $\mathbf{A}$ der Einheitsoperator $\mathbf{1}$ ist, der jedes ψ in sich selbst überführt

$$(\psi_i, \mathbf{1}\,\psi_k) = \int \psi_i^* \,\psi_k \, d\tau = (\psi_i, \psi_k) = \langle \psi_i | \psi_k \rangle = S_{ik} \qquad (2.6\text{—}3)$$

Man nennt S_{ik} das Überlappungsintegral der beiden Funktionen ψ_i und ψ_k. Aus der Definition (2.6—3) folgt unmittelbar, daß

$$S_{ki} = (\psi_k, \psi_i) = \int \psi_k^* \,\psi_i \, d\tau = (\psi_i, \psi_k)^* = S_{ik}^* \qquad (2.6\text{—}4)$$

Das Überlappungsintegral einer Funktion mit sich selbst ist gleich dem uns bereits bekannten Normierungsintegral (2.1—3)

$$(\psi_i, \psi_i) = \|\psi_i\|^2 = \int \psi_i^* \psi_i \, d\tau = \int |\psi_i|^2 \, d\tau \tag{2.6–5}$$

Wir bezeichnen $\|\psi_i\|$ als die Norm von ψ_i.

Aus der Definition (2.6–1) der Matrixelemente folgen unmittelbar folgende wichtige Beziehungen

$$([\psi_i + \psi_j], \mathbf{A}\psi_k) = (\psi_i, \mathbf{A}\psi_k) + (\psi_j, \mathbf{A}\psi_k) \tag{2.6–6a}$$

$$(\psi_i, \mathbf{A}[\psi_k + \psi_l]) = (\psi_i, \mathbf{A}\psi_k) + (\psi_i, \mathbf{A}\psi_l) \tag{2.6–6b}$$

$$(\lambda \psi_i, \mathbf{A}\psi_k) = \lambda^* (\psi_i, \mathbf{A}\psi_k) \tag{2.6–6c}$$

$$(\psi_i, \mathbf{A}[\lambda \psi_k]) = \lambda (\psi_i, \mathbf{A}\psi_k) \tag{2.6–6d}$$

Man beachte vor allem das Konjugiert-Komplex-Zeichen in (2.6–6c).

Matrixelemente von Operatoren werden in einem größeren mathematischen Zusammenhang im Anhang A6 behandelt.

Ein Operator $\mathbf{A}$ heißt hermitisch, wenn für alle seine Matrixelemente folgende Beziehung gilt

$$(\psi_i, \mathbf{A}\psi_k) = (\psi_k, \mathbf{A}\psi_i)^* = (\mathbf{A}\psi_i, \psi_k) \tag{2.6–7}$$

Im Anhang A6 wird gezeigt, daß reelle multiplikative Operatoren sowie der Impulsoperator $\vec{\mathbf{p}}$ und auch der Operator der kinetischen Energie $\mathbf{T}$ hermitisch sind, und daß hermitische Operatoren einige sehr wichtige Eigenschaften haben:

1. Sie haben nur reelle Erwartungswerte und insbesondere reelle Eigenwerte.
2. Eigenfunktionen eines hermitischen Operators zu verschiedenen Eigenwerten sind orthogonal zueinander, d.h. ihr Überlappungsintegral verschwindet.

2.7. Der klassische Grenzfall und die Unschärferelation

Zwar haben wir die Quantenmechanik aus der klassischen Mechanik erhalten, indem wir die klassischen Größen durch Operatoren ersetzten, trotzdem erkennt man einen expliziten Zusammenhang zwischen den beiden Theorien nicht ohne weiteres, weil ihr mathematischer Formalismus so völlig anders ist. Es ist deshalb wichtig, zum einen zu zeigen, daß zur Beschreibung von Bewegungen, bezüglich derer $\hbar$ als beliebig klein angesehen werden kann, Quantenmechanik und klassische Mechanik die gleichen Ergebnisse liefern, und daß zum anderen die klassische Mechanik ein Grenzfall der Quantenmechanik ist. Ebenso wichtig ist es aber, in einer einfachen anschaulichen Weise zu verstehen, in welcher Hinsicht die quantenmechanischen Ergebnisse von den klassischen abweichen, wenn eben $\hbar$ nicht zu vernachlässigen ist.

Es gibt viele Wege, die klassische Mechanik als Grenzfall aus der Quantenmechanik abzuleiten. Wir wollen uns hier des sog. Satzes von *Ehrenfest* * bedienen, der besagt, daß für die quantenmechanischen Erwartungswerte $\langle \mathbf{A} \rangle$ tatsächlich die Bewegungsgleichungen der klassischen Mechanik gelten. Wir zeigen zunächst, daß die zeitliche Änderung des Erwartungswertes eines zeitunabhängigen hermitischen Operators $\mathbf{A}$ gleich einem Faktor $\frac{1}{i\hbar}$ mal dem Erwartungswert des Kommutators von $\mathbf{A}$ mit dem Hamilton-Operator $\mathbf{H}$ ist,

$$\frac{d\langle \mathbf{A} \rangle}{dt} = \frac{1}{i\hbar}\langle [\mathbf{A},\mathbf{H}]_- \rangle \tag{2.7–1}$$

vorausgesetzt, daß die Wellenfunktion Ψ, mit der die Erwartungswerte in (2.7–1) gebildet sind, Lösung der zeitabhängigen Schrödingergleichung

$$\mathbf{H}\Psi = (\mathbf{T} + \mathbf{V})\,\Psi = i\hbar\,\frac{\partial \Psi}{\partial t} \tag{2.7–2}$$

ist.

Zum Beweis von (2.7–1) werten wir die linke Seite nach der Produktregel der Differentialrechnung und unter Berücksichtigung der Zeitunabhängigkeit des Operators $\mathbf{A}$ explizit aus.

$$\frac{d\langle \mathbf{A} \rangle}{dt} = \frac{\partial(\Psi,\mathbf{A}\Psi)}{\partial t} = \left(\frac{\partial \Psi}{\partial t}, \mathbf{A}\Psi\right) + \left(\Psi, \mathbf{A}\frac{\partial \Psi}{\partial t}\right) \tag{2.7–3}$$

Wir substituieren $\frac{\partial \Psi}{\partial t}$ nach (2.7–2), berücksichtigen (2.6–6c) und (2.6–6d) und nützen die Hermitizität von $\mathbf{H}$ aus, die (nach (2.6–7) bedeutet, daß $(\mathbf{H}\Psi, \varphi) = (\Psi, \mathbf{H}\varphi)$, insbesondere auch für $\varphi = \mathbf{A}\Psi$

$$\begin{aligned}\frac{d\langle \mathbf{A} \rangle}{dt} &= \left(\frac{1}{i\hbar}\,\mathbf{H}\Psi, \mathbf{A}\Psi\right) + \left(\Psi, \mathbf{A}\frac{1}{i\hbar}\,\mathbf{H}\Psi\right)\\ &= \frac{-1}{i\hbar}\,(\mathbf{H}\Psi, \mathbf{A}\Psi) + \frac{1}{i\hbar}\,(\Psi, \mathbf{A}\mathbf{H}\Psi)\\ &= \frac{-1}{i\hbar}\,(\Psi, \mathbf{H}\mathbf{A}\Psi) + \frac{1}{i\hbar}\,(\Psi, \mathbf{A}\mathbf{H}\Psi)\\ &= \frac{1}{i\hbar}\,(\Psi,\{\mathbf{AH} - \mathbf{HA}\}\Psi) = \frac{1}{i\hbar}(\Psi,[\mathbf{A},\mathbf{H}]_-\,\Psi) = \frac{1}{i\hbar}\langle [\mathbf{A},\mathbf{H}]_- \rangle\end{aligned} \tag{2.7–4}$$

Als nächstes zeigen wir, daß

$$m\,\frac{d\langle \mathbf{x} \rangle}{dt} = \langle \mathbf{p}_x \rangle \tag{2.7–5}$$

* P. Ehrenfest, Z.Phys. *45*, 455 (1927).

Wegen (2.7–4) ist nämlich

$$m \frac{\mathrm{d}\langle \mathbf{x} \rangle}{\mathrm{d}t} = \frac{m}{\mathrm{i}\hbar} \langle [\mathbf{x}, \mathbf{H}]_- \rangle \tag{2.7–6}$$

Setzen wir $[\mathbf{x}, \mathbf{H}]_-$ nach (2.4–24) ein, folgt sofort (2.7–5). Dieses Ergebnis ist nicht uninteressant, da es zeigt, daß der auf den ersten Blick etwas merkwürdig aussehende quantenmechanische Impulsoperator durchaus physikalisch sinnvoll definiert ist. Die zeitliche Änderung von $\langle \mathbf{p}_x \rangle$ berechnet sich nach (2.7–4) und (2.4–25) folgendermaßen

$$\frac{\mathrm{d}\langle \mathbf{p}_x \rangle}{\mathrm{d}t} = \frac{1}{\mathrm{i}\hbar} \langle [\mathbf{p}_x, \mathbf{H}]_- \rangle = \frac{1}{\mathrm{i}\hbar} \cdot \frac{\hbar}{\mathrm{i}} \langle \frac{\partial V}{\partial x} \rangle = - \langle \frac{\partial V}{\partial x} \rangle \tag{2.7–7}$$

Das ist aber, da $F_x = -\frac{\partial V}{\partial x}$ gleich der Komponente der Kraft in x-Richtung ist, in Kombination mit (2.7–6), nichts anderes als das Newtonsche Kraftgesetz für die Erwartungswerte.

Da die Gesetze der klassischen Mechanik also tatsächlich für die Erwartungswerte gelten, könnte man auf den Gedanken kommen, daß man auf die Quantenmechanik ganz verzichten kann, indem man eben nur mit Erwartungswerten operiert. Daß man damit wahrscheinlich nicht sehr weit kommt, erkennt man, wenn man stationäre Zustände betrachtet. Für diese sind nach (2.3–10) sämtliche Erwartungswerte (zeitunabhängiger Operatoren) automatisch zeitunabhängig und geben deshalb überhaupt keine Auskunft über den Bewegungsablauf. Der Satz von Ehrenfest stellt also nur für nichtstationäre Zustände eine physikalisch sinnvolle Aussage dar. Aber auch für solche Zustände, deren Wellenfunktion nicht von der Form (2.3–9) ist, sind die Bewegungsgleichungen für $\langle \mathbf{x} \rangle$ nicht ausreichend zur vollständigen Beschreibung der Bewegung. Das liegt daran, daß die Erwartungswerte von $\mathbf{x}$ und $\mathbf{p}_x$ offenbar nicht scharf sind, sondern Unschärfen Δx und Δp_x im Sinne von (2.3–5) aufweisen.

Wir wollen uns jetzt nicht mit dem Formalismus für nicht-stationäre Zustände beschäftigen (vor allem deshalb, weil man in der Quantenchemie fast nur mit stationären Zuständen zu tun hat), sondern vielmehr eine klassische Analogie heranziehen. Wir nehmen an, daß für die (eindimensionale) Bewegung eines Massenpunkts die klassische Mechanik zwar streng gelte, daß wir aber aus meßtechnischen Gründen weder Ort x noch Impuls p_x zur Zeit t_0 exakt bestimmen können, sondern nur innerhalb von Fehlergrenzen, derart daß wir Wahrscheinlichkeitsverteilungen $\rho(x)$ und $P(p_x)$ angeben können. Das Maximum von $\rho(x)$ bzw. $P(p_x)$ entspricht dann dem wahrscheinlichsten Wert von x bzw. p_x zur Zeit t_0, und die Halbwertsbreiten der Verteilungen sind dann jeweils ein Maß für die Varianz, d.h. die Unschärfe unserer Messung.

Zu einem späteren Zeitpunkt t hat sich das Teilchen, genauer gesagt, der Mittelwert $\langle x \rangle$, um die Strecke $(t-t_0)\frac{\mathrm{d}\langle x \rangle}{\mathrm{d}t} = (t-t_0)\frac{\langle p_x \rangle}{m}$ bewegt, wenn wir konstante Geschwindigkeit voraussetzen. Die Unschärfe des Teilchens besteht jetzt aus zwei Anteilen, erstens der Ortsunschärfe, die schon zum Zeitpunkt t_0 existierte, zweitens einer Ortsunschärfe, die eine Folge der Geschwindigkeitsunschärfe ist. Zum Zeitpunkt

t hat nämlich $\langle x \rangle$ die (zusätzliche) Unschärfe $(t-t_0)\frac{\Delta p_x}{m}$. Wie die beiden Unschärfen zusammenwirken, wollen wir nicht im einzelnen untersuchen. Es ist aber deutlich, daß die Unschärfe während der Bewegung zunimmt. Die Wahrscheinlichkeitsverteilung für den Ort des Teilchens ‚zerfließt' gewissermaßen. Das Zerfließen ist umso geringer, je größer die Masse m ist. Es sei betont, daß nicht das Teilchen selbst ‚zerfließt', sondern daß nur unsere Information über den Ort und Impuls des Teilchens immer unvollkommener (breiter gestreut) wird.

Eine Unschärfe als Folge von Meßfehlern wirkt sich aber praktisch genau so aus wie eine Unschärfe, die aus der Quantenmechanik folgt. Man könnte zwar versuchen, die Ortsunschärfe Δx möglichst klein zu machen, das würde aber das ‚Zerfließen' unserer Information über das Teilchen nur dann verhindern, wenn auch Δp_x möglichst klein gemacht wird. Es ist aber gerade nicht möglich, gleichzeitig Δx und Δp_x beliebig klein zu machen, weil $\mathbf{x}$ und $\mathbf{p}_x$ nicht kommutieren. Allgemein sind die Unschärfen nicht-kommutierender hermitischer Operatoren **A** und **B** über eine sog. Unschärfenrelation

$$\Delta A \cdot \Delta B \geqslant \frac{1}{2} \left| \langle \mathrm{i}\,[\mathbf{A},\mathbf{B}]_- \rangle \right| = \frac{1}{2} \left| \langle \mathrm{i}\mathbf{AB} - \mathrm{i}\mathbf{BA} \rangle \right| \tag{2.7–8}$$

verknüpft.

Zum Beweis von (2.7–8) wenden wir den Operator $\mathbf{A} + \mathrm{i}\lambda\mathbf{B}$ ($\mathbf{A}$ und $\mathbf{B}$ seien hermitisch, vgl. (2.6–6)) mit reellem, aber sonst beliebigem λ auf die Wellenfunktion Ψ an und bilden das Normierungsintegral der so entstandenen neuen Funktion, das – wie alle Normierungsintegrale – nicht-negativ ist.

$$\begin{aligned} 0 &\leqslant ([\mathbf{A} + \mathrm{i}\lambda\mathbf{B}]\,\Psi, [\mathbf{A} + \mathrm{i}\lambda\mathbf{B}]\,\Psi) = (\mathbf{A}\Psi, \mathbf{A}\Psi) + \lambda^2\,(\mathbf{B}\Psi, \mathbf{B}\Psi) \\ &\quad - \lambda\,\mathrm{i}\,(\mathbf{B}\Psi, \mathbf{A}\Psi) + \lambda\,\mathrm{i}\,(\mathbf{A}\Psi, \mathbf{B}\Psi) \\ &= (\Psi, \mathbf{A}^2\Psi) + \lambda^2\,(\Psi, \mathbf{B}^2\Psi) + \lambda\,\mathrm{i}\,(\Psi, [\mathbf{AB} - \mathbf{BA}]\,\Psi) \\ &= \langle \mathbf{A}^2 \rangle + \lambda^2 \langle \mathbf{B}^2 \rangle + \lambda \langle \mathrm{i}\,[\mathbf{A},\mathbf{B}]_- \rangle \end{aligned} \tag{2.7–9}$$

Wir wollen in dieser Ungleichung so dicht wie möglich an das Gleichheitszeichen kommen und wählen deshalb λ so, daß (2.7–9) sein Minimum einnimmt. Das ist der Fall, wie man durch Ableiten nach λ, Nullsetzen der Ableitung und Prüfen des Vorzeichens der 2. Ableitung erkennt, für

$$\lambda = -\frac{\langle \mathrm{i}\,[\mathbf{A},\mathbf{B}]_- \rangle}{2\langle \mathbf{B}^2 \rangle} \tag{2.7–10}$$

Da (2.7–9) nur für reelle λ gilt, ist zu prüfen, ob λ nach (2.7–10) tatsächlich reell ist. Das ist aber der Fall, weil $\mathrm{i}[\mathbf{A},\mathbf{B}]_-$ ebenso wie $\mathbf{B}^2$ hermitisch ist. Einsetzen von (2.7–10) in (2.7–9) ergibt

$$0 \leqslant \langle \mathbf{A}^2 \rangle - \frac{\langle \mathrm{i}\,[\mathbf{A},\mathbf{B}]_- \rangle^2}{4\langle \mathbf{B}^2 \rangle} \tag{2.7–11}$$

bzw.

$$4 \langle \mathbf{A}^2 \rangle \langle \mathbf{B}^2 \rangle \geqslant \langle \mathrm{i}\,[\mathbf{A},\mathbf{B}]_- \rangle^2 \tag{2.7–12}$$

Nun haben aber $\mathbf{A} - \langle \mathbf{A} \rangle$ und $\mathbf{B} - \langle \mathbf{B} \rangle$ den gleichen Kommutator wie $\mathbf{A}$ und $\mathbf{B}$, so daß sich ergibt

$$\langle (\mathbf{A} - \langle \mathbf{A} \rangle)^2 \rangle \cdot \langle (\mathbf{B} - \langle \mathbf{B} \rangle)^2 \rangle \geqslant \frac{1}{4} \langle \mathrm{i}\,[\mathbf{A},\mathbf{B}]_- \rangle^2 \tag{2.7–13}$$

$$\Delta A \cdot \Delta B \geqslant \frac{1}{2} \left| \langle \mathrm{i}\,[\mathbf{A},\mathbf{B}]_- \rangle \right| \text{ w.z.b.w.} \tag{2.7–14}$$

Besonders interessiert uns die Anwendung auf Ort und Impuls

$$\Delta x \cdot \Delta p_x \geqslant \frac{1}{2} \left| \langle \mathrm{i}\,[\mathbf{x},\mathbf{p}_x]_- \rangle \right| = \frac{1}{2}\hbar \tag{2.7–15}$$

Das ist die bekannte Heisenbergsche Unschärferelation, die besagt, daß das Produkt der Unschärfen von Ort und Impuls nie kleiner als von der Größenordnung $\hbar$ sein kann. Versucht man den Ort genau festzulegen, so wird der Impuls entsprechend unscharf und umgekehrt.

Es ist eine interessante Frage, ob in (2.7–15) auch das Gleichheitszeichen angenommen werden kann. Aufgrund unserer Ableitung, ausgehend von (2.7–9), ist das der Fall, wenn $(\mathbf{A} + \mathrm{i}\lambda\mathbf{B})\,\psi$ identisch verschwindet, d.h. in unserem Fall, wenn

$$(\mathbf{x} + \mathrm{i}\lambda\,\mathbf{p}_x)\,\psi = \left(\mathbf{x} + \hbar\lambda\,\frac{\partial}{\partial x}\right)\psi = 0 \tag{2.7–16}$$

oder

$$x\,\psi = -\hbar\lambda\,\frac{\partial\psi}{\partial x} \tag{2.7–17}$$

Diese Differentialgleichung für $\psi(x)$ ist durch Separation lösbar und hat die Lösung

$$\psi = \mathrm{e}^{-\frac{x^2}{2\hbar\lambda}} \tag{2.7–18}$$

Wenn also $\psi(x)$ von der Form (2.7–18) ist, mit beliebigem positivem λ (für negatives λ ist ψ nicht normierbar und deshalb unphysikalisch), so gilt in der Unschärferelation das Gleichheitszeichen; folglich ist $1/2\ \hbar$ auch der kleinstmögliche Wert, den das Produkt $\Delta x \cdot \Delta p_x$ einnehmen kann.

In Lehrbüchern findet man oft eine zu (2.7–15) analoge Beziehung ohne den Faktor 1/2. Dies ist darauf zurückzuführen, daß *Heisenberg* ursprünglich die Unschärfen Δx und Δp_x anders definiert hat, derart daß sie sich von den hier verwendeten um einen Faktor $\sqrt{2}$ unterscheiden*).

* Vgl. W. Heisenberg: Die Physikalischen Prinzipien der Quantentheorie. BI-Hochschultaschenbuch 1. Bibliographisches Institut, Mannheim 1958.

Unter Benutzung des Satzes von Ehrenfest können wir feststellen, daß die klassische Mechanik eine umso bessere Näherung für die streng richtige Quantenmechanik ist, je kleiner die Ortsunschärfe Δx gemessen am tatsächlich zurückgelegten Weg $L = x_1 - x_2$ und je kleiner Δp_x gemessen an mittlerem Impuls $\langle \mathbf{p}_x \rangle$ ist. Da aber Δx und Δp_x nicht voneinander unabhängig sind, müssen wir statt Δx und Δp_x ihr Produkt $\Delta x \, \Delta p_x$ mit dem Produkt $L \langle \mathbf{p}_x \rangle$ vergleichen*). Der Grenzfall, in dem die klassische Mechanik beliebig genau gilt, ist also verwirklicht, wenn

$$\Delta x \, \Delta p_x \ll L \langle \mathbf{p}_x \rangle \tag{2.7–19}$$

bzw. – da $\Delta x \, \Delta p_x$ von der Größenordnung $\hbar$ ist – wenn

$$L \langle \mathbf{p}_x \rangle \gg \hbar \tag{2.7–20}$$

ist.

Das ist der Fall, wenn die für die Bewegung charakteristische Länge und die bewegte Masse m groß sind (denn bei gleicher Geschwindigkeit ist p_x proportional zu m). Für makroskopische Bewegungen ist (2.7–20) erfüllt, nicht aber für Bewegungen in atomaren Dimensionen. Dabei ist noch zu bemerken, daß für die Bewegung der Kerne die klassische Mechanik eher gerechtfertigt ist als für die viel leichteren Elektronen.

Wir können (2.7.–20) noch in einer anderen Weise interpretieren. Betrachten wir einen Zustand mit scharfem Impuls, d.h. eine Wellenfunktion, die Eigenfunktion des Impulsoperators (zum Eigenwert $\hbar k$) ist:

$$\mathbf{p}_x \, \psi(x) = \frac{\hbar}{\mathrm{i}} \frac{\partial \psi}{\partial x} = \hbar k \, \psi(x) \tag{2.7–21}$$

$$\psi(x) = \mathrm{e}^{\mathrm{i}kx} = \cos kx + \mathrm{i} \sin kx \tag{2.7–22}$$

Dieses $\psi(x)$ ist offenbar eine periodische Funktion von x mit der Wellenlänge $\lambda = \frac{2\pi}{k}$, da

$$\mathrm{e}^{\mathrm{i}k\left(x + \frac{2\pi}{k}\right)} = \mathrm{e}^{\mathrm{i}kx} \, \mathrm{e}^{2\pi \mathrm{i}} = \mathrm{e}^{\mathrm{i}kx} \tag{2.7–23}$$

Der Erwartungswert von $\mathbf{p}_x$ ist, wie man leicht sieht, gleich $\hbar k$, so daß

$$\lambda = \frac{2\pi}{k} = \frac{2\pi\hbar}{\langle \mathbf{p}_x \rangle} \tag{2.7–24}$$

---

* Besser betrachtet man statt $L \langle \mathbf{p}_x \rangle$ die Änderung des Integrals $\int p_x \mathrm{d}x$, das man auch als Wirkung oder Phasenintegral bezeichnet, während der Bewegung. Bei gleichförmiger Bewegung ist aber diese Änderung der Wirkung gleich $L \langle \mathbf{p}_x \rangle$.

Man bezeichnet λ als die de-Broglie-Wellenlänge des Teilchens; vielfach wird

$$ƛ = \frac{\lambda}{2\pi} = \frac{\hbar}{\langle \mathbf{p}_x \rangle} \tag{2.7–25}$$

auch als sog. reduzierte de-Broglie-Wellenlänge bezeichnet. Setzen wir (2.7–25) in (2.7–20) ein, so erhalten wir als Bedingung für die Gültigkeit der klassischen Mechanik

$$L \gg ƛ \tag{2.7–26}$$

Wenn die (reduzierte) de-Broglie-Wellenlänge des Teilchens gegenüber der Dimension der Bewegung klein ist, so ist die klassische Mechanik zulässig.

Hier ist eine deutliche Analogie zum Zusammenhang zwischen Strahlenoptik und Wellenoptik. Die Strahlenoptik kann mit der klassischen Mechanik verglichen werden. Sie ist zulässig, solange die Abmessungen der Gegenstände im Strahlengang groß sind gegenüber der Wellenlänge des Lichts. Diese Analogie weist uns darauf hin, daß in den Fällen, wo die klassische Mechanik nicht zulässig ist, auch Interferenzeffekte zu erwarten sind. Diese beruhen unmittelbar auf der Wellennatur der ψ-Funktion. Sie treten nicht auf, wenn man nur eine statistische Verteilung von x und p_x als Folge der Meßgenauigkeit hat. Aber auch die Interferenzeffekte werden im Grenzfall (2.7–26) vernachlässigbar.

Die Interferenz bedeutet im wesentlichen, daß bei der Überlagerung zweier Wellenfunktionen $a(x)$ und $b(x)$, zu denen die Wahrscheinlichkeitsverteilung $|a(x)|^2$ und $|b(x)|^2$ gehören, zu einer neuen Wellenfunktion

$$\psi(x) = a(x) + b(x) \tag{2.7–27}$$

die Gesamtwahrscheinlichkeitsverteilung nicht $|a(x)|^2 + |b(x)|^2$ ist, sondern gleich

$$|\psi(x)|^2 = |a(x)|^2 + |b(x)|^2 + a^*(x)\,b(x) + a(x)\,b^*(x) \tag{2.7–28}$$

Es treten also die Interferenzterme $a^*(x)b(x) + a(x)b^*(x)$ auf, die positiv oder negativ sein können und die bei einer unmittelbaren Überlagerung der Wahrscheinlichkeitsverteilungen nicht auftreten würden. Bei der Interferenz spielen auch die Phasen von a und b eine Rolle, die in die Wahrscheinlichkeitsverteilungen $|a|^2$ und $|b|^2$ ja nicht eingehen.

Faßt man die wesentlichen Unterschiede in den Aussagen der klassischen Mechanik und der Quantenmechanik in wenigen Sätzen zusammen, so kann man sagen, daß es in der Quantenmechanik drei Erscheinungen gibt, die in der klassischen Mechanik nicht auftreten:

1. Die Unschärferelation
2. Interferenz
3. die Existenz stationärer Zustände mit diskreten Energieniveaus

Früher war es vielfach üblich, ein gegebenes Problem zuerst klassisch zu behandeln und dann mit Hilfe des sog. ‚Bohrschen Korrespondenzprinzips' den Übergang zur Quantenmechanik zu bewerkstelligen. Während dieses Verfahren heute bedeutungslos ist, erweist sich ein Mittelweg zwischen klassischer Mechanik und Quantenmechanik, die sog. semiklassische oder WKB-Näherung (WKB nach den Autoren *Wentzel, Kramers* und *Brillouin,* die sie unabhängig ableiteten), nach wie vor als sehr nützlich – wenn auch nicht im Rahmen der Quantenchemie, so daß wir nicht detailliert darauf eingehen wollen.

Der Grundgedanke der WKB-Näherung besteht darin, daß man (im eindimensionalen Fall) für die Wellenfunktion den Ansatz macht

$$\psi(x) = e^{i\frac{S(x)}{\hbar}} \tag{2.7–29}$$

und $S(x)$, das von der Größenordnung $L\langle \mathbf{p}_x \rangle$ ist, nach Potenzen von $\hbar$ entwickelt, wobei man die drei ersten Terme mitnimmt.

Zusammenfassung zu Kap. 2

Bahnkurven sind in der Quantenmechanik grundsätzlich nicht bekannt. Stattdessen wird der Zustand eines quantenmechanischen Systems durch eine sogenannte Wellenfunktion Ψ beschrieben, die eine Funktion sämtlicher Ortskoordinaten der Teilchen und der Zeit ist. Nur solche Ψ-Funktionen sind zugelassen, für die das Integral $\int \Psi\Psi^* d\tau$ über den gesamten Konfigurationsraum definiert, d.h. endlich, ist. Multiplizieren von Ψ mit einem konstanten Faktor ändert an der physikalischen Situation nichts. Vielfach wählt man Ψ normiert, d.h. so, daß $\int \Psi\Psi^* d\tau = 1$.

Die in den Gleichungen der klassischen Mechanik unmittelbar auftretenden Größen wie Ort, Impuls etc. werden in der Quantenmechanik durch Operatoren gemäß Tab. 1 ersetzt. Ein Operator ist eine Vorschrift, die einer gegebenen Funktion Ψ eindeutig eine (i.a. andere) Funktion zuordnet.

Für sogenannte stationäre Zustände ist die zeitabhängige Wellenfunktion einfach gleich dem Produkt einer zeitunabhängigen Funktion und einem Faktor $\exp\left(\frac{E}{\hbar i} t\right)$, wobei E die Energie des Zustandes ist. Die zeitunabhängige Funktion ψ ist die Lösung der Schrödingergleichung $\mathbf{H}\psi = E\psi$. Dabei ist $\mathbf{H}$ der der klassischen Hamilton-Funktion entsprechende Hamilton-Operator, und E ist ein Eigenwert der Differentialgleichung. Die Schrödingergleichung hat nur für bestimmte diskrete Werte von E (normierbare) Lösungen. Diese Werte E_i sind die möglichen Energiezustände des Systems.

Für die Bewegung eines Teilchens in einem eindimensionalen Kasten mit konstantem Potential innen und unendlich hohen Potentialwänden ist die Lösung der Schrödingergleichung besonders einfach und durch (2.2–7), (2.2–8) sowie Abb. 1 gegeben. Die Eigenwerte (2.2–11) hängen von einer Zahl n ab, die die Werte $n = 1, 2 \ldots$ annehmen kann und die man als Quantenzahl bezeichnet. Die Wellenfunktion für die Bewegung eines Teilchens in einem dreidimensionalen (würfelförmigen) Kasten läßt sich als Produkt dreier eindimensionaler Wellenfunktionen schreiben. Jeder Zustand ist jetzt durch drei Quantenzahlen n_x, n_y, n_z gekennzeichnet. Es kommt vor, daß

m verschiedene Lösungen, durch m verschiedene Tripel von Quantenzahlen gekennzeichnet, zum gleichen Eigenwert E gehören. Man sagt dann, dieser Eigenwert ist m-fach *entartet*. Irgendwelche Linearkombinationen der verschiedenen Lösungen erfüllen dann die Schrödingergleichung ebenfalls. Sowohl beim eindimensionalen als auch beim dreidimensionalen Kasten kommen die diskreten Energiewerte wesentlich durch die Randbedingungen zustande.

Die in den Gleichungen der klassischen Mechanik auftretenden Größen sind unmittelbar meßbar, sogenannte Observable, einen Operator kann man aber nicht unmittelbar messen. Der Zusammenhang zwischen den Grundgleichungen der Quantenmechanik und den meßbaren Größen wird hergestellt durch den Begriff des Erwartungswertes. Der Erwartungswert eines Operators $\mathbf{A}$ für einen durch ψ beschriebenen Zustand eines Systems ist definiert als $\langle\mathbf{A}\rangle = \frac{\int \psi^* \mathbf{A} \psi \, d\tau}{\int \psi^* \psi \, d\tau}$, und er gibt den Wert an, den man bei einer Messung der Größe A im Mittel finden würde. Man findet bei solchen Messungen i.allg. nicht einen einzigen Wert, sondern gewissermaßen eine statistische Verteilung von Werten. Jede solche Verteilung ist charakterisiert durch ihren Mittelwert $\langle\mathbf{A}\rangle$ sowie die ‚Varianz' oder die mittlere Abweichung vom Mittelwert ΔA, mit $(\Delta A)^2 = \langle\mathbf{A}^2\rangle - \langle\mathbf{A}\rangle^2$. Wenn die Varianz verschwindet, ist der Erwartungswert ‚scharf', und man erhält bei jeder Messung den gleichen Wert $\langle\mathbf{A}\rangle$. Ein Erwartungswert $\int \psi^* \mathbf{A} \psi \, d\tau$ ist scharf, wenn ψ Eigenfunktion von $\mathbf{A}$ ist. Andererseits ist ψ, das ja Eigenfunktion von $\mathbf{H}$ (dem Hamilton-Operator) ist, dann gleichzeitig Eigenfunktion von $\mathbf{A}$ (bzw. als solche wählbar), wenn $\mathbf{A}$ mit $\mathbf{H}$ vertauscht, d.h., wenn $\mathbf{AH} - \mathbf{HA} = 0$. Operatoren $\mathbf{A}$, die mit $\mathbf{H}$ vertauschen, entsprechen den Bewegungskonstanten der klassischen Physik. Ihre Erwartungswerte sind scharf. Wenn zwei Operatoren nicht vertauschen, kann man die ihnen entsprechenden Größen i.allg. nicht gleichzeitig genau messen.

Für die Erwartungswerte der dynamischen Variablen gelten die Gesetze der klassischen Mechanik (Satz von Ehrenfest), etwa in der Form

$$m \frac{d\langle\mathbf{x}\rangle}{dt} = \langle\mathbf{p}_x\rangle, \quad \frac{d\langle\mathbf{p}_x\rangle}{dt} = -\langle\frac{\partial V}{\partial x}\rangle .$$

Die Unschärfen von Operatoren, die nicht vertauschen, sind durch die Heisenbergsche Unschärferelation verknüpft

$$\Delta A \cdot \Delta B \geqslant \frac{1}{2} |\langle i[\mathbf{A}, \mathbf{B}]_- \rangle|$$

insbesondere

$$\Delta x \cdot \Delta p_x \geqslant \frac{1}{2} \hbar$$

Die klassische Mechanik gilt im Grenzfall, daß das Produkt aus charakteristischer Länge L der Bewegung und mittlerem Impuls $\langle\mathbf{p}_x\rangle$ groß ist verglichen mit dem Wirkungsquantum $\hbar$, oder anders gesagt, wenn die reduzierte de-Broglie-Wellenlänge

$$\lambda\!\!\!^{-} = \frac{\hbar}{\langle \mathbf{p}_x \rangle}$$

klein ist verglichen mit L.
Der Hamilton-Operator des eindimensionalen harmonischen Oszillators

$$\mathbf{H} = \frac{1}{2m}\,\mathbf{p}_x^2 + \frac{1}{2}\,k\,x^2$$

hat die Eigenwerte

$$E_n = \left(n + \frac{1}{2}\right)\hbar\omega\,, \quad \omega = \sqrt{\frac{k}{m}}\,, \quad n = 0, 1, 2\ \ldots$$

und die auf Tab. 2 angegebenen Eigenfunktionen.

3. Quantentheorie des Drehimpulses

3.1. Vertauschbarkeit der Komponenten des Drehimpulsoperators mit dem Hamilton-Operator im Zentralfeld

In der klassischen Mechanik erwies sich für beliebige Bewegungen in einem Zentralfeld der Drehimpuls $\vec{l} = \vec{r} \times \vec{p}$ als eine Bewegungskonstante. Wir suchen jetzt nach dem quantenmechanischen Analogon dieses Drehimpulssatzes. Für ein Teilchen in einem (konservativen) Zentralfeld hängt die potentielle Energie nur vom Abstand r des Teilchens vom Ursprung des Feldes ab, wir haben daher einen Hamilton-Operator der Form

$$\mathbf{H} = -\frac{\hbar^2}{2m} \Delta + V(r) \tag{3.1–1}$$

wobei $V(r)$ eine beliebige Funktion von r sein kann.

Wir zeigen jetzt, daß der Drehimpulsoperator

$$\vec{\ell} = \vec{\mathbf{r}} \times \vec{\mathbf{p}} = \frac{\hbar}{i} \vec{r} \times \nabla \tag{3.1–2}$$

mit den Komponenten

$$\ell_x = \frac{\hbar}{i}\left(y\frac{\partial}{\partial z} - z\frac{\partial}{\partial y}\right)$$

$$\ell_y = \frac{\hbar}{i}\left(z\frac{\partial}{\partial x} - x\frac{\partial}{\partial z}\right)$$

$$\ell_z = \frac{\hbar}{i}\left(x\frac{\partial}{\partial y} - y\frac{\partial}{\partial x}\right) \tag{3.1–3}$$

mit dem Hamilton-Operator $\mathbf{H}$ kommutiert, d.h. daß

$$(\vec{\ell} \cdot \mathbf{H} - \mathbf{H} \cdot \vec{\ell})\, \psi = 0 \tag{3.1–4}$$

für beliebiges (genügend oft differenzierbares) ψ. Dazu zeigen wir zunächst, daß ℓ_x mit $\mathbf{T}$ bzw. mit Δ kommutiert, d.h. daß

$$(\ell_x \Delta - \Delta \ell_x)\, \psi = 0 \tag{3.1–5}$$

Es ergibt sich für den Kommutator, angewandt auf ψ, folgendes:

$$\frac{\hbar}{i}\left(y\frac{\partial}{\partial z} - z\frac{\partial}{\partial y}\right)\left(\frac{\partial^2\psi}{\partial x^2} + \frac{\partial^2\psi}{\partial y^2} + \frac{\partial^2\psi}{\partial z^2}\right) - \left(\frac{\partial^2}{\partial x^2} + \frac{\partial^2}{\partial y^2} + \frac{\partial^2}{\partial z^2}\right)\frac{\hbar}{i}\left(y\frac{\partial\psi}{\partial z} - z\frac{\partial\psi}{\partial y}\right) \tag{3.1–6}$$

Ausdifferenzieren unter Anwendung der Kettenregel ergibt, daß dieser Ausdruck in der Tat verschwindet.

Der Beweis für die y- und z-Komponente von $\vec{\ell}$ ist ganz analog. Als Nächstes ist zu zeigen, daß ℓ_x mit jeder beliebigen Funktion $g(r)$ kommutiert. Eine Funktion von r ist offensichtlich auch eine Funktion von $u = r^2$; wir setzen also $g(r) = f(u) = f(x^2 + y^2 + z^2)$ und zeigen, daß

$$\frac{i}{\hbar}(\ell_x f(u) - f(u)\,\ell_x)\,\psi = 0 \tag{3.1–7}$$

Ausgeschrieben lautet der Kommutator, angewandt auf ψ

$$\left(y\frac{\partial}{\partial z} - z\frac{\partial}{\partial y}\right) f(u)\,\psi - f(u)\left(y\frac{\partial\psi}{\partial z} - z\frac{\partial\psi}{\partial y}\right)$$

$$= y\frac{\partial(f\psi)}{\partial z} - z\frac{\partial(f\psi)}{\partial y} - f\cdot y\frac{\partial\psi}{\partial z} + f\cdot z\frac{\partial\psi}{\partial y}$$

$$= y\left(\frac{\partial f}{\partial z}\cdot\psi + f\frac{\partial\psi}{\partial z}\right) - z\left(\frac{\partial f}{\partial y}\cdot\psi + f\frac{\partial\psi}{\partial y}\right) - f\cdot y\frac{\partial\psi}{\partial z} + f\cdot z\frac{\partial\psi}{\partial y}$$

$$= y\cdot\psi\frac{\partial f}{\partial z} - z\cdot\psi\frac{\partial f}{\partial y} = y\cdot\psi\frac{\partial f}{\partial u}\cdot\frac{\partial u}{\partial z} - z\cdot\psi\frac{\partial f}{\partial u}\frac{\partial u}{\partial y}$$

$$= y\cdot\psi\frac{\partial f}{\partial u}2z - z\cdot\psi\frac{\partial f}{\partial u}\cdot 2y = 0 \tag{3.1–8}$$

Da $\mathbf{H} = \mathbf{T} + \mathbf{V}$, haben wir also gezeigt, daß für die Bewegung eines Teilchens in einem Zentralfeld $V(r)$ jede Komponente von $\vec{\ell}$ mit $\mathbf{H}$ vertauscht. Das bedeutet, daß die Eigenfunktionen von $\mathbf{H}$, d.h. die Lösungen der Schrödingergleichung, gleichzeitig Eigenfunktionen von z.B. ℓ_x sind, bzw. im Falle von Entartung als solche gewählt werden können. Kenntnis der Eigenfunktionen von $\vec{\ell}$ bedeutet deshalb eine wesentliche Information über die Eigenfunktionen von $\mathbf{H}$.

Betrachten wir z.B. $\ell_z = \frac{\hbar}{i}\left(x\frac{\partial}{\partial y} - y\frac{\partial}{\partial x}\right)$.

Dieser Operator nimmt in sphärischen Polarkoordinaten eine besonders einfache Form an, die man durch elementare Umformung erhält, nämlich

$$\ell_z = \frac{\hbar}{i}\frac{\partial}{\partial\varphi} \tag{3.1–9}$$

Die Eigenfunktionen dieses Operators sind offenbar von der Form

$$\psi(r, \vartheta, \varphi) = f(r, \vartheta)\,e^{mi\varphi} \tag{3.1–10}$$

wobei $f(r, \vartheta)$ eine beliebige Funktion von r und ϑ ist. Da φ einen Winkel bedeutet und ψ eindeutig sein muß, muß gelten, daß

$$\psi(r, \vartheta, \varphi) = \psi(r, \vartheta, \varphi + 2\pi) \tag{3.1–11}$$

was sich nur erfüllen läßt, wenn m ganzzahlig ist, also

$$\psi(r, \vartheta, \varphi) = f(r, \vartheta)\, e^{mi\varphi}, m = 0, \pm 1, \pm 2 \ldots \tag{3.1–12}$$

Da $\mathbf{H}$ und ℓ_z vertauschen, wissen wir, daß die Eigenfunktionen von $\mathbf{H}$ gleichzeitig Eigenfunktionen von ℓ_z sind, bzw. im Falle von Entartung so gewählt werden können, daß sie Eigenfunktionen von ℓ_z, d.h. von der Form (3.1–12) sind. Wir können also jetzt mit diesem Ansatz in die Schrödingergleichung eingehen und erhalten so eine Differentialgleichung für $f(r, \vartheta)$, die nur mehr von zwei Variablen abhängt.

3.2. Vertauschungsrelationen der Komponenten des Drehimpulsoperators untereinander – Einführung von ℓ^2

Es liegt jetzt nahe, die Eigenfunktionen von ℓ_x und ℓ_y zu suchen. Dabei tritt allerdings eine Schwierigkeit auf: die Komponenten ℓ_x, ℓ_y und ℓ_z kommutieren zwar für sich mit $\mathbf{H}$, aber nicht untereinander. In der Tat ergeben sich aus der Definition von $\vec{\ell}$ und den Vertauschungsregeln für $\vec{\mathbf{r}}$ und $\vec{\mathbf{p}}$ die folgenden Vertauschungsregeln für die Komponenten von $\vec{\ell}$

$$\begin{aligned} \ell_x \ell_y - \ell_y \ell_x &= \hbar i \ell_z \\ \ell_y \ell_z - \ell_z \ell_y &= \hbar i \ell_x \\ \ell_z \ell_x - \ell_x \ell_z &= \hbar i \ell_y \end{aligned} \tag{3.2–1}$$

Das bedeutet, es gibt keine Funktion, die gleichzeitig Eigenfunktion von ℓ_x, ℓ_y und ℓ_z ist. Man sieht aber ohne große Mühe, daß

$$\ell^2 = \ell_x^2 + \ell_y^2 + \ell_z^2 \tag{3.2–2}$$

mit ℓ_x, ℓ_y und ℓ_z kommutiert, z.B.

$$\begin{aligned} \ell_z \ell^2 - \ell^2 \ell_z &= \ell_z (\ell_x^2 + \ell_y^2 + \ell_z^2) - (\ell_x^2 + \ell_y^2 + \ell_z^2)\, \ell_z \\ &= \ell_z \ell_x \ell_x + \ell_z \ell_y \ell_y - \ell_x \ell_x \ell_z - \ell_y \ell_y \ell_z \\ &= (i\hbar \cdot \ell_y + \ell_x \ell_z)\, \ell_x + (-i \cdot \hbar \cdot \ell_x + \ell_y \ell_z)\, \ell_y \\ &\quad - \ell_x (-i\hbar \cdot \ell_y + \ell_z \ell_x) - \ell_y (i\hbar \cdot \ell_x + \ell_z \ell_y) \\ &= i\hbar \ell_y \ell_x - i\hbar \ell_x \ell_y + i\hbar \ell_x \ell_y - i\hbar \ell_y \ell_x = 0 \end{aligned} \tag{3.2–3}$$

Daß ℓ^2 mit $\mathbf{H}$ vertauscht, ist besonders leicht einzusehen, da

$$\begin{aligned}\ell^2\mathbf{H} &= (\ell_x^2 + \ell_y^2 + \ell_z^2)\,\mathbf{H} = \ell_x\ell_x\mathbf{H} + \ell_y\ell_y\mathbf{H} + \ell_z\ell_z\mathbf{H}\\ &= \ell_x\mathbf{H}\ell_x + \ell_y\mathbf{H}\,\ell_y + \ell_z\mathbf{H}\,\ell_z = \mathbf{H}\,\ell_x\ell_x + \mathbf{H}\,\ell_y\ell_y + \mathbf{H}\,\ell_z\ell_z\\ &= \mathbf{H}\,\ell^2\end{aligned} \qquad (3.2\text{–}4)$$

Ebenso sieht man, daß ℓ^2 mit beliebigen $f(r)$ vertauscht.

Wir müssen uns also damit abfinden, daß es keine simultanen Eigenfunktionen von ℓ_x, ℓ_y, ℓ_z und $\mathbf{H}$, wohl aber von ℓ_z, ℓ^2 und $\mathbf{H}$ gibt. Wir können nicht alle drei Komponenten des Drehimpulses gleichzeitig kennen, wohl aber seinen Betrag (denn ℓ^2 ist ja das Quadrat des Betrages $\ell^2 = |\vec{\ell}\,|^2$) und seine Komponente in einer ausgezeichneten Richtung (als welche man i.allg. die z-Richtung wählt, wobei diese Wahl natürlich völlig willkürlich und reine Konvention ist – sofern nicht bestimmte Versuchsbedingungen die verschiedenen Richtungen ungleichwertig machen).

3.3. Die gemeinsame Eigenfunktion von ℓ_z und ℓ^2 im Einelektronenfall – Legendre-Polynome und Kugelfunktionen

Suchen wir jetzt die Eigenwerte und Eigenfunktionen von ℓ^2! Zunächst wissen wir, daß ℓ^2 mit jeder Funktion von r vertauscht, d.h. aber ℓ^2 kann von r nicht (höchstens multiplikativ) abhängen (man kann in $\ell^2 f(r)$ das $f(r)$ immer nach vorne ziehen), also nur von ϑ und φ, und es liegt deshalb nahe, ℓ^2 in sphärischen Polarkoordinaten auszudrücken.

Die Umrechnung von ℓ_x, ℓ_y und ℓ_z auf sphärische Polarkoordinaten ist etwas mühsam, aber elementar. Man erhält

$$\begin{aligned}\ell_x &= \frac{\hbar}{i}\left(-\sin\varphi\,\frac{\partial}{\partial\vartheta} - \operatorname{ctg}\vartheta\,\cos\varphi\,\frac{\partial}{\partial\varphi}\right)\\ \ell_y &= \frac{\hbar}{i}\left(\cos\varphi\,\frac{\partial}{\partial\vartheta} - \operatorname{ctg}\vartheta\,\sin\varphi\,\frac{\partial}{\partial\varphi}\right)\\ \ell_z &= \frac{\hbar}{i}\,\frac{\partial}{\partial\varphi}\end{aligned} \qquad (3.3\text{–}1)$$

Daraus ergibt sich

$$\begin{aligned}\ell^2 = \ell_x^2 + \ell_y^2 + \ell_z^2 &= -\hbar^2\left\{\frac{\partial^2}{\partial\vartheta^2} + (1+\operatorname{ctg}^2\vartheta)\,\frac{\partial^2}{\partial\varphi^2} + \operatorname{ctg}\vartheta\,\frac{\partial}{\partial\vartheta}\right\}\\ &= -\hbar^2\left\{\frac{\partial^2}{\partial\vartheta^2} + \frac{1}{\sin^2\vartheta}\,\frac{\partial^2}{\partial\varphi^2} + \frac{\cos\vartheta}{\sin\vartheta}\,\frac{\partial^2}{\partial\vartheta}\right\}\\ &= -\hbar^2\left\{\frac{1}{\sin\vartheta}\,\frac{\partial}{\partial\vartheta}\left(\sin\vartheta\,\frac{\partial}{\partial\vartheta}\right) + \frac{1}{\sin^2\vartheta}\,\frac{\partial^2}{\partial\varphi^2}\right\}\end{aligned} \qquad (3.3\text{–}2)$$

Um diejenigen Eigenfunktionen von ℓ^2 zu finden, die gleichzeitig Eigenfunktionen von ℓ_z sind, benutzen wir unser früheres Ergebnis, daß Eigenfunktionen von ℓ_z die Form haben

$$\psi(r, \vartheta, \varphi) = f(r, \vartheta)\, e^{im\varphi};\ m = 0, \pm 1, \pm 2 \ldots \qquad (3.1\text{--}12)$$

Damit gehen wir in die Eigenwertgleichung

$$\ell^2\, \psi = \hbar^2 \cdot A \psi \qquad (3.3\text{--}3)$$

ein, wobei wir den Eigenwert $\hbar^2 \cdot A$ nennen, und erhalten nach Division durch $\hbar^2 \cdot e^{im\varphi}$:

$$\frac{1}{\sin\vartheta}\frac{\partial}{\partial\vartheta}\sin\vartheta\,\frac{\partial f(r,\vartheta)}{\partial\vartheta} - \frac{m^2 f(r,\vartheta)}{\sin^2\vartheta} = -A f(r, \vartheta) \qquad (3.3\text{--}4)$$

Da Ableitungen nach r nicht vorkommen, muß $f(r, \vartheta)$ von der Form $R(r) \cdot \Theta(\vartheta)$ sein, wobei $\Theta(\vartheta)$ der gewöhnlichen Differentialgleichung

$$\frac{1}{\sin\vartheta}\frac{d}{d\vartheta}\sin\vartheta\,\frac{d\Theta}{d\vartheta} - \frac{m^2\,\Theta}{\sin^2\vartheta} = -A\,\Theta \qquad (3.3\text{--}5)$$

genügt. Diese Differentialgleichung war den Mathematikern schon lange bekannt. Man kann sie in eine etwas einfachere Form bringen, wenn man eine Variablensubstitution einführt und $\Theta(\vartheta) = P(\cos\vartheta) = P(\xi)$ setzt. (Das bedeutet übrigens, daß uns nur der Wertebereich $|\xi| \leqslant 1$ interessiert, da $|\cos\vartheta| \leqslant 1$.) Mit der Substitution $\Theta(\vartheta) = P(\cos\vartheta)$ hat man automatisch berücksichtigt, daß Θ eine eindeutige Funktion von ϑ ist. Für $P(\xi)$ erhält man die Differentialgleichung

$$(\xi^2 - 1)\,\frac{d^2P}{d\xi^2} + 2\xi \cdot \frac{dP}{d\xi} + \frac{m^2}{1-\xi^2}\,P = A\,P \qquad (3.3\text{--}6)$$

Die Lösungen dieser Differentialgleichung heißen „assoziierte Legendre-Funktionen“. Für den Spezialfall $m = 0$ ist $P(\xi)$ besonders einfach zu finden, da es in diesem Fall als eine Potenzreihe angesetzt werden kann. Gehen wir mit dem Ansatz

$$P(\xi) = \sum_{k=0}^{\infty} c_k\, \xi^k \qquad (3.3\text{--}7)$$

in Gl. (3.3–6) ein (mit $m = 0$), ordnen nach Potenzen von ξ und bedenken, daß der Koeffizient jeder Potenz von ξ verschwinden muß, so erhalten wir die Rekursionsformel für die Koeffizienten

$$c_{k+2} = \frac{k\,(k+1) - A}{(k+1)\,(k+2)}\,c_k \qquad (3.3\text{--}8)$$

Man überzeugt sich davon, daß eine Potenzreihe, deren Koeffizienten dieser Rekursionsformel genügen, zwar für $-1 < \xi < 1$ konvergiert, aber für $\xi = \pm 1$ divergiert und damit als Wellenfunktion nicht in Frage kommt. Folglich kann die Lösung nur ein Polynom und keine Potenzreihe sein, d.h., es muß gelten

$$c_k = 0 \quad \text{für} \quad k > l \tag{3.3–9}$$

wobei l der (zunächst noch beliebige) Grad des Polynoms ist. Ein solcher ‚Abbruch' der Reihe ist offenbar nur möglich, wenn $A = l\,(l+1)$; $l = 0, 1, 2 \ldots$, und wenn entweder alle geraden oder alle ungeraden Koeffizienten verschwinden.

Die Polynome $P_l(\xi)$, die Lösungen der Differentialgleichung (der sog. Legendreschen Differentialgleichung)

$$(\xi^2 - 1)\,\frac{d^2 P_l}{d\xi^2} + 2\xi \cdot \frac{dP_l}{d\xi} = l\,(l+1)\;P_l \tag{3.3–10}$$

sind, und deren Koeffizienten der Rekursionsformel

$$c_{k+2} = \frac{k\,(k+1) - l\,(l+1)}{(k+1)\,(k+2)} \cdot c_k \tag{3.3–11}$$

genügen, bezeichnet man als *Legendresche Polynome*. Ihre ersten Vertreter sind (in willkürlicher, aber konventieller Normierung*)):

$$\begin{aligned}
P_0\,(\xi) &= 1 \\
P_1\,(\xi) &= \xi \\
P_2\,(\xi) &= \frac{1}{2}\,(3\,\xi^2 - 1) \\
P_3\,(\xi) &= \frac{1}{2}\,(5\,\xi^3 - 3\,\xi) \\
P_4\,(\xi) &= \frac{1}{8}\,(35\,\xi^4 - 30\,\xi^2 + 3) \\
P_5\,(\xi) &= \frac{1}{8}\,(63\,\xi^5 - 70\,\xi^3 + 15\,\xi) \\
&\text{etc.}
\end{aligned} \tag{3.3–12}$$

Die sog. assoziierten Legendre-Funktionen sind definiert als

$$P_l^m(x) = (1 - x^2)^{\frac{m}{2}}\,\frac{d^m}{dx^m}\,P_l(x) \tag{3.3–13}$$

mit $m = 0, 1, 2 \ldots l$.

* Die Normierung ist so gewählt, daß $P_n(1) = 1$.

Differenziert man die Legendresche Differentialgleichung (3.3–10) m mal nach ξ, und führt man die Definition der assoziierten Legendreschen Funktionen (3.3–13) ein, so erhält man genau die Gl. (3.3–6), deren Lösung wir suchen.

Die Eigenfunktionen von ℓ^2 sind also von der Form

$$Y_l^m(\vartheta, \varphi) = N_{lm} \cdot P_l^{|m|}(\cos\vartheta) \cdot e^{im\varphi} \cdot (-1)^{(m+|m|)/2} \tag{3.3–14}$$

wobei N_{lm} einen Normierungsfaktor bedeutet. Die auf 1 normierten Funktionen $Y_l^m(\vartheta, \varphi)$ bezeichnet man als *Kugelfunktionen* (oder Kugelflächenfunktionen). Sie sind nur definiert für $|m| \leqslant l$ (da sonst $P_l^{|m|}$ identisch verschwindet) und gehorchen der Eigenwertgleichung

$$\ell^2 Y_l^m = \hbar^2 l(l+1)\, Y_l^m \tag{3.3–15}$$

Der Betrag des Drehimpulses kann also nur bestimmte diskrete Werte annehmen und zwar $\hbar\sqrt{l(l+1)}$ mit $l = 0, 1, 2 \ldots$ und nicht $\hbar l$, wie Bohr ursprünglich annahm.

Tab. 3. Die ersten normierten Kugelfunktionen.

$l = 0$	$Y_0^0 = \frac{1}{\sqrt{4\pi}}$		s
$l = 1$	$Y_1^{-1} = \sqrt{\frac{3}{8\pi}}$	$\sin\vartheta\, e^{-i\varphi}$	$p\,\bar{\pi}$
	$Y_1^0 = \sqrt{\frac{3}{4\pi}}$	$\cos\vartheta$	$p\,\sigma$
	$Y_1^{+1} = -\sqrt{\frac{3}{8\pi}}$	$\sin\vartheta\, e^{i\varphi}$	$p\,\pi$
$l = 2$	$Y_2^{-2} = \frac{\sqrt{15}}{4\sqrt{2\pi}}$	$\sin^2\vartheta\, e^{-2i\varphi}$	$d\,\bar{\delta}$
	$Y_2^{-1} = \sqrt{\frac{15}{8\pi}}$	$\sin\vartheta\cos\vartheta\, e^{-i\varphi}$	$d\,\bar{\pi}$
	$Y_2^0 = \frac{\sqrt{5}}{4\sqrt{\pi}}$	$(3\cos^2\vartheta - 1)$	$d\,\sigma$
	$Y_2^1 = \sqrt{\frac{15}{8\pi}}$	$\sin\vartheta\cos\vartheta\, e^{i\varphi}$	$d\,\pi$
	$Y_2^2 = \frac{\sqrt{15}}{4\sqrt{2\pi}}$	$\sin^2\vartheta\, e^{2i\varphi}$	$d\,\delta$

Man wählt die Funktionen Y_l^m auf 1 normiert, d.h. man verlangt, daß

$$\int Y_l^{m*}(\vartheta,\varphi)\, Y_l^m(\vartheta,\varphi)\,\sin\vartheta\, d\vartheta\, d\varphi = 1 \qquad (3.3\text{–}16)$$

Die ersten Vertreter dieser sogenannten Kugelfunktionen oder Kugelflächenfunktionen sind in Tab. 3 angegeben.

Die Eigenwerte $\hbar^2 \cdot l(l+1)$ von ℓ^2 sind $(2l+1)$-fach entartet, denn zu jedem l gibt es $2l+1$ verschiedene Funktionen, die das gleiche l, aber verschiedenes m (mit $m = -l, -l+1, \ldots .+l$) haben.

Es ist üblich, für Einelektronenwellenfunktionen, deren Winkelabhängigkeit durch $Y_l^m(\vartheta,\varphi)$ gegeben ist, folgende Bezeichnungsweise zu wählen. Man nennt sie *s, p, d, f, g, h* etc. -Funktionen, je nachdem ob $l = 0, 1, 2, 3, 4, 5$ etc. ist, und $\sigma, \pi, \delta, \varphi, \gamma$ etc., je nachdem ob $m = 0, 1, 2, 3, 4$ etc. ist. Die entsprechenden Bezeichnungen sind in Tab. 3 mitaufgenommen.

Daß der Operator ℓ^2 die Eigenwerte $\hbar^2 \cdot l(l+1)$ hat, läßt sich, ohne daß man von der Theorie der Differentialgleichungen Gebrauch macht, auch zeigen, indem man einzig die Vertauschungsrelationen (3.2–1) der Komponenten des Drehimpulsoperators voraussetzt. Das wollen wir im folgenden Abschnitt erläutern.

3.4. Ableitung der Eigenwerte des Quadrats des Drehimpulsoperators aus den Vertauschungsrelationen

Wir setzen im folgenden nur die Vertauschungsrelationen (3.2–1) zwischen den Komponenten des Drehimpulses voraus

$$\ell_x\ell_y - \ell_y\ell_x = \hbar i \ell_z$$

$$\ell_y\ell_z - \ell_z\ell_y = \hbar i \ell_x$$

$$\ell_z\ell_x - \ell_x\ell_z = \hbar i \ell_y \qquad (3.2\text{–}1)$$

Wir definieren zwei neue Operatoren

$$\ell_+ = \ell_x + i\,\ell_y$$

$$\ell_- = \ell_x - i\,\ell_y \qquad (3.4\text{–}1)$$

Man sieht ohne weiteres, daß folgende Gleichungen gelten:

$$\ell_-\ell_+ = \ell_x^2 + \ell_y^2 + i(\ell_x\ell_y - \ell_y\ell_x) = \ell_x^2 + \ell_y^2 - \hbar \cdot \ell_z$$

$$\ell_+\ell_- = \ell_x^2 + \ell_y^2 - i(\ell_x\ell_y - \ell_y\ell_x) = \ell_x^2 + \ell_y^2 + \hbar \cdot \ell_z \qquad (3.4\text{–}2)$$

$$\ell^2 = \ell_x^2 + \ell_y^2 + \ell_z^2 = \ell_-\ell_+ + \ell_z^2 + \hbar\cdot\ell_z$$
$$= \ell_+\ell_- + \ell_z^2 - \hbar\cdot\ell_z \qquad (3.4\text{—}3)$$

$$\ell_z\ell_+ - \ell_+\ell_z = \hbar\,\ell_+$$

$$\ell_z\ell_- - \ell_-\ell_z = -\hbar\,\ell_- \qquad (3.4\text{—}4)$$

Da ℓ_z und ℓ^2 kommutieren (vgl. Gl. (3.2—3)), haben sie gemeinsame Eigenfunktionen. Es gibt also Funktionen y, für die gilt

$$\ell^2\,y = \hbar^2\,a\cdot y \qquad (3.4\text{—}5a)$$

$$\ell_z\,y = \hbar m\cdot y \qquad (3.4\text{—}5b)$$

wobei wir die Eigenwerte als $\hbar^2\,a$ bzw. $\hbar m$ geschrieben haben. Wenden wir auf (3.4—5b) von links ℓ_+ an, und benutzen wir (3.4—4), so erhalten wir

$$\ell_+\ell_z y = \ell_z\ell_+ y - \hbar\,\ell_+ y = \hbar\cdot\ell_+\,m\cdot y \qquad (3.4\text{—}6)$$

bzw. nach einfacher Umformung

$$\ell_z\ell_+ y = \hbar(m+1)\,\ell_+ y \qquad (3.4\text{—}7)$$

Das heißt aber, $\ell_+ y$ ist Eigenfunktion von ℓ_z zum Eigenwert $\hbar(m+1)$ oder aber $\ell_+ y = 0$. Entsprechend ist $\ell_- y$ Eigenfunktion von ℓ_z zum Eigenwert $\hbar(m-1)$. Da ℓ_+ mit ℓ^2 vertauscht (was unmittelbar daraus folgt, daß ℓ_x und ℓ_y mit ℓ^2 vertauschen), ist $\ell_+ y$ Eigenfunktion von ℓ^2 zum gleichen Eigenwert $\hbar^2 a$ wie y selbst.

Die Anwendung des Operators ℓ_+ (bzw. ℓ_-) macht aus einer Eigenfunktion y von ℓ^2 und ℓ_z zu den Eigenwerten $\hbar^2 a$ und $\hbar m$ eine Eigenfunktion von ℓ^2 und ℓ_z zu den Eigenwerten $\hbar^2 a$ und $\hbar(m+1)$ (bzw. $\hbar(m-1)$), oder aber sie macht aus y eine Funktion, die identisch verschwindet. Man bezeichnet die Operatoren ℓ_+ und ℓ_- auch als Verschiebungsoperatoren, insbesondere ℓ_+ als ‚step-up'- und ℓ_- als ‚step-down'-Operator.

Gehen wir davon aus, daß y auf 1 normiert ist, so sind $\ell_+ y$ bzw. $\ell_- y$ nicht auf 1 normiert, vielmehr gilt (man bedenke dabei*), daß $\ell_+^+ = \ell_-$ und berücksichtige (3.4—5)):

$$\|\ell_+ y\|^2 = (\ell_+ y, \ell_+ y) = (y, \ell_-\ell_+ y) = (y, [\ell^2 - \ell_z^2 - \hbar\,\ell_z]\,y) =$$
$$= (y, \ell^2 y) - (y, \ell_z^2 y) - \hbar\,(y, \ell_z\,y) = \hbar^2\,(a - m^2 - m) \qquad (3.4\text{—}8)$$

$$\|\ell_- y\|^2 = \hbar^2\,(a - m^2 + m) \qquad (3.4\text{—}9)$$

* $\mathbf{A}^+$ ist der zu $\mathbf{A}$ adjungierte Operator (s. Anhang A6).

Da diese Integrale aber sicher nicht-negativ sind, muß gelten:

$$a \geqslant m\,(m+1)$$

$$a \geqslant m\,(m-1) \qquad (3.4\text{--}10)$$

Bezeichnen wir für ein gegebenes a den größtmöglichen Wert von m mit $m_>$ und den kleinstmöglichen mit $m_<$, dann muß, da es dann keine Eigenfunktionen zu den Eigenwerten $\hbar\,(m_> + 1)$ bzw. $\hbar\,(m_< - 1)$ gibt, Anwendung von ℓ_+ auf $y_{m>}$ (analog ℓ_- auf $y_{m<}$), identisch verschwindende Funktionen ergeben:

$$\ell_+ y_{m_>} \equiv 0 \qquad \ell_- y_{m_<} \equiv 0 \qquad (3.4\text{--}11)$$

(wobei wir den Eigenwert von ℓ_z durch den Index $m_>$ bzw. $m_<$ angedeutet haben) und damit auch

$$\|\ell_+ y_{m_>}\| = 0 \qquad \|\ell_- y_{m_<}\| = 0 \qquad (3.4\text{--}12)$$

d.h. nach (3.4–8) und (3.4–9)

$$a = m_>\,(m_> + 1) = m_<\,(m_< - 1) \qquad (3.4\text{--}13)$$

Diese Gleichung läßt sich aber nur erfüllen, wenn $m_< = -m_>$ (oder wenn $m_< = m_> + 1$, was aber mit $m_> > m_<$ nicht verträglich wäre).

Wir bezeichnen jetzt $m_> = l$, und wir sehen, daß zu einem gegebenen Eigenwert

$$\hbar^2 a = \hbar^2\, l\,(l+1) \qquad (3.4\text{--}14)$$

von ℓ^2 die folgenden Eigenwerte von ℓ_z möglich sind:

$$\hbar m = \hbar l,\ \hbar\,(l-1),\ \ldots\ -\hbar l\,. \qquad (3.4\text{--}15)$$

Das geht aber nur dann auf, wenn l *ganz-* oder *halb*-zahlig ist. Dann muß auch m ganz- oder halbzahlig sein, und es gibt zu jedem l genau $(2l + 1)$ verschiedene m-Werte (nämlich $m = l, l-1, \ldots -l$).

Der besondere Vorzug der Ableitung der Eigenwerte von ℓ^2 und ℓ_z nur aus den Vertauschungsrelationen besteht darin, daß diese Ableitung für alle Operatoren gilt, deren Vertauschungsrelationen formal gleich (3.2–1) sind. Hierzu gehört vor allem der Gesamtbahndrehimpuls

$$\vec{\mathbf{L}} = \sum_{i=1}^{n} \vec{\ell}\,(i) \qquad (3.4\text{--}16)$$

der die Summe der Bahndrehimpulse sämtlicher Elektronen in einem Mehrelektronensystem darstellt. Für die Komponenten $\mathbf{L}_x$, $\mathbf{L}_y$, $\mathbf{L}_z$ von $\vec{\mathbf{L}}$ gelten in der Tat die gleichen Vertauschungsrelationen wie in Gl. (3.2–1). In Mehrelektronenatomen vertauschen $\mathbf{L}_z$ und $\mathbf{L}^2$ mit dem Gesamt-Hamilton-Operator $\mathbf{H}$, so daß man die Eigenfunktionen von $\mathbf{H}$ als gleichzeitige Eigenfunktionen von $\mathbf{L}_z$ und $\mathbf{L}^2$ wählen kann. Diese Eigenfunktionen sind dann nicht mehr von der einfachen Form wie im Einelektronenfall, aber wir wissen von vornherein, daß die Eigenwerte von $\mathbf{L}^2$ und $\mathbf{L}_z$ gleich $\hbar^2 L\,(L+1)$ bzw. $\hbar M$ sind, mit ganzzahligem M und L und $|M| \leqslant L$.

Auch für die Spinoperatoren (s. den Abschn. 3.5) gelten analoge Vertauschungsrelationen und folglich die gleichen Sätze über die Eigenwerte.

Befassen wir uns noch einmal mit dem Fall eines Teilchens in einem Zentralfeld, für das wir in Abschn. 3.3 die Winkelabhängigkeit der Wellenfunktionen explizit abgeleitet haben. Das gleiche Ergebnis können wir jetzt auch noch auf eine andere Weise gewinnen. Wir gehen aus von den expliziten Ausdrücken von ℓ_x, ℓ_y und ℓ_z in sphärischen Polarkoordinaten (3.3–1), aus denen wir für ℓ_+ und ℓ_- gemäß (3.4–1) folgendes erhalten:

$$\ell_+ = \hbar\,\mathrm{e}^{\mathrm{i}\varphi}\left\{\frac{\partial}{\partial\vartheta} + \mathrm{i}\,\mathrm{ctg}\,\vartheta\,\frac{\partial}{\partial\varphi}\right\}$$

$$\ell_- = \hbar\,\mathrm{e}^{-\mathrm{i}\varphi}\left\{-\frac{\partial}{\partial\vartheta} + \mathrm{i}\,\mathrm{ctg}\,\vartheta\,\frac{\partial}{\partial\varphi}\right\} \qquad (3.4\text{–}17)$$

Bezeichnen wir jetzt eine Eigenfunktion $y\,(r, \vartheta, \varphi)$ von ℓ_z zum Eigenwert $\hbar m$ und von ℓ^2 zum Eigenwert $\hbar^2\, l\,(l+1)$, als y_l^m. Für eine Eigenfunktion y_l^l (d.h. für $l = m$) muß gelten

$$\ell_+\, y_l^l = 0 \qquad (3.4\text{–}18)$$

Nach (3.1–12) muß y_l^l von der Form sein

$$y_l^l = f\,(r, \vartheta)\,\mathrm{e}^{\mathrm{i}l\varphi} \qquad (3.4\text{–}19)$$

Einsetzen von (3.4–17) und (3.4–19) in (3.4–18) ergibt dann:

$$\frac{\partial f(r, \vartheta)}{\partial\vartheta} - l \cdot \mathrm{ctg}\,\vartheta\, f\,(r, \vartheta) = 0 \qquad (3.4\text{–}20)$$

Da Ableitungen nach r nicht vorkommen, ist $f\,(r, \vartheta)$ von der Form

$$f\,(r, \vartheta) = R\,(r) \cdot g\,(\vartheta) \qquad (3.4\text{–}21)$$

wobei $g\,(\vartheta)$ die gewöhnliche Differentialgleichung

$$\frac{\mathrm{d}g}{\mathrm{d}\vartheta} - l\,\mathrm{ctg}\,\vartheta\,\mathrm{g}\,(\vartheta) = 0 \qquad (3.4\text{–}22)$$

erfüllt, und wobei $R(r)$ eine beliebige Funktion von r ist. Man überzeugt sich leicht davon, daß

$$g(\vartheta) = \sin^l(\vartheta) \tag{3.4–23}$$

die Differentialgleichung (3.4–22) löst.

Es ergibt sich also in der üblichen Phasenkonvention

$$y_l^l(r,\vartheta,\varphi) = (-1)^l R(r) \sin^l(\vartheta)\, e^{il\varphi} = N(-1)^l R(r)\cdot Y_l^l(\vartheta,\varphi) \tag{3.4–24}$$

Hierbei bedeutet $Y_l^m(\vartheta,\varphi)$ die normierte Kugelflächenfunktion, und N ist ein Normierungsfaktor. Für den Fall $m = l$ haben wir soeben erhalten, daß

$$N\cdot Y_l^l(\vartheta,\varphi) = \sin^l\vartheta\cdot e^{il\varphi}\cdot(-1)^l \tag{3.4–25}$$

Die Funktionen Y_l^m mit $|m| < l$ erhält man durch Anwendung von ℓ_-, z.B.

$$N'\,Y_1^0 = \ell_-\,Y_1^1 = \hbar\, e^{-i\varphi}\left\{\frac{\partial}{\partial\vartheta} - i\,\mathrm{ctg}\,\vartheta\,\frac{\partial}{\partial\varphi}\right\}\sin^1\vartheta\, e^{i\varphi} =$$

$$= \hbar\, e^{-i\varphi}\left\{\cos\vartheta\, e^{i\varphi} + \mathrm{ctg}\,\vartheta\cdot\sin\vartheta\, e^{i\varphi}\right\} = 2\,\hbar\cdot\cos\vartheta \tag{3.4–26}$$

Die Faktoren N und N′ sind dann nachträglich so zu bestimmen, daß die Normierungsbedingung (3.3–16) erfüllt ist. Die so berechneten Y_l^m sind dann mit jenen auf Tab. 3 angegebenen identisch.

Genau wie in Abschn. 3 ergeben sich jetzt nur *ganzzahlige* Werte von l und m, und zwar folgt diese Einschränkung (halbzahlige Werte ausgeschlossen) unmittelbar aus der Forderung, daß die Funktion (3.4–19) eindeutig sein muß, letztlich aber daraus, daß wir nicht nur die Vertauschungsregeln (3.2–1) voraussetzen, sondern die Definition (3.1–2) eines Bahndrehimpulses. Vgl. hierzu (3.1–11, 12)

3.5. Der Elektronenspin

Aus den Vertauschungsregeln der Drehimpulsoperatoren folgt, daß Eigenwerte $\hbar m$ und $\hbar^2 l(l+1)$ von ℓ_z bzw. ℓ^2 mit ganz- oder halbzahligem m bzw. l möglich sind. Berücksichtigt man dagegen explizit, daß $\vec{\ell}$ von der Form $\vec{\ell} = \vec{\mathbf{r}}\times\vec{\mathbf{p}}$ ist, d.h. daß $\vec{\ell}$ einem klassischen Bahndrehimpuls entspricht, so sind nur ganzzahlige Werte von m und l zulässig. Halbzahlige Werte von m und l sind deshalb nur möglich für Operatoren $\vec{J}$, deren Komponenten formal die Vertauschungsregeln (3.2–1) erfüllen, die aber nicht das quantenmechanische Analogon eines klassischen Bahndrehimpulses sind. Solche Operatoren lassen sich in der Tat konstruieren, und es zeigt sich, daß sie sich in der Quantenmechanik als außerordentlich wichtig erweisen, und zwar im Zusammenhang mit einem Eigendrehimpuls des Elektrons, den man als Spin bezeichnet.

Zur Beschreibung der Eigenschaften des Elektrons, die mit dem Spin zu tun haben, empfiehlt es sich, für ein Elektron nicht wie bisher eine einzige Wellenfunktion ψ zu verwenden, sondern einen zweidimensionalen Vektor $\vec{\psi}$, den man sich aus zwei Wellenfunktionen ψ_1 und ψ_2 aufgebaut denken kann:

$$\vec{\psi} = \begin{pmatrix} \psi_1 \\ \psi_2 \end{pmatrix} \tag{3.5–1}$$

Wir interessieren uns jetzt für Operatoren, die nicht auf die in ψ_1 und ψ_2 enthaltenen Raumkoordinaten wirken, sondern die auf $\vec{\psi}$ formal wie auf einen Vektor anzuwenden sind. Solche Operatoren müssen also die Gestalt von Matrizen haben.

Betrachten wir z.B. folgende drei Matrizen

$$s_x = \frac{\hbar}{2}\begin{pmatrix} 0 & 1 \\ 1 & 0 \end{pmatrix}, \quad s_y = \frac{\hbar}{2}\begin{pmatrix} 0 & -i \\ +i & 0 \end{pmatrix}, \quad s_z = \frac{\hbar}{2}\begin{pmatrix} 1 & 0 \\ 0 & -1 \end{pmatrix} \tag{3.5–2}$$

so gehorchen diese den Vertauschungsrelationen

$$\begin{aligned} s_x s_y - s_y s_x &= \hbar \cdot i\, s_z \\ s_y s_z - s_z s_y &= \hbar \cdot i\, s_x \\ s_z s_x - s_x s_z &= \hbar \cdot i\, s_y \end{aligned} \tag{3.5–3}$$

die formal genau dieselben wie für die Komponenten eines Drehimpulses sind.

Fassen wir diese Matrizen als Operatoren auf – wir nennen sie ‚Spinoperatoren' –, die auf unsere zweikomponentige Wellenfunktion (3.5–1) wirken, so erhalten wir z.B.

$$s_z \vec{\psi} = \frac{\hbar}{2}\begin{pmatrix} 1 & 0 \\ 0 & -1 \end{pmatrix} \cdot \begin{pmatrix} \psi_1 \\ \psi_2 \end{pmatrix} = \frac{\hbar}{2}\begin{pmatrix} \psi_1 \\ -\psi_2 \end{pmatrix} \tag{3.5–4}$$

Wir suchen jetzt nach denjenigen $\vec{\psi}$, die Eigenfunktionen (eigentlich Eigenvektoren) der Spinoperatoren sind. Wegen der Vertauschungsbeziehungen (3.5–3) kann man i.allg. nur verlangen, daß ein $\vec{\psi}$ gleichzeitig Eigenfunktion von

$$s^2 = s_x \cdot s_x + s_y \cdot s_y + s_z \cdot s_z = \frac{3}{4}\hbar^2 \begin{pmatrix} 1 & 0 \\ 0 & 1 \end{pmatrix} \tag{3.5–5}$$

und von einer Komponente, z.B. von s_z ist. Die Eigenfunktionen von s_z sind von der Form

$$\vec{\psi} = \begin{pmatrix} \psi_1 \\ 0 \end{pmatrix} \quad \text{oder} \quad \vec{\psi} = \begin{pmatrix} 0 \\ \psi_2 \end{pmatrix} \tag{3.5–6}$$

da dann

$$s_z \begin{pmatrix} \psi_1 \\ 0 \end{pmatrix} = \frac{\hbar}{2} \begin{pmatrix} \psi_1 \\ 0 \end{pmatrix}$$

$$s_z \begin{pmatrix} 0 \\ \psi_2 \end{pmatrix} = -\frac{\hbar}{2} \begin{pmatrix} 0 \\ \psi_2 \end{pmatrix} \qquad (3.5\text{–}7)$$

mit beliebigem ψ_1 oder ψ_2. Offenbar hat s_z nur die beiden Eigenwerte $\hbar/2$ und $-\hbar/2$. Jedes beliebige $\vec{\psi}$ ist aber Eigenfunktion von s^2 nach (3.5–5) mit dem Eigenwert $\frac{3}{4}\hbar^2$. Dieser Eigenwert ist also zweifach entartet. Wir wählen eine abgekürzte Schreibweise für diejenigen zweikomponentigen Wellenfunktionen $\vec{\psi}$, die Eigenfunktionen von s_z sind, nämlich:

$$\begin{pmatrix} \psi_1 \\ 0 \end{pmatrix} = \psi_1 \cdot \alpha, \quad \begin{pmatrix} 0 \\ \psi_2 \end{pmatrix} = \psi_2 \cdot \beta \qquad (3.5\text{–}8)$$

wobei wir $\alpha = \begin{pmatrix} 1 \\ 0 \end{pmatrix}$ und $\beta = \begin{pmatrix} 0 \\ 1 \end{pmatrix}$ als Spinfunktionen bezeichnen. Ein allgemeines $\vec{\psi}$, das nicht Eigenfunktion von s_z ist, läßt sich immer schreiben

$$\vec{\psi} = \begin{pmatrix} \psi_1 \\ \psi_2 \end{pmatrix} = \psi_1 \cdot \alpha + \psi_2 \cdot \beta \qquad (3.5\text{–}9)$$

d.h., in eine Komponente mit α-Spin und eine mit β-Spin zerlegen.

Wird ein Elektron durch eine Funktion $\vec{\psi}$ beschrieben, die Eigenfunktion von s_z ist, so hat es einen Eigendrehimpuls $+\hbar/2$ oder $-\hbar/2$ in z-Richtung je nachdem ob $\vec{\psi}$ α- oder β-Spin hat, d.h., je nachdem ob nur die erste oder nur die zweite Komponente von $\vec{\psi}$ von Null verschieden ist. Unabhängig davon, ob $\vec{\psi}$ Eigenfunktion von s_z ist oder nicht, ist $\vec{\psi}$ immer Eigenfunktion zu s^2 mit dem Eigenwert $\hbar^2\ 1/2\ (1/2 + 1) = 3/4\ \hbar^2$, d.h., das Betragsquadrat des Eigendrehimpulses ist $3/4\ \hbar^2$.

Da man, um den Spin zu erfassen, zweikomponentige statt einkomponentiger Einelektronenwellenfunktionen zu verwenden hat, müssen wir uns fragen, inwieweit wir den bisher benutzten Formalismus zu revidieren haben. Ferner müssen wir uns überlegen (dies stellen wir allerdings bis Kap. 8 zurück), in welcher Weise man dem Spin in Mehrelektronenwellenfunktionen Rechnung trägt.

Wenn wir zweikomponentige Wellenfunktionen verwenden, müssen unsere Operatoren vierkomponentig sein, gemäß

$$A = \begin{pmatrix} \mathsf{A}_{11} & \mathsf{A}_{12} \\ \mathsf{A}_{21} & \mathsf{A}_{22} \end{pmatrix} \tag{3.5–10}$$

Entsprechend werden aus Operatorengleichungen $\mathsf{A}\psi = \varphi$ jetzt Matrixgleichungen $A\vec{\psi} = \vec{\varphi}$, wobei jede der vier Komponenten der Matrix A ein Operator (in bezug auf die Raumkoordinaten der Elektronen) ist.

Alle die Operatoren, die wir bisher kennengelernt haben, sind allerdings von einer einfachen Form, nämlich

$$A = \begin{pmatrix} \mathsf{A} & 0 \\ 0 & \mathsf{A} \end{pmatrix} \tag{3.5–11}$$

und das bedeutet, alle diese A vertauschen z.B. mit s_z; folglich können die Eigenfunktionen aller dieser A gleichzeitig als Eigenfunktion von s_z gewählt werden, d.h. in der Form $\psi \cdot \alpha$ oder $\psi \cdot \beta$. Die Matrixoperatorengleichungen $A\vec{\psi} = \vec{\varphi}$ reduzieren sich dann auf die uns gewohnten Operatorengleichungen $\mathsf{A}\psi = \varphi$ z.B.

$$H\vec{\psi} = \begin{pmatrix} \mathsf{H} & 0 \\ 0 & \mathsf{H} \end{pmatrix} \cdot \begin{pmatrix} \psi \\ 0 \end{pmatrix} = \begin{pmatrix} \mathsf{H}\psi \\ 0 \end{pmatrix} = E \begin{pmatrix} \psi \\ 0 \end{pmatrix} \tag{3.5–12}$$

oder

$$H\vec{\psi} = \mathsf{H}\,\psi\,\alpha = E\,\psi\,\alpha = E\,\vec{\psi} \tag{3.5–13}$$

ist gleichbedeutend mit

$$\mathsf{H}\,\psi = E\,\psi \tag{3.5–14}$$

da man sich auf eine Komponente beschränken, bzw. da man formal durch die Spinfunktion kürzen kann, weil H auf den Spin nicht wirkt.

Bei der Berechnung von Erwartungswerten $(\vec{\psi}, \mathsf{A}\vec{\psi})$ muß man berücksichtigen, daß α und β je auf eins normiert und zueinander orthogonale Vektoren sind,

$$\alpha \cdot \alpha = \begin{pmatrix} 1 \\ 0 \end{pmatrix} \cdot \begin{pmatrix} 1 \\ 0 \end{pmatrix} = 1; \quad \beta \cdot \beta = \begin{pmatrix} 0 \\ 1 \end{pmatrix} \cdot \begin{pmatrix} 0 \\ 1 \end{pmatrix} = 1 \tag{3.5–15}$$

$$\alpha \cdot \beta = \begin{pmatrix} 1 \\ 0 \end{pmatrix} \cdot \begin{pmatrix} 0 \\ 1 \end{pmatrix} = 0; \quad \beta \cdot \alpha = \begin{pmatrix} 0 \\ 1 \end{pmatrix} \cdot \begin{pmatrix} 1 \\ 0 \end{pmatrix} = 0 \tag{3.5–16}$$

so daß (für spinunabhängige Operatoren A)

$$(\psi_1\alpha + \psi_2\beta, \mathsf{A}[\psi_1\alpha + \psi_2\beta]) = (\psi_1 \mathsf{A}\,\psi_1) + (\psi_2 \mathsf{A}\,\psi_2) \tag{3.5–17}$$

Die Orthogonalitätsbeziehung zwischen den Spinfunktionen α und β schreibt man oft auch formal als Integral

$$\int \alpha^* \alpha \, ds = 1 \qquad \int \alpha^* \beta \, ds = 0 \qquad (3.5\text{–}18)$$

wobei man s als Spinkoordinate bezeichnet. Die Gln. (3.5–18) bedeuten aber wirklich nichts anderes als (3.5–15, 16).

Solange wir nur mit Operatoren der Form (3.5–11) zu tun haben, mit Operatoren, die man als ‚spinunabhängig' bezeichnet, macht es in der Tat keinen Unterschied, ob wir wie bisher mit einkomponentigen oder aber mit zweikomponentigen Einelektronenfunktionen arbeiten. Nun kann man aber gewisse physikalische Erscheinungen nur sinnvoll erklären, wenn man annimmt, daß es auch ‚spinabhängige' Operatoren gibt.

Ein einfaches Beispiel dafür liegt z.B. vor, wenn man ein Elektron in einem äußeren magnetischen Feld der Feldstärke $\mathcal{H}$ betrachtet. Zum Hamilton-Operator für das Elektron ohne äußeres Feld kommt dann u.a. ein Term hinzu, der von folgender Gestalt ist:

$$-\frac{|e|}{mc}\, s \cdot \vec{\mathcal{H}} = -\frac{|e|}{mc} \cdot \left\{ s_x \cdot \mathcal{H}_x + s_y \cdot \mathcal{H}_y + s_z \cdot \mathcal{H}_z \right\}$$

$$= -\frac{\hbar\,|e|}{2mc} \cdot \begin{pmatrix} \mathcal{H}_z & \mathcal{H}_x - i\mathcal{H}_y \\ \mathcal{H}_x + i\mathcal{H}_y & -\mathcal{H}_z \end{pmatrix} \qquad (3.5\text{–}19)$$

Dieser Zusatzterm zum Hamilton-Operator ist in der Tat spin-abhängig, und das hat zur Folge, daß die beiden Funktionen $\psi \cdot \alpha$ und $\psi \cdot \beta$ nicht mehr notwendigerweise Eigenfunktionen des Hamilton-Operators zum gleichen Eigenwert sind. Legen wir z.B. das Feld in die z-Richtung (d.h. $\mathcal{H}_x = \mathcal{H}_y = 0$), so unterscheiden sich die Energieerwartungswerte von $\psi\alpha$ und $\psi\beta$ um den Betrag $\frac{\hbar \cdot e}{mc} \cdot \mathcal{H}_z$. Wir haben hierbei vorausgesetzt, daß kein Bahndrehimpuls vorliegt, denn dieser führt auch zu einer Wechselwirkung mit dem Magnetfeld, die wir hier unberücksichtigt gelassen haben – ebenso wie die Terme, die für den Diamagnetismus verantwortlich sind.

Ebenfalls unberücksichtigt lassen wir an dieser Stelle die Wechselwirkung zwischen Bahndrehimpuls und Spin, die zur sogenannten Feinstruktur der Atomspektren führt (vgl. Kap. 11).

Die große Bedeutung des Spins liegt aber nicht so sehr in dem mit ihm verbundenen Drehimpuls, sondern in seiner Rolle im Zusammenhang mit dem Pauli-Prinzip für Mehrteilchensysteme. Hierauf kommen wir in Kap. 9 zurück, wo wir allgemein auf die Rolle des Spins in Mehrelektronensystemen eingehen.

Zusammenfassung zu Kap. 3

Dem Drehimpuls $\vec{l} = \vec{r} \times \vec{p}$ der klassischen Physik entspricht in der Quantenmechanik der Drehimpulsoperator $\vec{\ell}$. Für kräftefreie Bewegungen oder Bewegungen in einem Zentralfeld vertauscht $\vec{\ell}$ mit **H**. Die Eigenfunktionen ψ von **H** (Lösungen der Schrödingergleichung) sind dann gleichzeitig Eigenfunktionen von $\vec{\ell}$ (bzw. als solche wählbar). Da die Komponenten ℓ_x, ℓ_y, ℓ_z von $\vec{\ell}$ nicht untereinander vertauschen, kann man nur erreichen, daß ψ Eigenfunktion von $\ell^2 = \ell_x^2 + \ell_y^2 + \ell_z^2$ und z.B. von ℓ_z ist. Im Einelektronenfall haben diese Eigenfunktionen die Form:

$$\psi\,(r, \vartheta, \varphi) = R(r) \cdot Y_l^m\,(\vartheta, \varphi)$$

wobei $Y_l^m(\vartheta,\varphi)$ mit $l = 0, 1, 2 \ldots;\ m = -l, -l+1, \ldots +l$ die sogenannten Kugelfunktionen oder Kugelflächenfunktionen sind. Die ersten Vertreter sind in Tab. 3 angegeben.

Aus den Vertauschungsrelationen (3.2–1) der Komponenten des Drehimpulsoperators untereinander folgt, daß die Eigenwerte von ℓ^2 von der Form $\hbar^2\, l\,(l+1)$ sind, wobei l ganz- oder halbzahlig sein kann. Die entsprechenden Eigenwerte von ℓ_z sind $\hbar \cdot m$ mit $m = -l, -l+1, \ldots +l$. Somit gehören zu jedem l genau $2l+1$ verschiedene mögliche Werte von m. Dieses Ergebnis gilt für alle Operatoren, die formal die gleichen Vertauschungsrelationen erfüllen wie die Komponenten von $\vec{\ell}$, insbesondere für den Operator

$$\vec{\mathbf{L}} = \sum_{i=1}^{n} \vec{\ell}\,(i)$$

des Gesamtdrehimpulses und für den Operator des Elektronenspins.

Der Elektronenspin, der mit einem Eigendrehimpuls des Elektrons verbunden ist, läßt sich durch eine zweikomponentige Wellenfunktion beschreiben. Als bequemer erweist sich die Verwendung der sog. Spinfunktionen α und β. Bei spinunabhängigen Operatoren kann man, zumindest im Einelektronenfall, auf die explizite Berücksichtigung des Spins verzichten.

4. Das Wasserstoffatom

4.1. Abtrennung der Schwerpunktsbewegung

Im Gegensatz zu allen anderen Atomen ist beim H-Atom eine geschlossene Lösung der Schrödingergleichung möglich, und diese schließt sich eng an das bisher Besprochene an, während wir uns künftig ganz anderer Methoden zu bedienen haben werden, um die entsprechenden Schrödingergleichungen näherungsweise zu lösen.

Der Hamilton-Operator für die Relativbewegung ist

$$\mathbf{H} = \frac{-\hbar^2}{2\mu} \Delta + V(r) \tag{4.1–1}$$

wobei $V(r)$ für das H-Atom und H-ähnliche Ionen (He^+, Li^{2+}, Be^{3+} etc.) gegeben ist durch

$$V(r) = -\frac{Z \cdot e^2}{r} \tag{4.1–2}$$

Die reduzierte Masse μ hängt mit Elektronenmasse m und Kernmasse M zusammen gemäß

$$\mu = \frac{m \cdot M}{m+M} \tag{4.1–3}$$

Da beim H-Atom $M \approx 1800 \cdot m$, unterscheidet sich μ von m um weniger als 1 ‰, bei schwereren Kernen ist der Unterschied von μ und m noch kleiner, so daß man in der Schrödingergleichung oft μ durch m ersetzt.

4.2. Atomare Einheiten

Es ist üblich, sogenannte atomare Einheiten*) einzuführen, die dadurch festgelegt sind, daß man die Elektronenmasse m als Einheit der Masse verwendet, $\hbar$ als Einheit der Wirkung und die Elektronenladung e als Einheit der Ladung. Der Hamilton-Operator der H-ähnlichen Ionen lautet dann

$$\mathbf{H} = -\frac{1}{2}\Delta - \frac{Z}{r} \tag{4.2–1}$$

Die Energie-Eigenwerte ergeben sich in atomaren Energie-Einheiten

$$1 \text{ a.u.} = \frac{e^4 m}{\hbar^2} = 1 \text{ Hartree} = 27.21 \text{ eV} = 627.71 \text{ kcal/mol} \tag{4.2–2}$$

* D.R. Hartree, Proc. Cambridge Phil. Soc *24,* 89 (1926).

und Längen werden gemessen in Einheiten von

$$1\,a_0 = \frac{\hbar^2}{me^2} = 1\text{ Bohr} = 0.529\text{ Å} \tag{4.2–3}$$

Der Formalismus ist in atomaren Einheiten wesentlich übersichtlicher.

Wie gesagt, darf man μ nicht einfach durch m ersetzen. Setzt man das μ ein, so ist der ‚Gegenwert' in konventionellen Einheiten für eine atomare Einheit je nach dem Kern etwas verschieden*). Dieser Unterschied fällt aber nur bei H und D ins Gewicht.

4.3. Die Winkelabhängigkeit der Eigenfunktionen

Da der Fall eines Zentralfeldes vorliegt, muß $\psi(r, \vartheta, \varphi)$ von der Form sein

$$\psi(r, \vartheta, \varphi) = R(r)\, Y_l^m(\vartheta, \varphi) \tag{4.3–1}$$

wobei $Y_l^m(\vartheta, \varphi)$ eine Kugelfunktion ist.

Wir drücken wieder den Laplace-Operator in sphärischen Koordinaten aus

$$\Delta = \frac{1}{r^2}\left[\frac{\partial}{\partial r}\left(r^2\frac{\partial}{\partial r}\right) + \frac{1}{\sin\vartheta}\cdot\frac{\partial}{\partial\vartheta}\left(\sin\vartheta\,\frac{\partial}{\partial\vartheta}\right) + \frac{1}{\sin^2\vartheta}\,\frac{\partial^2}{\partial\varphi^2}\right] \tag{4.3–2}$$

Vergleicht man diesen Ausdruck mit dem für $\vec{\ell}^{\,2}$ (Gl. 3.3–2), so sieht man, daß man ihn auch folgendermaßen schreiben kann (in atomaren Einheiten, in denen $\hbar = 1$ ist):

$$\Delta = \frac{1}{r^2}\,\frac{\partial}{\partial r}\,r^2\,\frac{\partial}{\partial r} - \frac{\vec{\ell}^{\,2}}{r^2} \tag{4.3–3}$$

In atomaren Einheiten lautet dann die Schrödingergleichung

$$-\frac{1}{2r^2}\,\frac{\partial}{\partial r}\,r^2\,\frac{\partial\psi}{\partial r} + \frac{\ell^2}{2r^2}\,\psi - \frac{Z}{r}\,\psi = E\,\psi \tag{4.3–4}$$

Einsetzen von (4.3–1) für ψ und dividieren durch Y_l^m führt zu

$$-\frac{1}{2r^2}\,\frac{\mathrm{d}}{\mathrm{d}r}\,r^2\,\frac{\mathrm{d}R}{\mathrm{d}r} + \frac{l\,(l+1)}{2r^2}\,R - \frac{Z}{r}\cdot R = ER \tag{4.3–5}$$

* H. Shull, G.G. Hall, Nature *184*, 1559 (1959).

4.4. Lösung der radialen Schrödingergleichung

4.4.1. Verhalten der Lösung für $r \to \infty$

Zur Lösung der gewöhnlichen Differentialgleichung (4.3–5) führen wir zunächst eine neue Funktion ein

$$g(r) = r \cdot R(r) \tag{4.4–1}$$

um die Gleichung zu vereinfachen

$$\frac{d^2 g}{dr^2} - \frac{l(l+1)}{r^2} \cdot g + \frac{2Z}{r} \cdot g = -2E \cdot g \tag{4.4–2}$$

Formal ist das die Schrödingergleichung für eine eindimensionale Bewegung im effektiven Potential $V(r) = +\frac{l(l+1)}{2r^2} - \frac{Z}{r}$, wobei analog zur klassischen Behandlung zusätzlich zum eigentlichen Potential $-\frac{Z}{r}$ noch der ‚Zentrifugalterm' $+\frac{l(l+1)}{2r^2}$ auftritt (vgl. Gl. 1.5–11).

Wir interessieren uns jetzt zuerst für das Verhalten der Lösung von (4.4–2) für $r \to \infty$. Wir können den zweiten und dritten Term links hierzu vernachlässigen, weil diese, verglichen mit den beiden anderen Termen, beliebig klein werden, wenn r groß genug ist.

$$\frac{d^2 g(r)}{dr^2} \approx -2E \cdot g(r) \qquad \text{für} \quad r \to \infty \tag{4.4–3}$$

Die asymptotische Lösung ist offenbar

$$g(r) \approx e^{\pm\sqrt{-2E} \cdot r} \tag{4.4–4}$$

Nur diejenige Funktion $g(r)$ mit dem Minuszeichen vor der Wurzel verschwindet genügend rasch im Unendlichen, um normierbar zu sein, vorausgesetzt, daß E negativ ist und die Wurzel somit reell. Bei positivem E ist $g(r)$ eine periodische Funktion und sicher nicht normierbar.

Wir machen für $g(r)$ also den Ansatz

$$g(r) = e^{-\sqrt{-2E} \cdot r} \cdot P(r) \tag{4.4–5}$$

wobei $P(r)$ ein noch unbekanntes Polynom oder eine Potenzreihe von r ist.

4.4.2. Bestimmung der Koeffizienten von *P(r)*

Einsetzen von (4.4–5) in (4.4–2) ergibt die folgende Differentialgleichung für $P(r)$

$$\frac{d^2P}{dr^2} - 2\sqrt{-2E}\cdot\frac{dP}{dr} - \frac{l\,(l+1)}{r^2}P + \frac{2Z}{r}P = 0 \qquad (4.4\text{–}6)$$

Schreiben wir P explizit hin:

$$P(r) = \sum_{\nu=0}^{\infty} c_\nu\, r^\nu \qquad (4.4\text{–}7)$$

so wird aus (4.4–6)

$$\sum_{\nu=0}^{\infty} \nu(\nu-1)\, c_\nu \cdot r^{\nu-2} - 2\sqrt{-2E}\sum_{\nu=0}^{\infty} \nu\cdot c_\nu\cdot r^{\nu-1}$$

$$-\,l\,(l+1)\sum_{\nu=0}^{\infty} c_\nu\, r^{\nu-2} + 2Z\sum_{\nu=0}^{\infty} c_\nu\, r^{\nu-1} = 0 \qquad (4.4\text{–}8)$$

Wie üblich muß der Koeffizient jeder Potenz von r verschwinden; d.h.

$$-\,l\,(l+1)\,c_0 = 0$$

$$-\,l\,(l+1)\,c_1 + 2Z\,c_0 = 0$$

$$c_{\nu+1}\,[\nu(\nu+1) - l(l+1)] = c_\nu\,[2\nu\cdot\sqrt{-2E} - 2Z];\; n > \nu \geqslant 1 \qquad (4.4\text{–}9)$$

Die beiden ersten Gleichungen bedeuten

$$c_0 = 0, \text{ und sofern } l \neq 0 \text{ auch } c_1 = 0$$

aus der dritten Gleichung folgt die Rekursionsbeziehung

$$c_{\nu+1} = c_\nu\,\frac{2\,\nu\sqrt{-2E} - 2Z}{\nu\,(\nu+1) - l\,(l+1)} \qquad (4.4\text{–}10)$$

4.4.3. Abbruch von *P(r)* nach einer endlichen Zahl von Gliedern – Quantenzahlen

Man überzeugt sich jetzt davon, daß $P(r)$ keine Potenzreihe sein darf, sondern ein Polynom sein muß. Wäre nämlich $P(r)$ eine Potenzreihe, d.h. hätte es unendlich viele

Glieder, so würde für genügend großes ν in der Rekursionsformel (4.4–10) $2Z$ sowie $l\,(l+1)$ vernachlässigbar werden:

$$c_{\nu+1} \approx c_\nu \frac{2\sqrt{-2E}}{\nu+1} \tag{4.4–11}$$

so daß, ebenfalls für genügend großes ν, gilt

$$c_\nu \approx a \frac{(2\sqrt{-2E})^\nu}{\nu\,!} \tag{4.4–12}$$

wobei a eine Konstante ist. Eine Potenzreihe $P(r)$, deren Koefizienten für genügend großes ν beliebig genau durch (4.4–12) gegeben sind, unterscheidet sich aber für genügend große r beliebig wenig von der Exponentialfunktion

$$a \cdot \mathrm{e}^{2\sqrt{-2E}\,\cdot\, r} \tag{4.4–13}$$

Damit würde aber $g(r)$ nach (4.4–5) für große r wie $\mathrm{e}^{+\sqrt{-2E}\,r}$ gehen und $R(r)$ nicht normierbar sein.

Also ist nur zulässig, daß $P(r)$ ein Polynom mit einer endlichen Zahl von Gliedern ist.

Die Forderung, daß $P(r)$ ein Polynom des Grades n ist, führt zu der Bedingung $c_{n+1} = 0$ (aber $c_n \neq 0$), die nur zu erfüllen ist, wenn

$$2n\sqrt{-2E} - 2Z = 0 \tag{4.4–14}$$

d.h.
$$E = -\frac{Z^2}{2n^2} \tag{4.4–15}$$

Der Eigenwert E hängt also nur von n ab; es muß aber betont werden, daß dies an der speziellen Form des Potentials $V(r) = -\dfrac{Z}{r}$ liegt, und daß für allgemeine Potentiale E auch von l abhängt. Dagegen hängt E in beliebigem Zentralfeld nie von m ab, weil m in der Differentialgleichung für $R(r)$ überhaupt nicht vorkommt.

Setzen wir unseren Wert für E in die Rekursionsformel ein, so wird aus dieser

$$c_{\nu+1} = \frac{2\cdot Z}{n} \frac{\nu - n}{\nu(\nu+1) - l\,(l+1)} \cdot c_\nu \tag{4.4–16}$$

Schreiben wir diese Rekursionsformel einmal rückläufig!

$$c_\nu = \frac{n}{2\cdot Z} \frac{\nu(\nu+1) - l\,(l+1)}{\nu - n} \cdot c_{\nu+1} \tag{4.4–17}$$

Hieraus entnehmen wir, daß auf jeden Fall $c_\nu = 0$, wenn $\nu = l$, d.h. $c_l = 0$ und damit $c_\nu = 0$ für $\nu \leqslant l$, d.h., der erste nicht verschwindende Koeffizient ist c_{l+1}. Damit $P(r)$ nicht identisch verschwindet, muß zumindest ein Koeffizient c_ν von 0 verschieden sein. Da aber $c_\nu = 0$ für $\nu \leqslant l$, muß für diesen nicht verschwindenden Koeffizienten $\nu \geqslant l + 1$ sein. Nun ist aber $n \geqslant \nu$, da n der Grad des Polynoms ist, also gilt auch $n \geqslant l + 1$ bzw. $n > l$.

Kombinieren wir diese wichtige Ungleichung zwischen der sogenannten Hauptquantenzahl n und der Nebenquantenzahl (oder Drehimpulsquantenzahl) l mit der bereits bekannten zwischen l und der sogenannten Achsenquantenzahl (oder magnetischen Quantenzahl) m

$$l < n$$

$$-l \leqslant m \leqslant l \qquad (4.4\text{—}18)$$

so ergeben sich die erlaubten Kombinationen der drei Quantenzahlen, die in Tab. 4 angegeben sind.

Wie man aus dieser Aufstellung sieht, ist im Coulombfeld $\left(V(r) = -\frac{Z}{r}\right)$ jeder Eigenwert $E_n = \frac{-Z^2}{2n^2}$ n^2-fach entartet.

Tab. 4. Mögliche Kombinationen der Quantenzahlen n, l, m.

$n = 1$	$l = 0$	$m = 0$	1	1
$n = 2$	$l = 0$	$m = 0$	1	4
	$l = 1$	$m = -1$		
	$l = 1$	$m = 0$	3	
	$l = 1$	$m = 1$		
$n = 3$	$l = 0$	$m = 0$	1	9
	$l = 1$	$m = -1$		
	$l = 1$	$m = 0$	3	
	$l = 1$	$m = 1$		
	$l = 2$	$m = -2$		
	$l = 2$	$m = -1$	5	
	$l = 2$	$m = 0$		
	$l = 2$	$m = 1$		
	$l = 2$	$m = 2$		

In Zentralfeldern, die nicht Coulombfelder sind, wie das z.B. für die Valenzelektronen der Alkalien gilt, hängt die Energie auch von l ab, und es gilt die genäherte Beziehung

$$E_{n,l} = \frac{-Z^2}{2\,(n-\delta_l)^2} \tag{4.4–19}$$

wobei man δ_l als den Quantendefekt bezeichnet, der für festes l konstant ist. Jeder Eigenwert ist dann nur $(2l+1)$-fach entartet.

Tab. 5. Eigenfunktionen des H-Atoms.

n	l	m			
1	0	0	1s: $\psi = 2e^{-r}\,Y_0^0 = \frac{1}{\sqrt{\pi}}\,e^{-r}$		1s
2	0	0	2s: $\psi = \frac{1}{2\sqrt{2}}(2-r)\,e^{-\frac{r}{2}}\,Y_0^0 = \frac{1}{4\sqrt{2\pi}}(2-r)\,e^{-\frac{r}{2}}$		2s
2	1	−1	2p: $\psi = \frac{1}{\sqrt{24}}\,r\,e^{-\frac{r}{2}}\,Y_1^m = \frac{1}{8\sqrt{\pi}}\,r\cdot e^{-\frac{r}{2}}\cdot$	$\sin\vartheta\,e^{-i\varphi}$	$2p\bar{\pi}$
		0		$\sqrt{2}\cdot\cos\vartheta$	$2p\sigma$
		1		$-\sin\vartheta\,e^{i\varphi}$	$2p\pi$
3	0	0	3s: $\psi = \frac{2}{81\sqrt{3}}(27-18r+2r^2)\,e^{-\frac{r}{3}}\,Y_0^0 =$		
			$= \frac{1}{81\sqrt{3\pi}}(27-18r+2r^2)\,e^{-\frac{r}{3}}$		3s
3	1		3p $\psi = \frac{4}{81\sqrt{6}}(6r-r^2)\,e^{-\frac{r}{3}}\,Y_1^m$		
		−1	$= \frac{1}{81\sqrt{\pi}}(6-r)\,r\,e^{-\frac{r}{3}}$	$\sin\vartheta\,e^{-i\varphi}$	$3p\bar{\pi}$
		0		$\sqrt{2}\cos\vartheta$	$3p\sigma$
		1		$-\sin\vartheta\,e^{i\varphi}$	$3p\pi$
3	2		3d: $\psi = \frac{1}{9\sqrt{30}}\,\frac{4}{9}\cdot r^2\,e^{-\frac{r}{3}}\,Y_2^m$		
		−2		$\frac{1}{2}\sin^2\vartheta\,e^{-2i\varphi}$	$3d\bar{\delta}$
		−1		$\sin\vartheta\cos\vartheta\,e^{-i\varphi}$	$3d\bar{\pi}$
		0	$= \frac{1}{81\sqrt{\pi}}\,r^2\,e^{-\frac{r}{3}}$	$\frac{1}{\sqrt{6}}(3\cos^2\vartheta-1)$	$3d\sigma$
		+1		$-\sin\vartheta\cos\vartheta\,e^{i\varphi}$	$3d\pi$
		+2		$\frac{1}{2}\sin^2\vartheta\,e^{2i\varphi}$	$3d\delta$

Die Eigenfunktionen der H-ähnlichen Ionen erhält man, wenn man r durch Zr ersetzt und ψ mit $Z^{\frac{3}{2}}$ multipliziert.

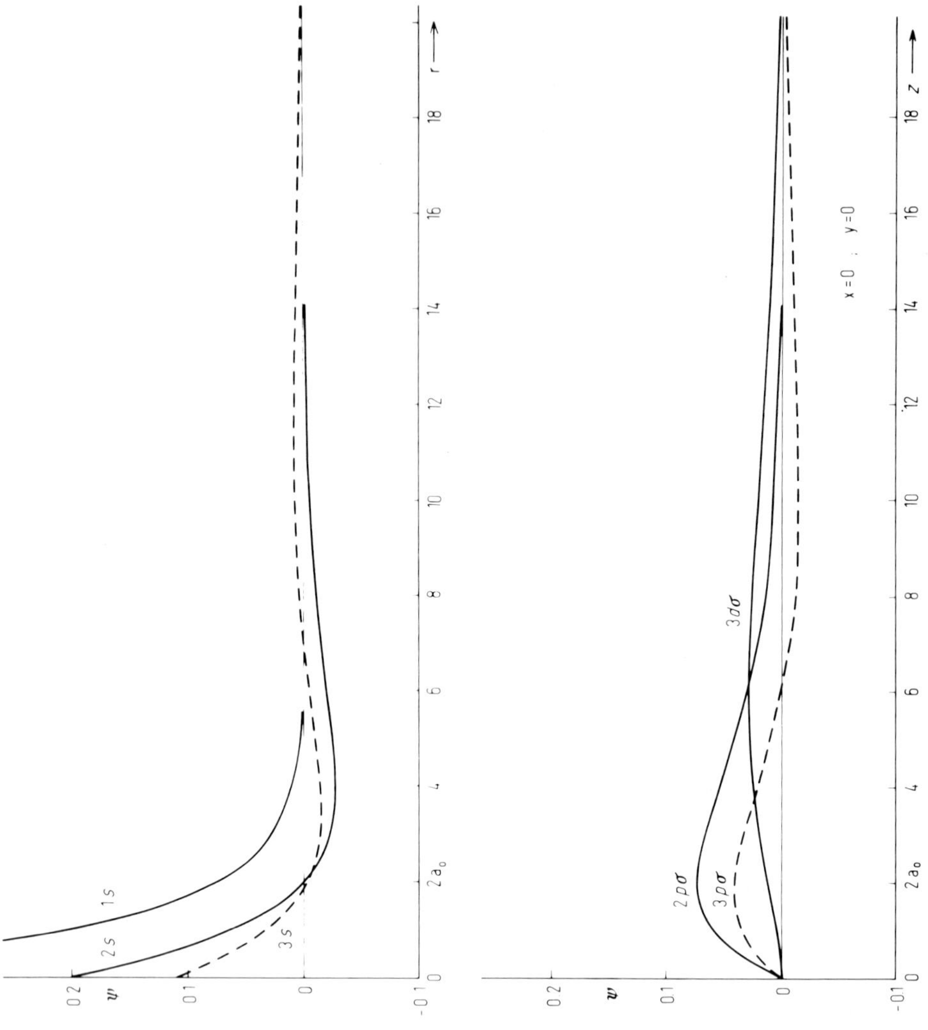

4 a 4 b

Abb. 4. Eigenfunktionen des H-Atoms in zwei verschiedenen Darstellungen [a, b : ψ (z); c, d : ρ (r) = $\int |\psi|^2\, r^2 \mathrm{d}\, \omega$].

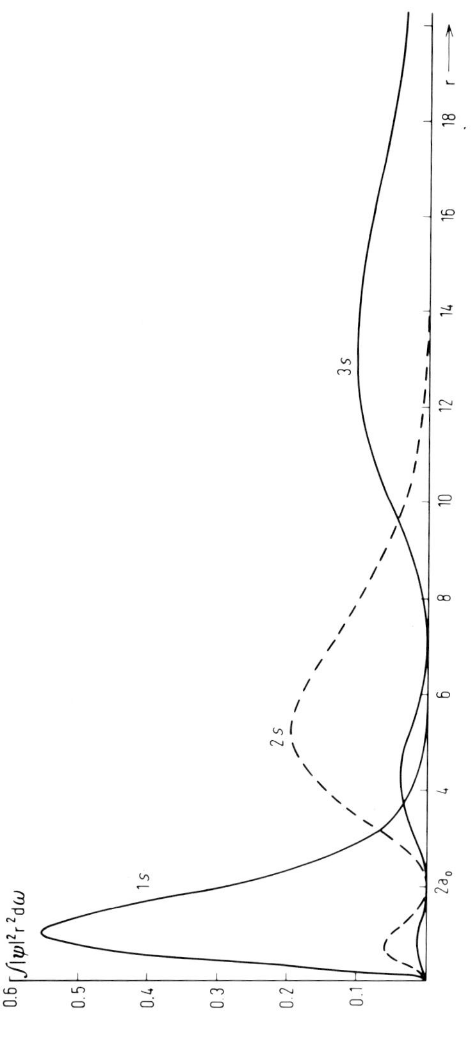
∫|ψ|² r² dω
1s
2s
3s
0.6
0.5
0.4
0.3
0.2
0.1
2a₀
4
6
8
10
12
14
16
18
r

4 c

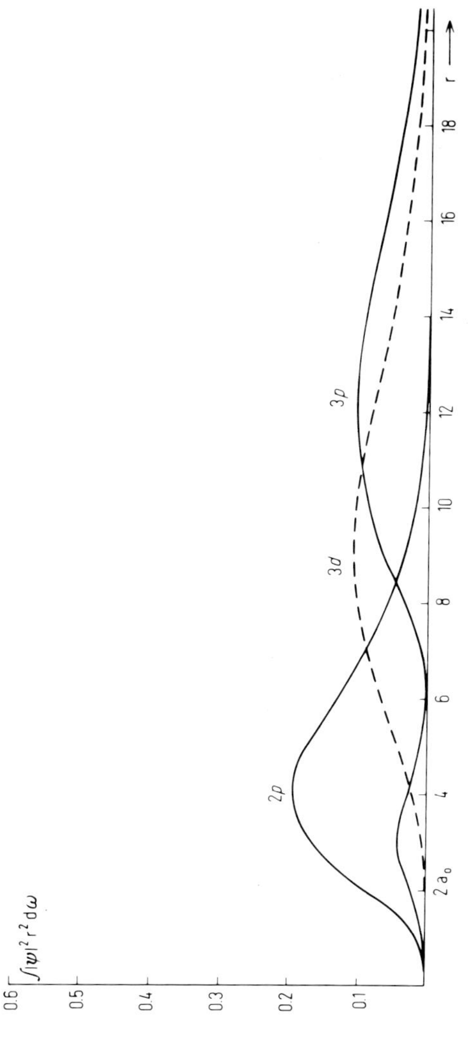
∫|ψ|² r² dω
2p
3d
3p
0.6
0.5
0.4
0.3
0.2
0.1
2a₀
4
6
8
10
12
14
16
18
r

4 d

Unsere Polynome $P_{nl}(r)$, d.h. deren Koeffizienten c_ν, hängen nicht nur von n und l, d.h. vom Grad des Polynoms und der Drehimpulsquantenzahl, sondern auch von Z ab, aber man sieht anhand der Rekursionsformel (4.4–16), daß nach der Substitution $P_{nl}(r) = Q_{nl}(Z \cdot r)$ die Koeffizienten von Q_{nl} von Z unabhängig werden und nur noch von n und l abhängen. In $Q_{nl}(Zr)$ ist $c_\nu = 0$ für $\nu \leqslant l$, folglich ist auch

$$S_{nl}(Zr) = \frac{1}{(Zr)^{l+1}} Q_{nl}(Zr) \tag{4.4–20}$$

ein Polynom in Zr. Die Gesamtradialfunktion $R(r)$ hängt über (4.4–1), (4.4–5), (4.4–15) und (4.4–20) folgendermaßen mit $S_{nl}(Zr)$ zusammen:

$$R(r) = \frac{1}{r} g(r) = \frac{1}{r} e^{-\sqrt{-2E} \cdot r} \cdot P_{nl}(r) = Z \cdot (Zr)^l S_{nl}(Zr) e^{-\frac{Z \cdot r}{n}} \tag{4.4–21}$$

Diese Funktion wäre dann noch mit einem Normierungsfaktor zu multiplizieren. Die hier definierten Polynome $S_{nl}(Zr)$ hängen eng mit den sogenannten Laguerreschen Polynomen zusammen. Wir verzichten hier auf Einzelheiten und beschränken uns darauf, in Tab. 5 die ersten Eigenfunktionen des H-Atoms explizit hinzuschreiben, sowie auf Abb. 4 verschiedene graphische Darstellungen anzugeben.

4.5. Reelle und komplexe Eigenfunktionen des H-Atoms

Da die drei p-Funktionen entartet sind, kann man auch irgendwelche Linearkombinationen wählen (die möglichst orthogonal sein sollen). Solche Linearkombinationen sind dann immer noch Eigenfunktionen von **H** und von ℓ^2, aber nicht notwendigerweise von ℓ_z. Die in Tab. 4 angegebenen Funktionen sind sicher Eigenfunktionen von ℓ_z, denn so wurden sie ja schon zu Beginn der Ableitung gewählt. Eine unmittelbare Folge davon ist, daß diese Funktionen komplex sind. In der Praxis sind komplexe Funktionen manchmal unbequem, und man macht sich die Tatsache zunutze, daß auch Linearkombinationen von z.B. $2\,p\bar{\pi}$ und $2\,p\pi$ Eigenfunktionen von **H** und ℓ^2 sind, um reelle Linearkombinationen zu konstruieren. Man erhält

$$2p_x = \frac{1}{\sqrt{2}}(2p\pi + 2p\bar{\pi}) = \frac{2}{8\sqrt{2\pi}} \cdot r \cdot e^{-\frac{r}{2}} \sin\vartheta \cos\varphi$$

$$= \frac{1}{4\sqrt{2\pi}} x\, e^{-\frac{r}{2}} \tag{4.5–1}$$

$$2p_y = \frac{-\mathrm{i}}{\sqrt{2}}(2p\pi - 2p\overline{\pi}) = \frac{2}{8\sqrt{2\pi}}\, r\, \mathrm{e}^{-\frac{r}{2}} \sin\vartheta \sin\varphi$$

$$= \frac{1}{4\sqrt{2\pi}}\, y\, \mathrm{e}^{-\frac{r}{2}} \qquad (4.5\text{–}2)$$

Die Funktion $2p\sigma$ ist ja schon reell, und wir haben

$$2p_z = 2p\sigma = \frac{1}{4\sqrt{2\pi}}\, r\, \mathrm{e}^{-\frac{r}{2}} \cos\vartheta = \frac{1}{4\sqrt{2\pi}}\, z\, \mathrm{e}^{-\frac{r}{2}} \qquad (4.5\text{–}3)$$

Diese drei reellen Funktionen sind völlig äquivalent und entsprechen den drei Raumrichtungen. Das ist besonders praktisch. Etwas ähnliches versucht man bei den d-Funktionen, da gelingt es aber nur mühsam. Im allg. verzichtet man auf die Äquivalenz und geht so vor:

$$d_1 = \frac{1}{\sqrt{2}}(d\delta + d\overline{\delta}) = \frac{1}{81\sqrt{2\pi}}\, r^2\, \mathrm{e}^{-\frac{r}{3}} \sin^2\vartheta \cos 2\varphi$$

$$d_2 = \frac{-\mathrm{i}}{\sqrt{2}}(d\delta - d\overline{\delta}) = \frac{1}{81\sqrt{2\pi}}\, r^2\, \mathrm{e}^{-\frac{r}{3}} \sin^2\vartheta \sin 2\varphi$$

$$d_3 = \frac{1}{\sqrt{2}}(d\pi + d\overline{\pi}) = \frac{2}{81\sqrt{2\pi}}\, r^2\, \mathrm{e}^{-\frac{r}{3}} \sin\vartheta \cos\vartheta \cos\varphi$$

$$d_4 = \frac{-\mathrm{i}}{\sqrt{2}}(d\pi - d\overline{\pi}) = \frac{2}{81\sqrt{2\pi}}\, r^2\, \mathrm{e}^{-\frac{r}{3}} \sin\vartheta \cos\vartheta \sin\varphi$$

$$d_5 = d\sigma = \frac{1}{81\sqrt{6\pi}}\, r^2\, \mathrm{e}^{-\frac{r}{3}} (3\cos^2\vartheta - 1) \qquad (4.5\text{–}4)$$

Diese Funktionen sind reell. Bedenkt man, daß

$$r^2 \sin^2\vartheta \cos 2\varphi = r^2 \sin^2\vartheta (\cos^2\varphi - \sin^2\varphi) = x^2 - y^2$$

$$r^2 \sin^2\vartheta \sin 2\varphi = 2r^2 \sin^2\vartheta \cos\varphi \sin\varphi = 2xy$$

$$r^2 \sin\vartheta \cos\vartheta \cos\varphi = x z$$

$$r^2 \sin\vartheta \cos\vartheta \sin\varphi = y z \qquad (4.5\text{–}5)$$

so kann man die fünf Funktionen auch so schreiben:

$$d_1 = d_{x^2-y^2} = \frac{1}{81\sqrt{2\pi}}\, e^{-\frac{r}{3}} (x^2 - y^2)$$

$$d_2 = d_{xy} = \frac{2}{81\sqrt{2\pi}}\, e^{-\frac{r}{3}}\, x \cdot y$$

$$d_3 = d_{xz} = \frac{2}{81\sqrt{2\pi}}\, e^{-\frac{r}{3}}\, x \cdot z$$

$$d_4 = d_{yz} = \frac{2}{81\sqrt{2\pi}}\, e^{-\frac{r}{3}}\, y \cdot z$$

$$d_5 = d_{z^2} = \frac{1}{81\sqrt{6\pi}}\, e^{-\frac{r}{3}} (3z^2 - r^2) \qquad (4.5\text{–}6)$$

Nur drei von diesen Funktionen d_{xy}, d_{xz}, d_{yz} sind äquivalent im strengen Sinne. In etwas schwächerem Sinn ist $d_{x^2-y^2}$ äquivalent zu den dreien, da es aus d_{xy} durch Drehung um 45° hervorgeht. Die Funktion d_{z^2} ist dagegen von völlig anderer Gestalt.

Man kann einen Satz von fünf äquivalenten und zueinander orthogonalen *d*-Funktionen konstruieren*) (sogar in zweierlei Weise). Diese Orbitale haben eine ähnliche Gestalt wie d_{z^2}-Orbitale; jedes für sich ist aber nicht rotationssymmetrisch um seine Achse, und die fünf äquivalenten Orbitale gehen durch eine Drehung um eine fünfzählige Symmetrieachse ineinander über – ähnlich wie die drei äquivalenten *p*-Orbitale durch eine Drehung um eine dreizählige Achse ($x=y=z$) ineinander überführt werden.

Große praktische Bedeutung haben die fünf äquivalenten *d*-Orbitale nicht. In der Theorie der isolierten Atome zieht man die komplexen Orbitale (Tab. 5) vor, während in Molekülen die reellen Orbitale (4.5–6) den Vorteil haben, der Oktaeder- bzw. Tetraeder-Symmetrie bereits angepaßt zu sein.

Zusammenfassung zu Kap. 4

Die Bewegung des Elektrons im H-Atom verläuft in einem Zentralfeld, die Eigenfunktionen haben daher die Form

$$\Psi(r,\vartheta,\varphi) = R(r)\; Y_l^m(\vartheta,\varphi)$$

---

* R.E. Powell, J.Chem.Educ. *45*, 45 (1968).
L. Pauling, V. McClure, J.Chem.Educ. *47*, 15 (1970).
D.D. Shillady, F.S. Richardson, Chem.Phys.Letters *6*, 359 (1971).

und man braucht nur noch $R(r)$ zu bestimmen, für das man eine gewöhnliche Differentialgleichung erhält. Die geeigneten Lösungen erhält man unter Berücksichtigung der Bedingung, daß $R(r)$ für $r \to \infty$ genügend rasch verschwinden muß, in der Form

$$R(r) = r^{-1} \cdot e^{-\sqrt{-2E} \cdot r} \cdot P(r)$$

wobei E der zugehörige (negative) Eigenwert und $P(r)$ ein Polynom ist, dessen Koeffizienten man aus einer Rekursionsformel erhält.

Es empfiehlt sich, sogenannte atomare Einheiten einzuführen; man mißt dabei Ladungen in Einheiten der Elektronenladung e, Massen in Einheiten der Elektronenmasse m und Wirkungen in der Einheit von $\hbar$. Als Einheit der Länge ergibt sich dann ein Bohr $a_0 \approx 0.53$ Å, der sogenannte Bohrsche Radius des H-Atoms, und als Einheit der Energie 1 Hartree $\approx$ 27.2 e.V. $\approx$ 627 kcal/mol, die doppelte Ionisierungsenergie des H-Atoms. In den quantenchemischen Gleichungen treten dann keine Naturkonstanten mehr auf.

Für Bewegungen in einem beliebigen Zentralfeld ist der zu einem l-Wert (Nebenquantenzahl) gehörende Eigenwert von $\mathbf{H}$ $(2l + 1)$-fach entartet. Im Falle des H-Atoms sind auch die zum gleichen n (Hauptquantenzahl), aber verschiedenen l gehörenden Eigenwerte entartet. Aus den $2l + 1$-Eigenfunktionen zum gleichen l kann man auch reelle Linearkombinationen bilden (für $l = 1$ sind sie in x, y und z-Richtung orientiert), diese sind dann nicht Eigenfunktionen von ℓ_z.

5. Matrixdarstellung von Operatoren und Variationsprinzip

5.1. Die Matrixform der Schrödingergleichung

Nur wenige Spezialfälle von Schrödingergleichungen, etwa die des H-Atoms, lassen sich geschlossen lösen, in allen anderen Fällen ist man auf Näherungslösungen angewiesen. Dazu bedient man sich vor allem der Theorie der linearen Räume (Funktionalanalysis), deren Grundzüge im Anhang A6 erläutert werden. Kurz gesagt, nützt man die Tatsache aus, daß sich Funktionen in mancher Hinsicht formal wie Vektoren behandeln lassen.

Ähnlich wie man in einem Vektorraum eine Basis angeben kann, derart, daß sich beliebige Vektoren dieses Raumes als Linearkombination der Basisvektoren darstellen lassen (s. Anhang A1), läßt sich auch eine Wellenfunktion als Linearkombination einer gegebenen Basis darstellen

$$\psi = \sum_i c_i \varphi_i \qquad (5.1\text{–}1)$$

wobei man allerdings bedenken muß, daß eine Basis in diesem Fall aus unendlich vielen Funktionen besteht, und daß eine unendliche Summe a priori nicht definiert ist. (S. dazu Anhang A6.)

Wenn eine Basis $\{\varphi_i\}$ gegeben ist, so ist eine beliebige Funktion ψ im Sinne von (5.1–1) durch die Koeffizienten c_i, die man auch zu einem Vektor $\vec{c}$ zusammenfassen kann, charakterisiert. Analog läßt sich jeder Operator $\mathbf{A}$ in der Basis $\{\varphi_i\}$ durch seine Matrixelemente $A_{ik} = (\varphi_i, \mathbf{A}\varphi_k)$ darstellen. Gehen wir mit der Entwicklung (5.1–1) in die Schrödingergleichung ein,

$$\mathbf{H} \sum_i c_i \varphi_i = \sum_i c_i \mathbf{H} \varphi_i = E \sum_i c_i \varphi_i \qquad (5.1\text{–}2)$$

und multiplizieren wir diese Gleichung von links skalar mit φ_k, so erhalten wir

$$\sum_i c_i (\varphi_k, \mathbf{H}\varphi_i) = E \sum_i c_i (\varphi_k, \varphi_i) \quad ; \quad k = 1, 2, \ldots \qquad (5.1\text{–}3)$$

bzw.

$$\sum_i H_{ki} c_i = E \sum_i S_{ki} c_i \quad ; \quad k = 1, 2, \ldots \qquad (5.1\text{–}4)$$

d.h., die Schrödingergleichung in Matrixform.

Etwas unangenehm ist hierbei, daß die Matrizen unendlich-dimensional sind. Wir werden aber sehen, daß man mit endlich-dimensionalen Matrizen Näherungslösungen gewinnen kann. Die Grundlage dafür bildet das Variationsprinzip, mit dem wir uns im folgenden Abschnitt befassen werden.

5.2. Allgemeines zum Variationsprinzip

Die bei weitem wichtigsten Methoden zur genäherten Lösung der Schrödingergleichung basieren auf dem Variationsprinzip. Die Bedeutung dieses Prinzips beruht auf folgenden Tatsachen, die wir zuerst formulieren und in den folgenden Abschnitten beweisen wollen.

1. Sei E_0 die exakte Energie des Grundzustandes eines Systems, d.h. der tiefste Eigenwert eines Hamilton-Operators $\mathbf{H}$, und sei φ irgendeine beliebige Wellenfunktion der richtigen Elektronenzahl, so gilt die Ungleichung

$$<\mathbf{H}>_\varphi = \frac{(\varphi, \mathbf{H}\varphi)}{(\varphi, \varphi)} \geqslant E_0 \tag{5.2–1}$$

Der mit φ berechnete Erwartungswert von $\mathbf{H}$ ist eine obere Schranke für den exakten Energie-Eigenwert E_0.

2. Gegeben sei die Variationsaufgabe, $<\mathbf{H}>_\varphi$ in Abhängigkeit von φ stationär zu machen, d.h., es sei dasjenige φ gesucht, für das gelte

$$\delta <\mathbf{H}>_\varphi = 0 \tag{5.2–2}$$

für beliebige (infinitesimale) Variation von φ.

Die Lösung dieser Aufgabe ist dann gleichbedeutend mit derjenigen, die Eigenfunktion der Schrödingergleichung

$$\mathbf{H}\, \psi_i = E_i\, \psi_i \tag{5.2–3}$$

zu suchen. Genau die (5.2–3) genügenden ψ_i machen $<\mathbf{H}>_\varphi$ stationär und umgekehrt. Insbesondere ist diejenige Funktion φ, die $<\mathbf{H}>_\varphi$ zu einem Minimum macht, identisch mit der zum tiefsten Eigenwert E_0 gehörenden Eigenfunktion ψ_0.

3. Die Differenz zwischen E_0 und $<\mathbf{H}>_\varphi$ ist ein Maß für die Güte der Näherungsfunktion φ. Qualitativ gesagt, ist φ eine umso bessere Näherung für ψ_0, je kleiner $|E_0 - <\mathbf{H}>_\varphi|$ ist, d.h., je dichter $<\mathbf{H}>_\varphi$ an E_0 liegt. Der Zusammenhang wird durch die sogenannte Eckartsche Ungleichung vermittelt:

$$1 - |(\varphi, \psi_0)|^2 \leqslant \frac{<\mathbf{H}>_\varphi - E_0}{E_1 - E_0} \tag{5.2–4}$$

wobei E_1 die (exakte) Energie des ersten angeregten Zustands bedeutet.

Je kleiner man die rechte Seite der Ungleichung (5.2–4) macht, umso kleiner wird in der Regel auch die linke Seite sein. Da in (5.2–4) die rechte Seite nicht gleich der linken Seite, sondern nur eine obere Schranke für diese ist, kann es durchaus auch vorkommen, daß für zwei Näherungsfunktionen φ_1 und φ_2 bei der einen die rechte, bei der anderen die linke Seite von (5.2–4) kleiner ist als bei der anderen. Anders gesagt, bedeutet „bessere Energie" nicht notwendigerweise auch „bessere Wellenfunktion".

5.3. Energie-Erwartungswert berechnet mit genäherter Wellenfunktion als obere Schranke für die exakte Grundzustandsenergie

Voraussetzung für den Beweis der Behauptung *1.* ist, daß es wirklich einen niedrigsten Eigenwert von $\mathbf{H}$ gibt.

Seien ψ_i die Eigenfunktionen von $\mathbf{H}$ im Sinne von Gl. (5.2–3). Die ψ_i bilden dann eine Basis unseres Funktionenraumes (wie das für die Gesamtheit der Eigenfunktionen eines hermitischen Operators i.allg. gilt, wobei man allerdings auch die sogenannten Kontinuumseigenfunktionen, d.h., die – i.allg. nicht normierbaren – Eigenfunktionen zu positiven Energie-Eigenwerten mitberücksichtigen muß)*). Wir können also φ als Linearkombination der ψ_i schreiben

$$\varphi = \sum_i c_i \psi_i \tag{5.3–1}$$

und erhalten

$$(\varphi, \mathbf{H}\varphi) = \sum_{i,k} c_i^* c_k (\psi_i, \mathbf{H}\psi_k)$$

$$= \sum_{i,k} c_i^* c_k E_k (\psi_i, \psi_k) \tag{5.3–2}$$

Wegen der Orthogonalität der ψ_i wird daraus

$$(\varphi, \mathbf{H}\varphi) = \sum_{i,k} c_i^* c_k E_k \delta_{ik} = \sum_k |c_k|^2 E_k \tag{5.3–3}$$

Andererseits ist

$$(\varphi, \varphi) = \sum_{i,k} c_i^* c_k (\psi_i, \psi_k) = \sum_{i,k} c_i^* c_k \delta_{ik} = \sum_k |c_k|^2 \tag{5.3–4}$$

somit

$$\langle \mathbf{H} \rangle_\varphi = \frac{(\varphi, \mathbf{H}\varphi)}{(\varphi, \varphi)} = \frac{\sum_k |c_k|^2 \cdot E_k}{\sum_k |c_k|^2} \tag{5.3–5}$$

---

* Ein Hamilton-Operator $\mathbf{H}$ hat i.allg. diskrete negative Eigenwerte E_i, die gebundenen Zuständen entsprechen, während die Schrödingergleichung $\mathbf{H}\psi = E\psi$ für beliebige positive E Lösungen besitzt, die z.B. im Falle des H-Atoms getrenntem Kern und Elektron mit beliebiger kinetischer Energie entsprechen.

$$\langle \mathbf{H} \rangle_\varphi - E_0 = \frac{\sum_k |c_k|^2 E_k - E_0 \cdot \sum_k |c_k|^2}{\sum_k |c_k|^2} = \frac{\sum_k (E_k - E_0)\, |c_k|^2}{\sum_k |c_k|^2} \tag{5.3–6}$$

Da E_0 nach Voraussetzung der tiefste Eigenwert ist, gilt $E_k - E_0 \geqslant 0$, folglich

$$\langle \mathbf{H} \rangle_\varphi - E_0 \geqslant 0 \qquad \text{bzw.} \qquad \langle \mathbf{H} \rangle_\varphi \geqslant E_0 \tag{5.3–7}$$

was zu beweisen war.
Wir können jetzt für φ irgendeinen Ansatz wählen, der noch freie Parameter enthält, und das Minimum von $\langle \mathbf{H} \rangle_\varphi$ in Abhängigkeit dieser Parameter suchen. Haben wir unsere Parameter geschickt gewählt, so können wir beliebig dicht an die wahre Energie des Grundzustandes kommen und haben dabei immer die Gewähr, daß die gefundene Energie *über* der wahren Energie liegt.

5.4. Äquivalenz zwischen Variationsprinzip und Schrödingergleichung

Die Behauptung *2.* zu Beginn des Abschn. 5.2. betrifft die Äquivalenz zwischen der Schrödingergleichung (5.2–3) und dem Variationsprinzip (5.2–2). Zur Vereinfachung des Beweises nehmen wir an, daß φ reell ist. (Das ist für reelle Operatoren $\mathbf{H}$ kein Verlust der Allgemeinheit.) Wir verlangen also, daß

$$\delta \, \frac{(\varphi, \mathbf{H}\,\varphi)}{(\varphi, \varphi)} = 0 \tag{5.4–1}$$

Analog zur Quotientenregel und anschließend der Produktregel der Differentialrechnung läßt sich diese Variation umformen:

$$\delta \, \frac{(\varphi, \mathbf{H}\varphi)}{(\varphi, \varphi)} = \frac{(\varphi, \varphi) \cdot \delta\,(\varphi, \mathbf{H}\varphi) - (\varphi, \mathbf{H}\varphi) \cdot \delta\,(\varphi, \varphi)}{(\varphi, \varphi)^2}$$

$$= \frac{(\varphi, \varphi)\,[(\delta\,\varphi, \mathbf{H}\varphi) + (\varphi, \mathbf{H}\,\delta\,\varphi)] - [(\varphi, \mathbf{H}\varphi)\,[(\delta\,\varphi, \varphi) + (\varphi, \delta\,\varphi)]}{(\varphi, \varphi)^2}$$

$$= \frac{2\,(\delta\,\varphi, \mathbf{H}\varphi)}{(\varphi, \varphi)} - \frac{2\,(\varphi, \mathbf{H}\varphi)}{(\varphi, \varphi)^2}\,(\delta\,\varphi, \varphi)$$

$$= \frac{2}{(\varphi, \varphi)}\,[(\delta\,\varphi, \mathbf{H}\varphi) - \langle \mathbf{H} \rangle_\varphi\,(\delta\,\varphi, \varphi)] \tag{5.4–2}$$

Bei dieser Umformung haben wir uns die Hermitizität (2.6–7) von $\mathbf{H}$ und die Definition (5.2–1) von $\langle \mathbf{H} \rangle_\varphi$ zunutze gemacht. Der Ausdruck (5.4–2) soll nun verschwinden, d.h. es muß gelten

$$0 = (\delta\varphi, \mathbf{H}\varphi) - \langle \mathbf{H} \rangle_\varphi (\delta\varphi, \varphi) = (\delta\varphi, [\mathbf{H} - \langle \mathbf{H} \rangle_\varphi]\varphi) \tag{5.4–3}$$

Und zwar muß Gl. (5.4–3) für beliebige Variationen $\delta\varphi$ erfüllt sein; das ist aber nur möglich, wenn

$$[\mathbf{H} - \langle \mathbf{H} \rangle_\varphi]\varphi = 0 \quad \text{bzw.} \quad \mathbf{H}\varphi = \langle \mathbf{H} \rangle_\varphi \cdot \varphi \tag{5.4–4}$$

Gl. (5.4–4) ist aber nichts anderes als die Schrödingergleichung (5.2–3) mit $\varphi = \psi_i$, $\langle \mathbf{H} \rangle_\varphi = E_i$. Wir sehen also, daß $\langle \mathbf{H} \rangle_\varphi$ immer dann stationär in bezug auf beliebige Variationen von φ ist, wenn $\varphi = \psi_i$ und $\langle \mathbf{H} \rangle_\varphi = E_i$.

In der Praxis wird man es i.allg. nicht erreichen können, daß $\langle \mathbf{H} \rangle_\varphi$ stationär ist in bezug auf beliebige Variationen von φ, aber man wird versuchen, Stationarität in bezug auf möglichst allgemeine Variationen zu erreichen, d.h. man wird, wie schon gesagt, zwar nicht das absolute Minimum von $\langle \mathbf{H} \rangle_\varphi$, aber das Minimum bezüglich gewisser in φ enthaltener Parameter suchen.

5.5. Die Eckartsche Ungleichung

Als nächstes haben wir noch die Eckartsche Ungleichung zu beweisen, die einen Zusammenhang zwischen dem Fehler der Energie und dem Fehler der Wellenfunktion darstellt. Wir setzen jetzt voraus, daß sowohl die wahre Eigenfunktion ψ_0 als auch die Näherungsfunktion φ reell und auf 1 normiert seien. Ein Maß für den Unterschied (Abstand) der beiden Funktionen (s. Anhang A6) ist dann

$$\begin{aligned} \epsilon &= \|\varphi - \psi_0\|^2 = (\varphi - \psi_0, \varphi - \psi_0) = (\varphi, \varphi) - 2(\psi_0, \varphi) + (\psi_0, \psi_0) \\ &= 2 - 2(\psi_0, \varphi) = 2[1 - (\psi_0, \varphi)] \end{aligned} \tag{5.5–1}$$

Offenbar ist φ eine umso bessere Näherung für ψ_0, je kleiner ϵ ist, im Sinne von Gl. (5.5–1) kann man aber auch sagen:

φ ist eine umso bessere Näherung für ψ_0, je dichter das Überlappungsintegral (ψ_0, φ) an 1 liegt. Folglich ist auch die Größe

$$\delta = 1 - |(\psi_0, \varphi)|^2 \tag{5.5–2}$$

ein Maß für die Güte der Näherung φ; je kleiner δ, umso „besser" φ. (Übrigens gilt: $\delta = \epsilon - \epsilon^2/4$). Aus Gl. (5.3–6) und der Normierung von φ – die nach (5.3–4) bedeutet: $\sum_k |c_k|^2 = 1$ – folgt

$$\langle \mathbf{H} \rangle_\varphi - E_0 = \sum_k (E_k - E_0)\, |c_k|^2 \tag{5.5–3}$$

In der Summe kann man den Term mit $k = 0$ genausogut weglassen. Berücksichtigt man, daß

$$E_1 \leqslant E_k \qquad \text{für} \qquad k > 1 \tag{5.5–4}$$

so erhält man

$$\langle \mathbf{H} \rangle_\varphi - E_0 = \sum_{k \geqslant 1} (E_k - E_0)\,|c_k|^2 \geqslant \sum_{k \geqslant 1} (E_1 - E_0)\,|c_k|^2$$

$$= (E_1 - E_0) \sum_{k \geqslant 1} |c_k|^2 = (E_1 - E_0)(1 - |c_0|^2) \tag{5.5–5}$$

oder

$$1 - |c_0|^2 \leqslant \frac{\langle \mathbf{H} \rangle_\varphi - E_0}{E_1 - E_0} \tag{5.5–6}$$

Dies ist aber bereits das, was in Gl. (5.2–4) behauptet wurde, wenn wir noch zeigen können, daß

$$c_0 = (\psi_0, \varphi) \tag{5.5–7}$$

Hierzu brauchen wir aber nur die Entwicklung (5.3–1) von φ nach den Eigenfunktionen von $\mathbf{H}$ einzusetzen und die Orthogonalität der ψ_i zu berücksichtigen.

$$(\psi_0, \varphi) = \sum_k c_k\,(\psi_0, \psi_k) = \sum_k c_k\,\delta_{ok} = c_0 \tag{5.5–8}$$

Die Eckartsche Ungleichung besagt, daß der Fehler δ der Wellenfunktion klein ist, wenn der Fehler der Energie klein ist verglichen mit der niedrigsten Anregungsenergie. Sind diese beiden Energien von der gleichen Größenordnung, so erlaubt die Eckartsche Ungleichung keine Aussage bezüglich der Güte der Wellenfunktion

5.6. Zwei Variationsrechnungen für den Grundzustand des H-Atoms

5.6.1. Exponentialfunktion als Variationsansatz

Zur Illustration einer Anwendung des Variationsprinzips behandeln wir jetzt den Grundzustand des H-Atoms bzw. der H-ähnlichen Ionen zuerst mit dem Variationsansatz

$$\psi(r, \vartheta, \varphi) = e^{-\alpha r} \tag{5.6–1}$$

und dann mit dem Ansatz

$$\psi(r, \vartheta, \varphi) = e^{-\beta r^2} \tag{5.6–2}$$

wobei wir das Minimum von $\langle \mathbf{H} \rangle_\varphi$ als Funktion von α bzw. β suchen.

Für die Funktion (5.6–1) ergibt sich:

$$<\mathbf{H}>_{\psi} = \frac{(\psi, \mathbf{H}\,\psi)}{\psi,\,\psi} = \frac{\int e^{-\alpha r}\left[-\frac{1}{2}\Delta - \frac{Z}{r}\right] e^{-\alpha r}\,d\tau}{\int e^{-\alpha r}\cdot e^{-\alpha r}\,d\tau} \tag{5.6–3}$$

Wir drücken Δ in Polarkoordinaten (vgl. 4.3–2) aus und berücksichtigen, daß ψ von ϑ und φ nicht abhängt, daß das Volumenelement $d\tau = r^2\,dr \sin\vartheta\, d\vartheta\, d\varphi$ ist, und daß die Integration über die Winkel einfach 4π ergibt.

$$<\mathbf{H}>_{\psi} = \frac{4\pi\int\limits_0^\infty e^{-\alpha r}\left[-\frac{1}{2r^2}\frac{\partial}{\partial r}r^2\frac{\partial}{\partial r}e^{-\alpha r}\right]r^2\,dr - 4\pi Z\int\limits_0^\infty e^{-2\alpha r}\,r\,dr}{4\pi\int\limits_0^\infty e^{-2\alpha r}\,r^2\,dr}$$

$$= \frac{-\frac{\alpha^2}{2}\int\limits_0^\infty e^{-2\alpha r}\,r^2\,dr + \alpha\int\limits_0^\infty e^{-2\alpha r}\,r\,dr - Z\int\limits_0^\infty e^{-2\alpha r}\,r\,dr}{\int\limits_0^\infty e^{-2\alpha r}\,r^2\,dr} \tag{5.6–4}$$

Zum Auswerten der Integrale benutzen wir, daß

$$\int\limits_0^\infty e^{-ar}\,r^m\,dr = \frac{m\,!}{a^{m+1}} \tag{5.6–5}$$

und erhalten

$$<\mathbf{H}>_{\psi} = \frac{\alpha^2}{2} - Z\cdot\alpha \tag{5.6–6}$$

Das Minimum von $<\mathbf{H}>_{\psi}$ als Funktion von α erhalten wir, indem wir die erste Ableitung von $<\mathbf{H}>_{\psi}$ nach α bilden und diese gleich 0 setzen:

$$\frac{\partial <\mathbf{H}>_{\psi}}{\partial\alpha} = \alpha - Z \overset{!}{=} 0\,;\quad \alpha_{\text{opt}} = Z \tag{5.6–7}$$

Es handelt sich in der Tat um ein Minimum, da die zweite Ableitung positiv ist. An der Stelle des Minimums erhalten wir

$$\psi_{\text{opt}}(r, \vartheta, \varphi) = N\cdot e^{-Zr} \tag{5.6–8}$$

wobei N ein Normierungsfaktor ist.

$$E_{\text{opt}} = \frac{Z^2}{2} - Z^2 = -\frac{1}{2} Z^2 \qquad (5.6-9)$$

Wir haben hier durch Anwendung des Variationsprinzips die exakte Lösung (5.6–8) erhalten (vgl. Tab. 5 und Gl. (4.4–15)). Das war aber nur deshalb möglich, weil die exakte Eigenfunktion des Grundzustandes in der durch den Lösungsansatz definierten Familie von Funktionen enthalten ist. Das können wir für die Variationsfunktion (5.6–2) natürlich nicht erwarten.

5.6.2. Gauß-Funktion als Variationsansatz*)

Mit der Variationsfunktion (5.6–2) ergibt sich:

$$<\mathbf{H}>_\psi = \frac{\int\limits_0^\infty e^{-\beta r^2}\left[-\frac{1}{2r^2}\frac{d}{dr}r^2\frac{d}{dr}e^{-\beta r^2}\right]r^2\,dr - Z\cdot\int\limits_0^\infty e^{-2\beta r^2}\,r\,dr}{\int\limits_0^\infty e^{-2\beta r^2}\,r^2\,dr}$$

$$= \frac{3\beta\int\limits_0^\infty e^{-2\beta r^2}\,r^2 dr - 2\beta^2\int\limits_0^\infty e^{-2\beta r^2}\,r^4\,dr - Z\int\limits_0^\infty e^{-2\beta r^2}\,r\,dr}{\int\limits_0^\infty e^{-2\beta r^2}\cdot r^2\,dr} \qquad (5.6-10)$$

Zur Auswertung brauchen wir die folgenden Integrale

$$\int\limits_0^\infty e^{-ar^2}\cdot r\,dr = \frac{1}{2a}$$

$$\int\limits_0^\infty e^{-ar^2}\cdot r^2\,dr = \frac{\sqrt{\pi}}{4\,a^{\frac{3}{2}}}$$

$$\int\limits_0^\infty e^{-ar^2}\cdot r^4\,dr = \frac{3\sqrt{\pi}}{8\,a^{\frac{5}{2}}} \qquad (5.6-11)$$

* Der für die Praxis der numerischen Quantenchemie folgenreiche Vorschlag, Gauß-Funktionen für Rechnungen an Molekülen zu verwenden, geht auf S.F. Boys [Proc.Roy.Soc. *A 200,* 542 (1950)] zurück. R.McWeeny [Acta Cryst **6**, 631 (1953)] hat wahrscheinlich als erster Slater-Funktionen als Linearkombinationen von Gauß-Funktionen approximiert.

von denen sich die letzten beiden auf das im Anhang A4 behandelte Integral

$$\int_0^\infty e^{-r^2}\,dr = \frac{\sqrt{\pi}}{2} \tag{5.6–12}$$

zurückführen lassen.

Die Integralauswertung ergibt

$$<\mathbf{H}>_\psi = \frac{3}{2}\beta - \frac{2 \cdot Z \cdot \sqrt{2} \cdot \sqrt{\beta}}{\sqrt{\pi}} \tag{5.6–13}$$

Differenzieren nach β und Nullsetzung der Ableitung führt zu

$$\beta_{opt} = \frac{8 \cdot Z^2}{9\,\pi} \tag{5.6–14}$$

Die im Sinne des Variationsprinzips beste Näherung der Form (5.6–2) ist also

$$\psi_{opt} = N\,e^{-\frac{8 \cdot Z^2}{9\,\pi} \cdot r^2} \tag{5.6–15}$$

und der zugehörige Energieerwartungswert ist, wie man durch Einsetzen von (5.6–14) in (5.6–13) sieht

$$E_{opt} = \frac{4}{3} \cdot \frac{Z^2}{\pi} - \frac{8}{3}\,\frac{Z^2}{\pi} = -\,\frac{4}{3}\,\frac{Z^2}{\pi} = -\,0.424413 \cdot Z^2 \tag{5.6–16}$$

Verglichen mit der exakten Energie $-\,0.5 \cdot Z^2$ ist das keine besonders gute Näherung, aber immerhin stimmt die Größenordnung. Funktionen der Form (5.6–2) bezeichnet man als Gauß-Funktionen, sie haben gegenüber den Exponential- oder Slaterfunktionen (5.6–1) für Atome keine Vorteile. Für Rechnungen an Molekülen zieht man dagegen vielfach Gauß-Funktionen vor, weil sich bestimmte Matrixelemente mit ihnen leichter berechnen lassen. Natürlich ist die Beschreibung des H-Atoms durch eine Gauß-Funktion recht unbefriedigend; wählt man jedoch Linearkombinationen von Gauß-Funktionen im Sinne von Abschn. 5.7 mit verschiedenen β, so kann man im Prinzip eine beliebig gute Näherung erhalten. Man erhält z.B.

mit fünf Gauß-Funktionen	$E = -\,0.49981$ a.u.
und mit sechs Gauß-Funktionen	$E = -\,0.49996$ a.u.

Eine Schwierigkeit bei der Approximation einer Exponentialfunktion durch eine Summe von Gauß-Funktionen besteht darin, daß Exponentialfunktionen für $r = 0$ eine Spitze („cusp") aufweisen, während Gauß-Funktionen (Glockenkurven) bei $r = 0$ eine horizontale Tangente haben. Man kann sich da etwas helfen, indem man steile Gauß-Funktionen (d.h., solche mit großem β) in der Linearkombination mitnimmt. Eine andere Schwierigkeit besteht darin, daß Gauß-Funktionen für große r zu schnell gegen 0 gehen. Das macht für die Energie und eine Reihe von Erwartungswerten wenig aus, kann aber in bezug auf andere Erwartungswerte problematisch sein.

Wir weisen noch darauf hin, daß sowohl für die Funktion (5.6–1) als auch (5.6–2) an der Stelle, wo $<\mathbf{H}>$ sein Minimum (als Funktion von α bzw. β) annimmt, folgende Beziehung gilt:

$$<\mathbf{H}> = -<\mathbf{T}> = \frac{1}{2}<\mathbf{V}> \qquad (5.6\text{–}17)$$

Diese Beziehung, die man als Virialsatz bezeichnet, und die uns in ähnlicher Form schon in der klassischen Mechanik begegnet ist, gilt allgemein für Atome, vorausgesetzt, daß die für die Berechnung der Erwartungswerte verwendete Wellenfunktion ψ von der Form ist $\psi = \psi\,(\eta \cdot \vec{r}_1, \eta \cdot \vec{r}_2, \ldots\ldots)$ und daß η so bestimmt ist, daß

$$\frac{\partial <\mathbf{H}>}{\partial \eta} = 0\,.$$

Der Virialsatz gilt insbesondere für die exakten Funktionen, da für diese jede infinitesimale Variation von $<\mathbf{H}>$ verschwindet (s. auch Abschnitt 5.4).

5.7. Lineare Variationen – Das Ritzsche Verfahren

Es gibt einen Weg zu einer besonders systematischen Anwendung des Variationsprinzips, das sogenannte *Ritzsche* Verfahren. Wir setzen die Variationsfunktion φ als eine *endliche* Linearkombination gegebener Basisfunktionen χ_i an

$$\varphi = \sum_{k=1}^{n} c_k\, \chi_k \qquad (5.7\text{–}1)$$

und betrachten die Koeffizienten c_k als Variationsparameter. Für $<\mathbf{H}>_\varphi$ ergibt sich

$$<\mathbf{H}>_\varphi = \frac{\sum\limits_{i,k} c_i^*\, c_k\, (\chi_i, \mathbf{H}\, \chi_k)}{\sum\limits_{i,k} c_i^*\, c_k\, (\chi_i, \chi_k)} = \frac{A}{B} \qquad (5.7\text{–}2)$$

wobei B und A nur Abkürzungen für den Nenner und den Zähler sind. Differenzieren wir jetzt $<\mathbf{H}>_\varphi$ nach einem herausgegriffenen Koeffizienten c_l, und setzen wir die Ableitung gleich null! Wir betrachten der Einfachheit halber nur den Fall reeller Basisfunktionen und Koeffizienten, d.h. $c_i^* = c_i$

$$\frac{\partial <\mathbf{H}>_\varphi}{\partial c_l} = \frac{1}{B^2}\left\{B\,\frac{\partial A}{\partial c_l} - A\,\frac{\partial B}{\partial c_l}\right\} \stackrel{!}{=} 0 \qquad (5.7\text{–}3)$$

dabei ist

$$\frac{\partial A}{\partial c_l} = \sum_{\substack{i \\ (\neq l)}} c_i (\chi_i, \mathbf{H} \chi_l) + \sum_{\substack{k \\ (\neq l)}} c_k (\chi_l, \mathbf{H} \chi_k) + 2 c_l (\chi_l, \mathbf{H} \chi_l)$$

$$= 2 \sum_k c_k (\chi_l, \mathbf{H} \chi_k) = 2 \sum_k c_k H_{lk} \qquad (5.7-4)$$

$$\frac{\partial B}{\partial c_l} = 2 \sum_k c_k (\chi_l, \chi_k) = 2 \sum_k c_k S_{lk} \qquad (5.7-5)$$

Einsetzen von (5.7–4) und (5.7–5) in (5.7–3), multiplizieren mit $B/2$ und Benützung von (5.7–2) führt zu

$$\sum_k c_k H_{lk} - \langle \mathbf{H} \rangle_\varphi \sum_k c_k S_{lk} = 0 \qquad (5.7-6)$$

oder

$$\sum_k [\, H_{lk} - \langle \mathbf{H} \rangle_\varphi S_{lk} \,]\, c_k = 0 \qquad (5.7-7)$$

Das ist aber nichts anderes als Gl. (5.1–4), mit dem Unterschied, daß jetzt die Summe *endlich* ist und daß anstelle der exakten Energie E die genäherte Energie $\langle \mathbf{H} \rangle_\varphi$ auftritt.

Das Gleichungssystem hat nur für bestimmte Werte von $\langle \mathbf{H} \rangle_\varphi$ sogenannte nicht-triviale Lösungen, und diese Werte sind jeweils obere Schranken für die n ersten Eigenwerte der Schrödingergleichung.

Gleichungssysteme wie (5.7–6), die man in Matrixform auch so schreibt:

$$(\boldsymbol{H} - \lambda \boldsymbol{S}) \vec{c} = \vec{0} \qquad (5.7-8)$$

bezeichnet man als verallgemeinerte Matrixeigenwertprobleme. Mit Vorteil benützt man orthonormale Basen, für die gilt:

$$S_{ik} = (\chi_i, \chi_k) = \delta_{ik} \qquad (5.7-9)$$

Aus Gl. (5.7–8) wird dann

$$(\boldsymbol{H} - \lambda \boldsymbol{1}) \vec{c} = \vec{0} \qquad (5.7-10)$$

bzw.

$$\boldsymbol{H} \vec{c} = \lambda \vec{c} \qquad (5.7-11)$$

oder ausgeschrieben

$$\sum_k H_{lk} c_k = \lambda c_l \qquad (5.7-12)$$

In diesem Fall spricht man von einem Matrixeigenwertproblem im eigentlichen Sinne. Der mit der Matrixrechnung nicht vertraute Leser sei auf den Anhang A7 verwiesen.

Bei Anwendung des Ritzschen Verfahrens wird ein Eigenwertproblem einer partiellen Differentialgleichung in ein Matrixeigenwertproblem überführt. Die Lösung solcher Probleme ist mit elektronischen Rechenmaschinen eine Routineaufgabe. Schwieriger ist i.allg. die Berechnung der Matrixelemente H_{ik} des Hamilton-Operators.

Natürlich erhält man mit einer endlichen Basis nur eine Näherungslösung der Schrödingergleichung, aber man ist zumindest sicher, daß der tiefste Eigenwert des Matrixproblems *über* dem tiefsten Eigenwert der Schrödingergleichung liegt, wenn man auch i.allg. nicht weiß, wieviel darüber. Durch Vergrößerung der Basis kann man im Prinzip Energie und Wellenfunktion beliebig dicht an den Lösungen der Schrödingergleichung erhalten. Trotzdem ist man bestrebt, mit möglichst kleinen Basen möglichst gute Ergebnisse zu erzielen. Die geschickte Wahl einer Basis ist eines der Hauptprobleme der praktischen Quantenchemie.

In vielen Fällen kennt man die exakten Eigenwerte genügend genau (entweder aus besseren Rechnungen oder aus dem Experiment), dann ist ein unmittelbarer Vergleich zwischen berechnetem Wert und Sollwert und über die Eckartsche Ungleichung eine Abschätzung der Güte der Näherungslösung möglich. Kennt man diesen Sollwert E der Energie nicht, so empfiehlt es sich, diesen abzuschätzen, indem man außer einer oberen Schranke für E (über das Variationsprinzip) noch eine untere Schranke für E ableitet. So wichtig untere Schranken in formal-quantenchemischen Untersuchungen sind, so bedeutungslos sind sie für die Praxis der numerischen Quantenchemie und die Theorie der chemischen Bindung.

Das liegt daran, daß mit vergleichbarem Aufwand berechnete untere Schranken um Größenordnungen weiter von der exakten Energie entfernt sind als entsprechende obere Schranken. Die heute wichtigste Methode zur Berechnung von unteren Schranken ist diejenige von Fox und Bazley*).

Zusammenfassung zu Kap. 5

Eine wichtige Rolle spielen die Matrixelemente eines Operators (vgl. dazu auch Abschn. 2.6).

$$(\psi, \mathbf{A}\varphi) = \int \psi^* (\mathbf{A}\varphi)\, d\tau$$

Ein Operator heißt hermitisch, wenn $(\psi, \mathbf{A}\varphi) = (\varphi, \mathbf{A}\psi)^*$. Hermitisch sind z.B. der Hamilton-Operator sowie die Operatoren von Ort, Impuls, kinetischer und potentieller

* N. Bazley, D.W. Fox J.Math. Physics *4*, 1147 (1963); Rev.mod.Phys. *35*, 712 (1963).

Energie. Hermitische Operatoren haben nur reelle Erwartungswerte sowie Eigenwerte. Eigenfunktionen eines hermitischen Operators zu verschiedenen Eigenwerten sind orthogonal zu einander, d.h. für diese gilt:

$$(\psi_1, \psi_2) = \int \psi_1^* \psi_2 \, d\tau = 0$$

Mit Wellenfunktionen läßt sich in gewisser Weise wie mit Vektoren rechnen. Kennt man eine Basis $\{\varphi_i\}$ im Funktionenraum, so läßt sich jedes zulässige ψ als Linearkombination der φ_i darstellen.

$$\psi = \sum_i c_i \varphi_i$$

Jedes ψ läßt sich durch den Vektor $\vec{c}$ der Komponenten c_i und jeder Operator $\mathbf{A}$ durch die Matrix A der Elemente $A_{ik} = (\varphi_i, \mathbf{A}\varphi_k)$ charakterisieren. In Wirklichkeit sind der Vektor $\vec{c}$ sowie die Matrix A unendlichdimensional, aber auf dem Weg über das Variationsprinzip läßt sich die Verwendung endlichdimensionaler Basen rechtfertigen.

Das Variationsprinzip besagt, daß der mit einer beliebigen Funktion φ berechnete Erwartungswert $<\mathbf{H}>_\varphi$ des Hamilton-Operators stets größer oder gleich dem kleinsten Eigenwert E_0 von $\mathbf{H}$ ist, und daß das Gleichheitszeichen nur dann gilt, wenn φ Eigenfunktion von $\mathbf{H}$ zum Eigenwert E_0 ist. Die Forderung, daß φ Eigenfunktion von $\mathbf{H}$ ist, ist gleichwertig mit der Forderung, daß $<\mathbf{H}>_\varphi$ stationär bezüglich beliebiger Variationen von φ ist. Zur praktischen Anwendung des Variationsprinzips wählt man einen Ansatz für φ, der noch gewisse frei wählbare Parameter λ_i enthält, und man bestimmt diese λ_i so, daß $\frac{\partial <\mathbf{H}>_\varphi}{\partial \lambda_i} = 0$ für alle λ_i, d.h. genauer, daß $<\mathbf{H}>_\varphi$ sein Minimum als Funktion der λ_i einnimmt. Je tiefer $<\mathbf{H}>$ liegt, d.h. je dichter an E_0, eine desto bessere Näherung ist i.allg. φ. Besonders günstig ist es i.allg., eine endliche Basis $\{\varphi_i\}$ vorzugeben, das gesuchte φ als Linearkombination der φ_i anzusetzen und die Koeffizienten c_i als Variationsparameter aufzufassen. Es zeigt sich, daß die optimalen c_i aus dem Gleichungssystem

$$(\boldsymbol{H} - E\,\boldsymbol{S})\,\vec{c} = \vec{0}$$

zu bestimmen sind, wobei $\boldsymbol{H}$ die Matrix des Hamilton-Operators in der gegebenen Basis, $\boldsymbol{S}$ die Überlappungsmatrix (mit den Elementen $S_{ik} = \int \varphi_i^* \varphi_k \, d\tau$) ist. Solche Gleichungssysteme haben i.allg. nur für bestimmte Werte von E (die sogenannten Eigenwerte) nichttriviale Lösungen. Diese Matrixeigenwerte sind obere Schranken für die Eigenwerte des Hamilton-Operators.

6. Störungstheorie

6.1. Vorbemerkung

Wir wollen die Störungstheorie etwas sorgfältiger besprechen als das sonst üblich ist und den Formalismus verwenden, dessen man sich heute bei wirklichen Anwendungen der Störungstheorie bedient. Wir legen insbesondere auf folgende Feststellungen wert.

1. Die Aufgabe der Störungstheorie, wie sie auf Rayleigh und Schrödinger zurückgeht, besteht darin, für einen Hamilton-Operator $\mathbf{H}_\lambda$, der von einem Parameter λ abhängt, die Koeffizienten einer Taylor-Entwicklung von Energie und Wellenfunktion nach Potenzen von λ anzugeben.

$$\psi_\lambda = \psi^{(0)} + \lambda\,\psi^{(1)} + \lambda^2\,\psi^{(2)} + \ldots \tag{6.1–1}$$

$$E_\lambda = E^{(0)} + \lambda\,E^{(1)} + \lambda^2\,E^{(2)} + \ldots \tag{6.1–2}$$

Das bedeutet einerseits, daß die Störungsentwicklung in der Regel nur einen endlichen Konvergenzradius λ_{max} hat, d.h., daß die Potenzreihen für E und ψ nur konvergieren für $|\lambda| < \lambda_{max}$.

Andererseits und unabhängig von der Konvergenz der Entwicklungen liefert die Störungstheorie unmittelbar die Ableitungen verschiedener Ordnung der Energie und der Wellenfunktion nach λ an der Stelle $\lambda = 0$, z.B.

$$\left(\frac{\partial E}{\partial \lambda}\right)_{\lambda=0} = E^{(1)}$$

2. Die Koeffizienten $\psi^{(k)}$ der Entwicklung von ψ nach Potenzen von λ, die sog. Störfunktionen k-ter Ordnung ergeben sich als Lösungen von inhomogenen Differentialgleichungen. Diese kann man zwar nur in den seltensten Fällen geschlossen lösen, meist ist aber eine beliebig genaue Näherungslösung möglich, wenn man eine solche inhomogene Differentialgleichung durch ein äquivalentes Variationsprinzip ersetzt. Die Entwicklung der Störfunktionen nach den Eigenfunktionen des ungestörten Hamilton-Operators, die man vielfach in Lehrbüchern findet, ist weder elegant noch praktikabel.

3. Die Störung erster Ordnung der Energie $E^{(1)}$ erhält man als Erwartungswert des Störoperators 1. Ordnung $\mathbf{H}^{(1)}$, gebildet mit der ungestörten Wellenfunktion $\psi^{(0)}$,

$$E^{(1)} = (\psi^{(0)}, \mathbf{H}^{(1)}\,\psi^{(0)}) \tag{6.1–3}$$

während die Störung 2. Ordnung der Energie $E^{(2)}$ die Kenntnis von $\psi^{(1)}$ voraussetzt.

$$E^{(2)} = (\psi^{(1)}, \mathbf{H}^{(1)}\,\psi^{(0)}) + (\psi^{(0)}, \mathbf{H}^{(2)}\,\psi^{(0)}) \tag{6.1–4}$$

Wir gehen so vor, daß wir nach der Formulierung des allgemeinen Problems (Abschn. 6.2) zunächst ein Beispiel behandeln, bei dem sich E_λ und ψ_λ als *geschlossene* Funktionen von λ berechnen lassen, und entwickeln anschließend E_λ nach Potenzen von λ. Dabei erhalten wir automatisch auch den Konvergenzradius λ_{max} dieser Potenzreihenentwicklung (Abschn. 6.3). Der an der grundsätzlichen Problematik weniger interessierte Leser kann Abschn. 6.3 zunächst überschlagen.

In Abschnitt 6.4 zeigen wir dann, wie man die $\psi^{(k)}$ und $E^{(k)}$ unmittelbar berechnen kann, ohne daß man vorher geschlossene Ausdrücke für ψ_λ und E_λ abgeleitet hat – was nämlich in den meisten Fällen gar nicht möglich wäre. Nach der Ableitung des allgemeinen Formalismus beschäftigen wir uns mit dem praktisch wichtigen Problem, $\psi^{(1)}$ und $E^{(2)}$ zu berechnen (Abschn. 6.5). Bei Zuständen, die im Grenzfall $\lambda \to 0$ entartet sind, nicht aber für $\lambda \neq 0$, ergeben sich Besonderheiten, die in Abschn. 6.6 behandelt werden. Zum Abschluß (Abschn. 6.7) befassen wir uns mit einer 'Zweckentfremdung' der Störungstheorie zur Näherungslösung einer Schrödingergleichung, deren Hamilton-Operator $\mathbf{H}$ sich nur wenig von einem Hamilton-Operator $\mathbf{H}_0$ unterscheidet, dessen Eigenwerte und Eigenfunktionen wir kennen.

6.2. Das Grundproblem der Störungstheorie

Man steht oft vor der Aufgabe, nicht eine einzige Schrödingergleichung, sondern gewissermaßen eine Familie von Schrödingergleichungen zu lösen, wobei der Hamilton-Operator $\mathbf{H}_\lambda$ eines bestimmten Mitglieds dieser Familie durch einen bestimmten Wert des Parameters λ gekennzeichnet ist. Dabei kann λ verschiedene physikalische Bedeutungen haben. Wir können z.B. ein Atom in einem äußeren homogenen Feld der Feldstärke $\mathcal{E}$ betrachten. Suchen wir die Lösung der Schrödingergleichung für beliebige Werte von $\mathcal{E}$, so spielt $\mathcal{E}$ die Rolle des Parameters λ. Wenn der Hamilton-Operator von λ abhängt, werden auch ψ und E von λ abhängen.

$$\mathbf{H}_\lambda \psi_\lambda = E_\lambda \psi_\lambda \qquad (6.2-1)$$

Im Allgemeinfall ist es durchaus nicht immer möglich, E und ψ explizit als Funktionen von λ zu berechnen; das ist z.B. nicht der Fall, wenn $\mathbf{H}_\lambda$ der elektronische Hamilton-Operator für ein zweiatomiges Molekül ist und λ den Kernabstand bedeutet.

Eine ausgebaute Theorie*) existiert eigentlich nur für eine spezielle Form der Abhängigkeit des Hamilton-Operators von λ, nämlich für den Fall, daß $\mathbf{H}_\lambda$ ein Polynom oder eine Potenzreihe in λ ist.

$$\mathbf{H}_\lambda = \mathbf{H}^{(0)} + \lambda\, \mathbf{H}^{(1)} + \lambda^2\, \mathbf{H}^{(2)} + \ldots \qquad (6.2-2)$$

* Das Standardwerk hierzu in aller mathematischer Strenge ist: T. Kato: Perturbation Theory of Linear Operators. Berlin, Springer 1966. Einen guten Überblick über die Anwendungen der Störungstheorie in der Quantenchemie geben J.O. Hirschfelder, W. Byers-Brown, S.T. Epstein in Adv. Quant. Chem. *1*, 255 (1964) (Academic Press, New York, P.O. Löwdin ed.).

Oft hat man mit dem noch spezielleren Fall zu tun, daß das Polynom linear ist:

$$\mathbf{H}_\lambda = \mathbf{H}^{(0)} + \lambda\,\mathbf{H}^{(1)} = \mathbf{H}_0 + \lambda\,\mathbf{H}' \qquad (6.2-3)$$

Man bezeichnet dann $\mathbf{H}_0$ als ungestörten Operator und $\mathbf{H}'$ als Störoperator.

Es liegt nahe, zu erwarten, daß für Hamilton-Operatoren der Form (6.2–2) sich auch die Eigenwerte E_λ und die Eigenfunktionen ψ_λ als Potenzreihen in λ schreiben lassen.

$$E_\lambda = E^{(0)} + \lambda E^{(1)} + \lambda^2 E^{(2)} + \ldots. \qquad (6.1-1)$$

$$\psi_\lambda = \psi^{(0)} + \lambda\,\psi^{(1)} + \lambda^2\,\psi^{(2)} + \ldots. \qquad (6.1-2)$$

6.3. Taylor-Entwicklung der Energie in einem Spezialfall – Konvergenzradius der Entwicklung

Daß eine Entwicklung (6.1–1) (6.1–2) möglich ist, ist durchaus nicht selbstverständlich und auch nicht immer gewährleistet. Um die Problematik zu verstehen, wollen wir ein einfaches Beispiel betrachten. Der Hamilton-Operator $\mathbf{H}$ sei von der Form (6.2–3). Zwei (von λ unabhängige) orthonormale Basisfunktion φ_1 und φ_2 seien gegeben, und die exakte Eigenfunktion ψ_λ von $\mathbf{H}_\lambda$ lasse sich als Linearkombination der beiden Basisfunktionen schreiben,

$$\psi_\lambda = c_1(\lambda)\,\varphi_1 + c_2(\lambda)\,\varphi_2 \qquad (6.3-1)$$

wobei die Koeffizienten von λ abhängen. Wir wollen ferner voraussetzen – was durch eine unitäre Transformation zwischen φ_1 und φ_2 immer erreicht werden kann – daß

$$(\varphi_1, \mathbf{H}_0\,\varphi_2) = (\varphi_2, \mathbf{H}_0\,\varphi_1) = 0 \qquad (6.3-2)$$

d.h., daß der ungestörte Operator $\mathbf{H}_0$ in unserer Basis Diagonalgestalt hat.

Es gibt durchaus Probleme der soeben skizzierten einfachen Form, andere Probleme lassen sich näherungsweise auf diese Form reduzieren, wovon wir später öfter Gebrauch machen werden. In diesem Fall können wir die Schrödingergleichung geschlossen lösen und erhalten E und ψ als explizite Funktionen von λ. Das wollen wir jetzt tun.

Einsetzen von (6.3–1) in (6.2–1) ergibt

$$\begin{aligned}\mathbf{H}_\lambda\,\psi_\lambda &= c_1(\lambda)\,\mathbf{H}_\lambda\,\varphi_1 + c_2(\lambda)\,\mathbf{H}_\lambda\,\varphi_2 = E_\lambda\,\psi_\lambda \\ &= c_1(\lambda)\,E_\lambda\,\varphi_1 + c_2(\lambda)\,E_\lambda\,\varphi_2 \qquad (6.3-3)\end{aligned}$$

Skalarmultiplizieren der Gl. (6.3–3) von links mit φ_1 bzw. φ_2 (beachte, daß $(\varphi_i, \varphi_j) = \delta_{ij}$) führt zu

$$c_1(\lambda)(\varphi_1\, \mathbf{H}_\lambda \varphi_1) + c_2(\lambda)(\varphi_1, \mathbf{H}_\lambda \varphi_2) = E_\lambda \cdot c_1(\lambda)$$

$$c_1(\lambda)(\varphi_2, \mathbf{H}_\lambda \varphi_1) + c_2(\lambda)(\varphi_2, \mathbf{H}_\lambda \varphi_2) = E_\lambda \cdot c_2(\lambda) \tag{6.3–4}$$

d.h. zu einem Matrixeigenwertproblem

$$H_\lambda \vec{c}(\lambda) = E_\lambda \vec{c}(\lambda) \tag{6.3–5}$$

wobei

$$H_\lambda = \begin{pmatrix} (\varphi_1, \mathbf{H}_\lambda \varphi_1) & (\varphi_1, \mathbf{H}_\lambda \varphi_2) \\ (\varphi_2, \mathbf{H}_\lambda \varphi_1) & (\varphi_2, \mathbf{H}_\lambda \varphi_2) \end{pmatrix} = \begin{pmatrix} H_{11} & H_{12} \\ H_{21} & H_{22} \end{pmatrix} \tag{6.3–6}$$

$$\vec{c}(\lambda) = \begin{pmatrix} c_1(\lambda) \\ c_2(\lambda) \end{pmatrix} \tag{6.3–7}$$

Offenbar ist E_λ Eigenwert von H_λ. Die Eigenwerte einer 2x2-Matrix lassen sich aber geschlossen angeben (wenn wir statt E_λ einfach E schreiben, vgl. Anhang A7.5).

$$E_{1,2} = \frac{H_{11} + H_{22}}{2} \pm \frac{1}{2} \sqrt{(H_{11} - H_{22})^2 + 4H_{12} H_{21}} \tag{6.3–8}$$

Wir benutzen jetzt (6.2–3), woraus für die Matrixelemente von H_λ folgt

$$H_{ij} = (\varphi_i, \mathbf{H}_\lambda \varphi_j) = (\varphi_i, [\mathbf{H}_0 + \lambda \mathbf{H}'] \varphi_j) = (\varphi_i, \mathbf{H}_0 \varphi_j) + \lambda (\varphi_i, \mathbf{H}' \varphi_j)$$

$$= H_{ij}^0 + \lambda H'_{ij} \tag{6.3–9}$$

Da ferner Gültigkeit von (6.3–2) vorausgesetzt ist, folgt

$$H_{11} = H_{11}^0 + \lambda H'_{11} \; ; \; H_{22} = H_{22}^0 + \lambda H'_{22}$$

$$H_{12} = \lambda H'_{12} = \lambda H'^{*}_{21} \tag{6.3–10}$$

und aus den Eigenwerten (6.3–8) wird

$$E_{1,2} = \frac{H_{11}^0 + H_{22}^0}{2} + \lambda \frac{H_{11}' + H_{22}'}{2} \pm \frac{1}{2} \sqrt{(H_{11}^0 - H_{22}^0 + \lambda H_{11}' - \lambda H_{22}')^2 + 4\lambda^2 \, |H_{12}'|^2} \qquad (6.3\text{–}11)$$

Damit haben wir für die beiden Eigenwerte E_1 und E_2 geschlossene Ausdrücke als Funktion von λ.

Aus der Wurzel ziehen wir den Faktor $(H_{11}^0 - H_{22}^0)$ heraus:

$$E_{1,2} = \frac{H_{11}^0 + H_{22}^0}{2} + \lambda \frac{H_{11}' + H_{22}'}{2} \pm \frac{H_{11}^0 - H_{22}^0}{2} \sqrt{1 + 2\lambda \frac{H_{11}' - H_{22}'}{H_{11}^0 - H_{22}^0} + \lambda^2 \frac{(H_{11}' - H_{22}')^2 + 4\,|H_{12}'|^2}{(H_{11}^0 - H_{22}^0)^2}} \qquad (6.3\text{–}12)$$

Anschließend benutzen wir, daß für $\sqrt{1+x}$ die folgende Taylor-Entwicklung gilt, sofern $|x| < 1$

$$\sqrt{1+x} = (1+x)^{\frac{1}{2}} = \sum_{k=0}^{\infty} \binom{\frac{1}{2}}{k} x^k = 1 + \frac{x}{2} - \frac{x^2}{8} + \frac{x^3}{16} - \ldots \qquad (6.3\text{–}13)$$

Die Wurzel in (6.3–12) entwickeln wir, wobei wir alle Beiträge in λ und λ^2 mitnehmen, aber höhere Potenzen in λ weglassen*). Nach Umformung ergibt das für die beiden Eigenwerte E_1 und E_2:

$$E_1 = H_{11}^0 + \lambda H_{11}' + \lambda^2 \frac{|H_{12}'|^2}{H_{11}^0 - H_{22}^0} + \mathcal{O}(\lambda^3) \qquad (6.3\text{–}14)$$

$$E_2 = H_{22}^0 + \lambda H_{22}' - \lambda^2 \frac{|H_{12}'|^2}{H_{11}^0 - H_{22}^0} + \mathcal{O}(\lambda^3) \qquad (6.3\text{–}15)$$

---

* Das sog. Landau-Symbol $\mathcal{O}(\lambda^3)$ bedeutet, daß der Rest der Entwicklung wie λ^3 geht (von der Ordnung λ^3 ist), präzise gesagt, lautet die Schreibweise

$$f(x) = g(x) + \mathcal{O}(x^k)$$

daß $$\lim_{x \to 0} \frac{f(x) - g(x)}{x^{k-1}} = 0$$

Ohne große Mühe lassen sich auch die Beiträge in λ^3, λ^4 etc. ableiten, aber wir wollen hierauf verzichten. Wir wollen auch nur denjenigen Eigenwert betrachten, der im Grenzfall $\lambda \to 0$ in den tiefsten Eigenwert der Matrix $\boldsymbol{H}_0 = \begin{pmatrix} H_{11}^0 & 0 \\ 0 & H_{22}^0 \end{pmatrix}$ übergeht. Wenn $H_{11} < H_{22}$ ist das offenbar E_1.

Aus der Ableitung der Entwicklung des Eigenwerts E_1 nach Potenzen von λ als Taylor-Entwicklung des exakten Eigenwerts wird unmittelbar deutlich, welche Voraussetzung erfüllt sein muß, damit diese Entwicklung überhaupt zulässig ist. Die Wurzel in (6.3–12) läßt sich nach Potenzen von λ entwickeln, sofern $|\lambda|$ kleiner ist als der kleinste Betrag eines solchen λ, für das die Wurzel singulär wird*). Das ist der Fall für die dem Nullpunkt nächste Nullstelle des Radikanden (Verzweigungspunkt)**). Das kritische λ ist gegeben durch

$$\lambda_{\max} = \min_{(-,+)} \left| \frac{H_{11}^0 - H_{22}^0}{H_{11}' - H_{22}' \mp 2H_{12}'} \right| \qquad (6.3\text{–}17)$$

wobei das Minimum über die Werte mit Minus- und Plus-Vorzeichen zu bilden ist. Wenn

$$|\lambda| < \lambda_{\max} \qquad (6.3\text{–}17)$$

so konvergiert die Potenzreihenentwicklung für $E(\lambda)$, andernfalls divergiert sie, d.h., für $|\lambda| > \lambda_{\max}$ ist es unmöglich, $E(\lambda)$ als Potenzreihe in λ dazustellen. Man bezeichnet $\lambda_{\max}$ als den *Konvergenzradius* der Störentwicklung. Dieser Konvergenzradius gilt, wie wir nicht zeigen wollen, auch für den Eigenvektor $\vec{c}(\lambda)$ und damit für die Wellenfunktion ψ_λ.

Die Größe

$$\max_{(+,-)} \; |H_{11}' - H_{22}' \pm 2H_{12}'| \qquad (6.3\text{–}18)$$

kann man als Maß für die Größe der Störung ansehen, während

$$d = |H_{11}^0 - H_{22}^0| \qquad (6.3\text{–}19)$$

den Abstand des betrachteten ungestörten Eigenwerts zum nächsten benachbarten ungestörten Eigenwert darstellt.

---

* Ein grundlegender Satz der Funktionstheorie besagt, daß eine Funktion $f(z)$ einer komplexen Variablen, die an den Stellen z_1, z_2 etc. Singularitäten besitzt, sich in eine konvergente Potenzreihe für solche Werte von z entwickeln läßt, deren Betrag kleiner als der kleinste Betrag eines der z_k ist. Singularitäten sind z.B. Stellen, an denen $f(z)$ unendlich wird oder z.B. wie im hier betrachteten Fall die erste Ableitung $f'(z)$ unendlich wird.

** Außerdem konvergiert die Reihe trivialerweise, wenn sich die Wurzel in (6.3–8) explizit ziehen läßt, nämlich wenn $H_{12}' = 0$.

Der Konvergenzradius (und damit der Geltungsbereich) der Störungsentwicklung ist offenbar um so größer, je kleiner die Störung im Sinne von (6.3–18) und je größer der Abstand d zum nächsten ungestörten Eigenwert ist.

Der hier für die Störungstheorie der Eigenwerte von 2x2-Matrizen abgeleitete Konvergenzradius der Störentwicklung läßt sich nur mit großem mathematischen Aufwand für beliebige hermitische Matrizen verallgemeinern, wobei man ein qualitativ ähnliches Ergebnis erhält, allerdings nicht für den Konvergenzradius λ_{max} selbst, sondern nur für eine untere Schranke für λ_{max}.*)

In bezug auf Hamilton-Operatoren in einem unendlich-dimensionalen Hilbert-Raum ist die Situation etwas komplizierter. Es läßt sich zwar zeigen, daß die Störungsentwicklung von E und φ nach Potenzen von λ einen endlichen Konvergenzradius hat, wenn $\mathbf{H}_\lambda$ von der Form (6.2–3) ist, und wenn es endliche Konstanten a, b (mit $a > 0$, $|b| < \infty$) gibt, derart, daß

$$|(\varphi, \mathbf{H}' \varphi)| \leqslant a(\varphi, \mathbf{H}^0 \varphi) + b(\varphi, \varphi) \tag{6.3–20}$$

für beliebiges φ. (Das ist die sog. Rellich-Bedingung.) Eine exakte Berechnung des Konvergenzradius ist aber in der Regel nicht möglich, und selbst die Berechnung unterer Schranken für den Konvergenzradius**) macht große Schwierigkeiten.

6.4. Der Formalismus der Rayleigh-Schrödingerschen Störentwicklung

Im vorigen Abschnitt sind wir zur Ableitung der Störentwicklung von E von der Kenntnis der expliziten Form von E als Funktion von λ ausgegangen. Diese Kenntnis kann man normalerweise nicht voraussetzen, und wäre sie gegeben, wäre eine anschließende Potenzreihenentwicklung relativ uninteressant. Es ist aber möglich, die Koeffizienten $E^{(k)}$ und $\psi^{(k)}$ der Entwicklung von E und ψ nach Potenzen von λ unmittelbar zu bestimmen, vorausgesetzt, daß die Entwicklung überhaupt zulässig ist. Wenn sie zulässig ist, gehen wir einfach mit dem Ansatz

$$E_\lambda = \sum_{k=0}^{\infty} E^{(k)} \cdot \lambda^k \tag{6.4–1}$$

$$\psi_\lambda = \sum_{k=0}^{\infty} \psi^{(k)} \cdot \lambda^k \tag{6.4–2}$$

* s.T. Kato l.c.

** Vgl. z.B. R. Ahlrichs, Phys.Rev. *A5*, 605 (1972).

in die Schrödingergleichung*)

$$(\mathbf{H}_\lambda - E_\lambda)\,\psi_\lambda = 0 \tag{6.4–3}$$

$$\mathbf{H}_\lambda = \sum_{k=0}^{\infty} \mathbf{H}^{(k)} \lambda^k \tag{6.4–4}$$

ein und erhalten

$$\sum_{k=0}^{\infty} \lambda^k \,[\mathbf{H}^{(k)} - E^{(k)}] \sum_{l=0}^{\infty} \lambda^l \,\psi^{(l)} = 0 \tag{6.4–5}$$

bzw. geordnet nach Potenzen von λ und nach Einführen von $m = k + l$

$$\sum_{m=0}^{\infty} \lambda^m \sum_{k=0}^{m} [\mathbf{H}^{(k)} - E^{(k)}]\,\psi^{(m-k)} = 0 \tag{6.4–6}$$

Der Ausdruck auf der linken Seite von Gl. (6.4–6) ist eine Potenzreihe in λ. Diese kann nur dann identisch verschwinden, wenn sämtliche Koeffizienten verschwinden, d.h. wenn

$$\sum_{k=0}^{m} [\mathbf{H}^{(k)} - E^{(k)}]\,\psi^{(m-k)} = 0, \qquad \text{für alle } m = 0, 1, 2, \ldots \tag{6.4–7}$$

Die ersten dieser Gleichungen, die die $\mathbf{H}^{(k)}$, $E^{(k)}$ und $\psi^{(k)}$ verknüpfen, lauten ausgeschrieben

$$m = 0: \quad [\mathbf{H}^{(0)} - E^{(0)}]\,\psi^{(0)} = 0 \tag{6.4–7a}$$

$$m = 1: \quad [\mathbf{H}^{(0)} - E^{(0)}]\,\psi^{(1)} + [\mathbf{H}^{(1)} - E^{(1)}]\,\psi^{(0)} = 0 \tag{6.4–7b}$$

$$m = 2: \quad [\mathbf{H}^{(0)} - E^{(0)}]\,\psi^{(2)} + [\mathbf{H}^{(1)} - E^{(1)}]\,\psi^{(1)} + [\mathbf{H}^{(2)} - E^{(2)}]\,\psi^{(0)} = 0 \tag{6.4–7c}$$

Es fällt auf, daß man z.B. zu $\psi^{(1)}$ ein beliebiges Vielfaches von $\psi^{(0)}$ addieren kann und es immer noch (6.4–7b) erfüllt. Wir werden durch eine spezielle Normierungsbedingung (6.4–8b) erreichen, daß $\psi^{(1)}$ sowie auch die anderen $\psi^{(k)}$ eindeutig bestimmt sind.

* Man müßte bei allen E's und ψ's noch einen weiteren Index angeben, der die verschiedenen Eigenfunktionen und Eigenwerte von (6.4–3) zählt. Wir lassen diesen jedoch weg (in der Regel betrachten wir den Grundzustand) und setzen auch voraus, daß keine Entartung des betrachteten Eigenwertes vorliegt (vgl. Abschn. 6.6).

Offenbar besagt Gl. (6.4–7a), daß $E^{(0)}$ und $\psi^{(0)}$ Eigenwert und Eigenfunktion des ‚ungestörten' Operators $\mathbf{H}^{(0)}$ sind. Hat man aus (6.4–7a) $E^{(0)}$ und $\psi^{(0)}$ berechnet, so kann man diese in (6.4–7b) einsetzen und hieraus $E^{(1)}$ sowie $\psi^{(1)}$ berechnen u.s.f. Die Gleichungen der Störungstheorie lassen sich hintereinander lösen, und man kann im Prinzip zu einer beliebig hohen Ordnung gehen.

In der Praxis stößt dieses Verfahren i.allg. aber auf große Schwierigkeiten, denn die Lösung jeder der Gl. (6.4–7a, b, c etc.) ist etwa so schwierig wie die der Schrödingergleichung (6.4–3) für ein festes λ. Ist man ganz allgemein an der λ-Abhängigkeit von E und ψ interessiert, so gilt im Grunde auch hier der Satz von der Invarianz der Schwierigkeiten. Es wird dann etwa den gleichen Aufwand bedeuten, ob man E als Funktion von λ in Form einer Werte-Tabelle berechnet, indem man die ursprüngliche Schrödingergleichung (6.4–3) für eine Menge von Werten von λ löst, oder ob man eine gleich große Menge Koeffizienten $E^{(k)}$ für die Entwicklung (6.4–1) mit Hilfe der Störungstheorie berechnet. In besonderen Fällen kann sich entweder die punktweise Berechnung von E_λ oder aber die Störungstheorie als günstiger erweisen.

Die punktweise Berechnung von $E(\lambda)$ ist *dann* die Methode der Wahl, wenn man $E(\lambda)$ nur für einige Werte von λ zu berechnen hat, oder wenn die Störungsentwicklung nicht oder nur langsam konvergiert, d.h., wenn die interessierenden λ-Werte jenseits des Konvergenzradius λ_{max} liegen oder zwar dieseits, aber dicht an λ_{max}.

Die Störungstheorie ist vorteilhafter, wenn die interessierenden λ-Werte so klein sind, daß die Berücksichtigung von wenigen Termen in der Störentwicklung genügende Genauigkeit gibt. Praktische Bedeutung hat die Störungstheorie nur dann, wenn man mit $E^{(0)}, E^{(1)}, E^{(2)}$ bzw. $\psi^{(0)}$ und $\psi^{(1)}$ ‚auskommt'. Ferner ist die Störungstheorie dann günstiger, wenn man sich für die Energie, statt für die Wellenfunktion interessiert. Es läßt sich nämlich zeigen, daß bei Kenntnis der Störfunktionen $\psi^{(k)}$ bis zur n-ten Ordnung die Störenergien $E^{(k)}$ bis zur $2n+1$-ten Ordnung als Summen von Erwartungswerten berechnet werden können. Hingegen würde man aus einer oberflächlichen Betrachtung der Gln. (6.4–7) schließen, daß zur Berechnung von $E^{(k)}$ die Lösung der Gleichungen für die ersten k Ordnungen der Störungs-Theorie nötig sein sollte. Wir wollen nun die Ableitung von $E^{(2n+1)}$ aus $\psi^{(0)}, \psi^{(1)} \,..\, \psi^{(n)}$ für die Fälle $n = 0$ und $n = 1$ geben.

Die Wellenfunktion ψ_λ ist bekanntlich als Lösung der Schrödingergleichung (6.4–3) nicht eindeutig, sondern nur bis auf einen beliebigen Normierungsfaktor bestimmt. Während man üblicherweise die Normierung so wählt, daß $(\psi, \psi) = 1$, empfiehlt sich bei Verwendung der Störungstheorie eine etwas andere Normierung, nämlich

$$(\psi^{(0)}, \psi^{(0)}) = 1 \qquad (6.4\text{–}8a)$$

$$(\psi^{(0)}, \psi_\lambda) = 1 \qquad (6.4\text{–}8b)$$

d.h., wir normieren zwar die ‚ungestörte' Funktion $\psi^{(0)}$, die nach (6.4–7a) Eigenfunktion des ungestörten Hamilton-Operators $H^{(0)}$ ist, auf 1, die tatsächliche Wellenfunktion ψ_λ sei dagegen nicht auf 1 normiert. Aus den Normierungsbedingungen (6.4–8) folgt unmittelbar die Orthogonalitätsbedingung

$$\sum_{k=1}^{\infty} \lambda^k \, (\psi^{(0)}, \psi^{(k)}) = 0 \tag{6.4–9}$$

Diese kann nur dann für beliebige λ erfüllt sein, wenn

$$(\psi^{(0)}, \psi^{(k)}) = 0 \qquad \text{für } k = 1, 2, \ldots \tag{6.4–10}$$

d.h., bei der gewählten Normierung (6.4–8) sind die Störfunktionen $\psi^{(k)}$ sämtlicher Ordnungen zur ungestörten Funktion $\psi^{(0)}$ orthogonal. Die $\psi^{(k)}$ $(k > 0)$ für sich sind dagegen nicht auf eins normiert, sondern ihre Normierung ergibt sich bei ihrer Berechnung aus den Differentialgleichungen (6.4–7b, c, . .) automatisch mit. Das ist deshalb so, weil die Differentialgleichungen (6.4–7) außer (6.4–7a) inhomogen sind. Das bedeutet z.B. für (6.4–7b), daß diese Gleichung nicht invariant gegenüber Multiplikation von $\psi^{(1)}$ mit einem beliebigen Faktor ist.

Wir gehen jetzt aus von Gl. (6.4–7b) und multiplizieren diese von links skalar mit $\psi^{(0)}$.

$$(\psi^{(0)}, [\mathbf{H}^{(0)} - E^{(0)}]\, \psi^{(1)}) + (\psi^{(0)}, [\mathbf{H}^{(1)} - E^{(1)}]\, \psi^{(0)}) = 0 \tag{6.4–11}$$

Für den ersten Term in (6.4–11) benutzen wir zuerst die Hermitizität des Operators $[\mathbf{H}^{(0)} - E^{(0)}]$ und anschließend die Gültigkeit von (6.4–7a)

$$(\psi^{(0)}, [\mathbf{H}^{(0)} - E^{(0)}]\, \psi^{(1)}) = (\psi^{(1)}, [\mathbf{H}^{(0)} - E^{(0)}]\, \psi^{(0)})^* = (\psi^{(1)}, 0)^* = 0 \tag{6.4–12}$$

Den verbleibenden zweiten Term links in (6.4–11) zerlegen wir in zwei Anteile; wir benutzen die Normierungsbedingungen (6.4–8a), womit sich ergibt

$$(\psi^{(0)}, \mathbf{H}^{(1)}\, \psi^{(0)}) = (\psi^{(0)}, E^{(1)}\, \psi^{(0)}) = E^{(1)}\, (\psi^{(0)}, \psi^{(0)}) = E^{(1)} \tag{6.4–13}$$

Die Störung erster Ordnung der Energie, nämlich $E^{(1)}$, berechnet sich als Erwartungswert des Störoperators 1. Ordnung, $\mathbf{H}^{(1)}$ mit der *ungestörten* Wellenfunktion $\psi^{(0)}$.

Multiplizieren wir jetzt Gl. (6.4–7c) von links skalar mit $\psi^{(0)}$

$$(\psi^{(0)}, [\mathbf{H}^{(0)} - E^{(0)}]\, \psi^{(2)}) + (\psi^{(0)}, [\mathbf{H}^{(1)} - E^{(1)}]\, \psi^{(1)}) + (\psi^{(0)}, [\mathbf{H}^{(2)} - E^{(2)}]\, \psi^{(0)}) = 0 \tag{6.4–14}$$

Ähnlich wie zuvor kann man argumentieren, daß der erste Term $(\psi^{(0)}, [\mathbf{H}^{(0)} - E^{(0)}]\psi^{(2)})$ verschwinden muß. Den zweiten Term kann man in zwei Teile zerlegen, von denen der zweite

$$-(\psi^{(0)}, E^{(1)}\,\psi^{(1)}) = -E^{(1)}(\psi^{(0)}, \psi^{(1)}) = 0 \qquad (6.4\text{–}15)$$

wegen (6.4–10) verschwindet. Damit erhält man

$$(\psi^{(0)}, \mathbf{H}^{(1)}\,\psi^{(1)}) + (\psi^{(0)}, \mathbf{H}^{(2)}\,\psi^{(0)}) = (\psi^{(0)}, E^{(2)}\,\psi^{(0)}) = E^{(2)} \qquad (6.4\text{–}16)$$

Zur Berechnung von $E^{(2)}$ ist die Kenntnis von $\psi^{(0)}$ und $\psi^{(1)}$ ausreichend. Wie man $E^{(3)}$ durch $\psi^{(0)}$ und $\psi^{(1)}$ ausdrückt, wollen wir andeuten. Man geht von (6.4–7) für $m = 3$ aus und multipliziert diese Gleichung von links skalar mit $\psi^{(0)}$. Der erste von den vier Termen der Summe verschwindet dann so wie in den vorigen Beispielen. Den zweiten formt man unter Benutzung von zuerst (6.4–7b) und dann (6.4–7c) wie folgt um

$$(\psi^{(0)}, [\mathbf{H}^{(1)} - E^{(1)}]\,\psi^{(2)}) = (\psi^{(2)}, [\mathbf{H}^{(1)} - E^{(1)}]\,\psi^{(0)})^*$$

$$= -(\psi^{(2)}, [\mathbf{H}^{(0)} - E^{(0)}]\,\psi^{(1)})^* = -(\psi^{(1)}, [\mathbf{H}^{(0)} - E^{(0)}]\,\psi^{(2)})$$

$$= (\psi^{(1)}, [\mathbf{H}^{(1)} - E^{(1)}]\,\psi^{(1)}) + (\psi^{(1)}, [\mathbf{H}^{(2)} - E^{(2)}]\,\psi^{(0)}) \qquad (6.4\text{–}17)$$

Schließlich benutzt man (6.4–10), so daß sich analog zu (6.4–13) und (6.4–16) ergibt

$$(\psi^{(1)}, [\mathbf{H}^{(1)} - E^{(1)}]\,\psi^{(1)}) + (\psi^{(0)}, \mathbf{H}^{(2)}\,\psi^{(1)}) + (\psi^{(1)}, \mathbf{H}^{(2)}\,\psi^{(0)})$$

$$+ (\psi^{(0)}, \mathbf{H}^{(3)}\,\psi^{(0)}) = E^{(3)} \qquad (6.4\text{–}18)$$

Die Störungstheorie wird vielfach als eine Näherungsmethode zur Lösung der Schrödingergleichung interpretiert. Diese Funktion kann sie zwar in einer modifizierten Version gelegentlich haben (vgl. Abschn. 6.7). Im Grunde ist die Störungstheorie, sofern man die Gln. (6.4–7) exakt löst und nicht bei deren Lösung Näherungen einführt, eine Methode, um *exakt* die *Ableitungen* verschiedener Ordnung von Energie und Wellenfunktion nach λ an der Stelle $\lambda = 0$ zu berechnen.

Das sieht man unmittelbar, wenn man Gl. (6.4–1) oder (6.4–2) einmal oder mehrmal nach λ differenziert und anschließend $\lambda = 0$ setzt, z.B.

$$\frac{\partial E}{\partial \lambda} = \sum_{k=1}^{\infty} k \cdot E^{(k)}\,\lambda^{k-1}; \quad \left(\frac{\partial E}{\partial \lambda}\right)_{\lambda=0} = E^{(1)} \qquad (6.4\text{–}19)$$

$$\frac{\partial^2 E}{\partial \lambda^2} = \sum_{k=2}^{\infty} k\,(k-1)\,E^{(k)}\,\lambda^{k-2}; \quad \left(\frac{\partial^2 E}{\partial \lambda^2}\right)_{\lambda=0} = 2\,E^{(2)} \qquad (6.4\text{–}20)$$

Versteht man die Störungstheorie als Methode zur Berechnung von

$$\left(\frac{\partial^n E}{\partial \lambda^n}\right)_{\lambda=0} ,$$

so kann sie auch richtige Aussagen liefern, wenn die Potenzreihe (6.4–1) von E als Funktion von λ für *kein* λ konvergiert.

6.5. Störungstheorie 2. Ordnung

Wenn man von Störungstheorie einer bestimmten Ordnung spricht, kann man sich entweder auf die Energie oder auf die Wellenfunktion beziehen. Wie in Abschn. 6.4 ausgeführt, genügt zur Kenntnis der $(2n+1)$-ten Ordnung der Energie die Kenntnis der n-ten Ordnung der Wellenfunktion. Wir wollen, dem allgemeinen Sprachgebrauch folgend, unter Störungstheorie 2. Ordnung verstehen, daß man die Energie bis zur zweiten Ordnung in λ, d.h., die Koeffizienten $E^{(0)}$, $E^{(1)}$ und $E^{(2)}$ berechnet. Wie gesagt, berechnet man $E^{(0)}$ als Eigenwert des ‚ungestörten Operators' $\mathbf{H}^{(0)}$

$$\mathbf{H}^{(0)} \psi^{(0)} = E^{(0)} \psi^{(0)} \tag{6.4–7a}$$

und $E^{(1)}$ als Erwartungswert des Störoperators 1. Ordnung mit der ungestörten Wellenfunktion $\psi^{(0)}$

$$E^{(1)} = (\psi^{(0)}, \mathbf{H}^{(1)} \psi^{(0)}) \tag{6.4–13}$$

Die Störung 2. Ordnung der Energie ist gegeben durch

$$E^{(2)} = (\psi^{(0)}, \mathbf{H}^{(1)} \psi^{(1)}) + (\psi^{(0)}, \mathbf{H}^{(2)} \psi^{(0)}) \tag{6.4–16}$$

Wenn der gestörte Hamilton-Operator von der speziellen Form $\mathbf{H} = \mathbf{H}^{(0)} + \lambda \mathbf{H}^{(1)}$ ist, fällt natürlich der zweite Term rechts in (6.4–16) weg, da dann $\mathbf{H}^{(2)} = 0$. Zur Berechnung von $E^{(2)}$ nach (6.4–16) ist die Kenntnis von $\psi^{(1)}$ nötig. Dieses ist Lösung der inhomogenen Differentialgleichung

$$[\mathbf{H}^{(0)} - E^{(0)}]\, \psi^{(1)} + [\mathbf{H}^{(1)} - E^{(1)}]\, \psi^{(0)} = 0 \tag{6.4–7b}$$

Die Lösung dieser Differentialgleichung ist durchaus nicht trivial, und das ganze praktische Problem der ‚Störungstheorie 2. Ordnung' besteht darin, Näherungslösungen für (6.4–7b) zu finden. Ähnlich wie nahezu alle praktischen Verfahren, Näherungslösungen der Schrödingergleichung zu finden, davon ausgehen, daß man die Schrödingergleichung zunächst in ein äquivalentes Variationsprinzip umformt, benutzt man auch zur näherungsweisen Lösung von (6.4–7b) mit Vorteil ein Variationsprinzip. Wie

Hylleraas allgemein zeigen konnte*) (obwohl andere Autoren vor ihm ähnlich vorgingen), ist das folgende Funktional

$$F(\tilde{\psi}) = (\tilde{\psi}, [\mathbf{H}^{(0)} - E^{(0)}]\,\tilde{\psi}) + (\tilde{\psi}, [\mathbf{H}^{(1)} - E^{(1)}]\,\psi^{(0)})$$

$$+ (\psi^{(0)}, [\mathbf{H}^{(1)} - E^{(1)}]\,\tilde{\psi}) \qquad (6.5\text{-}1)$$

dann und nur dann stationär (und zwar ein Minimum) bezüglich einer Variation von $\tilde{\psi}$, wenn $\tilde{\psi} = \psi^{(1)}$, d.h., wenn $\tilde{\psi}$ Lösung von (6.4–7b) ist.

Man geht also so vor, daß man für $\tilde{\psi}$ irgendeinen Variationsansatz mit freien Parametern (analog wie in Kap. 5) wählt und die Parameter so bestimmt, daß $F(\tilde{\psi})$ ein Minimum als Funktion dieser Parameter einnimmt. Oft setzt man

$$\tilde{\psi} = f \cdot \psi^{(0)} \qquad (6.5\text{-}2)$$

und betrachtet f als die eigentliche Variationsfunktion (das ist oft praktisch, führt aber zu Schwierigkeiten, wenn $\psi^{(0)}$ an Stellen verschwindet, wo $\tilde{\psi}$ nicht verschwindet), oder man setzt näherungsweise an

$$\tilde{\psi} = c \cdot \mathbf{H}^{(1)}\,\psi^{(0)} \qquad (6.5\text{-}3)$$

mit c als einzigem Variationsparameter.

Am günstigsten ist i.allg. aber die Verwendung eines linearen Variationsansatzes, d.h., man wählt eine endliche orthonormale Basis von Funktionen $\varphi_1, \varphi_2 \ldots \varphi_n$ (wobei $\psi^{(0)} = \varphi_1$ auch ein Element der Basis sei) und setzt $\tilde{\psi}$ als Linearkombination der φ_i an

$$\tilde{\psi} = \sum_{i=2}^{n} c_i\,\varphi_i \qquad (6.5\text{-}4)$$

(Die Orthogonalität zwischen $\psi^{(0)} = \varphi_1$ und $\tilde{\psi}$ wird durch die Wahl $c_1 = 0$, d.h. den Beginn der Summe bei i=2 gewährleistet.) Den Vektor $\vec{c} = (c_1, c_2 \ldots c_n)$, der $F(\tilde{\psi})$ zu einem Minimum macht, erhält man aus der Matrizengleichung

$$[\boldsymbol{H}^{(0)} - E^{(0)}\,\boldsymbol{1}]\,\vec{c} = -[\boldsymbol{H}^{(1)} - E^{(1)}\,\boldsymbol{1}]\,\vec{c}_0 \qquad (6.5\text{-}5)$$

dabei ist $\boldsymbol{H}^{(0)}$ bzw. $\boldsymbol{H}^{(1)}$ die Matrixdarstellung von $\mathbf{H}^{(0)}$ bzw. $\mathbf{H}^{(1)}$ in der Basis der φ_i und $\vec{c}_0 = (1,0,0 \ldots 0)$. Offenbar ist (da $\varphi_1 = \psi^{(0)}$)

$$H_{11}^{(0)} = E^{(0)}; \quad H_{1k}^{(0)} = H_{k1}^{(0)} = 0 \text{ für alle } k = 2, \ldots n \qquad (6.5\text{-}6)$$

* E.A. Hylleraas, Z.Phys. *65*, 209 (1930); s. auch R.E. Knight, C.W. Scherr, Phys.Rev. *128*, 2675 (1962).

d.h., $\boldsymbol{H}^{(0)}$ ist von der Gestalt

$$\boldsymbol{H}^{(0)} = \begin{pmatrix} \boldsymbol{E}^{(0)} & 0 & 0 & \dots & 0 \\ 0 & & & & \\ 0 & & \widetilde{\boldsymbol{H}}^{(0)} & & \\ 0 & & & & \\ \cdot & & & & \\ \cdot & & & & \\ \cdot & & & & \\ 0 & & & & \end{pmatrix} \tag{6.5–7}$$

wobei $\widetilde{\boldsymbol{H}}^{(0)}$ eine quadratische Matrix der Dimension $(n-1)$ ist. Führen wir noch $(n-1)$ dimensionale Vektoren $\vec{\tilde{c}}$ und $\vec{\tilde{0}} = (0,0 \dots 0)$ ein, so daß

$$\vec{c} = \begin{pmatrix} 0 \\ \vec{\tilde{c}} \end{pmatrix}; \qquad \vec{c}_0 = \begin{pmatrix} 1 \\ \vec{\tilde{0}} \end{pmatrix} \tag{6.5–8}$$

und definieren wir den $(n-1)$-dimensionalen Vektor

$$\vec{b} = \begin{pmatrix} H_{21}^{(1)} \\ H_{31}^{(1)} \\ \cdot \\ \cdot \\ H_{n1}^{(1)} \end{pmatrix} \tag{6.5–9}$$

Unter Benutzung von $\widetilde{\boldsymbol{H}}^0$ kann man (6.5–5) auch schreiben

$$0 = -[H_{11}^{(1)} - E^{(1)}] \qquad \text{(erste Zeile des Gl.Systems)} \tag{6.5–5}$$

$$[\widetilde{\boldsymbol{H}}^{(0)} - E^{(0)}\, \boldsymbol{1}]\, \vec{\tilde{c}} = -\begin{pmatrix} H_{21}^{(1)} \\ H_{31}^{(1)} \\ \cdot \\ \cdot \\ H_{n1}^{(1)} \end{pmatrix} = -\vec{b} \quad \text{(zweite bis } n\text{-te Zeile)} \tag{6.5–10}$$

Wenn jetzt kein zweiter Eigenwert von $\boldsymbol{H}^{(0)}$ gleich $E^{(0)}$ ist, was wir voraussetzen wollen, so ist die Matrix $[\widetilde{\boldsymbol{H}}^{(0)} - E^{(0)}\, \boldsymbol{1}]$ regulär, und ihr Inverses existiert, womit wir erhalten:

$$\tilde{\vec{c}} = -[\widetilde{\boldsymbol{H}}^{(0)} - E^{(0)}\, \boldsymbol{1}]^{-1} \cdot \vec{b} \tag{6.5–11}$$

Die Lösung von (6.4–7b) ist damit über das Hylleraassche Variationsprinzip und den Ansatz (6.5–4) auf die Aufgabe einer Matrixinversion zurückgeführt.

Wählt man, wozu in der Praxis i.allg. aber kein Anlaß besteht, die Basis $\{\varphi_i\}$ so, daß $\boldsymbol{H}^{(0)}$ in dieser Basis Diagonalgestalt hat, so ist $[\widetilde{\boldsymbol{H}}^{(0)} - E^{(0)}\, \boldsymbol{1}]$ eine Diagonalmatrix mit den Elementen $(H_{kk}^{(0)} - E^{(0)})$, und $[\widetilde{\boldsymbol{H}}^{(0)} - E^{(0)}\, \boldsymbol{1}]^{-1}$ ist eine Diagonalmatrix mit den Elementen $(H_{kk}^{0} - E^{0})^{-1}$, so daß man für die c_k unmittelbar erhält

$$c_k = \frac{-b_k}{H_{kk}^{(0)} - E^{(0)}} = \frac{H_{k1}^{(1)}}{E^{(0)} - H_{kk}^{(0)}} \tag{6.5–12}$$

Das ergibt für das genäherte $\psi^{(1)}$

$$\psi^{(1)} = \sum_{k=2}^{n} c_k\, \varphi_k = \sum_{k=2}^{n} \frac{H_{k1}^{(1)}}{E^{(0)} - H_{kk}^{(0)}}\, \varphi_k \tag{6.5–13}$$

Nach Einsetzen in (6.4–16) erhalten wir für $E^{(2)}$, wenn $\mathbf{H}^{(2)} = 0$

$$E^{(2)} = (\psi^{(0)}, \mathbf{H}^{(1)}\, \psi^{(1)}) = \sum_{k=2}^{n} c_k\, (\varphi_1, \mathbf{H}^{(1)}\, \varphi_k)$$

$$= \sum_{k=2}^{n} c_k\, H_{1k}^{(1)} = \sum_{k=2}^{n} \frac{H_{1k}^{(1)}\, H_{k1}^{(1)}}{E^{(0)} - H_{kk}^{(0)}} \tag{6.5–14}$$

Einen Spezialfall von (6.5–14), nämlich den für $n = 2$, haben wir in Abschn. 6.3 bereits auf andere Weise hergeleitet.

Den Ausdruck für $E^{(2)}$ erhält man formal auch, wenn man ansetzt, daß die Funktionen φ_k, nach denen man $\psi^{(1)}$ entwickelt, Eigenfunktionen des ungestörten Operators $\mathbf{H}^{(0)}$ sind. So wird die Störungstheorie in den meisten Lehrbüchern behandelt. Das ist aber weniger glücklich, als wenn man das Hylleraassche Funktional in den Mittelpunkt der Theorie stellt.

Würden die Eigenfunktionen von $\mathbf{H}^{(0)}$, die jetzt vorübergehend als unsere φ_k verwendet werden sollen, eine vollständige Basis bilden, so könnte man $E^{(2)}$ *exakt* darstellen als unendliche Summe:

$$E^{(2)} = \sum_{k=2}^{\infty} \frac{H_{1k}^{(1)}\, H_{k1}^{(1)}}{E_1^{(0)} - E_k^{(0)}} \tag{6.5–15}$$

Tatsächlich bilden die Eigenfunktionen von $\mathbf{H}^{(0)}$ zu diskreten Eigenwerten i.allg. zwar ein unendliches, aber kein vollständiges System. Erst durch Hinzunahme der nichtabzählbar unendlich vielen sog. Kontinuumsfunktionen wird das System vollständig. Die Einbeziehung des Kontinuums in die Summe (6.5–15) ist praktisch nicht durchführbar, der Beitrag des Kontinuums zu $E^{(2)}$ kann aber von vergleichbarer Größenordnung wie der der diskreten Zustände sein. Selbst wenn der Kontinuumsbeitrag zu vernachlässigen wäre, wäre (6.5–15) trotzdem unbrauchbar, da sich eine unendliche Summe schlecht berechnen läßt. Bei einer Beschränkung auf eine endliche obere Summationsgrenze sind aber die Eigenfunktionen von $\mathbf{H}^{(0)}$ i.allg. so ziemlich die schlechteste Wahl einer Variationsbasis $\{\varphi_i\}$ im Sinne des Hylleraasschen Variationsprinzips, die man treffen kann.

Hat man nach Gl. (6.5–13) eine Näherungslösung im Sinne des Hylleraasschen Funktionals für $\psi^{(1)}$ erhalten, so kann man aus den berechneten $\psi^{(1)}$ nach Gl. (6.4–18) auch $E^{(3)}$ berechnen, wobei sich (im Falle, daß $\mathbf{H}^{(2)} \equiv 0$ und $\mathbf{H}^{(3)} \equiv 0$) ergibt

$$\begin{aligned} E^{(3)} &= (\psi^{(1)}, [\mathbf{H}^{(1)} - E^{(1)}]\, \psi^{(1)}) \\ &= \sum_{k=2}^{n} \sum_{l=2}^{n} c_k^* c_l\, (\varphi_k\,, [\mathbf{H}^{(1)} - E^{(1)}]\, \varphi_l) \\ &= \sum_{k=2}^{n} \sum_{l=2}^{n} c_k^* c_l\, [H_{kl}^{(1)} - E^{(1)}\, \delta_{kl}] \\ &= \sum_{k=2}^{n} \sum_{l=2}^{n} \frac{H_{1k}^{(1)}\, [H_{kl}^{(1)} - E^{(1)}\, \delta_{kl}]\, H_{l1}^{(1)}}{(E^{(0)} - H_{kk}^{(0)})\,(E^{(0)} - H_{ll}^{(0)})} \end{aligned} \qquad (6.5\text{–}16)$$

Dieser Ausdruck sieht nicht wesentlich komplizierter aus als der für $E^{(2)}$, und man kann sich fragen, warum man, wenn man schon $\psi^{(1)}$ berechnet hat, sich i.allg. auf $E^{(2)}$ beschränkt und nicht gleich auch $E^{(3)}$ mitberechnet. Daß die Berechnung von $E^{(3)}$ in der Tat mehr Aufwand als die von $E^{(2)}$ bedeutet, liegt daran, daß zur Auswertung von $E^{(2)}$ nur die Matrixelemente $H_{1k} = (\varphi_1\,, \mathbf{H}^{(1)}\, \varphi_k)$ zwischen φ_1 und den anderen φ_k nötig sind, für $E^{(3)}$ aber sämtliche Elemente der Matrix $H^{(1)}$. Die Berechnung der Matrixelemente ist i.allg. aber das, was den größten Aufwand erfordert.

6.6. Störungstheorie für entartete Zustände

Wir haben bisher vorausgesetzt, daß der Zustand, den wir störungstheoretisch behandelten, nicht entartet ist, genauer gesagt, daß zu E_λ für alle interessierenden Werte von λ jeweils nur eine Wellenfunktion ψ_λ gehört. Entartung von E_λ als Folge einer Symmetrie macht *dann* keinerlei Schwierigkeiten, wenn die Symmetriegruppe für alle λ gleich ist. Dann muß man alle $\psi^{(k)}$ in der Entwicklung (6.1–1) so wählen, daß sie in der gleichen Weise symmetrieangepaßt sind; im übrigen kann man den Formalismus von Abschn. 6.4 ungeändert verwenden. Eine Abwandlung des Formalismus ist dagegen notwendig, wenn für $\lambda = 0$ eine höhergradige Entartung als für $\lambda \neq 0$ besteht. Wir wollen nur den Fall betrachten, daß E_λ für $\lambda \neq 0$ nicht entartet, für $\lambda = 0$ d-fach entartet ist. In diesem Fall ist zwar die Ableitung, die zu (6.4–7) führte, nach wie vor richtig, aber (6.4–7a) bestimmt $\psi^{(0)}$ nicht mehr eindeutig. Vielmehr hat $\mathbf{H}^{(0)}$ d linear unabhängige Eigenfunktion $\psi_k^{(0)}$ (die wir orthonormal wählen wollen) zum Eigenwert $E^{(0)}$.

Welche die ‚richtige' Linearkombination

$$\psi^{(0)} = \sum_{k=1}^{d} a_k \psi_k^{(0)} \tag{6.6–1}$$

der $\psi_k^{(0)}$ ist, können wir Gl. (6.4–7a) allein nicht entnehmen. Das richtige $\psi^{(0)}$ ist offenbar dasjenige, in das ψ_λ im Grenzfall $\lambda \to 0$ übergeht.

Betrachten wir jetzt die Entwicklung der Energie nach Potenzen von λ, und setzen wir für $E^{(1)}$ den Ausdruck (6.4–13) ein:

$$\begin{aligned} E_\lambda &= E^{(0)} + \lambda E^{(1)} + \lambda^2 E^{(2)} + \ldots\ldots \\ &= E^{(0)} + \lambda (\psi^{(0)}, \mathbf{H}^{(1)} \psi^{(0)}) + \lambda^2 E^{(2)} + \ldots. \\ &= E^{(0)} + \lambda \sum_{j=1}^{d} \sum_{k=1}^{d} a_j^* a_k H_{jk}^{(1)} + \lambda^2 E^{(2)} + \ldots. \end{aligned} \tag{6.6–2}$$

E_λ ist Eigenwert von $\mathbf{H}_\lambda$, folglich muß E_λ stationär gegenüber Variationen der a_k sein, mit der Nebenbedingung

$$\sum_k a_k^* a_k = 1 \tag{6.6–3}$$

$E^{(0)}$ ist von vornherein stationär gegenüber allen solchen Variationen, so daß gelten muß

$$\frac{\partial E_\lambda}{\partial a_k} = \lambda \sum_{j=1}^{d} a_j^* H_{jk}^{(1)} + \lambda^2 \frac{\partial E^{(2)}}{\partial a_k} + \ldots = \lambda \mu a_k^* \tag{6.6–4}$$

wobei $\lambda \cdot \mu$ der Lagrange-Multiplikator zur Gewährleistung der Nebenbedingung (6.6–3) ist.

Wir dividieren (6.6–4) durch λ und überlegen, daß die Stationarität auch im Grenzfall $\lambda \to 0$ gelten muß, d.h., daß

$$\sum_{j=1}^{d} a_j^* H_{jk}^{(1)} = \mu \cdot a_k^* \tag{6.6–5}$$

Die richtigen Koeffizienten a_k und damit die richtigen Linearkombination der $\psi_k^{(0)}$ berechnen sich also als Eigenvektoren der Matrixdarstellung des Störoperators $\mathbf{H}^{(1)}$ in der Basis der $\psi_k^{(0)}$. Die richtigen (man sagt auch ‚der Störung angepaßten') Funktionen nullter Ordnung $\psi^{(0)}$ sind folglich diejenigen, in bezug auf die der Störoperator 1. Ordnung Diagonalgestalt hat.

Das bedeutet, daß die Störungsenergie 1. Ordnung, die man mit $\psi^{(0)}$ nach Gl. (6.4–13) berechnet, gleich dem zu $\psi^{(0)}$ gehörenden Eigenwert μ von $\mathbf{H}^{(1)}$ im Sinne von (6.6–5) ist

$$(\psi^{(0)}, \mathbf{H}^{(1)}\, \psi^{(0)}) = \sum_{j=1}^{d} \sum_{k=1}^{d} a_j^* a_k\, H_{jk}^{(1)} = \sum_{k=1}^{d} a_k^*\, \mu\, a_k = \mu \tag{6.6–6}$$

Natürlich gibt es genau d Eigenwerte von $\mathbf{H}^{(1)}$, die nicht alle verschieden sein müssen. Ein in nullter Ordnung in λ d-fach entarteter Eigenwert spaltet in 1. Ordnung in einige verschiedene (maximal d verschiedene) Eigenwerte auf.

Das Problem, die Störungsenergie 1. Ordnung für einen in nullter Ordnung entarteten Eigenwert zu berechnen, ist formal identisch mit dem Problem, für die Eigenwerte des Operators $\mathbf{H}^{(0)} + \lambda\, \mathbf{H}^{(1)}$ eine Variationslösung zu finden mit den zu einem entarteten Eigenwert von $\mathbf{H}^0$ gehörenden Eigenfunktionen als Variationsbasis.

6.7. Störungstheorie ohne natürlichen Störparameter

Oft steht man vor der Aufgabe, Eigenwerte E und Eigenfunktionen ψ eines Operators

$$\mathbf{H} = \mathbf{H}^{(0)} + \mathbf{H}' \tag{6.7–1}$$

zu berechnen, wobei Eigenwerte $E^{(0)}$ und Eigenfunktionen $\psi^{(0)}$ des ‚ungestörten' Operators $\mathbf{H}^{(0)}$ bekannt sind. Man kann diese Aufgabe auf die Störungstheorie zurückführen, indem man in (6.7–1) formal einen Störparameter λ einführt

$$\mathbf{H} = \mathbf{H}^{(0)} + \lambda\, \mathbf{H}' \tag{6.7–2}$$

und am Schluß der störungstheoretischen Behandlung einfach $\lambda = 1$ setzt. Dabei ist natürlich zu bedenken, daß die Störentwicklung für $\lambda = 1$ gar nicht zu konvergieren braucht. Ferner ist die Anwendung der Störungstheorie nur dann einfacher als eine direkte (näherungweise) Lösung der Schrödingergleichung $\mathbf{H}\,\psi = E\,\psi$, wenn die ersten Ordnungen der Störungstheorie ausreichen, d.h., wenn die Störung ‚klein' ist. Die etwas vage Bezeichnung einer Störung als ‚klein' läßt sich präzisieren. Wir wollen hier auf Abschn. 6.3 verweisen, wo wir ein Maß für die Größe eines speziellen Störoperators angegeben haben, und wo wir zeigten, daß es außer auf die Größe des Störoperators auch auf den Abstand des betrachteten ungestörten Eigenwerts zum nächstbenachbarten ungestörten Eigenwert ankommt. Ist dieser Abstand klein, kann ein kleiner Störoperator doch eine große Störung bedeuten.

Bei dieser Störungstheorie ohne natürlichen Störparameter sind die Ordnungen der Störungstheorie nicht eindeutig definiert. Gehen wir aus von der ‚ungestörten' Schrödingergleichung

$$\mathbf{H}^{(0)}\,\psi^{(0)} = E^{(0)}\,\psi^{(0)} \tag{6.7–3}$$

und betrachten wir einen bestimmten Zustand mit der Wellenfunktion $\psi^{(0)}$. Man kann bei Kenntnis von $\psi^{(0)}$ ohne Mühe und mit beliebiger Willkür einen Operator $\mathbf{A}$ konstruieren, der die Eigenschaft

$$\mathbf{A}\,\psi^{(0)} = 0 \tag{6.7–4}$$

hat. Definieren wir jetzt

$$\widetilde{\mathbf{H}}^{(0)} = \mathbf{H}^{(0)} + \mathbf{A}$$

$$\widetilde{\mathbf{H}}' = \mathbf{H}' - \mathbf{A} \tag{6.7–5}$$

so läßt sich $\mathbf{H}$ nach (6.7–1) auch zerlegen gemäß

$$\mathbf{H} = \widetilde{\mathbf{H}}^{(0)} + \widetilde{\mathbf{H}}' \tag{6.7–6}$$

wobei $\widetilde{\mathbf{H}}^{(0)}$ mit gleichem Recht wie $\mathbf{H}^{(0)}$ als ungestörter Hamilton-Operator bezeichnet werden kann, denn trivialerweise gilt

$$\widetilde{\mathbf{H}}^{(0)}\,\psi^{(0)} = E^{(0)}\,\psi^{(0)} \tag{6.7–7}$$

Der Operator

$$\widetilde{\mathbf{H}} = \widetilde{\mathbf{H}}^{(0)} + \lambda\,\widetilde{\mathbf{H}}' \tag{6.7–8}$$

ist zwar für $\lambda = 1$ mit dem Operator $\mathbf{H}$ nach (6.7–1) identisch, nicht aber für $\lambda \neq 1$. Folglich hängen auch die Eigenwerte und Eigenfunktionen der beiden Operatoren in verschiedener Weise von λ ab, d.h., alle $E^{(k)}$ sind für beide Operatoren verschieden.

Nur für $\lambda = 1$ ist

$$\sum_{k=0}^{\infty} \lambda^k E^{(k)} = \sum_{k=0}^{\infty} E^{(k)} \qquad (6.7-9)$$

für $\mathbf{H}$ nach (6.7–2) und $\widetilde{\mathbf{H}}$ nach (6.7–8) gleich. Die Gesamtenergie ist (Konvergenz vorausgesetzt) für beide Zerlegungen von $\mathbf{H}$ gleich, die Beiträge der einzelnen Ordnungen können aber sehr verschieden sein.

Es sei darauf hingewiesen, daß es außer der hier behandelten Rayleigh-Schrödingerschen Störungstheorie noch andere Varianten einer Störungstheorie gibt, unter denen vor allem diejenige von Brillouin und Wigner zu erwähnen ist.

Ihre geringe praktische Bedeutung rechtfertigt aber nicht, diese Varianten hier vorzustellen.

Zusammenfassung zu Kap. 6

Wenn ein Hamilton-Operator von einem Parameter λ abhängt und sich nach Potenzen von λ entwickeln läßt, dann lassen sich auch seine Eigenwerte E_λ und seine Eigenfunktionen ψ_λ nach Potenzen von λ entwickeln (6.4–1) und (6.4–2), sofern $|\lambda| < \lambda_{max}$, wobei λ_{max} der Konvergenzradius der Störentwicklung ist. Die Störbeiträge k-ter Ordnung $E^{(k)}$ und $\psi^{(k)}$, d.h., die Koeffizienten von E bzw. ψ in der Entwicklung nach Potenzen von λ, lassen sich als Lösungen von inhomogenen Differentialgleichungen (6.4–7) berechnen. Um diese Lösungen eindeutig zu machen und den Formalismus so einfach wie möglich zu halten, wählt man die Normierung (6.4–8). Bei Kenntnis der Störbeiträge bis einschließlich der k-ten Ordnung in der Wellenfunktion lassen sich die Störbeiträge zur Energie bis einschließlich der $(2k+1)$-ten Ordnung als Matrixelemente berechnen. Insbesondere genügt zur Berechnung von $E^{(1)}$ die ungestörte Wellenfunktion $\psi^{(0)}$.

Zur Berechnung von $E^{(2)}$ ist die Kenntnis von $\psi^{(1)}$ erforderlich. Eine Näherung für dieses $\psi^{(1)}$ erhält man am besten aus dem Hylleraasschen Variationsprinzip, das der entsprechenden inhomogenen Differentialgleichung äquivalent ist.

Bei Zuständen, die im Grenzfall $\lambda \to 0$ entartet sind, nicht aber für $\lambda \neq 0$, muß man zunächst aus der Eigenfunktion zum entarteten ungestörten Eigenwert die der Störung angepaßte Linearkombination konstruieren, ehe man den üblichen Formalismus anwendet.

Die Störungstheorie liefert unmittelbar die verschiedenen Ableitungen der Energie nach λ an der Stelle $\lambda = 0$.

Der Formalismus der Störungstheorie läßt sich auch verwenden, um Eigenwerte und Eigenfunktionen eines Operators $\mathbf{H} = \mathbf{H}^{(0)} + \mathbf{H}'$, näherungsweise zu berechnen, wenn man die Eigenwerte und Eigenfunktionen von $\mathbf{H}^{(0)}$ kennt. Die Ordnungen der Störungstheorie verlieren aber dann weitgehend ihren Sinn.

7. Elementare Theorie der Atome

7.1. Atom-Orbitale

7.1.1. Der hypothetische Fall eines separierbaren Mehrelektronensystems

Der Hamilton-Operator eines Atoms mit n Elektronen und der Kernladung Z lautet in atomaren Einheiten:

$$\mathbf{H} = -\frac{1}{2}\sum_{i=1}^{n} \Delta_i - \sum_{i=1}^{n} \frac{Z}{r_i} + \sum_{i<j=1}^{n} \frac{1}{r_{ij}} \qquad (7.1\text{–}1)$$

(wenn $n \neq Z$ liegt ein Ion vor). Betrachten wir zunächst den hypothetischen Fall, daß die letzte Summe verschwindet, d.h., daß wir ein Atom ohne Elektronenwechselwirkung vor uns haben. Dann können wir $\mathbf{H}$ auch folgendermaßen schreiben:

$$\mathbf{H} = \sum_{i=1}^{n} \mathbf{h}(\vec{r}_i) \qquad (7.1\text{–}2)$$

mit

$$\mathbf{h}(\vec{r}_i) = -\frac{1}{2}\Delta_i - \frac{Z}{r_i} \qquad (7.1\text{–}3)$$

Es liegt jetzt nahe (vgl. Abschn. 2.2), den Lösungsansatz

$$\Psi(\vec{r}_1, \vec{r}_2 \ldots \vec{r}_n) = \varphi_1(\vec{r}_1)\,\varphi_2(\vec{r}_2) \ldots \varphi_n(\vec{r}_n) = \prod_{i=1}^{n} \varphi_i(\vec{r}_i) \qquad (7.1\text{–}4)$$

zu machen und damit in die Schrödingergleichung einzugehen (zunächst natürlich, um zu sehen, ob solch ein Ansatz wirklich Lösung sein kann):

$$\mathbf{H}\Psi = \mathbf{h}(\vec{r}_1)\varphi_1(\vec{r}_1) \prod_{\substack{i=1 \\ (i \neq 1)}}^{n} \varphi_i(\vec{r}_i) + \mathbf{h}(\vec{r}_2)\varphi_2(\vec{r}_2) \prod_{\substack{i=1 \\ (i \neq 2)}}^{n} \varphi_i(\vec{r}_i) + \ldots$$

$$= \sum_{k=1}^{n} \mathbf{h}(\vec{r}_k)\varphi_k(\vec{r}_k) \prod_{\substack{i=1 \\ (i \neq k)}}^{n} \varphi_i(\vec{r}_i) = E \prod_{i=1}^{n} \varphi_i(\vec{r}_i) \qquad (7.1\text{–}5)$$

Man dividiert, wie in Abschn. 2.2. sowie Anhang A5 erläutert, durch Ψ und erhält

$$\sum_{k=1}^{n} \frac{\mathbf{h}(\vec{r}_k)\,\varphi_k(\vec{r}_k)}{\varphi_k(\vec{r}_k)} = E \tag{7.1–6}$$

Jeder einzelne Term in der Summe hängt nur von $\vec{r}_k$ ab, ist aber gleich etwas, das von $\vec{r}_k$ überhaupt nicht abhängt; jeder Term muß also konstant sein, d.h., gleich einer Konstanten e_k:

$$\frac{\mathbf{h}(\vec{r}_k)\,\varphi_k(\vec{r}_k)}{\varphi_k(\vec{r}_k)} = e_k\,; \quad \sum_{k=1}^{n} e_k = E \tag{7.1–7}$$

oder

$$\mathbf{h}(\vec{r}_k)\,\varphi_k(\vec{r}_k) = e_k\,\varphi_k(\vec{r}_k) \tag{7.1–8}$$

Jedes φ_k ist also Lösung einer (wasserstoffähnlichen) Einelektronen-Schrödingergleichung, in unserem Beispiel ausführlicher geschrieben:

$$\left(-\frac{1}{2}\Delta_k - \frac{Z}{r_k}\right)\varphi_k(\vec{r}_k) = e_k\,\varphi_k(\vec{r}_k) \tag{7.1–9}$$

Mit dem Produktansatz kommt man also tatsächlich zum Ziel. Jedem Elektron ist eine Einelektronenfunktion (*ein Orbital*) zugeordnet, diese Orbitale sind Eigenfunktionen des gleichen Hamilton-Operators und deshalb auch orthogonal zueinander. Die Gesamtenergie E ist einfach gleich der Summe der Einelektronenenergien e_k.

Was ist nun der Grundzustand unseres (hypothetischen) N-Elektronenatoms? Die niedrigste Energie erhalten wir offenbar, wenn wir alle Elektronen in das Orbital φ_1 mit der niedrigsten Energie e_1 stecken. Das darf man allerdings nicht, obwohl es nicht im Widerspruch zu denjenigen Postulaten der Quantenmechanik steht, die wir bisher eingeführt haben. Wir lernen an dieser Stelle ein weiteres Postulat kennen, das sogenannte Pauli-Prinzip, und zwar eine erste, vorläufige Fassung dieses Prinzips:

1. Fassung des Pauli-Prinzips:

In einem separierbaren Mehrelektronensystem kann jedes Orbital maximal von 2 Elektronen besetzt werden.

Bezeichnen wir als n_k die Besetzungszahl des Orbitals φ_k, so kann $n_k = 0$, 1 oder 2 sein, und die Gesamtenergie ergibt sich zu

$$E = \sum_k n_k\, e_k\,; \quad n = \sum_k n_k \tag{7.1–10}$$

Wir können E auch so schreiben: (für normierte φ_k)

$$E = \sum_k n_k\,(\varphi_k, \mathbf{h}\,\varphi_k) \tag{7.1–11}$$

Überlegen wir uns jetzt, was sich dadurch ändert, daß in Wirklichkeit die Elektronen sich abstoßen, d.h., daß der Hamilton-Operator lautet:

$$\mathbf{H} = \sum_{i=1}^{n} \mathbf{h}(\vec{r}_i) + \sum_{i<j=1}^{n} \frac{1}{r_{ij}} \tag{7.1–12}$$

Ein Produktansatz ist jetzt nicht mehr als Lösung der Schrödingergleichung möglich, sondern die Eigenfunktionen $\Psi(\vec{r}_1, \vec{r}_2 \ldots \vec{r}_n)$ hängen in sehr komplizierter Weise von den Koordinaten sämtlicher Elektronen ab. Ein Produkt aus Orbitalen kommt als Lösungsansatz nicht in Frage, aber wir können immerhin im Sinne des Variationsprinzips nach dem Orbitalprodukt fragen, das den Erwartungswert $(\Psi, \mathbf{H}\Psi)$ zu einem Minimum macht.

Führt man das explizit durch, was wir hier nicht tun wollen, so erhält man, daß die besten Orbitale $\varphi_i(\vec{r})$ Eigenfunktionen von effektiven Einelektronen-Hamilton-Operatoren $\mathbf{h}_{\text{eff}}^{(i)}$ sind

$$\mathbf{h}_{\text{eff}}^{(i)} \varphi_i(\vec{r}) = \epsilon_i \varphi_i(\vec{r}) \tag{7.1–13}$$

wobei

$$\mathbf{h}_{\text{eff}}^{(i)}(\vec{r}_1) = -\frac{1}{2}\Delta_1 - \frac{Z}{r_1} + \sum_{\substack{k=1 \\ (k \neq i)}}^{n} \int \frac{|\varphi_k(\vec{r}_2)|^2}{r_{12}} \, d\tau_2 \tag{7.1–14}$$

Wir erkennen den Term der kinetischen Energie $-\frac{1}{2}\Delta_1$ sowie den der potentiellen Energie im Feld des Kerns $\frac{-Z}{r_1}$. Der letzte Term stellt die potentielle Energie im Feld der anderen Elektronen dar, wenn man diese anderen Elektronen durch Ladungswolken beschreibt. Bekanntlich ist das durch eine Ladungswolke der Dichte $\rho(\vec{r}_2)$ an der Stelle $\vec{r}_1$ erzeugte Potential gegeben durch

$$\int \frac{\rho(\vec{r}_2)}{r_{12}} \, d\tau_2 \tag{7.1–15}$$

wobei das Integral über die ganze Ladungsverteilung zu bilden ist. Anschaulich sieht man das anhand von Abb. 5.

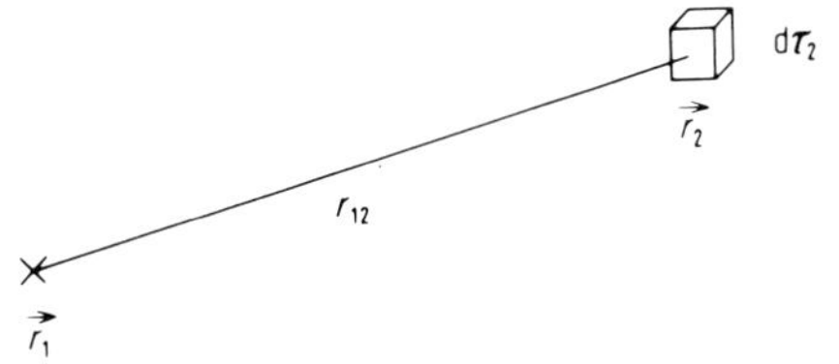

Abb. 5. Zur Erläuterung des durch eine Ladungsverteilung hervorgerufenen Potentials.

Die im Volumenelement $d\tau_2$ an der Stelle $\vec{r}_2$ befindliche Ladung $\rho(\vec{r}_2)\,d\tau_2$ erzeugt in $\vec{r}_1$ das Potential $\frac{\rho(\vec{r}_2)\,d\tau_2}{r_{12}}$. Das von der ganzen Ladungswolke erzeugte Potential erhält man durch Integration.

Die Gleichungen $\mathbf{h}_{\text{eff}}^{(i)}\varphi_i = \epsilon_i\varphi_i$ bezeichnet man als *Hartree*-Gleichungen. Sie stellen ein gekoppeltes Gleichungssystem dar. Zur ihrer Lösung geht man meist so vor, daß man eine Startnäherung für die ‚besetzten' Orbitale φ_i rät, aus diesen dann die $\mathbf{h}_{\text{eff}}^{(i)}$ konstruiert, deren Eigenfunktionen berechnet u.s.f., bis zur sogenannten ‚Selbstkonsistenz'. Man spricht deshalb auch vom Verfahren des selbstkonsistenten Feldes (englisch self-consistent field) oder SCF-Verfahren. Mathematisch gesehen handelt es sich um ein Iterationsverfahren. Solche Verfahren sind nur dann brauchbar, wenn sie konvergieren, was nicht immer gewährleistet ist. Gelegentlich sind mathematische Tricks notwendig, um Konvergenz zu ‚erzwingen'.

7.1.2. Die Slaterschen Regeln

Die explizite Lösung der Hartree-Gleichungen soll uns jetzt nicht interessieren (zumal wir auch noch sehen werden, daß man ohnehin die sog. Hartree-Fock-Methode vorzuziehen hat), wir wollen uns aber qualitativ überlegen, wie diese für ein Atom etwa aussehen wird. Wir haben gesehen, daß die Dichteverteilung eines 1*s*-Elektrons in guter Näherung innerhalb einer Kugel um den Kern liegt, die eines 2*s*-Elektrons in einer Kugelschale, die etwas außerhalb liegt, etc. wie auf Abb. 6 dargestellt.

Betrachten wir ein hypothetisches Atom, bei dem jedes Elektron sich im wesentlichen in einer anderen Kugelschale aufhält, wobei sich die verschiedenen Kugelschalen nicht überlappen, etwa wie auf Abb. 6.

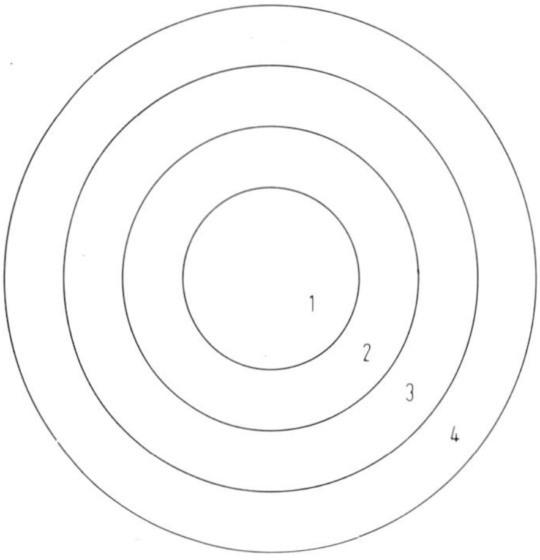

Abb. 6. Zur Erläuterung der Schalenstruktur.

Sehen wir jetzt das Feld an, das das erste Elektron verspürt! Die Elektrostatik sagt uns, daß eine kugelschalenförmige Ladungsverteilung in ihrem inneren *kein* Feld erzeugt (Beiträge von diametralen Punkten kompensieren sich gerade) und außerhalb das gleiche Potential wie eine Punktladung der gleichen Gesamtladung im Kugelmittelpunkt. Das erste Elektron spürt also nur die Ladung des Kerns. Sein effektiver Hamilton-Operator ist $\mathbf{h}_{\text{eff}}^{(i)} = -\frac{1}{2}\Delta - \frac{Z}{r}$. Für das zweite Elektron erzeugt das dritte bis N-te Elektron kein Potential, aber das erste ein Potential $+\frac{1}{r}$. Sein effektiver Hamilton-Operator ist $\mathbf{h}_{\text{eff}}^{(i)} = -\frac{1}{2}\Delta - \frac{Z-1}{r}$.

Wir sehen also: Innere Elektronen verspüren das volle Kernfeld, äußere Elektronen ein z.T. durch die inneren Elektronen *abgeschirmtes* Kernfeld. In Wirklichkeit bildet nicht jedes Elektron eine Schale für sich, sondern in jeder Schale ist mehr als ein Elektron. Man faßt folgende Elektronen zu ‚Schalen' zusammen: $(1s)$ $(2s, 2p)$ $(3s, 3p)$ $(3d)$ $(4s, 4p)$ $(4d, 4f)$ etc.

Die ‚effektive Ladung' Z_{eff} für ein Elektron in einer dieser Schalen kann man jetzt nach den sogenannten *Slaterschen* Regeln*) abschätzen:

1. Elektronen in einer Schale weiter außen tragen zu Z_{eff} nicht bei.

2. Jedes andere Elektron in der gleichen Schale schirmt Z um 0.35 Einheiten ab, im Falle der $(1s)$-Schale um 0.30.

3. Jedes Elektron in der Schale unmittelbar darunter schirmt Z um 0.85 Einheiten ab, jedes Elektron in einer noch tieferen Schale um eine ganze Einheit**).

Beispiel: Kohlenstoff $1s^2 2s^2 2p^2$

$Z = 6$; für $1s$ ist $Z_{\text{eff}} = 6 - 0.3 = 5.7$

für $2s$ ist $Z_{\text{eff}} = 6 - 2 \times 0.85 - 3 \times 0.35 = 3.25$

für $2p$ ist $Z_{\text{eff}} = 6 - 2 \times 0.85 - 3 \times 0.35 = 3.25$

Die entsprechenden Orbitale sind dann in grober Näherung

$$1s : \psi = \mathrm{N} e^{-5.7\, r}$$

$$2s : \psi = \mathrm{N}' r\, e^{-\frac{3.25}{2} r}$$

$$2p : \psi = \mathrm{N}''\, e^{-\frac{3.25}{2} r} \cdot \begin{cases} x \\ y \\ z \end{cases}$$

Man bezeichnet sie als (knotenfreie) Slaterfunktionen. (Die $1s$- und die $2s$-Slaterfunktion sind nicht orthogonal zueinander, während die exakten AO's eines Atoms sehr wohl zueinander orthogonal sind.)

Für manche Anwendungen sind diese einfachen Slaterfunktionen oft eine brauchbare Näherung für die Atomorbitale (AO's). Bessere Näherungen, wo jedes AO Linearkom-

---

* C.Zener, Phys.Rev. *36*, 51 (1930); J.C. Slater, Phys.Rev. *36*, 57 (1930).

** Wir wollen nicht darauf eingehen, daß in der ursprünglichen Form der Slaterschen Regeln auch eine effektive Hauptquantenzahl statt der wirklichen Hauptquantenzahl n verwendet wird.

bination mehrer Slater-typ-orbitale (STO's) ist, wurden von Clementi*) für die Atome H bis Kr und für deren Ionen publiziert.

Wir sehen: Die Atomorbitale, die in einem Atom von Elektronen besetzt sind, sind verschieden von den möglichen Orbitalen des H-Atoms. Die verschiedene ‚effektive Ladung' für innere und äußere Orbitale verstärkt noch die Schalenstruktur der Atome (s. Abb. 7).

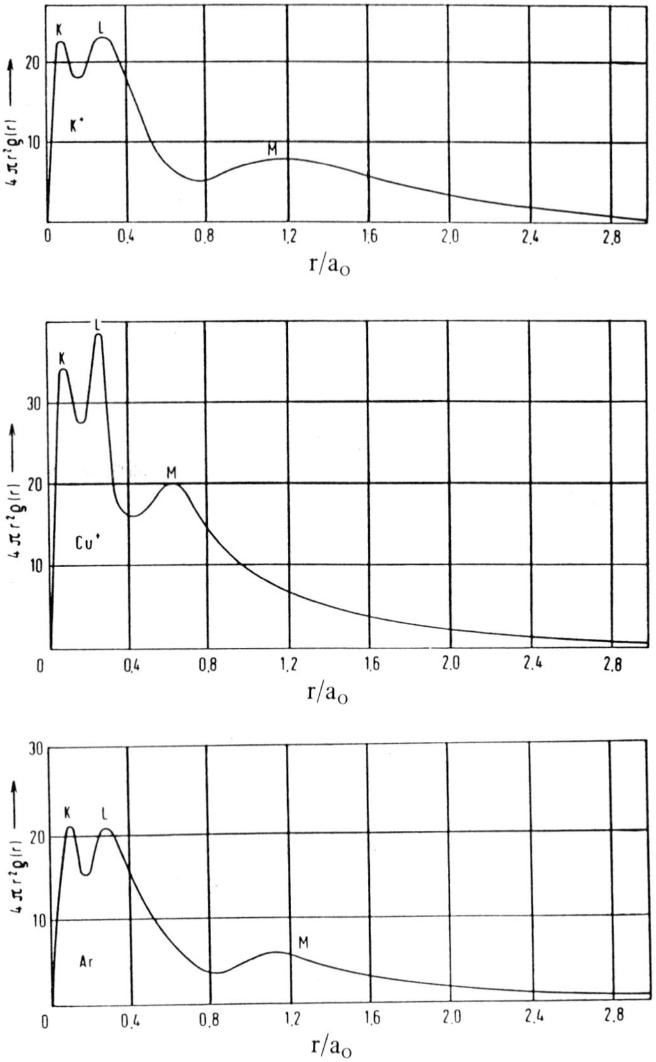

Abb. 7. Gesamtelektronendichte in Atomen.

* E. Clementi, suppl. to IBM J.res.devel. *9* (1965). In gewisser Hinsicht günstiger sind die unpublizierten Funktionen von Bagus und Gilbert, die in McLean, Yoshimine, suppl. to IBM J.res.devel. *11*, (1967) angegeben sind.

7.1.3. Orbitalenergien und Gesamtenergie

Im Sinne der Hartree-Methode ist ϵ_i die Energie des AO's φ_i im Feld der übrigen Elektronen, d.h., gleich der Energie, die man aufwenden muß, ein Elektron aus diesem Orbital zu entfernen (vorausgesetzt, daß die anderen sich nicht umordnen), d.h., dem Betrage nach gleich dem entsprechenden Ionisationspotential*). Bei Atomen stimmen in der Tat berechnete Orbitalenergien und Ionisationspotentiale recht gut überein.

Die Gesamtenergie des Atoms (in dieser Näherung) ist allerdings nicht, wie man denken könnte, gleich der Summe der Orbitalenergien

$$E \neq \sum_{i=1}^{n} \epsilon_i \qquad (7.1\text{–}16)$$

Man kann sich leicht davon überzeugen, daß man die Elektronenabstoßung I doppelt rechnet, wenn man die ϵ_i's addiert, also

$$E = \sum_{i=1}^{n} \epsilon_i - I \qquad (7.1\text{–}17)$$

wobei

$$I = \sum_{i<j} \int \frac{|\varphi_i(\vec{r}_1)|^2 \, |\varphi_j(\vec{r}_2)|^2}{r_{12}} \, d\tau_1 \, d\tau_2 \qquad (7.1\text{–}18)$$

die Elektronenwechselwirkungsenergie ist (wie sie der Vorstellung entspricht, die nicht ganz korrekt ist, daß die Elektronen verschmierte Ladungswolken sind).

7.2. Der Aufbau des Periodensystems der Elemente

Das *Aufbauprinzip* besagt nun, daß in einem Atom mit $2n$ bzw. $2n+1$ Elektronen im Grundzustand die n-Orbitale mit den tiefsten Orbitalenergien doppelt und gegebenenfalls das $(n+1)$te Orbital einfach besetzt wird. Um also die Elektronenkonfiguration des Grundzustandes eines beliebigen Atoms abzuleiten, sollte es genügen, die energetische Reihenfolge der AO's zu kennen. Das wird dadurch erleichtert, daß es so etwas wie eine allgemeingültige Reihenfolge der Orbitalenergien gibt:

$$1s<2s<2p<3s<3p<4s\approx 3d<4p<5s\approx 4d<5p<6s\approx 5d\approx 4f<6p<7s\approx 6d\approx 5f<7p$$

Dabei ist das $\approx$-Zeichen nicht wörtlich als „ungefähr gleich" zu interpretieren, sondern $4s\approx 3d$ heißt nur, daß $4s$ und $3d$ miteinander konkurrieren, und daß man nicht von vornherein sagen kann, welches von beiden tiefer liegt. Auf Abb. 8 sind die aus einer

* T.A. Koopmans, Physica *1*, 104 (1933).

Hartree-Fock-Rechnung stammenden Orbitalenergien für die Neutralatome Wasserstoff bis Krypton graphisch dargestellt. Für Ionen sähe das Bild qualitativ ähnlich, aber quantitativ verschieden aus. Die Hartree-Fock-Methode, auf die wir im Abschn. 9.3 kommen werden, ist eine Erweiterung der Hartree-Methode.

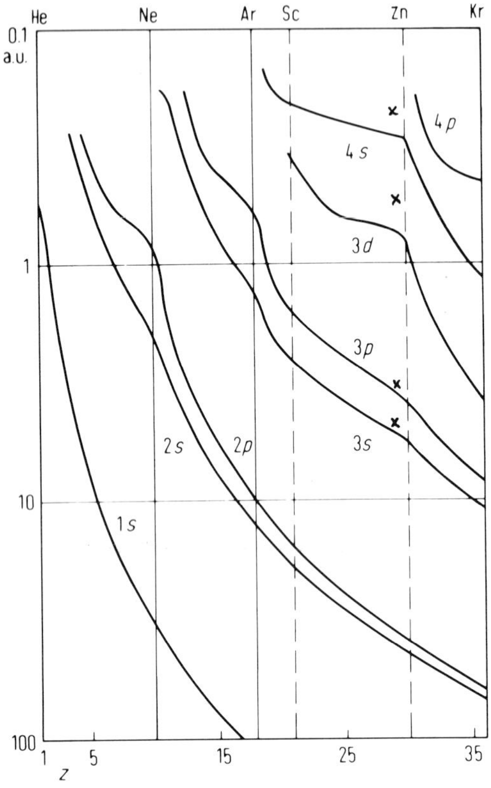

Abb. 8. Hartree-Fock-Orbitalenergien der Atome H–Kr im Grundzustand.

Bei der Angabe der Elektronenkonfiguration eines Atoms ist es i.allg. üblich, die Besetzungszahl formal als Exponent anzugeben, z.B.

$$\text{F}: 1s^2\,2s^2\,2p^5$$

Für jedes Orbital wird nur der n- und l-Wert (ns, np etc.) symbolisiert, nicht der m_l-Wert*).

Einer μ-fach entarteten Orbitalenergie entsprechen μ unabhängige Orbitale. Werden diese alle doppelt besetzt, so ist der entsprechende Energiewert 2μ-fach besetzt. Demgemäß wird np 6-fach, nd 10-fach, nf 14-fach besetzt etc. Wenn alle μ Orbitale zu einer Orbitalenergie doppelt besetzt sind, spricht man von *abgeschlossenen Schalen.*

* Man verwechsle nicht die Hauptquantenzahl n eines Orbitals mit der Elektronenzahl, die auch als n abgekürzt wird!

Tab. 6. Elektronen-Konfiguration der Elemente im Grundzustand

Element		1*s*	2*s*	2*p*	3*s*	3*p*	3*d*	4*s*	4*p*	4*d*	4*f*	5*s*	5*p*	5*d*	5*f*
1.	H	1													
2.	He	2													
3.	Li	2	1												
4.	Be	2	2												
5.	B	2	2	1											
6.	C	2	2	2											
7.	N	2	2	3											
8.	O	2	2	4											
9.	F	2	2	5											
10.	Ne	2	2	6											
11.	Na	2	2	6	1										
12.	Mg	2	2	6	2										
13.	Al	2	2	6	2	1									
14.	Si	2	2	6	2	2									
15.	P	2	2	6	2	3									
16.	S	2	2	6	2	4									
17.	Cl	2	2	6	2	5									
18.	Ar	2	2	6	2	6									
19.	K	2	2	6	2	6		1							
20.	Ca	2	2	6	2	6		2							
21.	Sc	2	2	6	2	6	1	2							
22.	Ti	2	2	6	2	6	2	2							
23.	V	2	2	6	2	6	3	2							
24.	Cr	2	2	6	2	6	5	1							
25.	Mn	2	2	6	2	6	5	2							
26.	Fe	2	2	6	2	6	6	2							
27.	Co	2	2	6	2	6	7	2							
28.	Ni	2	2	6	2	6	8	2							
29.	Cu	2	2	6	2	6	10	1							
30.	Zn	2	2	6	2	6	10	2							
31.	Ga	2	2	6	2	6	10	2	1						
32.	Ge	2	2	6	2	6	10	2	2						
33.	As	2	2	6	2	6	10	2	3						
34.	Se	2	2	6	2	6	10	2	4						
35.	Br	2	2	6	2	6	10	2	5						
36.	Kr	2	2	6	2	6	10	2	6						
37.	Rb	2	2	6	2	6	10	2	6			1			
38.	Sr	2	2	6	2	6	10	2	6			2			
39.	Y	2	2	6	2	6	10	2	6	1		2			
40.	Zr	2	2	6	2	6	10	2	6	2		2			
41.	Nb	2	2	6	2	6	10	2	6	4		1			
42.	Mo	2	2	6	2	6	10	2	6	5		1			

Tab. 6. (Fortsetzung)

Element	1*s*	2*s*	2*p*	3*s*	3*p*	3*d*	4*s*	4*p*	4*d*	4*f*	5*s*	5*p*	5*d*	5*f*
43. Tc	2	2	6	2	6	10	2	6	5		2			
44. Ru	2	2	6	2	6	10	2	6	7		1			
45. Rh	2	2	6	2	6	10	2	6	8		1			
46. Pd	2	2	6	2	6	10	2	6	10					
47. Ag	2	2	6	2	6	10	2	6	10		1			
48. Cd	2	2	6	2	6	10	2	6	10		2			
49. In	2	2	6	2	6	10	2	6	10		2	1		
50. Sn	2	2	6	2	6	10	2	6	10		2	2		
51. Sb	2	2	6	2	6	10	2	6	10		2	3		
52. Te	2	2	6	2	6	10	2	6	10		2	4		
53. I	2	2	6	2	6	10	2	6	10		2	5		
54. Xe	2	2	6	2	6	10	2	6	10		2	6		

Element	K	L	M	4*s*	4*p*	4*d*	4*f*	5*s*	5*p*	5*d*	5*f*	6*s*	6*p*	6*d*	7*s*
55. Cs	2	8	18	2	6	10		2	6			1			
56. Ba	2	8	18	2	6	10		2	6			2			
57. La	2	8	18	2	6	10		2	6	1		2			
58. Ce	2	8	18	2	6	10	1	2	6	1		2			
59. Pr	2	8	18	2	6	10	3	2	6			2			
60. Nd	2	8	18	2	6	10	4	2	6			2			
61. Pm	2	8	18	2	6	10	5	2	6			2			
62. Sm	2	8	18	2	6	10	6	2	6			2			
63. Eu	2	8	18	2	6	10	7	2	6			2			
64. Gd	2	8	18	2	6	10	7	2	6	1		2			
65. Tb	2	8	18	2	6	10	9	2	6			2			
66. Dy	2	8	18	2	6	10	10	2	6			2			
67. Ho	2	8	18	2	6	10	11	2	6			2			
68. Er	2	8	18	2	6	10	12	2	6			2			
69. Tm	2	8	18	2	6	10	13	2	6			2			
70. Yb	2	8	18	2	6	10	14	2	6			2			
71. Lu	2	8	18	2	6	10	14	2	6	1		2			
72. Hf	2	8	18	2	6	10	14	2	6	2		2			
73. Ta	2	8	18	2	6	10	14	2	6	3		2			
74. W	2	8	18	2	6	10	14	2	6	4		2			
75. Re	2	8	18	2	6	10	14	2	6	5		2			
76. Os	2	8	18	2	6	10	14	2	6	6		2			
77. Ir	2	8	18	2	6	10	14	2	6	7		2			
78. Pt	2	8	18	2	6	10	14	2	6	9		1			
79. Au	2	8	18	2	6	10	14	2	6	10		1			
80. Hg	2	8	18	2	6	10	14	2	6	10		2			
81. Tl	2	8	18	2	6	10	14	2	6	10		2	1		
82. Pb	2	8	18	2	6	10	14	2	6	10		2	2		
83. Bi	2	8	18	2	6	10	14	2	6	10		2	3		
84. Po	2	8	18	2	6	10	14	2	6	10		2	4		

Tab. 6. (Fortsetzung)

Element	K	L	M	4s	4p	4d	4f	5s	5p	5d	5f	6s	6p	6d	7s
85. At	2	8	18	2	6	10	14	2	6	10		2	5		
86. Rn	2	8	18	2	6	10	14	2	6	10		2	6		
87. Fr	2	8	18	2	6	10	14	2	6	10		2	6		1
88. Ra	2	8	18	2	6	10	14	2	6	10		2	6		2
89. Ac	2	8	18	2	6	10	14	2	6	10		2	6	1	2
90. Th	2	8	18	2	6	10	14	2	6	10		2	6	2	2
91. Pa	2	8	18	2	6	10	14	2	6	10	2	2	6	1	2
92. U	2	8	18	2	6	10	14	2	6	10	3	2	6	1	2
93. Np	2	8	18	2	6	10	14	2	6	10	4	2	6	1	2
94. Pu	2	8	18	2	6	10	14	2	6	10	6	2	6		2
95. Am	2	8	18	2	6	10	14	2	6	10	7	2	6		2
96. Cm	2	8	18	2	6	10	14	2	6	10	7	2	6	1	2
97. Bk	2	8	18	2	6	10	14	2	6	10	9	2	6		2
98. Cf	2	8	18	2	6	10	14	2	6	10	10	2	6		2
99. Es	2	8	18	2	6	10	14	2	6	10	11	2	6		2
100. Fm	2	8	18	2	6	10	14	2	6	10	12	2	6		2
101. Md	2	8	18	2	6	10	14	2	6	10	13	2	6		2
102. –	2	8	18	2	6	10	14	2	6	10	14	2	6		2
103. Lr	2	8	18	2	6	10	14	2	6	10	14	2	6	1	2

Die Elektronenkonfigurationen der Atome H bis Ar ($Z=n=1$ bis 18) lassen sich ohne besondere Überlegung hinschreiben (vgl. Tab. 6). He, Ne und Ar zeichnen sich dadurch aus, daß sie nur aus abgeschlossenen Schalen bestehen*). Das bedeutet erhöhte Stabilität, z.B. in dem Sinne, daß diese Atome besonders schwer zu ionisieren sind. Wir sehen das anhand von Abb. 8, wenn wir bedenken, daß die Orbitalenergie des höchsten besetzten AO's dem Betrage nach näherungsweise gleich dem Ionisationspotential des Atoms ist. Die außerhalb einer abgeschlossenen Schale neu eingelagerten Elektronen sind wesentlich leichter zu ionisieren, d.h., vom Atom zu entfernen. Außerdem erstrecken sich ihre Orbitale weiter nach außen und sind daher viel stärker zur Überlappung mit AO's anderer Atome befähigt. Es ist deshalb sinnvoll, die besetzten Orbitale eines Atoms in innere oder Rumpf-Orbitale und äußere oder Valenz-Orbitale zu unterteilen. Nur letztere sind für das chemische Verhalten der Atome wesentlich.

Die Ähnlichkeit von Elementen in der gleichen Spalte des Periodensystems hängt damit zusammen, daß sie die gleiche Zahl und den gleichen Typ von besetzten Valenzorbitalen haben. Wenn gelegentlich von Rumpf- und Valenz*elektronen* die Rede ist, darf man nicht vergessen, daß eigentlich besetzte *Orbitale* gemeint sind.

Zwischen den Atomen Sc und Zn wird die 3*d*-Schale aufgefüllt. Die 3*d*-Orbitale sind weder innere (Rumpf-)Orbitale noch Valenzorbitale im eigentlichen Sinn. Rein räum-

*) Auch z.B. Be und Pd bestehen aus abgeschlossenen Schalen, der energetische Abstand zwischen höchster besetzter und tiefster unbesetzter Schale (2*s*/2*p* bei Be bzw. 4*d*/5*s* bei Pd) ist aber sehr klein. Deshalb sind diese Atome nicht typisch für abgeschlossenschalige Systeme.

lich gesehen könnte man sie zu den inneren Orbitalen rechnen, sie befinden sich deutlich weiter „innen“ als die 4*s*- und 4*p*-Orbitale (so werden sie ja auch bei den Slaterschen Regeln eingeordnet). Vom energetischen Standpunkt sind die 3*d*-Orbitale aber den 4*s*- und 4*p*-Orbitalen viel ähnlicher; sie sind wesentlich schwächer gebunden, d.h., leichter zu ionisieren (sie haben dem Betrag nach kleinere Orbitalenergien) als die inneren Orbitale. Während sich innere Orbitale an der chemischen Bindung praktisch überhaupt nicht beteiligen, beteiligen sich die 3*d*-Orbitale, allerdings nur schwach. Die Eigentümlichkeiten der sogenannten Übergangselemente beruhen wesentlich auf ihren *d*-Elektronen.

Man kann im Sinne einer Definition sagen, daß ein Element dann ein Übergangselement ist, wenn seine Eigenschaften wesentlich durch die *d*-Orbitale mitbestimmt werden. Einzelheiten versteht man am besten anhand der graphischen Darstellung der Orbitalenergien für die ersten 40 Elemente in Abb. 8. Während bis zum Ar die Orbitalenergien strikt der Reihenfolge $1s<2s<2p<3s<3p$ folgen und die entsprechenden Niveaus in dieser Reihenfolge besetzt werden, jeweils bis zur maximalen Besetzung, ist die Konkurrenz der 4*s*- und 3*d*-Niveaus zwischen K und Ga nicht ganz durchsichtig. Extrapoliert man die Kurven nach links, so könnte man sagen, daß das 3*d*-Niveau bei K und Ca höher als das von 4*s* liegt, und daß deshalb zuerst 4*s* aufgefüllt wird. Als nächstes sollte dann 3*d* besetzt werden, wie es bei Sc tatsächlich der Fall ist. Hier liegt aber die 3*d*-Energie schon deutlich tiefer als die von 4*s*, und mit steigendem Z werden die 3*d*-Elektronen immer fester gebunden, während die 4*s*-Energie nahezu konstant bleibt.

Man kann jetzt fragen: Wenn für die Elemente Sc bis Ni die 3*d*-Niveaus tiefer als 4*s* liegen, warum sind dann nicht alle Valenzelektronen in 3*d* und nicht i.allg. zwei von ihnen in 4*s*? Das hängt mit der Elektronenwechselwirkung, der gegenseitigen Abstoßung der Elektronen zusammen, d.h., es ist im Rahmen des Aufbauprinzips allein nicht zu verstehen. Die Energie eines Atoms wird durch Einelektronenenergien (Orbitalenergien) und die Elektronenwechselwirkung bestimmt. Wenn der Abstand zwischen den verschiedenen Einelektronenenergien groß ist, entscheiden diese allein darüber, welche Einelektronenniveaus besetzt sind. Dann gilt das Aufbauprinzip. Bei kleinen energetischen Unterschieden zwischen diesen Niveaus wird die Elektronenwechselwirkung entscheidend. Diese Elektronenabstoßung ist geringer, wenn nicht alle Elektronen in einer Schale (bzw. Unterschale) sind. Etwas aus dem Rahmen fallen Cr und Cu, die im Grundzustand die Konfigurationen [Ar] $3d^5\ 4s$ bzw. [Ar] $3d^{10}\ 4s$ statt der erwarteten [Ar] $3d^4\ 4s^2$ bzw. [Ar] $3d^9\ 4s^2$ haben. Auf Abb. 8 entsprechen die ausgezogenen Linien übrigens letzteren Konfigurationen, den ersteren des Cu die eingezeichneten Kreuze. Man sieht deutlich, daß bei Erhöhung der 3*d*-Besetzungszahl die 3*d*-Energie erhöht, d.h. jedes 3*d*-Niveau destabilisiert wird, was an sich ungünstig ist, aber durch die erhöhte Stabilität gefüllter ($3d^{10}$)- bzw. halbgefüllter Schalen ($3d^5$) überkompensiert wird.

Welche Elemente der 1. großen Periode (Ar – Kr) sind nun Übergangselemente? Ein Element ist dann *kein* Übergangselement, d.h., seine *d*-Orbitale sind für seine Eigenschaften nicht wesentlich, wenn entweder

a) das niedrigste unbesetzte 3*d*-Niveau energetisch so hoch liegt, daß es (im Sinne der MO-LCAO-Theorie) an der Bindung des entsprechenden Atoms nicht oder nur unwesentlich beteiligt ist (z.B. K, Ca),

b) eine volle *d*-Schale besetzt ist –, die energetisch so tief liegt, daß sie zum Rumpf gerechnet werden kann. Letzteres ist wahrscheinlich ab Ga, sicher ab Ge verwirklicht. Zwar ist bei Cu und Zn die 3*d*-Schale voll besetzt, aber die 3*d*-Elektronen sind noch relativ schwach gebunden, dementsprechend leicht ionisierbar und polarisierbar und haben folglich einen Einfluß auf die chemischen Eigenschaften dieser Elemente. Nur bei den Hauptgruppenelementen kann man sich auf 4*s* und 4*p* als Valenzelektronen beschränken.

Bei der Diskussion der Übergangselemente muß man noch berücksichtigen, daß sie ja normalerweise als Ionen vorliegen. Diese Ionen haben aber, im Gegensatz zu denen von Hauptgruppenelementen, i.allg. nicht die gleiche Elektronenkonfiguration wie die mit ihnen isoelektronischen Atome. So hat z.B. Sc die Konfiguration $3d\ 4s^2$, die isoelektronischen Ionen Ti^+ und V^{2+} aber $3d^2\ 4s$ bzw. $3d^3$. Erhöhung der Kernladung bei gleicher Elektronenzahl stabilisiert die 3*d*-Elektronen deutlich gegenüber den 4*s*-Elektronen. Das ist ganz in Einklang mit der Vorstellung, daß bei Übergangselementen zuerst die 4*s*- und dann erst die 3*d*-Elektronen wegionisiert werden.

Die Auffüllung der 4*d*-Schale führt in analoger Weise zu einer zweiten Reihe von Übergangselementen (Y bis Cd). Die 4*f*-Schale wird erst aufgefüllt, nachdem 5*s*, 5*p* und 6*s* gefüllt sind (wobei 4*f* auch noch mit 5*d* konkurriert, was zu einigen Unregelmäßigkeiten führt). Daß die seltenen Erden (La bis Lu) in ihren chemischen Eigenschaften sehr ähnlich sind, liegt daran, daß die 4*f*-Elektronen sehr weit innen liegen und an der chemischen Bindung praktisch nicht beteiligt sind. Obwohl sie erst nach den 6*s*-Elektronen ‚eingebaut' werden, sind sie doch fester als diese gebunden und nur schwer zu ionisieren. Qualitativ ist das ähnlich wie auf Abb. 8.

Die Auffüllung der 5*d*-Schale, die sich anschließt, führt zur dritten Reihe von Übergangselementen (Hf bis Hg), während die Actiniden ein Analogon zu den seltenen Erden darstellen, insofern als bei ihnen die 5*f*-Schale aufgefüllt wird. Da bei Ac und Th zunächst 6*d* bevorzugt wird, ehe 5*f* sich durchsetzt, hatte man früher fälschlich geglaubt, daß diese Elemente eine vierte Reihe von Übergangselementen bilden, wofür auch die (im Gegensatz zu den Lanthaniden) hohen Wertigkeiten der Actiniden sprachen. Offenbar sind übrigens die 5*f*-Elektronen der Actiniden schwächer gebunden und stärker an der Bindung beteiligt als die recht inerten 4*f*-Elektronen der Lanthaniden.

Die grundlegende theoretische Arbeit*) von Goeppert-Meyer über das Auftreten der seltenen Erden und der Actiniden im Periodensystem ist noch heute lesenswert.

Zusammenfassung von Kap. 7

Wenn ein *n*-Elektronen-Hamilton-Operator die Form hat

$$\mathbf{H}(\vec{r}_1, \vec{r}_2 \ldots \vec{r}_n) = \sum_{i=1}^{n} \mathbf{h}(\vec{r}_i)$$

* M. Goeppert-Meyer, Phys.Rev. *60*, 814 (1941).

so sind seine Eigenfunktionen von der Form

$$\Psi(\vec{r}_1, \vec{r}_2 \ldots \vec{r}_n) = \varphi_1(\vec{r}_1)\,\varphi_2(\vec{r}_2)\ldots\varphi_n(\vec{r}_n)$$

wobei die Funktionen φ_i Eigenfunktionen des Einelektronenoperators **h** sind

$$\mathbf{h}\,\varphi_i(\vec{r}) = e_i\,\varphi_i(\vec{r})$$

Einelektronenfunktionen nennt man Orbitale.

Die Gesamtenergie ist dann

$$E = \sum_k n_k\,e_k$$

wobei n_k die ‚Besetzungszahl' des Orbitals φ_k ist. Nach dem Pauli-Prinzip ist $n_k \leqslant 2$. Im Falle von *d*-facher Entartung eines Energiezustandes kann dieser mit 2*d*-Elektronen besetzt sein, jedes Orbital aber nur von 2 Elektronen.

Der tatsächliche Hamilton-Operator eines Atoms enthält noch einen Term

$$\sum_{i<j} \frac{1}{r_{ij}}$$

der Elektronenabstoßung, den man nicht einfach vernachlässigen kann. Wegen dieses Terms kann die richtige Gesamtwellenfunktion (d.h. die Lösung der Schrödingergleichung) nicht gleich einer Produktfunktion sein. Man kann aber eine Produktfunktion als Variationsansatz wählen und nach der besten möglichen Produktfunktion im Sinne des Variationsprinzips fragen.

Die *besten* Orbitale im Sinne dieses Ansatzes ergeben sich als Eigenfunktionen eines *effektiven* Einelektronenoperators

$$\mathbf{h}_{\text{eff}}^{(i)} = -\frac{1}{2}\,\Delta - \frac{Z}{r} + J^{(i)}(r)$$

wobei $J^{(i)}$, der sogenannte Coulomb-Operator, die potentielle Energie des Elektrons im gemittelten Feld der übrigen Elektronen darstellt.

Die Gleichungen

$$\mathbf{h}_{\text{eff}}^{(i)}\,\varphi_i(\vec{r}) = \epsilon_i\,\varphi_i(\vec{r})$$

heißen *Hartree*-Gleichungen. Die Lösungen der Hartree-Gleichungen, die sogenannten Atomorbitale (AO's), sind etwas verschieden von den Eigenfunktionen des H-Atoms, sie sind allerdings immer noch von der Form

$$\psi_{nlm}(r, \vartheta, \varphi) = R_{nl}(r)\,Y_l^m(\vartheta, \varphi)$$

wobei $Y_l^m(\vartheta, \varphi)$ eine Kugelfunktion ist. Nur die Radialfunktionen sind anders und i.allg. etwas komplizierter als beim H-Atom. Die Lösungen lassen sich allerdings (genau wie beim H-Atom) durch 3 Quantenzahlen n, l, m klassifizieren. Die einfachsten möglichen Näherungen für die AO's sind diejenigen, die man nach den sog. Slaterschen Regeln erhält.

$$\psi_{nlm}(r, \vartheta, \varphi) = N \cdot r^{n-1}\, e^{-\frac{Z_{eff}}{n} r} \cdot Y_l^m(\vartheta, \varphi)$$

Hierbei ist N ein Normierungsfaktor, und die effektive Ladung Z_{eff} erhält man nach einfachen Regeln. Diese Regeln beruhen auf der Vorstellung, daß Elektronen in einer Schale weiter innen die Kernladung weitgehend und solche in der gleichen Schale die Kernladung etwas abschirmen.

Atome besitzen eine ausgesprochene Schalenstruktur. Diese wird im wesentlichen durch die Anziehung zwischen Kern und Elektronen, d.h. den Einelektronenterm im Hamilton-Operator, bestimmt. Diese Schalenstruktur ist für den Aufbau des Periodensystems verantwortlich.

Die energetische Reihenfolge der Atomorbitale (AO's) ist in allen Atomen nahezu gleich. Im Sinne des ‚Aufbauprinzips' werden die vorhandenen Elektronen der Reihe nach in die energetisch tiefsten Orbitale unter Berücksichtigung des Pauli-Prinzips eingelagert. Man kann den Zustand eines Atoms in der ersten Näherung durch seine Konfiguration, z.B. $1s^2\, 2s^2\, 2p^4$, d.h. durch die Besetzungszahlen der AO's, beschreiben. Bei der Auffüllung der $3d$-Elektronen gilt nicht streng das Aufbauprinzip, sondern die Elektronenwechselwirkung ist am Zustandekommen der Grundkonfiguration mitbeteiligt. So etwas gilt immer dann, wenn verschiedene Einelektronenniveaus dicht beisammen liegen, d.h. auch bei den Übergangselementen der höheren Perioden, den seltenen Erden und Actiniden.

8. Zweielektronen-Atome – Singulett- und Triplett-Zustände

8.1. Der Helium-Grundzustand

Nachdem wir soeben das gesamte Periodensystem kennengelernt haben, wollen wir uns jetzt etwas sorgfältiger mit dem einfachsten möglichen Mehrelektronensystem beschäftigen, nämlich dem Helium-Atom. Der Hamilton-Operator lautet

$$\mathbf{H} = -\frac{1}{2}\Delta_1 - \frac{1}{2}\Delta_2 - \frac{Z}{r_1} - \frac{Z}{r_2} + \frac{1}{r_{12}} \qquad (8.1\text{–}1)$$

(beim He-Atom ist natürlich $Z = 2$, aber wir wollen Li^+, Be^{2+} etc. gleich mit behandeln).

Der Ansatz

$$\omega(\vec{r}_1, \vec{r}_2) = \varphi(\vec{r}_1)\,\varphi(\vec{r}_2) \qquad (8.1\text{–}2)$$

löst die Schrödingergleichung nicht, aber wir können den Erwartungswert $(\omega, \mathbf{H}\,\omega)$ als Funktional von ω zu einem Minimum machen. Daß beide Elektronen im gleichen Orbital sind, ist mit dem Pauli-Prinzip verträglich. Anstatt eine möglichst beliebige Form für φ zu wählen, benutzen wir nur den einfachen Ansatz

$$\varphi(\vec{r}_1) = \mathrm{N}\,\mathrm{e}^{-\eta r} \qquad (8.1\text{–}3)$$

und betrachten η als Variationsparameter. Unter Berücksichtigung, daß

$$\int_0^\infty r^m\,\mathrm{e}^{-ar}\,\mathrm{d}r = \frac{m!}{a^{m+1}} \qquad (8.1\text{–}4)$$

erhalten wir nach einfacher Rechnung:

$$<\mathbf{T}> = <\mathbf{T}_1 + \mathbf{T}_2> = \eta^2 \qquad (8.1\text{–}5)$$

$$<\mathbf{V}_{ek}> = <-\frac{Z}{r_1} - \frac{Z}{r_2}> = -2Z\eta \qquad (8.1\text{–}6)$$

Die Berechnung von $<\mathbf{V}_{ee}> = <\frac{1}{r_{12}}>$ ist etwas mühsam,*) aber das Ergebnis ist recht einfach

---

* Wie man solche Integrale berechnet, ist in Abschn. 10.6 skizziert. Unser $<\frac{1}{r_{12}}>$ ist identisch mit dem F° nach (10.6–8), wenn man $R(r) = 2\eta^{\frac{3}{2}}\,\mathrm{e}^{-\eta r}$ setzt. Das Integral (10.6–8) schreibt sich dann als eine Summe von zwei Beiträgen entsprechend $(r_1 = r_>, r_2 = r_<)$ und $(r_1 = r_<, r_2 = r_>)$, die sich beide durch zweimalige Integration geschlossen auswerten lassen.

$$< \mathbf{V}_{ee} > = < \frac{1}{r_{12}} > = \frac{5}{8}\eta \tag{8.1–7}$$

Wir haben also

$$< \mathbf{H} > = \eta^2 - 2Z\eta + \frac{5}{8}\eta \tag{8.1–8}$$

$$\frac{\partial < \mathbf{H} >}{\partial \eta} = 2\eta - 2Z + \frac{5}{8} \overset{!}{=} 0 \tag{8.1–9}$$

Das optimale η ergibt sich zu:

$$\eta_{opt} = Z - \frac{5}{16} \approx Z - 0.3 \tag{8.1–10}$$

(womit wir nachträglich einen Punkt der Slaterschen Regeln begründet haben, nämlich die gegenseitige Abschirmung von 1*s*-Elektronen).

Das Minimum der Energie ist

$$< \mathbf{H} >_{min} = (Z - \frac{5}{16})^2 - 2Z(Z - \frac{5}{16}) + \frac{5}{8}(Z - \frac{5}{16}) = -(Z - \frac{5}{16})^2 \tag{8.1–11}$$

Im Falle $Z = 2$ haben wir $< \mathbf{H} >_{min} = -(27/16)^2 = -2.8475$ a.u. Die beste Energie, die man mit dem Ansatz $\omega(r_1, r_2) = \varphi(r_1)\,\varphi(r_2)$ überhaupt bekommen kann, beträgt -2.8616 a.u., davon unterscheiden wir uns nur um 1 %, der exakte Eigenwert ist allerdings -2.9037 a.u. Den Fehler, den man mit einer Atomorbitaltheorie macht, indem man jedem Elektron ein Orbital zuordnet, bezeichnet man als *Korrelationsenergie*. Wir werden diesen Begriff in Kap. 12 genauer diskutieren.

Bei unserer bescheidenen Rechnung am He-Grundzustand können wir noch eine interessante Beobachtung machen. An der Stelle, wo $< \mathbf{H} >$ als Funktion von η sein Minimum einnimmt, ist die Gesamtenergie $< \mathbf{H} >$ gleich dem negativen der kinetischen Energie $< \mathbf{T} >$, nämlich

$$< \mathbf{H} > = -(Z - \frac{5}{16})^2 \;;\; < \mathbf{T} > = (Z - \frac{5}{16})^2 \tag{8.1–12}$$

Das ist kein Zufall. In der Tat gilt für die *exakten* Erwartungswerte für einen beliebigen Zustand eines Atoms, daß

$$< \mathbf{H} > = - < \mathbf{T} > \tag{8.1–13}$$

und da $<\mathbf{H}> = <\mathbf{T}> + <\mathbf{V}>$, auch daß

$$<\mathbf{V}> = 2 <\mathbf{H}> \tag{8.1–14}$$

Diese merkwürdige Beziehung, die wir bereits aus der klassischen Mechanik und vom H-Atom her kennen, bezeichnet man als den *Virialsatz.* Wie gesagt, erfüllen exakte Eigenfunktionen von $\mathbf{H}$ immer den Virialsatz; Näherungslösungen erfüllen ihn dann, wenn sie von der Form

$$\Psi(\vec{r}_1, \vec{r}_2 \ldots \vec{r}_n) = \phi(\eta\,\vec{r}_1, \eta\,\vec{r}_2 \ldots \eta\,\vec{r}_n) \tag{8.1–15}$$

sind und das η so gewählt ist, daß

$$\frac{\partial <\mathbf{H}>}{\partial \eta} = 0 \tag{8.1–16}$$

Das war in unserem Beispiel ja der Fall. Auf den allgemeinen Beweis wollen wir verzichten.

Soviel zum Grundzustand des He-Atoms, auf den wir in Kap. 12 noch einmal zurückkommen. Betrachten wir jetzt angeregte Zustände!

8.2. Permutation von Elektronenkoordinaten – Symmetrische und antisymmetrische Zustände

Der Hamilton-Operator eines Mehrelektronensystems ist invariant in bezug auf eine Vertauschung der Koordinaten zweier Elektronen. Definieren wir einen Operator $\mathbf{P}_{12}$, der angewandt auf eine beliebige Wellenfunktion $\Psi(1, 2, 3 \ldots n)$ die Ortskoordinaten des ersten und des zweiten Elektrons vertauscht:

$$\mathbf{P}_{12}\,\Psi(1, 2, 3 \ldots n) = \Psi(2, 1, 3 \ldots n) \tag{8.2–1}$$

so gilt offenbar

$$\mathbf{P}_{12}\,\mathbf{H}\,\Psi = \mathbf{H}\,\mathbf{P}_{12}\,\Psi \tag{8.2–2}$$

da es keinen Unterschied macht, ob man vor oder nach der Anwendung von $\mathbf{H}$ auf Ψ die Elektronenkoordinaten vertauscht. Da $\mathbf{P}_{12}$ und $\mathbf{H}$ kommutieren, kann man die Eigenfunktion von $\mathbf{H}$ immer so wählen, daß sie gleichzeitig Eigenfunktionen von $\mathbf{P}_{12}$ sind.

Offenbar hat $\mathbf{P}_{12}$ die Eigenschaft

$$\mathbf{P}_{12}^2 = \mathbf{1} \tag{8.2–3}$$

d.h.

$$\mathbf{P}_{12}\,(\mathbf{P}_{12}\,\Psi\,(1,2,\ldots)) = \mathbf{P}_{12}\,\Psi\,(2,1,\ldots) = \Psi\,(1,2,\ldots) \tag{8.2–4}$$

für beliebiges Ψ.

Operatoren, deren Quadrat der Einheitsoperator ist, können nur die Eigenwerte +1 und –1 haben, die entsprechenden Eigenfunktionen bezeichnet man als *symmetrisch*, wenn gilt

$$\mathbf{P}_{12}\,\Phi_s\,(1,2,\ldots) = \Phi_s\,(2,1,\ldots) = \Phi_s\,(1,2,\ldots) \tag{8.2–5}$$

bzw. als *antisymmetrisch*, wenn gilt

$$\mathbf{P}_{12}\,\Phi_a\,(1,2,\ldots) = \Phi_a\,(2,1,\ldots) = -\Phi_a\,(1,2,\ldots) \tag{8.2–6}$$

Unsere Näherungsfunktion (8.1–2) für den Grundzustand des He-Atoms ist offenbar symmetrisch in bezug auf eine Vertauschung der beiden Elektronen.

Bei Zweielektronenwellenfunktionen $\Omega\,(1,2)$ gibt es nur die beiden Möglichkeiten: symmetrisch und antisymmetrisch. Bei Wellenfunktionen von Drei- und Mehrelektronensystemen wird die Situation dadurch komplizierter, daß z.B. die Operatoren $\mathbf{P}_{12}$, $\mathbf{P}_{13}$ und $\mathbf{P}_{23}$ nicht miteinander vertauschen, daß also Ω i.allg. nicht gleichzeitig Eigenfunktion von $\mathbf{P}_{12}$, $\mathbf{P}_{13}$ und $\mathbf{P}_{23}$ sein kann.

8.3. Der erste angeregte Zustand des Helium-Atoms

Der niedrigste angeregte Zustand des He-Atoms sollte die Konfiguration $1s2s$ haben. Nach den Slaterschen Regeln ist $Z_{\text{eff}} = 2$ für $1s$ und $Z_{\text{eff}} = 1.15$ für $2s$. Eine erste Näherung für die Wellenfunktion dieses Zustandes sollte also sein

$$\omega\,(\vec{r}_1, \vec{r}_2) = \mathrm{N} \cdot \mathrm{e}^{-2r_1} \cdot r_2 \cdot \mathrm{e}^{-\frac{1.15 \cdot r_2}{2}} \tag{8.3–1}$$

Wir wollen aber jetzt $\omega_1 = a\,(1)\;b\,(2)$ ansetzen und a sowie b nicht spezifizieren, bis auf die Forderung, daß a und b *zueinander orthogonale*, auf 1 normierte Funktionen seien.

Man sieht ohne Mühe, daß $\omega_2 = b\,(1)\;a\,(2)$ eine von ω_1 verschiedene Funktion ist, die aber sicher den gleichen Erwartungswert $<\mathbf{H}>$ hat

$$H_{11} = (\omega_1, \mathbf{H}\,\omega_1) = H_{22} = (\omega_2, \mathbf{H}\,\omega_2) \tag{8.3–2}$$

Sind nun ω_1 und ω_2 miteinander entartet? Nein; denn weder ω_1 noch ω_2 ist ja Eigenfunktion von $\mathbf{H}$, eine einfache Produktfunktion kann nicht Eigenfunktion sein. Sowohl ω_1 als auch ω_2 sind Näherungslösungen. Suchen wir jetzt eine bessere Näherung der Form

$$\Omega(1,2) = c_1\,\omega_1(1,2) + c_2\,\omega_2(1,2) \tag{8.3–3}$$

wobei wir die nach dem Variationsprinzip besten Koeffizienten c_1 und c_2 bestimmen! Wie in Abschn. 5.7 dargelegt, erhalten wir c_1 und c_2 aus dem Gleichungssystem

$$\begin{aligned} H_{11}\,c_1 + H_{12}\,c_2 &= \lambda c_1 + \lambda S_{12}\,c_2 \\ H_{21}\,c_1 + H_{22}\,c_2 &= \lambda S_{21}\,c_1 + \lambda c_2 \end{aligned} \tag{8.3–4}$$

Das Überlappungsintegral S_{12} verschwindet aber, da

$$S_{12} = \int a^*(1)\,b^*(2)\,b(1)\,a(2)\,\mathrm{d}\tau_1\,\mathrm{d}\tau_2 = \int a^*(1)\,b(1)\,\mathrm{d}\tau_1 \times$$

$$\int b^*(2)\,a(2)\,\mathrm{d}\tau_2 = (a,b)\cdot(b,a) \tag{8.3–5}$$

und wir vorausgesetzt haben, daß a und b zueinander orthogonal sein sollen, d.h., daß $(a,b) = 0$ ist.

Da die Funktionen ω_1 und ω_2 reell sind und $\mathbf{H}$ sowohl reell als hermitisch ist, folgt ferner, daß

$$H_{12} = (\omega_1, \mathbf{H}\,\omega_2) = H_{21} \tag{8.3–6}$$

Berücksichtigen wir außerdem die Gleichheit von H_{11} und H_{22}, so wird aus dem Gleichungssystem (8.3–4):

$$\begin{aligned} H_{11}\,c_1 + H_{12}\,c_2 &= \lambda c_1 \\ H_{12}\,c_1 + H_{11}\,c_2 &= \lambda c_2 \end{aligned} \tag{8.3–7}$$

oder

$$\begin{aligned} (H_{11} - \lambda)\,c_1 + H_{12}\,c_2 &= 0 \\ H_{12}\,c_1 + (H_{11} - \lambda)\,c_2 &= 0 \end{aligned} \tag{8.3–8}$$

Bedingung dafür, daß dieses lineare Gleichungssystem eine nicht-triviale Lösung hat (vgl. Anhang A7), ist, daß die folgende Determinante verschwindet:

$$\begin{vmatrix} H_{11} - \lambda & H_{12} \\ H_{12} & H_{11} - \lambda \end{vmatrix} = (H_{11} - \lambda)^2 - H_{12}^2 = 0 \tag{8.3–9}$$

Das ist offenbar nur möglich, wenn

$$\lambda_{1,2} = H_{11} \pm H_{12} \tag{8.3–10}$$

Anstelle der gleichen Energie H_{11} für zwei verschiedene Wellenfunktionen haben wir jetzt zwei verschiedene Energien λ_1 und λ_2 erhalten. Wie sehen jetzt die zu λ_1 und λ_2 gehörenden Wellenfunktionen aus?

Man muß dazu λ_1 bzw. λ_2 in das Gleichungssystem (8.3–8) einsetzen und die entsprechenden Koeffizienten c_{11} und c_{12} bzw. c_{21} und c_{22} berechnen, die aber nur bis auf einen gemeinsamen Faktor bestimmt sind. Man erhält (vgl. Anhang A7.4)

$$\vec{c}_1 = (c_{11}, c_{11}) \; ; \qquad \vec{c}_2 = (c_{21}, -c_{21}) \tag{8.3–11}$$

bzw. nach Nominierung auf 1

$$\vec{c}_1 = \frac{1}{\sqrt{2}} (1,1) \; ; \; \vec{c}_2 = \frac{1}{\sqrt{2}} (1,-1) \tag{8.3–12}$$

Die entsprechenden Wellenfunktionen sind:

$$\Omega_1 = \frac{1}{\sqrt{2}} (\omega_1 + \omega_2) = \frac{1}{\sqrt{2}} [a(1)\,b(2) + b(1)\,a(2)]$$

$$\Omega_2 = \frac{1}{\sqrt{2}} (\omega_1 - \omega_2) = \frac{1}{\sqrt{2}} [a(1)\,b(2) - b(1)\,a(2)] \tag{8.3–13}$$

Daß die Wellenfunktionen von dieser Gestalt sein müssen, hätten wir auch einfach aus einer Symmetrieüberlegung ableiten können. Sowohl Ω_1 als auch Ω_2, die ja Näherungen für wahre Wellenfunktionen sein sollen, müssen Eigenfunktionen des in Abschn. 8.2 eingeführten Operators $\mathbf{P}_{12}$ sein, der die Koordinaten der beiden Elektronen vertauscht.

Von den beiden Funktionen der Gl. (8.3–13) ist in der Tat eine (Ω_1) symmetrisch, die andere (Ω_2) antisymmetrisch. Es gibt nur diese eine Möglichkeit, aus $a(1)b(2)$ und $b(1)a(2)$ Funktionen linear zu kombinieren, die entweder symmetrisch oder antisymmetrisch sind.

Zur Konfiguration $1s2s$ gibt es offenbar zwei verschiedene Energiezustände, und das gleiche gilt für alle Konfigurationen $a\,b$ mit $a \neq b$. Wir müssen uns jetzt noch überlegen, welcher der beiden Zustände energetisch am tiefsten liegt. Dazu müssen wir uns das Matrixelement H_{12} etwas genauer ansehen.

$$
\begin{aligned}
H_{12} &= \int a^*(1)\, b^*(2) \left\{ \mathbf{h}(1) + \mathbf{h}(2) + \frac{1}{r_{12}} \right\} b(1)\, a(2)\, \mathrm{d}\tau_1\, \mathrm{d}\tau_2 \\
&= \int a^*(1)\, \mathbf{h}(1)\, b(1)\, \mathrm{d}\tau_1 \int b^*(2)\, a(2)\, \mathrm{d}\tau_2 \\
&\quad + \int a^*(1)\, b(1)\, \mathrm{d}\tau_1 \int b^*(2)\, \mathbf{h}(2)\, a(2)\, \mathrm{d}\tau_2 \\
&\quad + \int a^*(1)\, b^*(2)\, \frac{1}{r_{12}}\, b(1)\, a(2)\, \mathrm{d}\tau_1\, \mathrm{d}\tau_2
\end{aligned}
\qquad (8.3\text{--}14)
$$

Wegen der Orthogonalität von a und b verschwinden die ersten beiden Terme in (8.3–14), so daß nur der dritte Term, ein sogenanntes *Austauschintegral*, übrig bleibt. (Zur genauen Definition von Austauschintegralen s. Abschn. 9.2–3).

Solche Austauschintegrale sind immer positiv. Damit ist also

$$H_{12} > 0$$

Folglich hat $\lambda_2 = H_{11} - H_{12}$ die niedrigere Energie, verglichen mit $\lambda_1 = H_{11} + H_{12}$.

Zur antisymmetrischen Funktion Ω_2 gehört eine tiefere Energie als zur symmetrischen Funktion Ω_1 .

8.4. Ortho- und Para-Helium

Nun war den Spektroskopikern schon lange bekannt, daß es beim He-Atom zwei verschiedene Arten von Zuständen gibt. Die beobachteten Frequenzen ν lassen sich ja bekanntlich durch Energieterme E_i ausdrücken, derart daß alle ν durch die Formel $h\nu_{ij} = E_i - E_j$ darstellbar sind. Man fand beim He-Atom, daß es zwei Typen von Termen gibt, $\overline{E}_i$ und E_i, derart daß immer nur Differenzen $\overline{E}_i - \overline{E}_j$ oder $E_i - E_j$, nie aber $E_i - \overline{E}_j$, im Spektrum beobachtet wurden. Anfangs dachte man, es gäbe zwei verschiedene Arten von He, die man Ortho- und Para-Helium nannte, und die demgemäß verschiedene und völlig voneinander unabhängige Spektren haben.

Wir können leicht einsehen, daß es zwischen den durch die Wellenfunktionen

$$\Omega_1 = \frac{1}{\sqrt{2}} \left[a(1) b(2) + b(1) a(2) \right] \qquad (8.4\text{--}1)$$

$$\Omega_2 = \frac{1}{\sqrt{2}} \left[c(1) d(2) - d(1) c(2) \right] \qquad (8.4\text{--}2)$$

beschriebenen Zuständen tatsächlich keinen Übergang gibt. Denn allgemein kann ein Übergang nur auftreten, wenn das Matrixelement des Dipolmoment-Operators

$$\vec{\mathbf{M}} = \vec{\mathbf{m}}(1) + \vec{\mathbf{m}}(2) = e \cdot \vec{r}_1 + e \cdot \vec{r}_2 \qquad (8.4\text{–}3)$$

nicht verschwindet. Wir haben aber

$$\begin{aligned}(\Omega_1, \vec{\mathbf{M}}\,\Omega_2) = \frac{1}{2}\, e \Big\{ &\int a(1)\,b(2)\,[\vec{r}_1 + \vec{r}_2]\,c(1)\,d(2)\,\mathrm{d}\tau_1\,\mathrm{d}\tau_2 \\ &- \int a(1)\,b(2)\,[\vec{r}_1 + \vec{r}_2]\,d(1)\,c(2)\,\mathrm{d}\tau_1\,\mathrm{d}\tau_2 \\ &+ \int b(1)\,a(2)\,[\vec{r}_1 + \vec{r}_2]\,c(1)\,d(2)\,\mathrm{d}\tau_1\,\mathrm{d}\tau_2 \\ &- \int b(1)\,a(2)\,[\vec{r}_1 + \vec{r}_2]\,d(1)\,c(2)\,\mathrm{d}\tau_1\,\mathrm{d}\tau_2 \Big\} = 0 \end{aligned} \qquad (8.4\text{–}4)$$

Daß das Matrixelement (8.4–4) verschwinden muß, kann man übrigens auch sehen, ohne daß man es explizit hinschreibt. Man benutzt dazu den im Anhang A6 bewiesenen Satz: Wenn zwei Operatoren (hier $\vec{\mathbf{M}}$ und $\mathbf{P}_{12}$) vertauschen und ϕ_1 und ϕ_2 zwei Eigenfunktionen des einen Operators (hier $\mathbf{P}_{12}$) zu verschiedenen Eigenwerten (hier +1 und –1) sind, so verschwindet das Matrixelement des anderen Operators zwischen ϕ_1 und ϕ_2 [d.h. $(\Omega_1\ \vec{\mathbf{M}}\,\Omega_2) = 0$].

Damit ist das Auftreten zweier Termserien beim Helium-Atom erklärt. Allerdings sieht man bei extrem hoher Auflösung, daß die beiden Arten von Energietermen sich noch in einer weiteren Weise unterscheiden. Während die einen nämlich *einfach* sind, bestehen die anderen aus *drei* dicht beieinander liegenden Energieniveaus.

Um das zu verstehen, müssen wir den Elektronenspin mitberücksichtigen.

8.5. Die Zweielektronen-Spinfunktionen – Singulett- und Triplett-Zustände

Aus den zwei linear unabhängigen Einteilchenspinfunktionen α und β lassen sich vier linear unabhängige Zweiteilchenspinfunktionen konstruieren, z.B.

$$\alpha(1)\,\alpha(2),\ \alpha(1)\,\beta(2),\ \beta(1)\,\alpha(2),\ \beta(1)\,\beta(2) \qquad (8.5\text{–}1)$$

oder irgendwelche Linearkombinationen von diesen.

Für Zweielektronensysteme ist ein Operator des Gesamtspins $\vec{\mathbf{S}}(1,2)$ definiert*)

$$\vec{\mathbf{S}}(1,2) = \vec{\mathbf{s}}(1) + \vec{\mathbf{s}}(2) \qquad (8.5\text{–}2)$$

wobei $\vec{\mathbf{s}}(1)$ der Einteilchenspinoperator (im Sinne von Gl. 3.5–2) ist, der nur auf die Spinkoordinaten des ersten Teilchens wirkt. Bei Abwesenheit von Spin-Bahnwechselwirkung vertauscht der Hamilton-Operator $\mathbf{H}$ mit

* Wir schreiben künftig die Spinoperatoren auch formal als Operatoren, z.B. $\mathbf{S}_z$ und nicht wie bisher als Matrizen, z.B. S_z; die mathematische und physikalische Bedeutung ist aber die gleiche.

$$\begin{aligned}\mathbf{S}^2 &= \mathbf{S}_x^2 + \mathbf{S}_y^2 + \mathbf{S}_z^2 \\ &= \mathbf{s}_x^2(1) + \mathbf{s}_y^2(1) + \mathbf{s}_z^2(1) + \mathbf{s}_x^2(2) + \mathbf{s}_y^2(2) + \mathbf{s}_z^2(2) \\ &\quad + 2\,\mathbf{s}_x(1)\,\mathbf{s}_x(2) + 2\,\mathbf{s}_y(1)\,\mathbf{s}_y(2) + 2\,\mathbf{s}_z(1)\,\mathbf{s}_z(2) \\ &= \mathbf{s}^2(1) + \mathbf{s}^2(2) + 2\,\vec{\mathbf{s}}(1)\cdot\vec{\mathbf{s}}(2)\end{aligned} \quad (8.5\text{–}3)$$

und z.B. mit $\mathbf{S}_z$. Es ist daher möglich, die Wellenfunktionen $\Psi(1,2)$ so zu wählen, daß sie Eigenfunktionen von $\mathbf{S}^2$ sind. Aus diesem Grunde sind wir an den Eigenfunktionen von $\mathbf{S}^2$ interessiert.

Geht man von den Definitionsgleichungen von $\vec{\mathbf{s}}$ aus, die gleichbedeutend mit Gl. (3.5–2) sind, nämlich:

$$\begin{aligned}\mathbf{s}_x\,\alpha &= \frac{\hbar}{2}\beta\,; & \mathbf{s}_y\,\alpha &= \mathrm{i}\,\frac{\hbar}{2}\beta; & \mathbf{s}_z\,\alpha &= \frac{\hbar}{2}\alpha \\ \mathbf{s}_x\,\beta &= \frac{\hbar}{2}\alpha\,; & \mathbf{s}_y\,\beta &= -\mathrm{i}\,\frac{\hbar}{2}\alpha; & \mathbf{s}_z\,\beta &= -\frac{\hbar}{2}\beta\end{aligned} \quad (8.5\text{–}4)$$

so sieht man ohne weiteres, daß

$$\begin{aligned}\mathbf{S}_z\,\alpha(1)\,\alpha(2) &= \mathbf{s}_z(1)\alpha(1)\alpha(2) + \mathbf{s}_z(2)\alpha(1)\alpha(2) \\ &= \frac{\hbar}{2}\alpha(1)\alpha(2) + \frac{\hbar}{2}\alpha(1)\cdot\alpha(2) \\ &= \hbar\alpha(1)\alpha(2) \\ \mathbf{S}_z\,\alpha(1)\,\beta(2) &= 0 \\ \mathbf{S}_z\,\beta(1)\,\alpha(2) &= 0 \\ \mathbf{S}_z\,\beta(1)\beta(2) &= -\hbar\beta(1)\,\beta(2)\end{aligned} \quad (8.5\text{–}5)$$

Die Produkte $\alpha\alpha$, $\alpha\beta$, $\beta\alpha$, $\beta\beta$ sind also Eigenfunktionen von $\mathbf{S}_z$, und zwar $\alpha\alpha$ zum Eigenwert $\hbar$, $\beta\beta$ zum Eigenwert $-\hbar$ und $\alpha\beta$ sowie $\beta\alpha$ zum Eigenwert $0\cdot\hbar$. Einem Eigenwert $M_S\,\hbar$ von $\mathbf{S}_z$ entspricht die Quantenzahl M_S, diese kann also bei Zweielektronensystemen die Werte -1, 0, +1 haben (während bei einem Einelektronensystem die Werte $M_S = +\frac{1}{2}, -\frac{1}{2}$ möglich sind).

Durch elementare Rechnung unter Benutzung von (8.5–3) und (8.5–4) findet man ferner, daß

$$\mathbf{S}^2\,\alpha(1)\,\alpha(2) = 2\,\hbar^2\,\alpha(1)\,\alpha(2)$$

$$\mathbf{S}^2\,\alpha(1)\,\beta(2) = \hbar^2\,[\alpha(1)\,\beta(2)+\beta(1)\,\alpha(2)]$$

$$\mathbf{S}^2\,\beta(1)\,\alpha(2) = \hbar^2\,[\beta(1)\,\alpha(2)+\alpha(1)\,\beta(2)]$$

$$\mathbf{S}^2\,\beta(1)\,\beta(2) = 2\,\hbar^2\,\beta(1)\,\beta(2) \qquad (8.5\text{–}6)$$

Folglich sind $\alpha\alpha$ und $\beta\beta$ Eigenfunktionen von $\mathbf{S}^2$, beide zum Eigenwert $2\hbar^2$. Man sieht leicht, daß auch

$$\frac{1}{\sqrt{2}}\,[\alpha(1)\,\beta(2)+\beta(1)\,\alpha(2)] \qquad \text{und}$$

$$\frac{1}{\sqrt{2}}\,[\alpha(1)\,\beta(2)-\beta(1)\,\alpha(2)] \qquad (8.5\text{–}7)$$

Eigenfunktionen von $\mathbf{S}^2$ sind, erstere zum Eigenwert $2\hbar^2$, letztere zum Eigenwert 0. Da die Eigenwerte von $\mathbf{S}^2$ von der Form sein müssen $\hbar^2 S(S+1)$ (das folgt aus den Vertauschungsrelationen, vgl. Abschn. 4.5), kommen also für Zweiteilchensysteme die Spinquantenzahlen $S = 1$ und $S = 0$ vor. Daß M_S die Werte annehmen kann: $M_S = S, S-1 \ldots -S$, d.h. hier $M_S = 1, 0, -1$ für $S = 1$ und $M_S = 0$ für $S = 0$, ist ebenfalls verifiziert.

Zu $S = 1$ gibt es drei verschiedene Spinfunktionen, mit $M_S = 1, 0, -1$. Man sagt, die Spinmultiplizität ist 3, oder es liegt ein Triplett vor. Allgemein ist die *Spinmultiplizität* gleich $2S+1$, wobei S die Spinquantenzahl ist. Bei Einelektronensystemen gibt es, wie wir wissen, nur Spindubletts ($s = 1/2$; $2s+1 = 2$), bei Zweielektronensystemen sowohl Singuletts als auch Tripletts. Solange keine sog. Spin-Bahn-Wechselwirkung auftritt, ist die Energie von M_S unabhängig, alle $2S+1$ Komponenten zur Spinquantenzahl S sind miteinander entartet. Berücksichtigt man die Spin-Bahn-Wechselwirkung, wie wir das in Abschn. 11.1 allgemein diskutieren wollen, so ergibt sich, daß für die Zustände mit $S \leqslant L$ und $L \geqslant 1$ die bei Abwesenheit von Spin-Bahn-Wechselwirkung $(2S+1)\cdot(2L+1)$-fach entarteten Energieniveaus in $2S+1$ verschiedene Niveaus aufspalten, wie in Abb. 9 grob schematisch angegeben.

Zur Klassifizierung der Zustände benutzt man die Quantenzahlen S, L sowie eine weitere Quantenzahl J, die die Werte $L+S$, $L+S-1, \ldots |L-S|$ annehmen kann, und mit deren genauerer Bedeutung wir uns in Abschn. 11.1 noch zu beschäftigen haben. Bei den sog. Termsymbolen, die auch auf Abb. 9 verwendet werden, gibt man statt S die Spinmultiplizität $2S+1$ und zwar als linken oberen Index an; der Wert von L wird durch einen Buchstaben S, P, D, F etc. angegeben, je nachdem ob $L = 0, 1, 2 \ldots$; der Wert von J wird schließlich als rechter unterer Index angeschrieben. Aus dem in Abb. 9 angegebenen Termschema des He-Atoms, das qualitativ auch für alle Atome

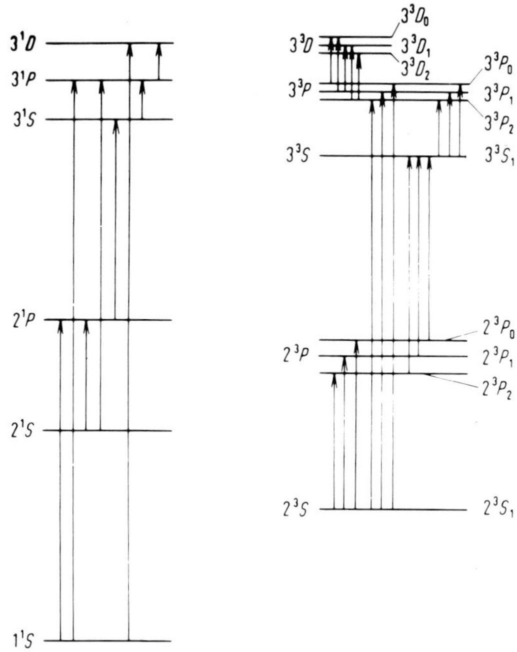

Abb. 9. Singulett und Triplett-Zustände bei Zweielektronen-Atomen.

mit zwei Valenzelektronen wie die Erdalkalien und die Elemente Zn, Cd, Hg gilt*⁾, entnehmen wir nun, daß die eine der beiden Termserien (Para-Helium) offenbar Singulett-Zuständen, die andere (Ortho-Helium) Triplett-Zuständen entspricht.

Nun hatten wir uns aber schon überlegt, daß der Grundzustand und die jeweils höheren angeregten Singulett-Zustände, also die Terme des Para-Heliums, symmetrischen Ortsfunktionen entsprechen, die Terme des Ortho-Heliums dagegen antisymmetrischen Ortsfunktionen. Bedenken wir, daß die drei Triplett-Spinfunktionen

$$
\begin{aligned}
{}^3\Theta_1 &= \alpha(1)\alpha(2) \\
{}^3\Theta_0 &= \frac{1}{\sqrt{2}}\,[\alpha(1)\beta(2) + \beta(1)\alpha(2)] \\
{}^3\Theta_{-1} &= \beta(1)\beta(2)
\end{aligned}
\qquad (8.5\text{–}8)
$$

* In Wirklichkeit fällt das He-Atom selbst etwas aus dem Rahmen. Einerseits ist die energetische Reihenfolge der Niveaus mit $J = 0, 1, 2$ umgekehrt als bei den meisten anderen Zweielektronenatomen, andererseits sind die Abstände ungewöhnlich (die Niveaus mit $J = 1$ und $J = 2$ liegen viel dichter beisammen, als jedes vom J=0-Niveau entfernt ist). Für unsere allgemeine Diskussion spielen diese Besonderheiten keine Rolle. Eine ausführliche Diskussion findet man z.B. in H.A. Bethe, E.E. Salpeter: Quantum mechanics of one and two-electron atoms. Springer, Berlin 1957.

symmetrisch in bezug auf eine Vertauschung der beiden Elektronen und die Singulett-Spinfunktion

$$^1\Theta = \frac{1}{\sqrt{2}} [\alpha(1)\beta(2) - \beta(1)\alpha(2)] \qquad (8.5\text{–}9)$$

antisymmetrisch ist, so erkennen wir anhand des Termschemas des He-Atoms, daß offenbar beide Kombinationen verwirklicht sind:

Para-Helium: Symmetrische Ortsfunktion × antisymmetrische Spinfunktion,

Ortho-Helium: Antisymmetrische Ortsfunktion × symmetrische Spinfunktion.

In bezug auf gleichzeitige Vertauschung von Ort und Spin der beiden Elektronen sind die Wellenfunktionen zu den Termen beider Serien *antisymmetrisch*.

8.6. Das Pauli-Prinzip

Wir haben im vorigen Abschnitt durch eine Bezeichnungsweise wie $\alpha(2)$ angedeutet, daß die Spinfunktion α sich auf das zweite Elektron bezieht. Wir wollen im folgenden in der gleichen Bedeutung beispielsweise auch $\alpha(s_2)$ schreiben und s_2 formal als Spinkoordinate des zweiten Teilchens auffassen (man darf Spinkoordinaten nicht mit Spinquantenzahlen verwechseln, die ebenfalls mit s abgekürzt werden, oder mit dem Symbol s für Atomorbitale, das $l = 0$ bedeutet). Wir können so jedem Elektron zu seinen drei Ortskoordinaten x_i, y_i, z_i – die oft zu einem Ortsvektor $\vec{r}_i$ zusammengefaßt werden – noch eine vierte Koordinate, die sog. Spinkoordinate s_i zufügen, wobei wir für die Gesamtheit dieser vier Koordinaten oft die Abkürzung $\vec{x}_i$ verwenden.

Zu Ende des vorigen Abschnittes stellten wir fest, daß für das Helium-Atom nur solche Wellenfunktionen verwirklicht sind, die antisymmetrisch bezüglich einer gleichzeitigen Vertauschung von Orts- und Spinkoordinaten sind. Dieses wichtige Prinzip, das wir als ein zusätzliches quantenmechanisches Axiom aufzufassen haben, und das als *Pauli-Prinzip* bezeichnet wird, gilt allgemein für Mehrelektronensysteme.

Nur solche Mehrelektronenwellenfunktionen sind zulässig, die antisymmetrisch in bezug auf die gleichzeitige Vertauschung von Orts- und Spinkoordinaten zweier Teilchen sind, d.h. für die gilt

$$\Psi(\vec{x}_1, \ldots \vec{x}_i, \ldots \vec{x}_k, \ldots \vec{x}_n) = -\Psi(\vec{x}_1, \ldots \vec{x}_k, \ldots \vec{x}_i, \ldots \vec{x}_n) \quad (8.6\text{–}1)$$

Wir werden in Abschn. 9.2.1 sehen, daß die in Abschn. 7.1.1 gegebene vorläufige Formulierung dieses Prinzips als ein Spezialfall in der jetzt gegebenen endgültigen Fassung enthalten ist.

Bei Zweielektronensystemen kann man die nach dem Pauli-Prinzip zulässigen Funktionen einfach so erhalten, daß man von Zweielektronen-Ortsfunktionen ausgeht, die symmetrisch bzw. antisymmetrisch in bezug auf Vertauschung der Ortskoordinaten sind. (Wir haben in Abschn. 8.4. gesehen, daß exakte oder genäherte Eigenfunktionen eines Zweielektronen-Hamilton-Operators symmetrisch oder antisymmetrisch in bezug auf Vertauschung der Ortskoordinaten sind oder so gewählt werden können.) Dann multiplizieren wir eine symmetrische Zweielektronen-Ortsfunktion mit einer antisymmetrischen Zweielektronen-Spinfunktion und umgekehrt.

Ein so einfaches Rezept gilt leider für Drei- und Mehrelektronensysteme nicht.

Bei Zweielektronensystemen (im Gegensatz zu Drei- und Mehrelektronensystemen) führt das Pauli-Prinzip nicht zu einer Einschränkung der möglichen Ortsfunktionen.

Zweielektronensysteme sind insofern untypisch, als man bei ihnen – so lange man nur spinunabhängige Operatoren betrachtet (und z.B. nicht die unmittelbar spinabhängigen Erscheinungen wie die Feinstruktur des Triplettniveaus) – ohne den Spin und ohne das Pauli-Prinzip auskommen kann. Von dieser Möglichkeit werden wir vor allem bei der Behandlung des H_2-Moleküls Gebrauch machen.

Zusammenfassung zu Kap. 8

Beim Helium-Grundzustand führt eine Variationsrechnung mit einer Produktfunktion $\Psi(1,2) = \varphi(1)\,\varphi(2)$ zu einer Gesamtenergie von -2.8475 a.u., wenn man für φ den Ansatz wählt: $\varphi = \mathrm{N} \cdot e^{-\eta r}$, und zu -2.8616 a.u. für das bestmögliche φ überhaupt, während die exakte Energie des Grundzustandes -2.9037 a.u. beträgt. Den Fehler, den man macht, wenn man eine Produktfunktionsnäherung verwendet, bezeichnet man als Korrelationsenergie.

Bei angeregten Zuständen von Zweielektronensystemen kann es mehrere Elektronenzustände zur gleichen Konfiguration geben. So gehören z.B. zur Konfiguration $1s2s$ zwei Wellenfunktionen, von denen die erste symmetrisch, die zweite antisymmetrisch in bezug auf eine Vertauschung der Ortskoordinaten der beiden Elektronen ist.

Nach dem Pauli-Prinzip sind nur solche Wellenfunktionen zugelassen, die antisymmetrisch in bezug auf eine gleichzeitige Vertauschung von Orts- und Spinkoordinaten sind. Für Zweielektronensysteme bedeutet das, daß eine in bezug auf Vertauschung der Ortskoordinaten symmetrische Funktion antisymmetrisch in bezug auf eine Vertauschung der Spinkoordinaten sein muß und umgekehrt.

Für Zweielektronensysteme gibt es *eine* antisymmetrische Spinfunktion – diese ist Eigenfunktion der Spinoperatoren $\mathbf{S}^2$ bzw. $\mathbf{S}_z$ zu den Eigenwerten $\hbar^2\, S\,(S+1)$ mit $S=0$ bzw. $\hbar M_S$ mit $M_S = 0$ – und *drei* symmetrische Spinfunktionen – die Eigenfunktionen von $\mathbf{S}^2$ zum Eigenwert $\hbar^2\, S\,(S+1)$ mit $S = 1$ und Eigenfunktionen von $\mathbf{S}_z$ zu den Eigenwerten $\hbar M_S$ mit $M_S = 1, 0, -1$ sind. Da der Hamilton-Operator in erster Näherung spinunabhängig ist, haben die drei Funktionen zu $S = 1$ die gleiche Energie. Berücksichtigt man die Spin-Bahn-Wechselwirkung, so spalten die drei Niveaus dieses Tripletts etwas auf, sofern $L \neq 0$.

9. Das Modell der unabhängigen Teilchen bei Mehrelektronenatomen

9.1. Spinorbitale

Bezeichnen wir eine zweikomponentige Einelektronenwellenfunktion

$$\vec{\psi} = \begin{pmatrix} \psi_1 \\ \\ \psi_2 \end{pmatrix} = \psi_1 \, \alpha + \psi_2 \, \beta \qquad (9.1-1)$$

wie wir sie in Abschn. (3.5) eingeführt haben, künftig als ein *Spin-Orbital* und eine reine Ortsfunktion wie ψ_1 oder ψ_2 als ein *Orbital.*

Wir wollen in diesem Abschnitt nur Hamilton-Operatoren in Betracht ziehen, die *spinunabhängig* sind. Dann kann man die Spinorbitale immer so wählen, daß sie Eigenfunktionen des Spinoperators $\mathbf{s_z}$ sind, d.h. daß sie von der Form

$$\vec{\psi} = \varphi \cdot \alpha \qquad \text{oder} \qquad \vec{\psi} = \varphi \cdot \beta \qquad (9.1-2)$$

sind, wobei φ ein Orbital bedeutet. Gleichzeitig verzichten wir im folgenden darauf, ein Spinorbital durch einen Pfeil als eine zweikomponentige Funktion zu charakterisieren, z.B. schreiben wir statt (3.5–6) künftig

$$\psi(1) = \psi(\vec{x}_1) = \varphi(\vec{r}_1)\, \alpha(s_1) \, . \qquad (9.1-3)$$

9.2. Slater-Determinanten

9.2.1. Definitionen

Für n-Elektronensysteme mit $n > 2$ kann man die Gesamtfunktion i.allg. *nicht* als Produkt einer Orts- und einer Spinfunktion schreiben, so daß der Allgemeinfall recht verwickelt wird. Oft kann man jedoch die einfachste Form für eine antisymmetrische n-Elektronenfunktion wählen, nämlich eine sogenannte Slater-Determinante (zum Begriff ‚Determinante' siehe Anhang A7).

$$\Phi(1,2 \ldots n) = \frac{1}{\sqrt{n!}} \begin{vmatrix} \psi_1(1) & \psi_2(1) & \ldots & \psi_n(1) \\ \psi_1(2) & \psi_2(2) & \ldots & \psi_n(2) \\ \psi_1(n) & \psi_2(n) & \ldots & \psi_n(n) \end{vmatrix} \qquad (9.2-1)$$

wobei

$$\psi_1(1) = \psi_1(\vec{r}_1, s_1) \qquad (9.2-2)$$

Man überzeugt sich leicht davon, daß eine solche Funktion antisymmetrisch in bezug auf die Vertauschung der Koordinaten zweier Elektronen ist, denn diese Vertauschung ist nichts anderes als die Vertauschung zweier Zeilen in (9.2–1), und bei einer solchen Operation kehrt sich bekanntlich das Vorzeichen einer Determinante um. Man sieht ferner, daß es kein Verlust der Allgemeinheit ist, wenn man die Spinorbitale orthonormal wählt:

$$\int \psi_i^* \psi_k \, d\tau = (\psi_i, \psi_k) = \delta_{ik} \tag{9.2–3}$$

Man kann z.B. von irgendwelchen normierten Spinorbitalen ψ_i ausgehen, die allerdings linear unabhängig sein müssen, denn sonst würde die Determinante verschwinden. Aus linear unabhängigen Funktionen kann man aber immer Linearkombinationen konstruieren, die orthogonal zueinander sind, etwa nach dem Verfahren von Schmidt (siehe Anhang A6). Wir setzen also z.B.

$$\widetilde{\psi}_1 = \psi_1 \; ; \; \widetilde{\psi}_2 = c_{21}\psi_1 + c_{22}\psi_2 \; ; \; \widetilde{\psi}_3 = c_{31}\psi_1 + c_{32}\psi_2 + c_{33}\psi_3$$

etc. und bestimmen die Koeffizienten c_{ik} aus der Forderung (9.2–3). Übergang von den ψ_i zu dem $\widetilde{\psi}_i$ in (9.2–1) bedeutet mathematisch, daß man jeweils eine Spalte mit einem konstanten Faktor multipliziert – dabei multipliziert sich die ganze Determinante mit diesem Faktor – und anschließend zu dieser Spalte ein Vielfaches einer anderen Spalte addiert; dabei ändert sich der Wert der Determinante (9.2–1) aber überhaupt nicht, so daß die Slaterdeterminante sich nur um einen physikalisch belanglosen Faktor ändert, wenn wir in (9.2–1) die ψ_i durch die $\widetilde{\psi}_i$ ersetzen. Man erkennt an dieser Stelle, daß kein Spinorbital doppelt (oder mehrfach) besetzt sein kann, d.h. in einer Slaterdeterminante mehr als einmal vorkommen kann, weil Φ sonst verschwinden würde. Berücksichtigen wir ferner, daß ein Orbital maximal Anlaß zu zwei verschiedenen Spinorbitalen geben kann, so haben wir damit unsere frühere vorläufige Formulierung des Pauli-Prinzips, daß jedes Orbital höchstens doppelt besetzt sein kann.

9.2.2. Erwartungswerte, gebildet mit Slater-Determinanten

Wir wollen im folgenden immer voraussetzen, daß die Spinorbitale ψ_i in (9.2–1) orthonormal sind. Wir interessieren uns für die Elektronendichte und für Erwartungswerte, berechnet mit Slaterdeterminanten. Das Normierungsintegral

$$(\Phi, \Phi) = \int \Phi^* (1,2 \ldots n) \, \Phi (1,2 \ldots n) \, d\tau_1 \, d\tau_2 \ldots d\tau_n \tag{9.2–4}$$

ist eine Summe von $(n!)^2$ Beiträgen, da sowohl Φ^* als Φ je eine Summe von $n!$ Produkten von Spinorbitalen ist. Nun geben aber Produkte, bei denen links und rechts die Spinorbitale in anderer Reihenfolge stehen, wegen der Orthogonalität (9.2–3) keinen Beitrag, z.B.:

$$\int \psi_1^*(1)\, \psi_2^*(2)\, \psi_3^*(3) \ldots \psi_n^*(n)\, \psi_2(1)\, \psi_1(2)\, \psi_3(3) \ldots$$

$$\psi_n(n)\, d\tau_1 \ldots d\tau_n$$

$$= \int \psi_1^*(1)\, \psi_2(1)\, d\tau_1 \cdot \int \psi_2^*(2)\, \psi_1(2)\, d\tau_2 \int \psi_3^*(3)\, \psi_3(3)\, d\tau_3 \ldots$$

$$\int \psi_n^*(n)\, \psi_n(n)\, d\tau_n$$

$$= 0 \,.\, 0 \,.\, 1 \ldots 1 = 0 \qquad (9.2\text{–}5)$$

Es bleiben also nur diejenigen $n!$ Terme übrig, bei denen links und rechts die Spinorbitale in der gleichen Reihenfolge stehen, und diese geben je den Betrag 1. Ihre Summe ist $n!$, diese ist aber noch mit dem Quadrat des Normierungsfaktors $\frac{1}{\sqrt{n!}}$ in (9.2–1) zu multiplizieren, so daß sich schließlich ergibt

$$(\Phi, \Phi) = 1 \qquad (9.2\text{–}6)$$

Die durch (9.2–1) definierte Slaterdeterminante ist auf 1 normiert, sofern die ψ_i orthonormal sind.

Die Wahrscheinlichkeitsdichte $\gamma_1(\vec{r}_1, s_1)$, das erste Elektron an irgendeiner Stelle des Raums und in einem bestimmten Spinzustand anzutreffen, erhalten wir, wenn wir das Produkt $\Phi^* \Phi$ über die (Orts- und Spin-) Koordinaten der anderen Elektronen integrieren:

$$\gamma_1(\vec{r}_1, \vec{s}_1) = \int \Phi^* \Phi\, d\tau_2 \cdots d\tau_n \qquad (9.2\text{–}7)$$

Auch dieses Integral besteht aus $(n!)^2$ Termen, aber wiederum geben Terme, bei denen links und rechts die Spinorbitale in anderer Reihenfolge stehen, keinen Beitrag, weil ein Integral wie (9.2–5) auch schon verschwindet, wenn wir nur über die Koordinaten von $(n-1)$ Teilchen integrieren, da es zwei Faktoren hat, die gleich null sind. Von den verbleibenden $n!$ Termen sind [ohne Berücksichtigung des Normierungsfaktors in (9.2–1)] je $(n-1)!$ von der Form

$$\psi_i^*(1)\, \psi_i(1) \qquad i = 1, 2 \ldots n \qquad (9.2\text{–}8)$$

so daß sich insgesamt ergibt

$$\gamma_1(1) = \frac{(n-1)!}{n!} \sum_{i=1}^{n} \psi_i^*(1)\, \psi_i(1) = \frac{1}{n} \sum_{i=1}^{n} \psi_i^*(1)\, \psi_i(1) \qquad (9.2\text{–}9)$$

Berechnet man die gleiche Wahrscheinlichkeitsdichte γ_2 für das zweite Elektron, so erhält man völlig den gleichen Ausdruck. Es ist eine unmittelbare Folge des Pauli-Prinzips, daß die Elektronen ununterscheidbar sind. Die Gesamtwahrscheinlichkeitsdichte, irgendein Elektron an einer Stelle $\vec{r}$ des Raums in einem Spinzustand s anzutreffen, ist damit

$$\gamma(\vec{r}, s) = \sum_{i=1}^{n} \gamma_i(\vec{r}, s) = \sum_{i=1}^{n} \psi_i^*(\vec{r}, s)\, \psi_i(\vec{r}, s) \qquad (9.2\text{–}10)$$

d.h. der gleiche Ausdruck, den man auch für ein einfaches Produkt von Spinorbitalen (statt einer Slater-Determinante) erhalten haben würde.

Interessieren wir uns nicht für den Spinzustand, sondern nur für die Wahrscheinlichkeit im Ortsraum, so müssen wir über die Spinkoordinate integrieren.

$$\rho(\vec{r}) = \int \gamma(\vec{r}, s)\, ds \qquad (9.2\text{–}11)$$

Das so definierte $\rho(\vec{r})$ ist nichts anderes als die Elektronendichte im betrachteten Atom (bzw. Molekül). Den Ausdruck für Erwartungswerte eines Einelektronenoperators

$$\mathbf{A}(1, 2 \ldots n) = \sum_{i=1}^{n} \mathbf{a}(i) \qquad (9.2\text{–}12)$$

für eine Slater-Determinante leitet man in gleicher Weise wie den für die Elektronendichte ab, und man erhält

$$(\Phi, \mathbf{A}\, \Phi) = \sum_{i=1}^{n} (\psi_i, \mathbf{a}\, \psi_i) \qquad (9.2\text{–}13)$$

Ein wenig mühsamer ist die Berechnung der Erwartungswerte von Zweielektronenoperatoren, von denen uns derjenige der Elektronenabstoßung $\left[\text{mit } \mathbf{g}(i, j) = \frac{1}{r_{ij}}\right]$

$$\mathbf{G}(1, 2 \ldots n) = \sum_{i<j=1}^{n} \mathbf{g}(i, j) \qquad (9.2\text{–}14)$$

besonders interessiert. Man erhält nach analoger Argumentation wie oben

$$(\Phi, \mathbf{G}\, \Phi) = \sum_{i<j=1}^{n} \Big\{ \langle \psi_i(1)\, \psi_j(2)\, |\mathbf{g}(1,2)|\, \psi_i(1)\, \psi_j(2) \rangle - \langle \psi_i(1)\, \psi_j(2)\, |\mathbf{g}(1,2)|\, \psi_j(1)\, \psi_i(2) \rangle \Big\} \qquad (9.2\text{–}15)$$

Der zu einer Slater-Determinante gehörende Energieausdruck sieht also folgendermaßen aus

$$E = \sum_{i=1}^{n} (\psi_i, \mathbf{h}\psi_i) + \sum_{i<j=1}^{n} \Big\{ < \psi_i(1)\,\psi_j(2)\,|\frac{1}{r_{12}}|\,\psi_i(1)\,\psi_j(2)> - < \psi_i(1)\,\psi_j(2)\,|\frac{1}{r_{12}}|\,\psi_j(1)\,\psi_i(2)> \Big\} \tag{9.2-16}$$

wobei alle Integrale über Spinorbitale gehen. In der Doppelsumme kann man auch über $i \neq j$ summieren und einen Faktor 1/2 vor die Summe schreiben. Man kann sogar die Terme $i = j$ mitnehmen, da sie insgesamt 0 ergeben, so daß man statt (9.2–16) auch schreiben kann

$$E = \sum_{i=1}^{n} (\psi_i, \mathbf{h}\psi_i) + \frac{1}{2} \sum_{i,j=1}^{n} \Big\{ < \psi_i(1)\,\psi_j(2)\,|\frac{1}{r_{12}}|\,\psi_i(1)\,\psi_j(2)> - < \psi_i(1)\,\psi_j(2)\,|\frac{1}{r_{12}}|\,\psi_j(1)\,\psi_i(2)> \Big\} \tag{9.2-17}$$

9.2.3. Elimination des Spins aus den Erwartungswerten

Wir wollen jetzt die Energie durch Integrale über Orbitale statt Spinorbitale ausdrücken. Dazu setzen wir voraus, daß die Spinorbitale von der Form

$$\psi_i = \varphi_k\,\alpha \quad \text{oder} \quad \psi_i = \varphi_k\,\beta \tag{9.2-18}$$

sind und daß die Orbitale φ_k orthonormal sind. Das bedeutet, daß ein Orbital φ_k entweder doppelt besetzt ist (mit α- und β-Spin) oder einfach (mit α- *oder* β-Spin). Entsprechend führen wir die Besetzungszahl $n_k = 2$ bzw. $n_k = 1$ für das Orbital (und $n_k = 0$ für ein unbesetztes Orbital) ein. Betrachten wir in der ersten Summe in (9.2–17) einen Term, z.B.

$$(\varphi_k\,\alpha, \mathbf{h}\,\varphi_k\,\alpha) \quad \text{oder} \quad (\varphi_k\,\beta, \mathbf{h}\,\varphi_k\,\beta) \tag{9.2-19}$$

Die Integration über die Spinkoordinaten kann man sofort durchführen, und sie gibt 1, also

$$(\varphi_k\,\alpha, \mathbf{h}\,\varphi_k\,\alpha) = (\varphi_k\,\beta, \mathbf{h}\,\varphi_k\,\beta) = (\varphi_k, \mathbf{h}\,\varphi_k) \tag{9.2-20}$$

Folglich erhält man

$$\sum_{i=1}^{n} (\psi_i, \mathbf{h}\,\psi_i) = \sum_{k} n_k\,(\varphi_k, \mathbf{h}\,\varphi_k) \tag{9.2-21}$$

wobei auf der rechten Seite die Summe über die Orbitale geht.

Bei den Elektronenwechselwirkungsintegralen des ersten Typs ist es ganz analog:

$$< \varphi_k\, \alpha(1)\, \varphi_l\, \alpha(2) \,|\, \frac{1}{r_{12}} \,|\, \varphi_k\, \alpha(1)\, \varphi_l\, \alpha(2) >$$

$$= < \varphi_k\, \alpha(1)\, \varphi_l(2) \,|\, \frac{1}{r_{12}} \,|\, \varphi_k\, \alpha(1)\, \varphi_l(2) >$$

$$= < \varphi_k(1)\, \varphi_l(2) \,|\, \frac{1}{r_{12}} \,|\, \varphi_k(1)\, \varphi_l(2) > \qquad (9.2\text{–}22)$$

so daß man erhält

$$\frac{1}{2} \sum_{i,j} < \psi_i(1)\, \psi_j(2) \,|\, \frac{1}{r_{12}} \,|\, \psi_i(1)\, \psi_j(2) >$$

$$= \frac{1}{2} \sum_{k,l} n_k\, n_l < \varphi_k(1)\, \varphi_l(2) \,|\, \frac{1}{r_{12}} \,|\, \varphi_k(1)\, \varphi_l(2) > \qquad (9.2\text{–}23)$$

Etwas anderes ist es bei denen Elektronenwechselwirkungsintegralen des zweiten Typs, z.B. verschwindet

$$< \varphi_k\, \alpha(1)\, \varphi_l\, \beta(2) \,|\, \frac{1}{r_{12}} \,|\, \varphi_l\, \beta(1)\, \varphi_k\, \alpha(2) > \;=\; (\alpha(1), \beta(1))\, (\beta(2), \alpha(2))$$

$$\times < \varphi_k(1)\, \varphi_l(2) \,|\, \frac{1}{r_{12}} \,|\, \varphi_l(1)\, \varphi_k(2) > \;=\; 0 \qquad (9.2\text{–}24)$$

wegen der Orthogonalität der Spinfunktionen, so daß nur diejenigen Integrale einen Beitrag geben, bei denen beide Spinorbitale den gleichen Spin haben. Folglich ist

$$\frac{1}{2} \sum_{i,j} < \psi_i(1)\, \psi_j(2) \,|\, \frac{1}{r_{12}} \,|\, \psi_j(1)\, \psi_i(2) > \;=$$

$$= \frac{1}{2} \sum_{k,l} (n_k^\alpha\, n_l^\alpha + n_k^\beta\, n_l^\beta) < \varphi_k(1)\, \varphi_l(2) \,|\, \frac{1}{r_{12}} \,|\, \varphi_l(1)\, \varphi_k(2) > \qquad (9.2\text{–}25)$$

wobei $n_k^\alpha = 1$, wenn das Orbital φ_k mit α-Spin besetzt ist, und $n_k^\alpha = 0$ sonst, wobei natürlich $n_k = n_k^\alpha + n_k^\beta$

Für die Zweielektronenintegrale über Orbitale benutzt man heute meist die sogenannte Mullikensche Schreibweise:

$$(\varphi_i\varphi_i|\varphi_j\varphi_j) \equiv (ii|jj) \equiv <\varphi_i(1)\,\varphi_j(2)\,|\frac{1}{r_{12}}|\,\varphi_i(1)\,\varphi_j(2)> \qquad (9.2-26)$$

$$(\varphi_i\varphi_j|\varphi_j\varphi_i) \equiv (ij|ji) \equiv <\varphi_i(1)\,\varphi_j(2)\,|\frac{1}{r_{12}}|\,\varphi_j(1)\,\varphi_i(2)> \qquad (9.2-27)$$

Bei dieser Mullikenschen Schreibweise stehen die zum ersten Elektron gehörenden Orbitale links, die zum zweiten rechts vom Strich. Integrale vom Typ (9.2–26) bezeichnet man als Coulombintegrale, sie stellen die Coulombsche Wechselwirkung der ‚Ladungswolken' $|\varphi_i(1)|^2$ und $|\varphi_j(2)|^2$ dar, während Integrale vom Typ (9.2–27) Austauschintegrale genannt werden. – Unter Benutzung der Mullikenschen Schreibweise ergibt sich für die Energie einer Slater-Determinante

$$E = \sum_k n_k\,(\varphi_k, \mathbf{h}\,\varphi_k) + \frac{1}{2}\sum_{k,l}\Big\{n_k\,n_l\,(kk|ll) - \Big[n_k^\alpha\,n_l^\alpha + n_k^\beta\,n_l^\beta\Big]\,(kl|lk)\Big\} \qquad (9.2-28)$$

Für die Elektronendichte $\rho(\vec{r})$, die durch (9.2–11) definiert ist, erhält man

$$\rho(\vec{r}) = \sum_k n_k\,|\varphi_k(\vec{r})|^2 \qquad (9.2-29)$$

d.h. die Summe der Dichten der einzelnen Orbitale, gewichtet mit deren Besetzungszahl.

9.3. Abgeschlossene Schalen – Die Hartree-Fock-Näherung*)

Wir werden später noch genauer diskutieren, unter welchen Voraussetzungen eine Slater-Determinante eine gute Näherung für die Wellenfunktion eines n-Teilchenzustandes ist. Wir wollen aber schon vorwegnehmen, daß dies i.allg. der Fall ist, wenn der betrachtete Zustand nur aus abgeschlossenen Schalen besteht. In solchen Zuständen ist zumindest auch jedes Orbital doppelt besetzt, und zwar einmal mit α- und einmal mit β-Spin ($n_k^\alpha = n_k^\beta = 1$, $n_k = 2$ für alle k). Für Zustände mit nur doppelt besetzten Orbitalen vereinfacht sich der Energieausdruck (9.2–28) zu:

* Eine ausführliche Darstellung dieser Methode in der heute i.allg. verwendeten Darstellung findet man z.B. bei C.C.J. Roothaan, Rev.Mod.Phys. *23,* 69 (1951).

$$E = 2 \sum_{i=1}^{\frac{n}{2}} (\varphi_i, \mathbf{h}\, \varphi_i) + \sum_{i,j=1}^{\frac{n}{2}} [2\,(ii\,|\,jj) - (ij\,|\,ji)] \tag{9.3–1}$$

dabei geht jetzt die Summe ($i=1,2\ldots\frac{n}{2}$) über die doppelt besetzten Orbitale φ_i.

Wir müssen jetzt die Hartree-Methode neu formulieren, mit einer Slater-Determinante anstelle eines Orbitalprodukts als Variationsfunktion. Dabei ändert sich aber überraschenderweise sehr wenig, die Theorie wird eher noch einfacher. Wiederum erhalten wir eine effektive Einelektronen-Schrödingergleichung, die sogenannte *Hartree-Fock-Gleichung*

$$\mathbf{h}_{\text{eff}}\, \varphi_i(\vec{r}) = \epsilon_i\, \varphi_i(\vec{r}) \tag{9.3–2}$$

mit zwei Unterschieden zur Hartree-Methode:

1. Alle φ_i sind Eigenfunktionen des *gleichen* effektiven Hamilton-Operators und damit auch automatisch orthogonal zueinander.

2. Der effektive Operator $\mathbf{h}_{\text{eff}}$ unterscheidet sich vom Hartreeschen Operator dadurch, daß im ‚Coulomb-Term'

$$2 \sum_k \int \frac{|\varphi_k(\vec{r}_2)|^2}{r_{12}}\, d\tau_2 = 2 \sum_k \mathbf{J}^k(1) \tag{9.3–3}$$

der Summand $k = i$ *nicht* ausgeschlossen ist, und daß noch ein sogenannter Austausch-Term hinzutritt:

$$-\sum_k \mathbf{K}^k(1) \tag{9.3–4}$$

wobei man einen Austauschoperator $\mathbf{K}^k$ am besten durch seine Matrixelemente bezüglich beliebiger Funktionen a und b definiert:

$$(a,\, \mathbf{K}^k b) = \int a^*(1)\, \varphi_k^*(2)\, \frac{1}{r_{12}}\, \varphi_k(1)\, b(2)\, d\tau_1\, d\tau_2 \tag{9.3–5}$$

Die explizite Form des Hartree-Fock-Operators für einen Zustand mit $n/2$ doppelt besetzten Orbitalen ist dann

$$\mathbf{h}_{\text{eff}}(\vec{r}_1) = \mathbf{h}(\vec{r}_1) + \sum_{k=1}^{\frac{n}{2}} \left\{ 2\,\mathbf{J}^k(\vec{r}_1) - \mathbf{K}^k(\vec{r}_1) \right\} \tag{9.3–6}$$

Man gelangt hierzu (was wir nicht im einzelnen durchführen wollen*)), indem man die Variation δE des Energieerwartungswertes (9.3–1) in Abhängigkeit von den Variationen $\delta\varphi_i$ der Orbitale φ_i zu Null macht, mit der Nebenbedingung, daß die φ_i bei den Variationen orthogonal bleiben sollen. Diese Nebenbedingung kann man durch sogenannte Lagrange-Multiplikatoren λ_{ik} berücksichtigen (wobei jedes λ_{ik} einer Nebenbedingung $(\varphi_i, \varphi_k) = \delta_{ik}$ entspricht). Das Ergebnis der Variationsrechnung liefert dann zuerst die Hartree-Fock-Gleichungen in der Form

$$\mathbf{h}_{\text{eff}}\,\varphi_i = \sum_k \lambda_{ik}\,\varphi_k \tag{9.3–7}$$

Berücksichtigt man allerdings, daß der Wert von Φ und damit auch von E sich nicht ändert, wenn man eine unitäre Transformation zwischen den Orbitalen φ_k durchführt, und daß sich bei einer solchen Transformation auch die funktionale Form von $\mathbf{h}_{\text{eff}}$ nicht ändert, so kann man zusätzlich fordern, daß die φ_k Eigenvektoren der Matrix λ_{ik} sind, d.h. daß

$$\sum_k \lambda_{ik}\,\varphi_k = \epsilon_i\,\varphi_i \tag{9.3–8}$$

Das bedeutet aber, daß wir die Hartree-Fock-Gleichungen in der Form (9.3–2) verwenden können.

Wie wir schon im Zusammenhang mit der Hartree-Methode erwähnten, ist die Summe der Orbitalenergien nicht gleich der Gesamtenergie, da bei dieser Summierung die Elektronenwechselwirkung doppelt zählt.

$$2\sum_i \epsilon_i = 2\sum_i (\varphi_i, \mathbf{h}_{\text{eff}}\,\varphi_i) = 2\sum_i (\varphi_i, \mathbf{h}\,\varphi_i) + 2\sum_{i,k} [2(ii\,|kk) - (ik\,|ki)] \tag{9.3–9}$$

Zusammenfassung zu Kap. 9

Die Wellenfunktion eines Vielelektronensystems muß antisymmetrisch in bezug auf die gleichzeitige Vertauschung der Orts- und Spin-Koordinaten zweier Elektronen sein – (Pauli-Prinzip). Die einfachste Form einer Funktion, die das Pauli-Prinzip erfüllt, ist eine sog. Slater-Determinante (9.2–1), aufgebaut aus ebensovielen Spinorbitalen, wie es Elektronen gibt. Es bedeutet keinen Verlust der Allgemeinheit, wenn man verlangt, daß die verschiedenen Spinorbitale orthonormal zueinander sein sollen.

Für den Erwartungswert eines Einteilchenoperators $\mathbf{A}$, definiert durch Gl. (9.2–12) erhält man einen sehr einfachen Ausdruck (9.2–13), nämlich eine Summe von Erwartungswerten, gebildet mit den einzelnen Spinorbitalen. Der Erwartungswert der Elektronenwechselwirkungsenergie besteht aus zwei Anteilen, dem der Coulombwechselwirkung der ‚Ladungswolken' der Spinorbitale sowie einer klassisch nicht deutbaren ‚Austausch-Wechselwirkung'. Nach Integration über die Spinkoordinaten erhält man

* Vgl. C.C.J. Roothaan, l.c.

für den Erwartungswert der Energie mit einer Slater-Determinante Gl. (9.2–28), bei deren Formulierung wir uns der Mulliken-Schreibweise (9.2–26), (9.2–27) für die Zweielektronenintegrale und der Abkürzungen n_k, n_k^α, n_k^β für die Besetzungszahl eines Orbitals insgesamt bzw. mit α und β-Spin bedient haben.

Die beste Wellenfunktion (zumindest für abgeschlossen-schalige Zustände) in der Form einer Slater-Determinante erhält man, wenn man die Orbitale, aus denen man sie aufbaut, als Lösungen der Hartree-Fock-Gleichungen (9.3–2) wählt, mit dem effektiven Einelektronen-Hamilton-Operator (9.3–6), der anschaulich das effektive Feld darstellt, in dem sich ein Elektron bewegt.

10. Terme und Konfigurationen in der Theorie der Mehrelektronenatome

10.1. Beispiele für Zustände, die durch Angabe der Konfiguration nicht eindeutig gekennzeichnet sind

Bei der Ableitung des Periodensystems der Elemente haben wir die Zustände von Atomen durch die Angabe der sogenannten ‚Konfiguration' charakterisiert, z.B. den Grundzustand des C-Atoms durch

$$1s^2\, 2s^2\, 2p^2$$

was bedeutet, $1s$ ist doppelt, d.h. vollständig, besetzt, ebenso $2s$, während von den sechs möglichen $2p$-Spin-Orbitalen zwei besetzt sind. Am Beispiel der angeregten Helium-Konfiguration $1s2s$ haben wir bereits gesehen, daß durch die Angabe der Konfiguration der Zustand nicht immer völlig gekennzeichnet ist. Zur Konfiguration $1s2s$ gibt es zwei *Terme* (von denen einer nicht-entartet und einer dreifach-entartet ist) mit den Wellenfunktionen

$$\psi_1 = \frac{1}{2}[1s(1)\,2s(2) + 2s(1)\,1s(2)]\,[\alpha(1)\beta(2) - \alpha(2)\beta(1)]$$

$$\psi_2 = \frac{1}{\sqrt{2}}[1s(1)\,2s(2) - 2s(1)\,1s(2)] \begin{cases} \alpha(1)\alpha(2) \\ \frac{1}{\sqrt{2}}[\alpha(1)\beta(2) + \beta(1)\alpha(2)] \\ \beta(1)\beta(2) \end{cases} \qquad (10.1\text{–}1)$$

Es sei darauf hingewiesen, daß der Begriff *Term* im Rahmen der Atomtheorie einen wohldefinierten ‚terminus technicus' darstellt, daß es sich aber nie ganz vermeiden läßt, gelegentlich von ‚Termen' auch in einem anderen und viel allgemeineren Sinn zu sprechen, so wie man einen Summanden in einer beliebigen Summe oft auch als Term bezeichnet.

Die Energie eines quantenmechanischen Zustandes eines Atoms hängt in erster Näherung von seiner Konfiguration ab, d.h. davon, welche Atomorbitale besetzt sind. In gewissen Fällen (wie bei der soeben erwähnten $1s2s$-Konfiguration) gibt es zu einer Konfiguration verschiedene Terme mit verschiedenen Energien. Wellenfunktionen zur gleichen Konfiguration, aber zu verschiedenen Termen haben in erster Näherung die gleiche Elektronendichteverteilung, genauer gesagt, den gleichen total-symmetrischen Anteil der Elektronendichte (vgl. hierzu Kap. 12) und damit die gleichen Einelektronenenergien, und sie stimmen auch in den meisten Beiträgen zur Elektronenwechselwirkungsenergie überein. Nur die Elektronenwechselwirkung der Elektronen in den offenen Schalen unterscheidet sich etwas. Man spricht oft davon, daß die Energie einer Konfiguration infolge der Elektronenwechselwirkungsenergie ‚aufgespalten' wird. In der Regel, aber nicht immer, ist diese Energieaufspaltung als Folge der Elektronenwechselwirkung klein gegenüber dem Abstand zwischen benachbarten Konfigurationen.

Nur einen einzigen möglichen Term gibt es zu einer Konfiguration z.B. immer dann, wenn man zu dieser Konfiguration nur eine Slater-Determinante schreiben kann.

Das ist der Fall, wenn die Konfiguration nur aus abgeschlossenen Schalen besteht, z.B. beim Grundzustand des He, wo die besetzten Spinorbitale sind:

$$1s\alpha,\ 1s\beta \qquad (10.1\text{–}2)$$

und wo nur eine Slater-Determinante möglich ist, die wir symbolisch schreiben als

$$|\,1s\alpha,\ 1s\beta\,| \qquad (10.1\text{–}3)$$

oder beim Grundzustand von Ne, zu dem die Slater-Determinante

$$|\,1s\alpha,\ 1s\beta,\ 2s\alpha,\ 2s\beta,\ 2p\pi\alpha,\ 2p\pi\beta,\ 2p\sigma\alpha,\ 2p\sigma\beta,\ 2p\bar{\pi}\alpha,\ 2p\bar{\pi}\beta\,| \qquad (10.1\text{–}4)$$

gehört.

Anhand der Grundkonfiguration $1s^2 2s^2 2p^2$ des Kohlenstoffatoms, bei der die $2p$-Schale offen ist, läßt sich besonders gut erläutern, wie verschiedene Terme zur gleichen Konfiguration zustandekommen.

Alle Slater-Determinanten, die wir zu dieser Konfiguration hinschreiben können, enthalten die Spinorbitale $1s\alpha$, $1s\beta$, $2s\alpha$, $2s\beta$ der beiden abgeschlossenen Schalen, sie unterscheiden sich aber darin, welche Spin-Orbitale der offenen $2p^2$-Schale vorkommen. Es gibt sechs verschiedene $2p$-Spinorbitale, nämlich die folgenden, für die wir gleich die m_l- und m_s-Werte angeben:

$$\begin{array}{lcccccc} & 2p\pi\alpha, & 2p\pi\beta, & 2p\sigma\alpha, & 2p\sigma\beta, & 2p\bar{\pi}\alpha, & 2p\bar{\pi}\beta \\ m_l = & 1 & 1 & 0 & 0 & -1 & -1 \\ m_s = & \frac{1}{2} & -\frac{1}{2} & \frac{1}{2} & -\frac{1}{2} & \frac{1}{2} & -\frac{1}{2} \end{array} \qquad (10.1\text{–}5)$$

und für die wir künftig abgekürzt schreiben wollen:

$$\pi\alpha,\ \pi\beta,\ \sigma\alpha,\ \sigma\beta,\ \bar{\pi}\alpha,\ \bar{\pi}\beta \qquad (10.1\text{–}6)$$

Will man sechs mögliche Spinorbitale mit zwei Elektronen besetzen, so gibt es dafür $\binom{6}{2} = \frac{6 \cdot 5}{2} = 15$ Möglichkeiten*). Diese sind in Tab. 7 explizit angegeben. Für die

* Nach dem Pauli-Prinzip können nicht beide Elektronen das gleiche Spinorbital besetzen, d.h. $|\,\pi\alpha,\ \pi\alpha\,|$ ist z.B. nicht möglich, ferner bedeutet z.B. $|\,\pi\alpha,\ \pi\beta\,|$ und $|\,\pi\beta,\ \pi\alpha\,|$ physikalisch dasselbe (die beiden Slater-Determinanten unterscheiden sich nur um einen Faktor -1). Von n Elementen kann man genau $\binom{n}{2} = \frac{n\,(n-1)}{2}$ Paare verschiedener Elemente bilden, wenn die Reihenfolge der Elemente im Paar belanglos ist.

folgenden Überlegungen macht es keinen Unterschied, ob man die abgeschlossenen Schalen $1s^2$ und $2s^2$ mitnimmt oder nicht. Wir wollen uns deshalb auf die $2p^2$-Konfiguration allein beschränken und erst später überlegen, welchen Einfluß die allen 15 Slater-Determinanten gemeinsamen Spinorbitale haben.

Tab. 7. Die möglichen Slater-Determinanten zu einer p^2-Konfiguration.

Nr.	Funktion	m_{l1}	m_{l2}	M_L	m_{s1}	m_{s2}	M_S.	$M_J=M_L+M_S$
1	$\|\pi\alpha,\pi\beta\|$	1	1	2	$\frac{1}{2}$	$-\frac{1}{2}$	0	2
2	$\|\pi\alpha,\sigma\alpha\|$	1	0	1	$\frac{1}{2}$	$\frac{1}{2}$	1	2
3	$\|\pi\alpha,\sigma\beta\|$	1	0	1	$\frac{1}{2}$	$-\frac{1}{2}$	0	1
4	$\|\pi\alpha,\bar{\pi}\alpha\|$	1	-1	0	$\frac{1}{2}$	$\frac{1}{2}$	1	1
5	$\|\pi\alpha,\bar{\pi}\beta\|$	1	-1	0	$\frac{1}{2}$	$-\frac{1}{2}$	0	0
6	$\|\pi\beta,\sigma\alpha\|$	1	0	1	$-\frac{1}{2}$	$\frac{1}{2}$	0	1
7	$\|\pi\beta,\sigma\beta\|$	1	0	1	$-\frac{1}{2}$	$-\frac{1}{2}$	-1	0
8	$\|\pi\beta,\bar{\pi}\alpha\|$	1	-1	0	$-\frac{1}{2}$	$\frac{1}{2}$	0	0
9	$\|\pi\beta,\bar{\pi}\beta\|$	1	-1	0	$-\frac{1}{2}$	$-\frac{1}{2}$	-1	-1
10	$\|\sigma\alpha,\sigma\beta\|$	0	0	0	$\frac{1}{2}$	$-\frac{1}{2}$	0	0
11	$\|\sigma\alpha,\bar{\pi}\alpha\|$	0	-1	-1	$\frac{1}{2}$	$\frac{1}{2}$	1	0
12	$\|\sigma\alpha,\bar{\pi}\beta\|$	0	-1	-1	$\frac{1}{2}$	$-\frac{1}{2}$	0	-1
13	$\|\sigma\beta,\bar{\pi}\alpha\|$	0	-1	-1	$-\frac{1}{2}$	$\frac{1}{2}$	0	-1
14	$\|\sigma\beta,\bar{\pi}\beta\|$	0	-1	-1	$-\frac{1}{2}$	$-\frac{1}{2}$	-1	-2
15	$\|\bar{\pi}\alpha,\bar{\pi}\beta\|$	-1	-1	-2	$\frac{1}{2}$	$-\frac{1}{2}$	0	-2

Wir setzen jetzt, ähnlich wie wir das bei der $1s2s$-Konfiguration des He-Atoms durchgeführt haben, die zur p^2-Konfiguration möglichen Wellenfunktionen als Linearkombinationen der 15 Slaterdeterminanten an

$$\Psi = \sum_{i=1}^{15} c_i \phi_i \tag{10.1–7}$$

und bestimmen die Koeffizienten c_i nach dem Variationsprinzip*). So erhalten wir sicher bessere Näherungen, als wenn wir die Slater-Determinanten ϕ_i selbst schon als

* Es sei darauf hingewiesen, daß nicht nur eine einzelne Slater-Determinante, sondern jede Linearkombination von Slater-Determinanten antisymmetrisch ist, mithin das Pauli-Prinzip erfüllt.

Näherungen für die gesuchten Wellenfunktionen ansehen würden. Man könnte so vorgehen, daß man zuerst die 15x15 Matrixelemente

$$H_{ik} = (\phi_i, \mathbf{H}\,\phi_k) \tag{10.1–8}$$

berechnet und dann Eigenvektoren und Eigenwerte der H_{ik}-Matrix bestimmt, so wie in Abschn. 5.7 angegeben. Dieses Verfahren ist aber recht mühsam, und wir kommen sicherlich einfacher zum Ziel, wenn wir zunächst eine Überlegung zum Gesamtspin und Gesamtdrehimpuls von Atomen anstellen.

10.2. Gesamtdrehimpuls und Gesamtspin in Mehrelektronenatomen

Der Operator des gesamten Bahndrehimpulses der Elektronen in einem Atom ist gegeben durch

$$\vec{\mathbf{L}}\,(\vec{r}_1, \vec{r}_2 \ldots \vec{r}_n) = \sum_{i=1}^{n} \vec{\ell}\,(\vec{r}_i) \tag{10.2–1}$$

also gleich der Summe der Einzeldrehimpulse. Insbesondere gilt für die z-Komponente

$$\mathbf{L}_z\,(\vec{r}_1, \vec{r}_2 \ldots \vec{r}_n) = \sum_{i=1}^{n} \ell_z\,(\vec{r}_i) \tag{10.2–2}$$

während $\mathbf{L}^2$ nicht einfach gleich der Summe der $\ell^2\,(\vec{r}_i)$ ist, sondern

$$\mathbf{L}^2 = \left[\sum_{i=1}^{n} \vec{\ell}\,(\vec{r}_i)\right]^2 = \sum_{i=1}^{n} \sum_{j=1}^{n} \vec{\ell}\,(\vec{r}_i) \cdot \vec{\ell}\,(\vec{r}_j) \tag{10.2–3}$$

wobei der Punkt die Bildung des Skalarproduktes andeutet.

Ähnlich wie für ein Elektron in einem Zentralfeld ℓ_z und ℓ^2 mit dem Hamilton-Operator $\mathbf{H}$ vertauschen, vertauschen – wie man allgemein zeigen kann – in einem Mehrelektronenatom (bei Abwesenheit von Spin-Bahn-Wechselwirkung) zwar nicht die einzelnen $\ell_z\,(\vec{r}_i)$ bzw. $\ell^2\,(\vec{r}_i)$, wohl aber $\mathbf{L}_z$ und $\mathbf{L}^2$ mit $\mathbf{H}$. Das bedeutet, die richtigen Eigenfunktionen von $\mathbf{H}$ sind gleichzeitig Eigenfunktionen von $\mathbf{L}_z$ und $\mathbf{L}^2$ oder können zumindest als solche gewählt werden.

Betrachten wir die Slater-Determinanten der Tab. 7, so sind sie zwar alle Eigenfunktionen von $\mathbf{L}_z$, aber nur einige von ihnen sind Eigenfunktionen von $\mathbf{L}^2$. Wir müssen deshalb solche Linearkombinationen (10.1–7) suchen, die Eigenfunktionen von $\mathbf{L}^2$ sind.

Daß unsere Slater-Determinanten Eigenfunktionen von $\mathbf{L}_z$ sind, folgt daraus, daß

$$\mathbf{L}_z = \ell_z(1) + \ell_z(2) \tag{10.2–4}$$

und daß jedes der beiden Spinorbitale Eigenfunktion von $\ell_z(1)$ bzw. $\ell_z(2)$ ist. Sei

$$\ell_z a = \hbar m_{la} \cdot a$$

$$\ell_z b = \hbar m_{lb} \cdot b \tag{10.2–5}$$

wobei a und b (orthonormale) Spinorbitale sind, und sei

$$\phi = |a, b| = \frac{1}{\sqrt{2}}\left\{a(1)\,b(2) - b(1)\,a(2)\right\} \tag{10.2–6}$$

eine Slater-Determinante, so gilt offenbar

$$\mathbf{L}_z \phi = [\ell_z(1) + \ell_z(2)]\,\frac{1}{\sqrt{2}}\left\{a(1)\,b(2) - b(1)\,a(2)\right\}$$

$$= \frac{\hbar}{\sqrt{2}}\left\{m_{la}\,a(1)\,b(2) + m_{lb}\,a(1)\,b(2) - m_{lb}\,b(1)\,a(2) - m_{la}\,b(1)\,a(2)\right\}$$

$$= \hbar(m_{la} + m_{lb})\,\phi = \hbar M_L\,\phi \tag{10.2–7}$$

Der Beweis ist analog für Slater-Determinanten von mehr als zwei Elektronen und für beliebige Operatoren, die sich additiv aus Einelektronenoperatoren zusammensetzen wie $\mathbf{L}_z$ nach Gl. (10.2–2). Er gilt dagegen nicht für Operatoren wie $\mathbf{L}^2$ nach (10.2–3).

Für unsere 15 Slater-Determinanten können wir die zu $\mathbf{L}_z$ gehörende Quantenzahl M_L sofort hinschreiben als Summe der m_l-Werte der Orbitale. Diese Werte sind in Tab. 8 mitangegeben.

Tab. 8. Klassifikation der Slater-Determinanten zur Konfiguration p^2 nach den Quantenzahlen M_L und M_S.

M_S \ M_L	−2	−1	0	1	2
−1		$\|\sigma\beta,\bar{\pi}\beta\|$	$\|\pi\beta,\bar{\pi}\beta\|$	$\|\pi\beta,\sigma\beta\|$	
0	$\|\bar{\pi}\alpha,\bar{\pi}\beta\|$	$\|\sigma\alpha,\bar{\pi}\beta\|$ $\|\sigma\beta,\bar{\pi}\alpha\|$	$\|\pi\alpha,\bar{\pi}\beta\|$ $\|\sigma\alpha,\sigma\beta\|$ $\|\pi\beta,\bar{\pi}\alpha\|$	$\|\pi\alpha,\sigma\beta\|$ $\|\pi\beta,\sigma\alpha\|$	$\|\pi\alpha,\pi\beta\|$
1		$\|\sigma\alpha,\bar{\pi}\alpha\|$	$\|\pi\alpha,\bar{\pi}\alpha\|$	$\|\pi\alpha,\sigma\alpha\|$	

Bei Abwesenheit von Spin-Bahn-Wechselwirkung vertauschen in einem beliebigen Mehrelektronensystem (nicht nur bei Atomen, sondern auch bei Molekülen) die Operatoren

$$\mathbf{S}_z = \sum_{i=1}^{n} \mathbf{s}_z(i) \tag{10.2–8}$$

und

$$\mathbf{S}^2 = \left[\sum_{i=1}^{n} \vec{\mathbf{s}}(i) \right]^2 \tag{10.2–9}$$

des Gesamtspins mit dem Hamilton-Operator. Unsere Slater-Determinanten sind automatisch Eigenfunktionen von $\mathbf{S}_z$, wobei die Quantenzahl M_S die Summe der m_s-Werte der einzelnen Spinorbitale ist. (Die Begründung hierfür ist ganz analog wie bei M_L.) Auch diese Werte findet man in Tab. 7 *). Um Eigenfunktionen von $\mathbf{S}^2$ zu erhalten, muß man Linearkombinationen der ϕ_i wählen.

Wir gehen folgendermaßen vor:

Als erstes fragen wir, welche Eigenfunktionen von $\mathbf{L}^2$ und $\mathbf{S}^2$ bei einer gegebenen Konfiguration möglich sind, mithin welche Quantenzahlen L und S entsprechend den Eigenwertgleichungen

$$\mathbf{L}^2 \Psi = \hbar^2 L (L+1) \Psi \tag{10.2–10}$$

$$\mathbf{S}^2 \Psi = \hbar^2 S (S+1) \Psi \tag{10.2–11}$$

für eine gegebene Konfiguration infrage kommen.

Dazu bedienen wir uns im folgenden Abschnitt eines einfachen Abzählschemas. Damit können wir die möglichen Terme zu einer Konfiguration durch die Quantenzahlen L und S bzw. diesen äquivalente Symbole klassifizieren. Wir leiten dann (in Abschn. 10.5) Ausdrücke für die Energien der verschiedenen Terme ab und ermitteln schließlich (in Abschn. 10.6) die zu den Termen gehörenden Wellenfunktionen, d.h. die Koeffizienten in der Entwicklung (10.1–7). Wir benutzen dabei zur Erläuterung stets die Konfiguration p^2, geben aber gelegentlich auch Ergebnisse für andere Konfigurationen an.

Zur Klassifikation von atomaren Zuständen nennen wir diese S, P, D, F etc., je nachdem ob $L = 0, 1, 2, 3, \ldots$ (analog wie bei den entsprechenden Einelektronenzuständen). Dagegen wird statt der Spinquantenzahl S die sogenannte Spinmultiplizität $2S + 1$, und zwar als linker oberer Index angegeben. Ein Zustand mit $S = 1/2$ und $L = 1$ wird also als ^2P gekennzeichnet.

---

* Abgeschlossene Schalen liefern sowohl zu M_L als zu M_S den Beitrag 0, so daß man sie bei dieser Überlegung unberücksichtigt lassen kann.

10.3. Abzählschema zur Bestimmung der Terme zu einer Konfiguration

Ordnen wir die Slater-Determinanten der Tab. 7 nach ihren M_L und M_S-Werten, so erhalten wir das Schema der Tab. 8.

Schreiben wir in einem analogen Schema die Slater-Determinanten nicht explizit hin, sondern machen wir für jede von ihnen einen Strich, so erhalten wir folgendes Bild:

<table>
<tr><th>M_S \ M_L</th><th>−2</th><th>−1</th><th>0</th><th>1</th><th>2</th></tr>
<tr><td>−1</td><td></td><td>|</td><td>|</td><td>|</td><td></td></tr>
<tr><td>0</td><td>|</td><td>||</td><td>|||</td><td>||</td><td>|</td></tr>
<tr><td>1</td><td></td><td>|</td><td>|</td><td>|</td><td></td></tr>
</table>

Wir überzeugen uns jetzt davon, daß einige der 15 Slater-Determinanten bereits Eigenfunktionen von $\mathbf{L}^2$ und $\mathbf{S}^2$ sind. Wir benutzen dabei, daß von einem Term (L, S), wenn er vorkommt, sämtliche Funktionen zu diesem Term vorkommen müssen*), mit $M_L = -L, -L+1, \ldots +L$; $M_S = -S, -S+1, \ldots +S$

Der Fall $M_L = 2$, $M_S = 0$ kann offenbar nur zu $L = 2$, $S = 0$ (d.h. zu ^1D) gehören, ersteres wegen der Ungleichung $|M_L| \leqslant L$, letzteres, weil $M_L = 2$, $M_S = \pm 1$ nicht vorkommt.

Zu $L = 2$, $S = 0$ müssen aber fünf Zustände (mit $M_L = -2, -1, 0, 1, 2$ und $M_S = 0$) gehören. Für jeden dieser Zustände streichen wir in unserem Schema einen Strich weg, so daß verbleibt:

<table>
<tr><th>M_S \ M_L</th><th>−2</th><th>−1</th><th>0</th><th>1</th><th>2</th></tr>
<tr><td>−1</td><td></td><td>|</td><td>|</td><td>|</td><td></td></tr>
<tr><td>0</td><td></td><td>|</td><td>||</td><td>|</td><td></td></tr>
<tr><td>1</td><td></td><td>|</td><td>|</td><td>|</td><td></td></tr>
</table>

* Daß das so sein muß, versteht man am besten mit Hilfe der Gruppentheorie. Da wir diese (vgl. hierzu den Anhang zu Band II: ‚Die chemische Bindung') im Zusammenhang mit der Atomtheorie sonst nicht benutzen, wollen wir den Beweis nur andeuten. Die drei p-Funktionen ($p\sigma$, $p\pi$, $p\bar{\pi}$) bilden die Basis einer irreduziblen Darstellung der Symmetriegruppe (Kugeldrehgruppe) des Atoms und gleichzeitig der Spindrehgruppe. Die 15 Zwei-Elektronen-Slater-Determinanten der Tab. 7 bilden die Basis einer reduziblen Darstellung der gleichen Gruppe. Diese reduzible Darstellung kann in drei irreduzible Darstellungen zerlegt werden, derart, daß gewisse Linearkombinationen der Slater-Determinanten die Basen für irreduzible Darstellungen sind. Zu der durch $L = 2$, $S = 0$ gekennzeichneten irreduziblen Darstellung gehören fünf Basisfunktionen mit $M_L = 2, 1, 0, -1, -2$.

Der Fall $M_L = 1$, $M_S = 1$ kann nur zu $L = 1$, $S = 1$ (d.h. zu ^3P) gehören (wegen $|M_L| \leqslant L$, $|M_S| \leqslant S$). Zu $L = 1$, $S = 1$ gehören aber insgesamt neun Eigenfunktionen, entsprechend $M_L = 0, \pm 1$, $M_S = 0, \pm 1$. Streichen wir die entsprechenden neun Striche weg, so verbleibt nur noch ein Strich mit $M_L = 0$, $M_S = 0$. Für diesen kommt nur in Frage, daß er einer einzigen Wellenfunktion zu $L = 0$, $S = 0$ (d.h. ^1S) entspricht.

Zur Konfiguration $2p^2$ (und damit auch zu $1s^2 2s^2 2p^2$) gehören damit die drei Terme ^1D, ^3P und ^1S. Folglich sind nur drei verschiedene Energieeigenwerte der 15x15-Matrix H_{ik} nach (10.1–8) möglich. Von diesen ist einer fünffach (^1D), einer neunfach (^3P) und einer nicht-entartet (^1S).

Argumentieren wir in der gleichen Weise für eine nur aus abgeschlossenen Schalen bestehende Konfiguration, so haben wir nur in das Feld ($M_S = 0$, $M_L = 0$) einen Strich zu machen. Folglich ist für abgeschlossen-schalige Zustände nur ein ^1S Zustand möglich.

10.4. Die Dreiecksungleichung für die Kopplung von Drehimpulsen

Aus dem einfachen Abzählungsschema zur Ermittlung der Terme zu einer Konfiguration kann man leicht eine wichtige allgemeine Beziehung für die Kopplung von Drehimpulsen ableiten. Seien $\vec{\mathbf{j}}_1$ und $\vec{\mathbf{j}}_2$ zwei Drehimpulsoperatoren und $\vec{\mathbf{J}} = \vec{\mathbf{j}}_1 + \vec{\mathbf{j}}_2$ ($\vec{\mathbf{j}}_1$ und $\vec{\mathbf{j}}_2$ können etwa $\vec{\ell}(1)$ und $\vec{\ell}(2)$ für verschiedene Elektronen oder auch $\vec{\ell}(1)$ und $\vec{\mathbf{s}}(1)$ für das gleiche Elektron bedeuten). Wir fragen jetzt danach, welche Werte die Quantenzahl J haben kann, wenn j_1 und j_2 vorgegebene Werte haben. Offenbar kann der maximale Wert von J nicht größer als das größtmögliche M_J sein. Andererseits ist, da die Eigenwerte von $\mathbf{j}_z$ sich einfach addieren,

$$J \leqslant \max(J) = \max(M_J) \leqslant \max(m_{j1}) + \max(m_{j2}) = j_1 + j_2 \qquad (10.4\text{–}1)$$

Wir erhalten also

$$J \leqslant j_1 + j_2 \qquad (10.4\text{–}2)$$

Die gleiche Überlegung gilt aber auch für die Subtraktion zweier Vektoren, etwa $\vec{\mathbf{j}}_2 = \vec{\mathbf{J}} - \vec{\mathbf{j}}_1 = \vec{\mathbf{J}} + (-\vec{\mathbf{j}}_1)$, wofür wir erhalten

$$j_2 \leqslant \max(j_2) = \max(m_{j2}) \leqslant \max(M_j) + \max(m_{j1}) = J + j_1 \qquad (10.4\text{–}3)$$

oder

$$j_2 \leqslant J + j_1 \qquad \text{bzw.} \qquad j_2 - j_1 \leqslant J \qquad (10.4\text{–}4)$$

sowie entsprechend

$$j_1 \leqslant J + j_2 \qquad \text{bzw.} \qquad j_1 - j_2 \leqslant J \qquad (10.4\text{–}5)$$

Zusammenfassen von (10.4–4) und (10.4–5) ergibt

$$J \geqslant |j_1 - j_2| \tag{10.4–6}$$

und Zusammenfassen von (10.4–2) und (10.4–6)

$$j_1 + j_2 \geqslant J \geqslant |j_1 - j_2| \tag{10.4–7}$$

Diese Beziehung, die Schranken für die möglichen Werte von J angibt, heißt Dreiecksungleichung, weil eine ähnliche Beziehung für die Längen der Seiten eines Dreiecks – und auch für die Addition von Vektoren allgemein – gilt.

Zusätzlich zu (10.4–7) gilt noch, daß die zulässigen J-Werte sich um ganzzahlige Beträge unterscheiden (vgl. Abschn. 4.4), so daß die möglichen J-Werte sind:

$$J = j_1 + j_2, j_1 + j_2 - 1, \ldots, |j_1 - j_2| \tag{10.4–8}$$

Das sind

$$2 \cdot \min(j_1, j_2) + 1 \tag{10.4–9}$$

Werte.

Einige Beispiele für die Addition von Drehimpulsen haben wir bereits kennengelernt:

1. Die Kopplung der Spins zweier Elektronen zu einem Singulett bzw. Triplett. Hier ist

$$s_1 = s_2 = \frac{1}{2} \quad \text{und} \quad S = \frac{1}{2} + \frac{1}{2} = 1 \quad \text{oder} \quad S = \frac{1}{2} - \frac{1}{2} = 0 .$$

2. Die Kopplung zweier p-Elektronen. Hier ist $l_1 = l_2 = 1$ und $L_{max} = 1 + 1 = 2$, $L_{min} = |1 - 1| = 0$. Da die verschiedenen L-Werte sich um ganzzahlige Beträge unterscheiden, ist noch $L = 1$ möglich, insgesamt also $L = 0, 1, 2$.

10.5. Energien der verschiedenen Terme zu einer Konfiguration – Der Diagonalsummensatz

Wir haben am Beispiel der Konfiguration p^2 (bzw. $1s^2 2s^2 2p^2$) gezeigt, wie man ableiten kann, welche Terme zu einer gegebenen Konfiguration gehören. Wir wollen jetzt Ausdrücke für die Energien der Terme berechnen. Diese Energien lassen sich relativ einfach auf Energieerwartungswerte von Slater-Determinanten zurückführen. Dazu bedienen wir uns vor allem des sog. *Diagonalsummensatzes.* Die Ausdrücke für die Energien der verschiedenen Terme zu einer Konfiguration haben eine Reihe von Beiträgen gemeinsam, die nur von der Konfiguration abhängen. Wir interessieren uns dagegen hauptsächlich für die Beiträge, um die sich die Energien der verschiedenen Terme unterscheiden. Wir führen diese Unterschiede dann auf einige wenige Größen, die sog. Slater-Condon-Parameter, zurück.

Betrachten wir zunächst die 15x15-Matrix des Hamilton-Operators in der Basis der Slater-Determinanten zur Konfiguration p^2. Ordnen wir die Slater-Determinanten so an, daß solche mit gleichen M_L und M_S nebeneinander stehen (vgl. Abb. 10) so ist die Matrix bereits stark faktorisiert.

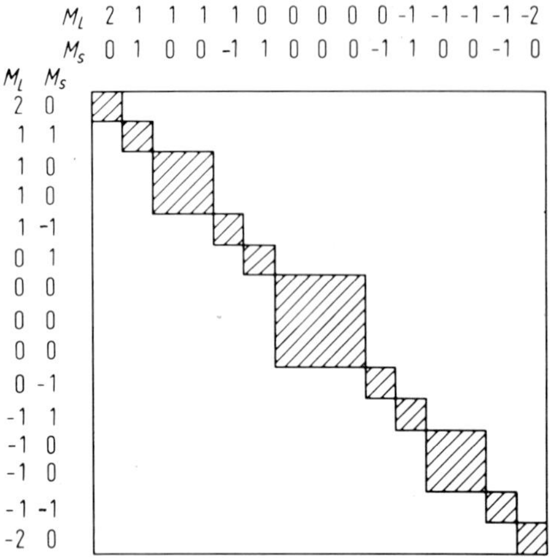

Abb. 10. Blockstruktur der Energie-Matrix zur p^2-Konfiguration in der Basis der Slater-Determinanten der Tab. 7. (Nur die schraffierten Elemente sind von Null verschieden.)

Da $\mathbf{L}_z$ und $\mathbf{S}_z$ mit $\mathbf{H}$ vertauschen, verschwinden Matrixelemente von $\mathbf{H}$ zwischen Funktionen ϕ_i, die sich in M_L oder M_S unterscheiden.(vgl. Anhang A6).

Die Matrixelemente, die in einem der acht 1x1-Blöcke stehen, sind bereits Eigenwerte; um die übrigen Eigenwerte zu berechnen, braucht man nur zwei 2x2- und ein 3x3-Matrixeigenwertprobleme zu lösen. Aber es geht tatsächlich noch einfacher.

Um die Energie des ^1D-Terms der Konfiguration p^2 zu erhalten, genügt es, die Energie einer solchen Slater-Determinante zu nehmen, die automatisch Eigenfunktion von $\mathbf{S}^2$ und $\mathbf{L}^2$ ist, z.B.:

$$|\pi\alpha, \pi\beta| \quad \text{mit} \quad M_L = 2,\ M_S = 0\,;\ L = 2,\ S = 0$$

$$E\,(^1D) = E\,(|\pi\alpha, \pi\beta|) = 2\,(\pi, \mathbf{h}\pi) + (\pi\pi|\pi\pi)$$

$$= 2\,H_{pp} + (\pi\pi|\pi\pi) \tag{10.5–1}$$

Ein anderes Beispiel:

$$|\pi\alpha, \sigma\alpha| \quad \text{mit} \quad M_L = 1\,,\ M_S = 1\,;\ L = 1,\ S = 1$$

$$E\,(^3P) = E\,(|\pi\alpha, \sigma\alpha|) = (\pi, \mathbf{h}\pi) + (\sigma, \mathbf{h}\sigma) + (\pi\pi|\sigma\sigma) - (\pi\sigma|\sigma\pi)$$

$$= 2\,H_{pp} + (\pi\pi|\sigma\sigma) - (\pi\sigma|\sigma\pi) \tag{10.5–2}$$

Wir haben hierzu die in Abschn. 9.2 abgeleiteten Ausdrücke für den Energieerwartungswert einer Slater-Determinante benutzt und die Integration über den Spin gleich durchgeführt. Ein Austauschintegral wie $(\pi\sigma|\sigma\pi)$ tritt nur auf, wenn beide Spinorbitale den gleichen Spinfaktor haben. Die Einelektronenmatrixelemente, wie $(\pi, \mathbf{h}\pi)$, sind unabhängig davon, welchen m_l-Wert das Orbital hat (ähnlich wie die Eigenwerte von $\mathbf{h}$ im Zentralfeld von m_l unabhängig sind). Deshalb können wir für alle diese Matrixelemente das gleiche Symbol verwenden

$$H_{pp} = (\sigma, \mathbf{h}\sigma) = (\pi, \mathbf{h}\pi) = (\bar{\pi}, \mathbf{h}\bar{\pi}) \qquad (10.5\text{–}3)$$

Hätten wir z.B. zu ^3P eine andere Slater-Determinante genommen, die ebenfalls automatisch Eigenfunktion von $\mathbf{L}^2$ und $\mathbf{S}^2$ ist, z.B. $|\pi\alpha, \bar{\pi}\alpha|$, so hätten wir einen scheinbar anderen Ausdruck für $E\,(^3P)$ bekommen:

$$E\,(^3P) = 2\,H_{pp} + (\pi\pi\,|\,\bar{\pi}\bar{\pi}) - (\pi\bar{\pi}\,|\,\bar{\pi}\pi) \qquad (10.5\text{–}4)$$

Die Ausdrücke (10.5–2) und (10.5–4) sind aber identisch, wie es sein muß, da die Energie von M_L und M_S nicht abhängt. Wir sehen das nur nicht unmittelbar, weil wir noch nicht explizit wissen, wie die verschiedenen Elektronenwechselwirkungsintegrale $(\pi\pi\,|\,\bar{\pi}\,\bar{\pi})$ etc. zusammenhängen.

Jetzt fehlt uns noch die Energie des ^1S-Terms, zu dem es keine einzelne Slater-Determinante gibt. Um diese Energie zu erhalten, benutzen wir ein sehr einfaches Rezept, nämlich den sog. Diagonalsummensatz.

Der 3x3-Block der $\boldsymbol{H}$-Matrix zu $M_S = 0$, $M_L = 0$ enthält offenbar drei Eigenwerte, von denen je einer zu den Termen ^3P, ^1D und ^1S gehört.

Nun ist (vgl. Anhang A7) aber die Summe der Eigenwerte einer Matrix gleich der Summe ihrer Diagonalelemente (der Spur). Diese Summe können wir leicht ausrechnen. Ziehen wir von dieser Summe die uns bereits bekannten Energien von ^3P und ^1D ab, so erhalten wir die Energie von ^1S.

Zunächst die drei Diagonalelemente

$$\begin{aligned} E\,(\,|\pi\alpha, \bar{\pi}\beta|\,) &= 2\,H_{pp} + (\pi\pi\,|\,\bar{\pi}\,\bar{\pi}) \\ E\,(\,|\sigma\alpha, \sigma\beta|\,) &= 2\,H_{pp} + (\sigma\sigma\,|\,\sigma\sigma) \\ E\,(\,|\pi\beta, \bar{\pi}\alpha|\,) &= 2\,H_{pp} + (\pi\pi\,|\,\bar{\pi}\,\bar{\pi}) \end{aligned} \qquad (10.5\text{–}5)$$

woraus wir schließlich erhalten:

$$\begin{aligned} E\,(^1S) = 2\,H_{pp} &+ (\sigma\sigma\,|\,\sigma\sigma) + 2\,(\pi\pi\,|\,\bar{\pi}\,\bar{\pi}) - (\pi\pi\,|\,\sigma\sigma) \\ &+ (\pi\sigma\,|\,\sigma\pi) - (\pi\pi\,|\,\pi\pi) \end{aligned} \qquad (10.5\text{–}6)$$

Hätten wir statt der Konfiguration p^2 z.B. $1s^2 2s^2 2p^2$ betrachtet, so hätten wir nur das für alle Terme gleiche $2\,H_{pp}$ durch einen ebenfalls für alle Terme zur gleichen Konfiguration gleichen Ausdruck $\mathrm{E_c}$ zu ersetzen. Dieses $\mathrm{E_c}$ enthält außer $2\,H_{pp}$

1. die Einelektronenmatrixelemente der Orbitale der abgeschlossenen Schalen (hier $1s$ und $2s$), *2.* die Elektronenwechselwirkungsintegrale der Elektronen in den abgeschlossenen Schalen untereinander, *3.* die Elektronenwechselwirkungsintegrale zwischen Elektronen der abgeschlossenen Schalen mit den p-Elektronen. Die Summe der unter *3* genannten Beiträge kann man auch als die potentielle Energie der p-Orbitale im Feld der Rumpfelektronen auffassen. Auch diese Energie ist von m_l und m_s unabhängig.

10.6. Einführung der Slater-Condon-Parameter

Die Energieausdrücke (10.5–1), (10.5–2) und (10.5–6) sind noch nicht in der Form, in der wir sie haben wollen. Es treten fünf verschiedene Elektronenwechselwirkungsintegrale auf, man könnte aber auch fünf andere wählen, wenn man etwa (10.5–2) durch den gleichwertigen Ausdruck (10.5–4) ersetzt. Wie wir sehen werden, lassen sich alle diese Integrale durch nur zwei unabhängige Größen ausdrücken. Erst wenn wir diese Größen einführen, werden die Energieausdrücke wirklich übersichtlich. Wir wollen aber den Weg, der zu diesen Slater-Condon-Parametern führt, da er etwas aufwendig ist, hier nur andeuten. In allen Einzelheiten wird die Rechnung z.B. in Condon-Shortley ,The Theory of Atomic Spectra' durchgeführt*). Der weniger interessierte Leser kann auch gleich zu den endgültigen Gl. (10.6–11) übergehen.

Die Orbitale $\pi, \sigma, \bar{\pi}$ haben alle den gleichen Radialfaktor, aber verschiedene Winkelabhängigkeit.

$$\pi(1) = R(r_1) \cdot Y_1^1 \cdot (\vartheta_1, \varphi_1)$$

$$\sigma(1) = R(r_1) \cdot Y_1^0 \ (\vartheta_1, \varphi_1)$$

$$\bar{\pi}(1) = R(r_1) \cdot Y_1^{-1} (\vartheta_1, \varphi_1) \qquad (10.6\text{–}1)$$

Integrale wie z.B. $(\sigma\pi \mid \pi\sigma)$, allgemein $(m_1 m_2 \mid m_3 m_4)$, sehen also explizit so aus:

$$(m_1 m_2 \mid m_3 m_4) = \int R^*(r_1)\, R(r_1)\, \frac{1}{r_{12}}\, R^*(r_2)\, R(r_2) \times$$

$$\times Y_l^{m_1^*}(\vartheta_1, \varphi_1)\, Y_l^{m_2}(\vartheta_1, \varphi_1)\, Y_l^{m_3^*}(\vartheta_2, \varphi_2)\, Y_l^{m_4}(\vartheta_2, \varphi_2)\, d\tau_1\, d\tau_2 \qquad (10.6\text{–}2)$$

Es liegt nahe, die Integration über Radial- und Winkelkoordinaten zu separieren. Das geht aber nicht ohne weiteres, da der Faktor $1/r_{12}$ noch implizit von den Winkeln abhängt. Nun kann man r_{12} durch r_1, r_2 und den Winkel ϑ_{12}, den $\vec{r}_1$ und $\vec{r}_2$ einschließen, ausdrücken

$$r_{12} = \sqrt{r_1^2 + r_2^2 - 2 r_1 r_2 \cos \vartheta_{12}} \qquad (10.6\text{–}3)$$

* Cambridge Univ. Press 1935/1967.

und folglich läßt sich $\frac{1}{r_{12}}$ in einer der beiden folgenden Weisen schreiben:

$$\frac{1}{r_{12}} = \frac{1}{r_1}\left\{1 + \left(\frac{r_2}{r_1}\right)^2 - 2\frac{r_2}{r_1}\cos\vartheta_{12}\right\}^{-\frac{1}{2}} \qquad (10.6\text{–}4a)$$

$$\frac{1}{r_{12}} = \frac{1}{r_2}\left\{1 + \left(\frac{r_1}{r_2}\right)^2 - 2\frac{r_1}{r_2}\cos\vartheta_{12}\right\}^{-\frac{1}{2}} \qquad (10.6\text{–}4b)$$

Jeden dieser Ausdrücke kann man in eine Taylor-Reihe nach Potenzen von $\frac{r_2}{r_1}$ bzw. $\frac{r_1}{r_2}$ entwickeln.

$$\frac{1}{r_{12}} = \frac{1}{r_1}\sum_{k=0}^{\infty}\left(\frac{r_2}{r_1}\right)^k P_k(\cos\vartheta_{12}) \qquad (10.6\text{–}5a)$$

$$\frac{1}{r_{12}} = \frac{1}{r_2}\sum_{k=0}^{\infty}\left(\frac{r_1}{r_2}\right)^k P_k(\cos\vartheta_{12}) \qquad (10.6\text{–}5b)$$

Die Koeffizienten der Taylor-Entwicklung sind natürlich Funktionen von $\cos\vartheta_{12}$; sie sind gleich den uns bereits bekannten Legendre-Polynomen*). Die Reihe (10.6–5a) konvergiert für $\frac{r_2}{r_1} < 1$, die Reihe (10.6–5b) für $\frac{r_1}{r_2} < 1$, erstere ist also nur für $r_2 < r_1$, letztere für $r_1 < r_2$ zu verwenden. Es empfiehlt sich, die Abkürzungen

$$r_> = \max(r_1, r_2)$$
$$r_< = \min(r_1, r_2) \qquad (10.6\text{–}6)$$

für das jeweils größere und kleinere von r_1 und r_2 einzuführen und die Reihen (10.6–5a,b) zu einer einzigen zusammenzufassen:

$$\frac{1}{r_{12}} = \sum_{k=0}^{\infty}\frac{r_<^k}{r_>^{k+1}} P_k(\cos\vartheta_{12}) \qquad (10.6\text{–}7)$$

Gl. (10.6–7) bezeichnet man meist als Laplace-Entwicklung.

* Gelegentlich werden die Legendre-Polynome über eine sog. erzeugende Funktion eingeführt $(1 + x^2 - 2xt)^{-\frac{1}{2}} = \sum_{k=0}^{\infty} x^k \cdot P_k(t)$ und hieraus ihre übrigen Eigenschaften abgeleitet. Aus dieser Definition folgt (10.6–5) unmittelbar.

Setzt man die Entwicklung (10.6–7) in (10.6–2) ein, so wird aus dem Integral $(m_1 m_2 | m_3 m_4)$ eine Summe von Integralen, von denen jedes sich als Produkt eines Integrals nur über die Ortskoordinaten, nämlich

$$F^k = \int |R(r_1)|^2 \, |R(r_2)|^2 \frac{r_<^k}{r_>^{k+1}} r_1^2 r_2^2 \, dr_1 \, dr_2 \tag{10.6–8}$$

und eines Integrals nur über die Winkel

$$\int Y_l^{m_1^*}(\vartheta_1, \varphi_1) \, Y_l^{m_2}(\vartheta_1, \varphi_1) \, P_k(\cos \vartheta_{12}) \, Y_l^{m_3^*}(\vartheta_2, \varphi_2) \, Y_l^{m_4}(\vartheta_2, \varphi_2)$$
$$\sin \vartheta_1 \, d\vartheta_1 \, d\varphi_1 \cdot \sin \vartheta_2 \, d\vartheta_2 \, d\varphi_2 \tag{10.6–9}$$

schreiben läßt. Glücklicherweise verschwinden die weitaus meisten der Integrale des Typs (10.6–9) über die Winkel, und für die wenigen (endlich vielen) nicht verschwindenden Integrale ergeben sich sehr einfache Zahlenwerte. Ein allgemeiner analytischer Ausdruck für die Integrale des Typs (10.6–9) wurde zuerst von Gaunt*) angegeben. Sie werden aber heute meist als Condon-Shortley-Koeffizienten bezeichnet, weil im Buch von Condon und Shortley**) die Werte für alle interessierenden Fälle zusammengestellt sind. Diese Condon-Shortley-Koeffizienten sind von den Radialfaktoren $R(r)$ der Orbitale unabhängig, sie hängen nur von den Quantenzahlen m_1, m_2, m_3, m_4 ab (bzw. auch von l_1, l_2, l_3, l_4, wenn wir Integrale mit verschiedenen l betrachten), die F^k nennt man Slater-Condon-Parameter.

Im Fall, daß $l = 1$ (p-Orbitale) ist, sind die einzigen nicht verschwindenden Condon-Shortley-Koeffizienten diejenigen zu $k = 0$ und $k = 2$, für $l = 2$ (d-Orbitale) sind es diejenigen zu $k = 0, 2, 4$. Die Elektronenwechselwirkungsintegrale für p^n-Konfigurationen lassen sich also alle durch zwei Größen F^0 und F^2 ausdrücken, diejenigen zu d^n-Konfigurationen durch drei Größen F^0, F^2, F^4. Bei Konfigurationen $p^n p'^m$ etc., bei denen p und p' verschiedene Radialfaktoren haben, ist die Situation nur unwesentlich komplizierter.

Die expliziten Ergebnisse für die uns interessierenden Integrale über p-Orbitale sind:

$$\begin{aligned}
(\pi\pi | \pi\pi) &= F^0 + \frac{1}{25} F^2 \\
(\pi\pi | \bar{\pi}\bar{\pi}) &= F^0 + \frac{1}{25} F^2 \\
(\pi\bar{\pi} | \bar{\pi}\pi) &= \frac{6}{25} F^2 \\
(\pi\pi | \sigma\sigma) &= F^0 - \frac{2}{25} F^2 \\
(\pi\sigma | \sigma\pi) &= \frac{3}{25} F^2 \\
(\sigma\sigma | \sigma\sigma) &= F^0 + \frac{4}{25} F^2
\end{aligned} \tag{10.6–10}$$

* Gaunt, Trans.Roy.Soc. A*228*, 151 (1929).

** l.c.

Setzen wir (10.6–10) in (10.5–1), (10.5–2) und (10.5–6) ein, so erhalten wir

$$E\,(^1D) = 2\,H_{pp} + F^0 + \frac{1}{25}\,F^2$$

$$E\,(^3P) = 2\,H_{pp} + F^0 - \frac{1}{5}\,F^2$$

$$E\,(^1S) = 2\,H_{pp} + F^0 + \frac{2}{5}\,F^2 \qquad (10.6\text{–}11)$$

Hätten wir für $E\,(^3P)$ Gl. (10.5–4) statt (10.5–2) genommen, hätten wir genau dasselbe Ergebnis erhalten.

Für eine Konfiguration, die außer p^2 noch abgeschlossene Schalen hat, ist, wie bereits erläutert, in (10.6–11) $2\,H_{pp}$ durch E_c zu ersetzen.

Die Beschreibung eines quantenmechanischen Zustandes eines Atoms durch eine Linearkombination von Slater-Determinanten zu einer Konfiguration ist immer nur eine Näherung. Wir wollen in Kap. 12 die Grenzen dieser Näherung genauer diskutieren, dagegen in Kap. 10 und 11 über diese Näherung nicht hinausgehen. Im Rahmen dieser Ein-Konfigurationsnäherung ist quantitative Übereinstimmung mit der Erfahrung nicht zu erwarten, auch wenn man die für die Theorie entscheidenden Größen wie H_{pp}, F^0 und F^2 für optimal gewählte Atomorbitale ausrechnet, wobei als optimal diejenigen Atomorbitale anzusehen sind, die den Mittelwert der Energien der Terme einer Konfiguration zum Minimum machen.

Viel erfolgreicher als eine theoretische Berechnung von H_{pp}, F^0 und F^2 ist ein Mittelweg zwischen vollständiger quantenmechanischer Rechnung und einer quantitativen Analyse der empirischen Spektren. Diesen Weg bezeichnet man als ‚semi-empirisch'. Wir wollen ihn am Beispiel der p^2-Konfiguration erläutern. Wir sahen, daß sich die Energieunterschiede zwischen den Termen ^3P, ^1D, und ^1S in unserer Näherung durch eine einzige Größe, nämlich F^2, ausdrücken lassen. Ist die Theorie richtig, so muß gelten:

$$E\,(^3P) - E\,(^1D) = -\frac{6}{25}\,F^2$$

$$E\,(^1D) - E\,(^1S) = -\frac{9}{25}\,F^2 \qquad (10.6\text{–}12)$$

und folglich

$$\frac{E\,(^3P) - E\,(^1D)}{E\,(^1D) - E\,(^1S)} = \frac{2}{3} \qquad (10.6\text{–}13)$$

Man hat die Gleichung natürlich für sämtliche bekannten Systeme geprüft, die eine p^2-Konfiguration außerhalb von abgeschlossenen Schalen enthalten. Man findet zwar starke Abweichungen von der Beziehung, aber doch genug Beispiele, wo (10.6–13) recht gut gilt.

Eines davon ist der Grundzustand $1s^2\,2s^2\,2p^6\,3s^2\,3p^2$ des Si-Atoms, wo man fand

$$E\,(^3P) = -\,65615\ \mathrm{cm}^{-1} + E_0\,(\mathrm{Si}^+)$$

$$E\,(^1D) = -\,59466\ \mathrm{cm}^{-1} + E_0\,(\mathrm{Si}^+)$$

$$E\,(^1S) = -\,50370\ \mathrm{cm}^{-1} + E_0\,(\mathrm{Si}^+)$$

$$\frac{E\,(^3P) - E\,(^1D)}{E\,(^1D) - E\,(^1S)} = \frac{2}{2.96} \qquad (10.6\text{–}14)$$

Man kann also aus einer der beiden Gl. (10.6–12) F^2 aus den empirischen Energien berechnen. Im allgemeinen Fall erhält man wie hier ein überbestimmtes Gleichungssystem zur Berechnung von F^2 bzw. F^2 und F^4 etc. Es empfiehlt sich dann ein Ausgleichsverfahren, um die besten Werte der Slater-Condon-Parameter aus experimentellen Daten zu berechnen. Die vollständigste Zusammenstellung derartiger Parameter aus neuerer Zeit stammt von Hinze und Jaffe*).

Würde man die F's berechnen, so erhielte man andere Werte als aus einer Anpassung an die Spektren. Bei dieser semi-empirischen Anpassung trägt man gewissermaßen den Korrekturen Rechnung, die darauf beruhen, daß die Beschreibung eines Zustandes durch eine einzige Konfiguration nur eine Näherung ist.

10.7. Energien der Terme einiger wichtiger Konfigurationen

Die Energien der Terme zu einer p^2-Konfiguration, ausgedrückt durch F^0 und F^2, haben wir in Gl. (10.6–11) angegeben. Wir wollen jetzt die ähnlich ableitbaren Energien für die Konfiguration p^3 angeben sowie etwas zu den d^n-Konfigurationen sagen. Bezüglich anderer Konfigurationen wie $p^n\,p'^m$ oder $p^n\,\mathrm{d}^m$ sei auf die Literatur verwiesen**).

Für p^3 erhält man drei mögliche Terme und:

$$E\,(^4S) = 3\,H_{pp} + 3\,F^0 - \frac{15}{25}\,F^2$$

$$E\,(^2D) = 3\,H_{pp} + 3\,F^0 - \frac{6}{25}\,F^2$$

$$E\,(^2P) = 3\,H_{pp} + 3\,F^0 \qquad (10.7\text{–}1)$$

Bei p^4 ist das Ergebnis das gleiche wie bei p^2, nur daß man $2\,H_{pp}$ durch $4\,H_{pp}$ zu ersetzen hat.

* J. Hinze und H.H. Jaffe, J.Chem.Phys. *38*, 1834 (1963).

** Condon-Shortley l.c.

Man sieht, daß die Koeffizienten zu F^2 immer den gleichen Nenner 25 haben. Um diesen nicht immer schreiben zu müssen, führt man vielfach eine Größe

$$F_2 = \frac{1}{25} F^2 \tag{10.7–2}$$

ein. Eine analoge Konvention erweist sich für die d^n-Konfigurationen als nützlich, und zwar benutzt man statt der durch (10.6–8) definierten F^k die wie folgt definierten F_k:

$$F_0 = F^0; \; F_2 = \frac{1}{49} F^2; \; F_4 = \frac{1}{441} F^4 \tag{10.7–3}$$

Dann erhält man für die d^2-Konfiguration:

$$\begin{aligned}
E(^3\mathrm{F}) &= 2H_{dd} + F_0 - 8F_2 - 9F_4 \\
E(^3\mathrm{P}) &= 2H_{dd} + F_0 + 7F_2 - 84F_4 \\
E(^1\mathrm{G}) &= 2H_{dd} + F_0 + 4F_2 + F_4 \\
E(^1\mathrm{D}) &= 2H_{dd} + F_0 - 3F_2 + 36F_4 \\
E(^1\mathrm{S}) &= 2H_{dd} + F_0 + 14F_2 + 126F_4
\end{aligned} \tag{10.7–4}$$

Die Energieausdrücke für die d^n-Terme werden noch etwas übersichtlicher, wenn man statt der F_k die sog. Racah-Parameter A, B, C verwendet, die mit den F_k wie folgt zusammenhängen:

$$\begin{aligned}
A &= F_0 - 49F_4 \\
B &= F_2 - 5F_4 \\
C &= 35F_4
\end{aligned} \tag{10.7–5}$$

Dann ergibt sich für d^2

$$\begin{aligned}
E(^3F) &= 2H_{dd} + A - 8B \\
E(^3P) &= 2H_{dd} + A + 7B \\
E(^1G) &= 2H_{dd} + A + 4B + 2C \\
E(^1D) &= 2H_{dd} + A - 3B + 2C \\
E(^1S) &= 2H_{dd} + A + 14B + 7C
\end{aligned} \tag{10.7–6}$$

Tab. 9. Energien der Terme von d^n-Konfigurationen, ausgedrückt durch die Racah-Parameter A, B, C.

d^2	d^3
$^3F = A - 8B$	$^4F = 3A - 15B$
$^3P = A + 7B$	$^4P = 3A$
$^1G = A + 4B + 2C$	$^2H = {}^2P = 3A - 6B + 3C$
$^1D = A - 3B + 2C$	$^2G = 3A - 11B + 3C$
$^1S = A + 14B + 7C$	$^2F = 3A + 9B + 3C$
	$^2D = 3A + 5B + 5C \pm (193B^2 + 8BC + 4C^2)^{\frac{1}{2}}$

d^4	d^5
$^5D = 6A - 21B$	$^6S = 10A - 35B$
$^3H = 6A - 17B + 4C$	$^4G = 10A - 25B + 5C$
$^3G = 6A - 12B + 4C$	$^4F = 10A - 13B + 7C$
$^3F = 6A - 5B + 5\frac{1}{2}C \pm \frac{3}{2}(68B^2 + 4BC + C^2)^{\frac{1}{2}}$	$^4D = 10A - 18B + 5C$
$^3D = 6A - 5B + 4C$	$^4P = 10A - 28B + 7C$
$^3P = 6A - 5B + 5\frac{1}{2}C \pm \frac{1}{2}(912B^2 - 24BC + 9C^2)^{\frac{1}{2}}$	$^2I = 10A - 24B + 8C$
$^1I = 6A - 15B + 6C$	$^2H = 10A - 22B + 10C$
$^1G = 6A - 5B + 7\frac{1}{2}C \pm \frac{1}{2}(708B^2 - 12BC + 9C^2)^{\frac{1}{2}}$	$^2G = 10A - 13B + 8C$
$^1F = 6A + 6C$	$^2G' = 10A + 3B + 10C$
$^1D = 6A + 9B + 7\frac{1}{2}C \pm \frac{3}{2}(144B^2 + 8BC + C^2)^{\frac{1}{2}}$	$^2F = 10A - 9B + 8C$
$^1S = 6A + 10B + 10C \pm 2(193B^2 + 8BC + 4C^2)^{\frac{1}{2}}$	$^2F' = 10A - 25B + 10C$
	$^2D' = 10A - 4B + 10C$
	$^2D = 10A - 3B + 11C \pm 3(57B^2 + 2BC + C^2)^{\frac{1}{2}}$
	$^2P = 10A + 20B + 10C$
	$^2S = 10A - 3B + 8C$

Bei der Konfiguration d^3 tritt eine Besonderheit auf, es gibt nämlich zwei verschiedene ^2D-Terme. In einem solchen Fall ist der Zustand durch Angabe von Konfiguration und Term noch nicht eindeutig charakterisiert. Mit Hilfe des Diagonalsummensatzes kann man nur die Summe der Energien der zwei ^2D-Terme berechnen. Um jede davon einzeln zu erhalten, muß man eine 2x2-Matrix explizit diagonalisieren. Den entsprechenden Energien (Tab. 9) sieht man an, daß sie Lösungen einer quadratischen Gleichung sind.

Die möglichen Energien der Terme der Konfigurationen d^n ($n = 2, 3, 4, 5$) sind in Tab. 9 zusammengestellt, wobei der Beitrag $n \cdot H_{dd}$ überall weggelassen ist. Die Terme für d^{10-n} sind die gleichen wie für d^n (sog. Lückensatz: eine Lücke in einer abgeschlossenen Schale wirkt sich so aus wie ein Elektron außerhalb der Schale.)

Die relative Reihenfolge der Terme innerhalb einer Konfiguration ist bei der p^n-Konfiguration eindeutig, da sich die Terme nur im Anteil von F^2 unterscheiden und da $F^2 > 0$.

Folglich gilt

$$p^2 \text{ und } p^4 : E(^3P) < E(^1D) < E(^1S)$$

$$p^3 \quad : E(^4S) < E(^2D) < E(^2P)$$

Bei den d^n-Termen hängt die energetische Reihenfolge dagegen vom Verhältnis B/C ab, sie kann also bei verschiedenen Atomen verschieden sein. Welcher Term energetisch der tiefste ist, hängt allerdings von B/C nicht ab, es ist jeweils der Term, der in Tab. 9 an erster Stelle steht.

Tatsächlich wird die Frage, welcher der tiefste Term einer Konfiguration ist, allgemein durch die sog. Hundsche Regel beantwortet:

1. Unter den verschiedenen Termen zu einer Konfiguration liegt derjenige der höchsten Multiplizität (d.h. des höchsten S-Wertes) am tiefsten.

2. Gibt es mehrere Terme einer Konfiguration mit der gleichen höchsten Multiplizität, so liegt derjenige mit dem höchsten Drehimpuls (d.h. dem höchsten L-Wert) am tiefsten.

Beim Kohlenstoff mit der Grundkonfiguration $1s^2 2s^2 2p^2$ ist also der Grundzustand ein ^3P-Term, dann kommt ^1D und schließlich ^1S. Das gleiche gilt für den Sauerstoff mit der Grundkonfiguration $1s^2 2s^2 2p^4$, während der Grundzustand des Stickstoffatoms ein ^4S-Term ist.

10.8. Berechnung der Wellenfunktionen zu den Termen einer Konfiguration

Oft interessiert man sich nur für die Energien der Terme, manchmal braucht man aber auch die zugehörigen Wellenfunktionen. Es gibt eine Reihe von Möglichkeiten für deren Berechnung, wir wollen hier aber nur auf eine einzige eingehen und diese wieder am Beispiel der p^2-Konfiguration erläutern.

Wir bedienen uns der Tatsache, daß die folgenden Slater-Determinanten bereits Eigenfunktionen von $\mathbf{L}_z$, $\mathbf{L}^2$, $\mathbf{S}_z$ und $\mathbf{S}^2$ zu den angegebenen Quantenzahlen sind (vgl. Tab. 7).

$$|\pi\alpha, \pi\beta| \qquad L = 2, M_L = 2, \; S = 0, \; M_S = 0 \tag{10.8–1}$$

$$|\pi\alpha, \overline{\pi}\alpha| \qquad L = 1, \; M_L = 0, \; S = 1, \; M_S = 1 \tag{10.8–2}$$

Andere Wellenfunktionen zum gleichen Wert von L und S, aber anderen Werten von M_L und M_S, erhält man durch Anwendung der ‚step-up'- bzw. ‚step-down'-Operatoren, wie wir sie in Abschn. 3.4 bereits benutzt haben.

$$\begin{aligned}
\mathbf{L}_+ &= \mathbf{L}_x + \mathrm{i}\,\mathbf{L}_y \\
\mathbf{L}_- &= \mathbf{L}_x - \mathrm{i}\,\mathbf{L}_y \\
\mathbf{S}_+ &= \mathbf{S}_x + \mathrm{i}\,\mathbf{S}_y \\
\mathbf{S}_- &= \mathbf{S}_x - \mathrm{i}\,\mathbf{S}_y
\end{aligned} \tag{10.8–3}$$

Wendet man diese Operatoren auf eine Wellenfunktion $\Psi(L, M_L, S, M_S)$ mit den in den Klammern angegebenen Quantenzahlen an, so machen die Operatoren (10.8–3) daraus Wellenfunktionen zum gleichen L und S, aber verschiedenen M_L und M_S:

$$\begin{aligned}
\mathbf{L}_+ \, \Psi(L, M_L, S, M_s) &= \Psi(L, M_L + 1, S, M_S) \\
\mathbf{L}_- \, \Psi(L, M_L, S, M_S) &= \Psi(L, M_L - 1, S, M_S) \\
\mathbf{S}_+ \, \Psi(L, M_L, S, M_S) &= \Psi(L, M_L, S, M_S + 1) \\
\mathbf{S}_- \, \Psi(L, M_L, S, M_S) &= \Psi(L, M_L, S, M_S - 1)
\end{aligned} \tag{10.8–4}$$

Man muß dabei allerdings beachten, daß die rechts stehenden Funktionen i.allg. nicht auf 1 normiert sind, wenn die links stehenden Funktionen auf 1 normiert sind*). Man muß also, wenn man normierte Funktionen wünscht, nachträglich noch normieren.

Konstruieren wir jetzt die Funktion zu $L = 2$, $M_L = 1$, $S = 0$, $M_S = 0$. Wir gehen aus von $|\pi\alpha, \pi\beta|$ (vgl. 10.8–1) und wenden darauf $\mathbf{L}_-$ an.

---

* Auf 1 normierte Funktionen erhält man, wenn man rechts in (10.8–4) mit

$[L(L+1) - M_L(M_L \pm 1)]^{-\frac{1}{2}}$ bzw. $[S(S+1) - M_S(M_S \pm 1)]^{-\frac{1}{2}}$ multipliziert.

$\mathbf{L}_-$ ist (ebenso wie $\mathbf{L}_+$, $\mathbf{S}_-$ und $\mathbf{S}_+$) eine Summe von Einelektronenoperatoren

$$\mathbf{L}_-(1,2) = \ell_-(1) + \ell_-(2)$$

$$\mathbf{L}_+(1,2) = \ell_+(1) + \ell_+(2)$$

$$\mathbf{S}_-(1,2) = \mathbf{s}_-(1) + \mathbf{s}_-(2)$$

$$\mathbf{S}_+(1,2) = \mathbf{s}_+(1) + \mathbf{s}_+(2) \qquad (10.8\text{–}5)$$

Anwendung der Einelektronenverschiebungsoperatoren auf *p*-AO's ergibt, vgl. (2.4–26)

$$\ell_-\pi = \sqrt{2}\cdot\sigma \qquad \ell_+\pi = 0$$

$$\ell_-\sigma = \sqrt{2}\,\overline{\pi} \qquad \ell_+\sigma = \sqrt{2}\,\pi$$

$$\ell_-\overline{\pi} = 0 \qquad \ell_+\overline{\pi} = \sqrt{2}\cdot\sigma$$

$$\mathbf{s}_-\alpha = \beta \qquad \mathbf{s}_+\alpha = 0$$

$$\mathbf{s}_-\beta = 0 \qquad \mathbf{s}_+\beta = \alpha \qquad (10.8\text{–}6)$$

Anwendung von $\mathbf{L}_-$ auf eine Zweielektronen-Slater-Determinante ergibt eine Summe von zwei Beiträgen. Im ersten Beitrag wird ℓ_- auf das erste Orbital angewandt und das zweite unverändert gelassen, im zweiten Beitrag umgekehrt.

$$\mathbf{L}_-\,|\pi\alpha, \pi\beta| = \sqrt{2}\left[\,|\sigma\alpha, \pi\beta| + |\pi\alpha, \sigma\beta|\,\right] \qquad (10.8\text{–}7)$$

Mit Normierung ergibt sich die Wellenfunktion zu $L = 2$, $M_L = 1$, $S = 0$, $M_S = 0$:

$$\Psi = \frac{1}{\sqrt{2}}\,|\sigma\alpha, \pi\beta| + \frac{1}{\sqrt{2}}\,|\pi\alpha, \sigma\beta| \qquad (10.8\text{–}8)$$

Um die Funktion zu $L = 2$, $M_L = 0$, $S = 0$, $M_S = 0$ zu erhalten, wenden wir $\mathbf{L}_-$ erneut an und erhalten nach anschließender Normierung

$$\Psi = \frac{1}{\sqrt{6}}\,|\overline{\pi}\alpha, \pi\beta| + \frac{2}{\sqrt{6}}\,|\sigma\alpha, \sigma\beta| + \frac{1}{\sqrt{6}}\,|\pi\alpha, \overline{\pi}\beta|$$

$$= -\frac{1}{\sqrt{6}}\,|\pi\beta, \overline{\pi}\alpha| + \frac{2}{\sqrt{6}}\,|\sigma\alpha, \sigma\beta| + \frac{1}{\sqrt{6}}\,|\pi\alpha, \overline{\pi}\beta| \qquad (10.8\text{–}9)$$

Wir bilden jetzt die Funktion zu $L = 1$, $M_L = 0$, $S = 1$, $M_S = 0$, indem wir auf die Funktion $(\pi\alpha, \overline{\pi}\alpha)$ (vgl. 10.8–2) den Operator $\mathbf{S}_-$ anwenden.

Nach Normierung erhalten wir

$$\Psi = \frac{1}{\sqrt{2}} \,|\, \pi\beta, \bar{\pi}\alpha \,| + \frac{1}{\sqrt{2}} \,|\, \pi\alpha, \bar{\pi}\beta \,| \qquad (10.8\text{--}10)$$

Die einzige Funktion, die wir durch einfache oder mehrfache Anwendung eines Verschiebungsoperators, ausgehend von einer Eindeterminantenfunktion, nicht konstruieren können, ist diejenige zum ^1S-Zustand, d.h. diejenige zu $L = 0$, $M_L = 0$, $S = 0$, $M_S = 0$.

Diese können wir aber indirekt gewinnen. Wir wissen nämlich, daß die drei möglichen Funktionen zu $M_L = 0$, $M_S = 0$ Linearkombinationen der drei Slater-Determinanten

$$|\, \pi\alpha, \bar{\pi}\beta \,|, \quad |\, \pi\beta, \bar{\pi}\alpha \,|, \quad |\, \sigma\alpha, \sigma\beta \,|$$

sein müssen, und daß die drei Funktionen orthogonal zueinander sind. Zwei der drei Funktionen kennen wir bereits, nämlich

$$^1D : \Psi_1 = \frac{2}{\sqrt{6}} \,|\, \sigma\alpha, \sigma\beta \,| + \frac{1}{\sqrt{6}} \,|\, \pi\alpha, \bar{\pi}\beta \,| - \frac{1}{\sqrt{6}} \,|\, \pi\beta, \bar{\pi}\alpha \,| \qquad (10.8\text{--}9)$$

$$^3P : \Psi_2 = \frac{1}{\sqrt{2}} \,|\, \pi\alpha, \bar{\pi}\beta \,| + \frac{1}{\sqrt{2}} \,|\, \pi\beta, \bar{\pi}\alpha \,| \qquad (10.8\text{--}10)$$

Für die dritte setzen wir an:

$$^1S : \Psi_3 = c_1 \,|\, \sigma\alpha, \sigma\beta \,| + c_2 \,|\, \pi\alpha, \bar{\pi}\beta \,| + c_3 \,|\, \pi\beta, \bar{\pi}\alpha \,| \qquad (10.8\text{--}11)$$

und wir bestimmen die c_i aus den Orthogonalitätsforderungen

$$(\Psi_1, \Psi_3) = 0 = \frac{2c_1}{\sqrt{6}} + \frac{c_2}{\sqrt{6}} - \frac{c_3}{\sqrt{6}}$$

$$(\Psi_2, \Psi_3) = 0 = \frac{c_2}{\sqrt{2}} + \frac{c_3}{\sqrt{2}} \qquad (10.8\text{--}12)$$

Hieraus erhalten wir $c_2 = -c_3$, $c_1 = -c_2$ und mit der Normierung schließlich

$$^1S : \Psi_3 = \frac{1}{\sqrt{3}} \,|\, \sigma\alpha, \sigma\beta \,| - \frac{1}{\sqrt{3}} \,|\, \pi\alpha, \bar{\pi}\beta \,| + \frac{1}{\sqrt{3}} \,|\, \pi\beta, \bar{\pi}\alpha \,| \qquad (10.8\text{--}13)$$

10.9. Die Parität von atomaren Wellenfunktionen

Außer den Operatoren des Drehimpulses und des Spins vertauscht in einem Atom auch der Operator der Spiegelung (Inversion) am Koordinatenursprung, d.h. am Ort des

Kerns, mit dem Hamilton-Operator; folglich kann man die Wellenfunktion eines Atoms auch als gerade *(g)* bzw. ungerade *(u)* klassifizieren, je nachdem ob sie symmetrisch oder antisymmetrisch in bezug auf eine Inversion am Kernort ist. Es gilt

$$\Psi_g(\vec{r}_1, \vec{r}_2 \ldots \vec{r}_n) = \Psi_g(-\vec{r}_1, -\vec{r}_2 \ldots -\vec{r}_n) \tag{10.9–1}$$

$$\Psi_u(\vec{r}_1, \vec{r}_2 \ldots \vec{r}_1) = -\Psi_u(-\vec{r}_1, -\vec{r}_2 \ldots -\vec{r}_n) \tag{10.9–2}$$

Man bezeichnet das Verhalten (g oder u) gegenüber Inversion am Kernort auch als die *Parität* der Wellenfunktion. Bei Einelektronenzuständen, etwa dem H-Atom, ergibt die Angabe der Parität keine neue Information, denn es gilt allgemein, daß

s, d, g etc.-Orbitale *gerade*

p, f, h etc.-Orbitale *ungerade*

sind. Anders ist es aber bei Mehrelektronenzuständen, bei denen sowohl S_g als S_u, P_g als P_u etc. möglich ist. Kennt man allerdings die Konfiguration, zu der ein bestimmter Zustand gehört, so kann man seine Parität leicht angeben. Sie ist das Produkt der Paritäten der besetzten Orbitale, wobei die Regeln $g \times g = u \times u = g$ und $g \times u = u \times g = u$ zu beachten sind. Alle Terme einer Konfiguration haben immer die gleiche Parität. Die Terme zur Konfiguration p^2 sind alle gerade, d.h., sie sind vollständig als ${}^3P_g$, ${}^1D_g$, ${}^1S_g$ zu klassifizieren, während die Terme zu p^3 als ${}^4S_u$ und ${}^2P_u$ zu bezeichnen sind. Da d-Orbitale gerade sind, sind sämtliche Terme zu d^n-Konfigurationen gerade. Atome mit abgeschlossenen Schalen haben immer den Term ${}^1S_g$.

Wir können auch gerade Terme durch den Eigenwert +1 des Inversionsoperators und ungerade durch den Eigenwert −1 kennzeichnen. Dann gilt, daß der entsprechende Eigenwert für ein AO durch

$$(-1)^l$$

und für eine $l_1^{n_1}\ l_2^{n_2} \ldots l_k^{n_k}$ Konfiguration durch

$$(-1)^{n_1 l_1 + n_2 l_2 + \ldots l_k n_k}$$

gegeben ist.

Zusammenfassung zu Kap. 10

Nur abgeschlossen-schalige Zustände, wie z.B. der Neon-Grundzustand mit der Konfiguration $1s^2\,2s^2\,2p^6$, sind durch die Angabe der Konfiguration vollständig gekennzeichnet. Zur (offenschaligen) Grundkonfiguration $1s^2\,2s^2\,2p^2$ des Kohlenstoffatoms kann man z.B. 15 verschiedene Slater-Determinanten konstruieren. Die zu dieser Konfiguration möglichen Wellenfunktionen sind Linearkombinationen der 15 Slater-Determinanten.

In einem Mehrelektronenatom vertauschen (bei Abwesenheit von Spin-Bahn-Wechselwirkung) die Operatoren $\mathbf{L}^2$ und $\mathbf{L}_z$ des Gesamtbahndrehimpulses und $\mathbf{S}^2$ sowie $\mathbf{S}_z$ des Gesamtspins mit dem Hamilton-Operator. Deshalb sind die Mehrteilchenzustände als Eigenfunktionen von $\mathbf{L}^2$, $\mathbf{L}_z$, $\mathbf{S}^2$, $\mathbf{S}_z$ zu wählen. Die 15 Slater-Determinanten zur Konfiguration $1s^2 2s^2 2p^2$ sind zwar alle Eigenfunktionen von $\mathbf{L}_z$ und $\mathbf{S}_z$, aber nur einige von ihnen sind auch Eigenfunktionen von $\mathbf{L}^2$ und $\mathbf{S}^2$. Aus einem einfachen Abzählschema ermittelt man, daß zu dieser Konfiguration ein (fünffach-entarteter) ^1D-Term, ein (neunfach-entarteter) ^3P-Term und ein (nicht-entarteter) ^1S-Term gehören.

Für die Addition beliebiger Drehimpulsoperatoren $\vec{\mathbf{j}}_1$ und $\vec{\mathbf{j}}_2$ zu einem $\vec{\mathbf{J}}$ gilt für die möglichen Quantenzahlen j_1, j_2, J die sog. Dreiecksungleichung

$$j_1 + j_2 \geqslant J \geqslant |j_1 - j_2|$$

und zwar sind die Werte $J = j_1 + j_2, j_1 + j_2 - 1, \ldots |j_1 - j_2|$ möglich.

Die Energien der Terme lassen sich, unter Ausnützung der Tatsache, daß manche Slater-Determinanten bereits Eigenfunktionen von $\mathbf{L}^2$ und $\mathbf{S}^2$ sind, und unter Benutzung des sog. Diagonalsummensatzes auf Erwartungswerte von Slater-Determinanten zurückführen (10.5–1), (10.5–2), (10.5–6). Die Elektronenwechselwirkungsintegrale lassen sich weiter durch die sog. Slater-Condon-Parameter F^0, F^2 etc. (10.6–8) ausdrücken (10.6–10), wobei man schließlich sehr einfache Ausrücke erhält wie (10.6–11) für p^2 und (10.7–1) für p^3-Konfigurationen.

Bei den d^n-Konfigurationen empfiehlt es sich, statt der Slater-Condon-Parameter die sog. Racah-Parameter A, B, C nach (10.7–5) einzuführen und die Termenergien durch diese auszudrücken (Tab. 9).

Unter den Termen einer Konfiguration hat derjenige mit der höchsten Spinmultiplizität die niedrigste Energie, und wenn es mehrere mit dem gleichen S gibt, derjenige von ihnen mit dem größten L (Hundsche Regel).

Die Wellenfunktionen zu den verschiedenen Termen kann man, ausgehend von bestimmten Slater-Determinanten, durch Anwendung der Verschiebungsoperatoren $\mathbf{L}_+$, $\mathbf{L}_-$, $\mathbf{S}_+$, $\mathbf{S}_-$ und evtl. Normierung erhalten.

Zur Vervollständigung der Klassifikation von Termen muß man noch angeben, ob die Wellenfunktion gerade *(g)* oder ungerade *(u)* bezüglich einer Inversion am Kernort ist.

11. Spin-Bahn-Wechselwirkung und Atome im Magnetfeld

11.1. Spin-Bahn-Wechselwirkung für Einelektronenatome

Das magnetische Moment, das mit dem Bahndrehimpuls verbunden ist, und das magnetische Moment des Elektronenspins geben Anlaß zu einer Wechselwirkung, die durch einen Zusatzterm zum Hamilton-Operator (für Bewegungen im Zentralfeld) beschrieben werden kann:

$$\mathbf{H}_{SB} = -\frac{\alpha^2}{2}\,\frac{1}{r}\,\frac{\mathrm{d}\,V(r)}{\mathrm{d}r}\cdot\vec{\ell}\cdot\vec{\mathbf{s}} = \xi(r)\,\vec{\ell}\cdot\vec{\mathbf{s}} = \xi(r)\left\{\ell_x\,\mathbf{s}_x + \ell_y\,\mathbf{s}_y + \ell_z\,\mathbf{s}_z\right\} \tag{11.1–1}$$

wobei $V(r)$ das Potential ist, in dem sich das Elektron bewegt und $\alpha = \frac{e^2}{\hbar c} \approx \frac{1}{137}$ die dimensionslose sogenannte Feinstrukturkonstante bedeutet. Daß in $\mathbf{H}_{SB}$ das Skalarprodukt der Operatoren $\vec{\ell}$ und $\vec{\mathbf{s}}$ auftritt, bedeutet anschaulich, daß die Wechselwirkung von der relativen Orientierung dieser beiden Drehimpulsvektoren abhängt.

Die Eigenfunktionen des gesamten Hamilton-Operators

$$\mathbf{H} = \mathbf{H}_0 + \mathbf{H}_{SB} \tag{11.1–2}$$

(wobei $\mathbf{H}_0$ unseren bisherigen spinunabhängigen Hamilton-Operator bedeutet) sind nun als gemeinsame Eigenfunktionen der mit $\mathbf{H}$ vertauschbaren Operatoren zu wählen. Anders als $\mathbf{H}_0$ vertauscht $\mathbf{H}_{SB}$ und damit auch $\mathbf{H}$ weder mit den Komponenten von $\vec{\ell}$ noch von $\vec{\mathbf{s}}$, vielmehr gilt, wie man durch Einsetzen von (11.1–1) für $\mathbf{H}_{SB}$ und (3.1–3) für ℓ_z erhält, z.B.

$$\mathbf{H}_{SB}\,\ell_z - \ell_z\,\mathbf{H}_{SB} = \mathrm{i}\,\hbar\,\xi(r)\left\{\mathbf{s}_x\,\ell_y - \mathbf{s}_y\,\ell_x\right\} \tag{11.1–3}$$

$$\mathbf{H}_{SB}\,\mathbf{s}_z - \mathbf{s}_z\,\mathbf{H}_{SB} = \mathrm{i}\,\hbar\,\xi(r)\left\{\mathbf{s}_y\,\ell_x - \mathbf{s}_x\,\ell_y\right\} \tag{11.1–4}$$

mit entsprechenden Gleichungen für die x- und y-Komponenten. Man sieht aber, daß sämtliche Komponenten des Operators

$$\vec{\mathbf{j}} = \vec{\ell} + \vec{\mathbf{s}} \tag{11.1–5}$$

mit $\mathbf{H}_{SB}$ vertauschen. Für $\mathbf{j}_z$ folgt das z.B. unmittelbar aus (11.1–3) und (11.1–4). Da $\vec{\mathbf{j}}$ auch mit $\mathbf{H}_0$ vertauscht, vertauscht es mit $\mathbf{H}$, und wir können die Eigenfunktionen von $\mathbf{H}$ so wählen, daß sie gleichzeitig Eigenfunktionen von $\mathbf{j}^2$ und $\mathbf{j}_z$ sind:

$$\begin{aligned} \mathbf{j}^2\,\psi &= \hbar^2\,j(j+1)\,\psi \\ \mathbf{j}_z\,\psi &= \hbar\,m_j\,\psi \end{aligned} \tag{11.1–6}$$

So wie für $\vec{\ell}$ und $\vec{\mathbf{s}}$ gelten auch für $\vec{\mathbf{j}}$ die typischen Drehimpulsvertauschungsrelationen,

$$\mathbf{j}_x\mathbf{j}_y - \mathbf{j}_y\mathbf{j}_x = \mathrm{i}\hbar\mathbf{j}_z$$

$$\mathbf{j}_y\mathbf{j}_z - \mathbf{j}_z\mathbf{j}_y = \mathrm{i}\hbar\mathbf{j}_x$$

$$\mathbf{j}_z\mathbf{j}_x - \mathbf{j}_x\mathbf{j}_z = \mathrm{i}\hbar\mathbf{j}_y \tag{11.1–7}$$

aus denen (11.1–6) wie in Abschn. 3.4 abgeleitet werden kann.

Für Einelektronensysteme (und nur für solche) vertauschen auch ℓ^2 und $\mathbf{s}^2$ mit $\mathbf{H}_{SB}$ (nicht aber die Komponenten ℓ_z, $\mathbf{s}_z$ etc. für sich). Das folgt unmittelbar daraus, daß sowohl ℓ^2 als auch $\mathbf{s}^2$ mit z.B. ℓ_x, $\mathbf{s}_x$ und $\xi(r)$, somit auch mit $\xi(r)\,\ell_x \cdot \mathbf{s}_x$ vertauschen.

Wir können die Eigenfunktionen unseres Einelektronensystems im Zentralfeld somit durch die Quantenzahlen j, m_j, l und s charakterisieren. Nach der in Abschn. 10.4 abgeleiteten Dreiecksungleichung für die Addition von Drehimpulsen gilt, daß

$$j = l+s,\, l+s-1,\, \ldots\, |l-s| \tag{11.1–8}$$

Da aber $s = \frac{1}{2}$, verbleibt nur

$$j = l+\frac{1}{2},\; l-\frac{1}{2} \quad \text{für } l \geqslant 1$$

$$j = \frac{1}{2} \quad\quad \text{für } l = 0 \tag{11.1–9}$$

Zu jedem Wert von l gehören also zwei verschiedene Werte von j, außer für $l = 0$, wozu nur ein Wert von j gehört.

Die 1s-Spinorbitale

$$\begin{array}{lcc} & s\alpha, & s\beta \\ m_j & \frac{1}{2} & -\frac{1}{2} \end{array} \tag{11.1–10}$$

sind also automatisch Eigenfunktionen von $\mathbf{j}^2$ zu $j = \frac{1}{2}$, und zu $s\alpha$ gehört $m_j = \frac{1}{2}$, zu $s\beta$ $m_j = -\frac{1}{2}$.

Die 2p-Spinorbitale

$$\begin{array}{lcccccc} & \pi\alpha, & \pi\beta, & \sigma\alpha, & \sigma\beta, & \bar{\pi}\alpha, & \bar{\pi}\beta \\ m_j & \frac{3}{2} & \frac{1}{2} & \frac{1}{2} & -\frac{1}{2} & -\frac{1}{2} & -\frac{3}{2} \end{array} \tag{11.1–11}$$

sind dagegen noch nicht automatisch Eigenfunktionen von $\mathbf{j}^2$, aber aus (11.1–9) wissen wir, daß $j = 3/2$ (mit $m_j = 3/2, 1/2, -1/2, -3/2$) und $j = 1/2$ (mit $m_j = 1/2, -1/2$) vorkommen müssen. Wir können m_j für diese Orbitale sofort hinschreiben, da $m_j = m_l + m_s$. Ähnlich wie bei der Ableitung der Terme zur Konfiguration p^2 argumentieren wir jetzt, daß $\pi\alpha$ und $\bar{\pi}\beta$ bereits Eigenfunktionen von $\mathbf{j}^2$ zu $j = 3/2$ sein müssen.

Die Eigenfunktionen von $\mathbf{j}^2$ zu $j = 3/2$, $m_j = \pm 1/2$ erhält man z.B. durch Anwendung von $\mathbf{j}_-$ auf $\pi\alpha$, so daß sich schließlich ergibt:

$$j = \frac{3}{2}: \quad \pi\alpha; \quad \frac{1}{\sqrt{2}}(\pi\beta + \sigma\alpha); \quad \frac{1}{\sqrt{2}}(\sigma\beta + \bar{\pi}\alpha); \quad \bar{\pi}\beta$$

$$m_j \quad \frac{3}{2} \qquad \frac{1}{2} \qquad -\frac{1}{2} \qquad -\frac{3}{2} \tag{11.1–12}$$

$$j = \frac{1}{2}; \quad \frac{1}{\sqrt{2}}(\pi\beta - \sigma\alpha); \quad \frac{1}{\sqrt{2}}(\sigma\beta - \bar{\pi}\alpha)$$

$$m_j \qquad \frac{1}{2} \qquad -\frac{1}{2} \tag{11.1–13}$$

Berechnen wir jetzt die Erwartungswerte von $\mathbf{H}_{SB}$ für unsere (j, m_j, l, s)-angepaßten Orbitale! Diese sind offenbar von der Form

$$\psi_{n,j,m_j,l,s} = R_{nl}(r)\, f_{j,m_j,l,s}(\vartheta, \varphi, s) \tag{11.1–14}$$

$$E_{SB} = \langle \psi_{n,j,m_j,l,s} | \mathbf{H}_{SB} | \psi_{n,j,m_j,l,s} \rangle = \int R^*_{nl}(r)\, \xi(r)\, R_{nl}(r)\, r^2\, dr \times$$

$$\times \langle f_{j,m_j,l,s} | \vec{\ell} \cdot \vec{\mathbf{s}} | f_{j,m_j,l,s} \rangle \tag{11.1–15}$$

Das Ergebnis der Integration über r bezeichnet man i.allg. mit dem Buchstaben ξ_{nl} und nennt es den *Spin-Bahn-Wechselwirkungsparameter.* Die Integration über die Winkel und den Spin formen wir noch etwas um:

$$\langle f_{j,m_j,l,s} | \vec{\ell} \cdot \vec{\mathbf{s}} | f_{j,m_j,l,s} \rangle = \frac{1}{2} \langle f_{j,m_j,l,s,} | \mathbf{j}^2 - \ell^2 - \mathbf{s}^2 | f_{j,m_j,l,s} \rangle$$

$$= \frac{1}{2} [j(j+1) - l(l+1) - s(s+1)]\, \hbar^2 \tag{11.1–16}$$

Von m_j ist dieses Ergebnis unabhängig. Jeder Energiewert ist also $(2j + 1)$-fach entartet.

Für die Spin-Bahn-Wechselwirkungsenergie eines Spinorbitals mit den Quantenzahlen (n, j, m_j, l, s) erhalten wir also schließlich

$$E_{SB} = \langle \psi_{n,j,m_j,l,s} | \mathbf{H}_{SB} | \psi_{n,j,m_j,l,s} \rangle = \frac{1}{2}\, \xi_{nl} \left[j(j+1) - l(l+1) - s(s+1) \right] \tag{11.1–17}$$

oder, wenn wir $s = 1/2$ einsetzen und die Fälle $j = l \pm 1/2$ berücksichtigen

$$E_{SB} = \begin{cases} \frac{1}{2}\, l\, \xi_{nl} & \\ & \text{für} \\ -\frac{1}{2}\,(l+1)\, \xi_{nl} & \end{cases} \begin{cases} j = l + \frac{1}{2} \\ \\ j = l - \frac{1}{2} \end{cases} \tag{11.1–18}$$

Für s-AO's, d.h. für $l = 0$, ist nur $j = l + 1/2 = 1/2$ möglich und $E_{SB} = 0$, d.h., es tritt weder eine Verschiebung noch eine Aufspaltung der Energie auf. Für $l > 0$ ist dagegen $j = l + 1/2$ und $j = l - 1/2$ zugelassen, und zu beiden j-Werten gehört ein verschiedener Wert von E_{SB}. Die Energie des Orbitals wird also in zwei verschiedene Niveaus aufgespalten, als Folge der Spin-Bahn-Wechselwirkung.

Für ein Elektron in einem Zentralfeld sind die Niveaus mit $l \neq 0$ in zwei Komponenten aufgespalten, man spricht dabei von *Dublett*-Termen. Zwischen jeder der beiden Komponenten des Dubletts zu $l = 1$ einerseits und dem (nicht-aufgespaltenen) s-Grundzustand andererseits sind Übergänge möglich, so daß alle entsprechenden Linien im Absorptionsspektrum in zwei Komponenten aufgespalten sind. Das bekannteste Beispiel für eine solche Dublett-Aufspaltung sind die beiden Natrium-*D*-Linien.

Es sei noch darauf hingewiesen, daß allgemein $\frac{dV}{dr}$ überall negativ, folglich $\xi(r)$ überall positiv ist und damit

$$\xi_{nl} > 0$$

Folglich liegt der Zustand mit $j = l - 1/2$ tiefer als derjenige mit $j = l + 1/2$. Allgemein bezeichnet man ein Multiplett als ,normal', wenn die Komponente mit dem kleinsten J am tiefsten liegt. Anderenfalls heißt das Multiplett ,invertiert'. So etwas kann bei Mehrelektronenatomen vorkommen.

Bei wasserstoffähnlichen Ionen läßt sich ξ_{nl} explizit ausrechnen, und man erhält (für $l > 0$; $\xi_{n0} = 0$)

$$\xi_{nl} = \frac{\alpha^2}{2} \cdot \frac{Z^4}{n^3 \cdot l\,(l + \frac{1}{2})\,(l+1)} \tag{11.1–19}$$

Bemerkenswert an diesem Ausdruck ist, daß ξ_{nl} proportional zur vierten Potenz der Kernladung Z ist.

Die Aufspaltung der Energieniveaus als Folge der Spin-Bahn-Wechselwirkung ist außerordentlich klein für leichte Atome, sie fällt aber bei schweren Atomen deutlich ins Gewicht. Der Spin-Bahn-Kopplungsparameter ist für ein $2p$-Elektron des H-Atoms ca. $0.24\ \mathrm{cm}^{-1}$, er ist für das Valenzelektron im tiefsten ^2P-Zustand des B^{2+} etwa $23\ \mathrm{cm}^{-1}$, für ein äußeres d-Elektron in Fe^{2+} ca. $400\ \mathrm{cm}^{-1}$. Die ξ_{nl}-Werte für $2p$-Elektronen der schweren Elemente sind noch um ein Vielfaches größer (von der Größenordnung Z^4 cm^{-1}).

Wir haben in diesem Abschnitt unterstellt, daß die Spin-Bahn-Wechselwirkung die Radialabhängigkeit der Wellenfunktion nicht beeinflußt*). Das ist nicht streng richtig, aber doch in so guter Näherung, daß wir uns nicht weiter darum zu kümmern haben, zumal dies allenfalls zu einer kleinen Veränderung der numerischen Werte von ξ_{nl} führen würde.

11.2. Spin-Bahn-Wechselwirkung bei Mehrelektronenatomen — Die Russell-Saunders-Kopplung

In Mehrelektronenatomen kommen noch Beiträge der Spin-Spin-Wechselwirkung, der Bahn-Bahn-Wechselwirkung und der Wechselwirkung zwischen dem Spin des einen und dem Drehimpuls eines anderen Elektrons hinzu**). Alle diese Terme und noch ein paar weitere sind aber nur kleine und i.allg. zu vernachlässigende Korrekturen zur eigentlichen Spin-Bahn-Wechselwirkung

$$\mathbf{H}_{\mathrm{SB}} = \sum_{k=1}^{n} \xi(r_k)\, \vec{\ell}(\vec{r}_k)\, \vec{\mathbf{s}}(s_k) = \sum_{k=1}^{n} \mathbf{h}_{\mathrm{SB}}(k) \qquad (11.2\text{-}1)$$

Der Spin-Bahn-Wechselwirkungsoperator $\mathbf{H}_{\mathrm{SB}}$ ist in guter Näherung eine Summe von Einelektronenoperatoren.

Anders als im Einelektronenfall vertauschen jetzt aber nur $\mathbf{J}^2$ und $\mathbf{J}_z$, wobei

$$\vec{\mathbf{J}} = \sum_{k=1}^{n} \vec{\mathbf{j}}(\vec{r}_k, s_k) \qquad (11.2\text{-}2)$$

mit $\mathbf{H}_{\mathrm{SB}}$ und folglich mit $\mathbf{H} = \mathbf{H}_0 + \mathbf{H}_{\mathrm{SB}}$, nicht aber $\mathbf{L}^2$ und $\mathbf{S}^2$ (und natürlich auch nicht $\mathbf{L}_z$ und $\mathbf{S}_z$), so daß man die Eigenfunktionen von $\mathbf{H}$ streng nur nach J und M_J, nicht aber nach L und S klassifizieren darf. Wenn jedoch die Spin-Bahn-Wechselwirkung sehr klein ist, sind L und S immer noch nahezu ‚gute Quantenzahlen', weil der Kommutator zwischen $\mathbf{H}$ und $\mathbf{L}^2$ bzw. $\mathbf{S}^2$ dann sehr klein ist.

---

* D.h., daß für die Berechnung der Spin-Bahn-Wechselwirkung die Störungstheorie 1. Ordnung ausreicht.

** Bzgl. Einzelheiten s. J.H. van Vleck, Rev.Mod.Phys. *23*, 213 (1951).

Wir wollen jetzt einfach unsere Näherungswellenfunktionen dazu zwingen, auch Eigenfunktionen von $\mathbf{L}^2$ und $\mathbf{S}^2$ zu sein. Das ist eine zusätzliche Näherung, die umso besser ist, je kleiner die Spin-Bahn-Wechselwirkung ist. (In Abschn. 11.3 wollen wir über diese Näherung hinausgehen und die Wellenfunktionen nicht mehr darauf beschränken, daß sie Eigenfunktionen von $\mathbf{L}^2$ und $\mathbf{S}^2$ sind.) Macht man diese Näherung, so spricht man von der *Russell-Saunders-Kopplung*.

Wir erläutern sie am Beispiel der p^2-Konfiguration, zu der es, wie wir wissen, bei Abwesenheit von Spin-Bahn-Wechselwirkung die Terme ${}^3P$, ${}^1D$ und ${}^1S$ gibt.

Da nach der Dreiecksungleichung für J die Werte

$$J = L+S,\ L+S-1,\ \ldots |L-S| \tag{11.2–3}$$

möglich sind, gibt es, wenn wir J am Termsymbol als rechten unteren Index angeben, folgende Russell-Saunders-Terme zurKonfiguration p^2:

$$\begin{array}{l} {}^3P_2,\ {}^3P_1,\ {}^3P_0 \\ {}^1S_0,\ {}^1D_2 \end{array} \tag{11.2–4}$$

Die Wellenfunktionen zu den Termen ${}^1S$ und ${}^1D$ sind automatisch schon Eigenfunktionen von $\mathbf{J}^2$; um die Eigenfunktionen von $\mathbf{J}^2$ zum Term ${}^3P$ zu erhalten, müssen wir Linearkombinationen aus den zu diesem Term gehörenden Wellenfunktionen bilden. Zum Glück gibt es einige Slater-Determinanten, die automatisch nicht nur Eigenfunktion von $\mathbf{L}^2$ und $\mathbf{S}^2$, sondern auch von $\mathbf{J}^2$ sind. Dieser Fall ist z.B. dann verwirklicht, wenn M_J seinen maximalen Wert einnimmt, der dann gleich J sein muß. In unserem Fall ist max $(M_J) = 2$. Hierzu gehören die beiden Slater-Determinanten

$$\Phi_1 = |\pi\alpha, \pi\beta| \qquad M_L = 2; M_S = 0; M_J = M_L + M_S = 2;\ L = 2;$$

$$S = 0;\ J = 2 \tag{11.2–5}$$

$$\Phi_2 = |\pi\alpha, \sigma\alpha| \qquad M_L = 1;\ M_S = 1;\ M_J = M_L + M_S = 2;$$

$$L = 1;\ S = 1;\ J = 2 \tag{11.2–6}$$

Φ_1 ist also eine der Eigenfunktionen zum Term ${}^1D_2$ und Φ_2 eine der Eigenfunktionen zum Term ${}^3P_2$. Für den Erwartungswert von $\mathbf{H}_{SB}$ gebildet mit Φ_2 ergibt sich, da $\mathbf{H}_{SB}$ eine Summe von Einelektronenoperatoren ist,

$$E_{SB}({}^3P_2) = (\Phi_2, \mathbf{H}_{SB}\Phi_2) = (\pi\alpha, \mathbf{h}_{SB}\,\pi\alpha) + (\sigma\alpha, \mathbf{h}_{SB}\,\sigma\alpha) = \frac{1}{2}\,\xi_{nl} \tag{11.2–7}$$

(Zum Auswerten dieser Matrixelemente setzt man

$$\mathbf{h}_{SB} = \xi(r)\,\vec{\ell}\cdot\vec{\mathbf{s}} = \xi(r)\left\{\frac{1}{2}\,\ell_+\mathbf{s}_- + \frac{1}{2}\,\ell_-\mathbf{s}_+ + \ell_z\mathbf{s}_z\right\} \tag{11.2–8}$$

und erhält, daß der erste Summand in (11.2–7) 1/2 ξ_{nl} ergibt, der zweite 0.)

Um E_{SB} für die beiden anderen Terme zu ^3P zu erhalten, ist es nicht nötig, zuerst die Wellenfunktionen zu konstruieren. Man kann sich vielmehr einer allgemeinen Beziehung bedienen. $\mathbf{H}_{SB}$ transformiert sich nämlich genauso wie der Operator $\vec{\mathbf{L}} \cdot \vec{\mathbf{S}}$, das bedeutet, daß für die Diagonal-Matrixelemente von $\mathbf{H}_{SB}$ und $\vec{\mathbf{L}} \cdot \vec{\mathbf{S}}$ zwischen Funktionen des gleichen $(L-S)$-Terms allgemein, wenn wir die Wellenfunktion eines Russel-Saunders-Terms durch die Konfiguration N und die Quantenzahlen J, M_J, L, S charakterisieren, folgendes gilt:

$$\begin{aligned} E_{SB} &= \langle \Psi_{N,J,M_J,L,S} \mid \mathbf{H}_{SB} \mid \Psi_{N,J,M_J,L,S} \rangle \\ &= \lambda \langle \Psi_{N,J,M_J,L,S,} \mid \vec{\mathbf{L}} \cdot \vec{\mathbf{S}} \mid \Psi_{N,J,M_J,L,S} \rangle \\ &= \lambda \cdot \frac{1}{2} \left\{ J(J+1) - L(L+1) - S(S+1) \right\} \end{aligned} \qquad (11.2-9)$$

wobei λ eine für *alle Terme einer Konfiguration* gleiche Konstante ist. Den Wert von λ für die $2p^2$-Konfiguration erhalten wir, wenn wir E_{SB} $(^3P_2)$ nach (11.2–9) ausrechnen und mit dem bereits bekannten Wert (11.2–7) vergleichen.

$$E_{SB} (^3P_2) = \lambda \cdot \frac{1}{2} \left\{ 2 \cdot 3 - 1 \cdot 2 - 1 \cdot 2 \right\} = \lambda = \frac{\xi_{2p}}{2} \qquad (11.2-10)$$

Also ist hier $\lambda = \xi_{2p}/2$, und wir erhalten

$$E_{SB} (^3P_1) = \lambda \cdot \frac{1}{2} \left\{ 1 \cdot 2 - 1 \cdot 2 - 1 \cdot 2 \right\} = -\lambda = -\frac{\xi_{2p}}{2} \qquad (11.2-11)$$

$$E_{SB} (^3P_0) = \lambda \cdot \frac{1}{2} \left\{ 0 \cdot 1 - 1 \cdot 2 - 1 \cdot 2 \right\} = -2\lambda = -\xi_{2p} \qquad (11.2-12)$$

Anhand von (11.2–9) sieht man auch, daß E_{SB} immer dann verschwindet, wenn $L = 0$ (und damit $J = S$) oder $S = 0$ (und damit $J = L$) ist. Die Energien unserer Russell-Saunders-Terme sind damit (vgl. 10.6–11):

$$\begin{aligned} E(^3P_0) &= E(^3P) - \xi_{2p} &&= 2H_{pp} + F^0 - \frac{1}{5} F^2 - \xi_{2p} \\ E(^3P_1) &= E(^3P) - \frac{1}{2}\xi_{2p} &&= 2H_{pp} + F^0 - \frac{1}{5} F^2 - \frac{1}{2}\xi_{2p} \\ E(^3P_2) &= E(^3P) + \frac{1}{2}\xi_{2p} &&= 2H_{pp} + F^0 - \frac{1}{5} F^2 + \frac{1}{2}\xi_{2p} \\ E(^1D_2) &= E(^1D) &&= 2H_{pp} + F^0 + \frac{1}{25} F^2 \\ E(^1S_0) &= E(^1S) &&= 2H_{pp} + F^0 + \frac{2}{5} F^2 \end{aligned} \qquad (11.2-13)$$

Zur Illustration der auftretenden Zahlenwerte seien jetzt die für die Energieunterschiede der Terme entscheidenden Werte F^2 und ξ_{2p} für die Konfiguration $1s^2 2p^2$ des C^{2+} angegeben: $F^2 = 3090\ \mathrm{cm}^{-1}$, $\xi_{2p} = 27\ \mathrm{cm}^{-1}$.

Die Aufspaltung des Energieniveaus durch F^2, also durch die Elektronenwechselwirkung, ist hier also wesentlich größer als diejenige durch ξ_{2p}, d.h. durch die Spin-Bahn-Wechselwirkung. Mit steigender Kernladungszahl steigt die Spin-Bahn-Wechselwirkung stark an. Bei den Übergangsmetallen der ersten Übergangsperiode ist ξ_{3d} noch klein gegenüber den Racah-Parametern B und C, bei denen der zweiten Periode sind ξ_{4d}, B und C von der gleichen Größenordnung, und in der dritten Periode ist ξ_{5d} deutlich größer als B und C. Dann ist die Russell-Saunderssche Näherung, die wir hier benutzt haben, nicht mehr zulässig.

Gl. (11.2–9) für die Multiplettaufspaltung gilt allgemein innerhalb des Russel-Saunders-Schemas. Für jede Konfiguration hängt λ aber in verschiedener Weise von dem Spin-Bahn-Wechselwirkungsparameter der beteiligten Atome ab. Für die Grundterme einer l^n-Konfiguration erhält man

$$\lambda = \frac{1}{2S}\xi, \text{ sofern } n \leqslant 2l+1 \text{ (und } S \neq 0\text{), und } \lambda = -\frac{1}{2S}\xi \text{ für } n \geqslant 2l+1$$

(und $S \neq 0$). Während für p^2 $\lambda = \frac{1}{2}\xi$ ist, so gilt für p^4, das die gleichen Russel-Saunders-Terme wie p^2 hat, daß $\lambda = -\frac{1}{2}\xi$. Die Reihenfolge der Terme $^3P_2$, $^3P_1$, $^3P_0$ ist also genau umgekehrt, das Multiplett ist ‚invertiert'. *Löcher* in einer abgeschlossen-schaligen Konfiguration verhalten sich zwar in vieler Hinsicht ähnlich wie Elektronen, aber sie haben gewissermaßen einen Drehimpuls in der umgekehrten Richtung.

11.3. Intermediäre Kopplung und *j–j*-Kopplung

Wir haben in Abschn. 11.2 unterstellt, daß man die Eigenfunktionen von $\mathbf{H}$ als Eigenfunktionen von $\mathbf{L}^2$ und $\mathbf{S}^2$ wählen kann, obwohl streng genommen nur J und M_J gute Quantenzahlen sind. Das bedeutet, um wieder beim Beispiel der p^2-Konfiguration zu bleiben, daß die Wellenfunktionen zu den Russell-Saunders-Termen $^3P_2$, $^3P_1$, $^3P_0$, $^1D_2$, $^1S_0$ nicht gute Näherungen für die wirklichen Wellenfunktionen sind, sondern wir haben diese anzusetzen als Linearkombinationen von Wellenfunktionen zu gleichem J und M_J. Die Funktionen zu $^3P_1$ sind bereits ‚richtig'; denn $J = 1$ kommt bei den anderen Termen nicht vor. Dagegen müssen wir $^3P_2$ mit $^1D_2$ und $^3P_0$ mit $^1S_0$ ‚mischen'. Wie stark diese Funktionen ‚mischen', hängt vom Wechselwirkungsmatrixelement

$$\langle {}^3P_2 | \mathbf{H}_{SB} | {}^1D_2 \rangle \text{ bzw. } \langle {}^3P_0 | \mathbf{H}_{SB} | {}^1S_0 \rangle \qquad (11.3\text{–}1)$$

ab. Solche Matrixelemente sind nur dann von Null verschieden, wenn beide Funktionen das gleiche M_J haben. Die Funktionen Φ_1 und Φ_2 nach Gl. (11.2–5) und (11.2–6) stimmen in der Tat in M_J überein, und Φ_1 gehört zu $^1D_2$, Φ_2 zu $^3P_2$. Für das Nichtdiagonal-Matrixelement erhält man mittels (11.2–8)

$$(\Phi_2, \mathbf{H}_{SB}, \Phi_1) = \frac{1}{2}\sqrt{2}\cdot\xi_{2p} \qquad (11.3\text{–}2)$$

Die gesamte Matrix des Hamilton-Operators in der Basis Φ_1, Φ_2 ist dann (wir schreiben im folgenden einfach ξ statt ξ_{2p})

$$\boldsymbol{H} = \begin{pmatrix} E\,(^3P) + \frac{1}{2}\,\xi & \frac{1}{2}\sqrt{2}\,\xi \\ \frac{1}{2}\sqrt{2}\,\xi & E\,(^1D) \end{pmatrix} \qquad (11.3\text{–}3)$$

Die Eigenwerte dieser Matrix und damit die Energien zu den ‚richtigen' Linearkombinationen zu $J = 2$ sind

$$E_{1,2}^{(J=2)} = \frac{1}{2}\left\{E\,(^3P) + E\,(^1D) + \frac{1}{2}\,\xi\right\} \pm \frac{1}{2}\sqrt{[E(^3P) - E(^1D) + \frac{1}{2}\,\xi]^2 + 2\,\xi^2}$$

$$= 2\,H_{pp} + F^0 - \frac{2}{25}\,F^2 + \frac{1}{4}\,\xi \pm \frac{1}{2}\sqrt{\left[-\frac{6}{25}\,F^2 + \frac{1}{2}\,\xi\right]^2 + 2\,\xi^2} \qquad (11.3\text{–}4)$$

In ganz analoger Weise erhält man für die Energien zu $J = 0$ folgendes:

$$E_{1,2}^{(J=0)} = \frac{1}{2}\left\{E(^3P) + E(^1S) - \xi\right\} \pm \frac{1}{2}\sqrt{\left[E(^3P) - E(^1S) - \xi\right]^2 + 8\,\xi^2}$$

$$= 2\,H_{pp} + F^0 + \frac{1}{10}\,F^2 - \frac{1}{2}\,\xi \pm \frac{1}{2}\sqrt{\left[-\frac{3}{5}\,F^2 - \xi\right]^2 + 8\,\xi^2} \qquad (11.3\text{–}5)$$

Zu $J = 1$ gibt es, wie gesagt, nur eine Energie:

$$E^{(J=1)} = E(^3P) - \frac{1}{2}\,\xi = 2\,H_{pp} + F^0 - \frac{1}{5}\,F^2 - \frac{1}{2}\,\xi \qquad (11.3\text{–}6)$$

Die Ausdrücke (11.3–4) bis (11.3–6) sind richtig, unabhängig davon, wie das Größenverhältnis zwischen F^2 und ξ ist – vorausgesetzt natürlich immer (was streng nie gilt), daß die Beschreibung im Rahmen einer einzigen Konfiguration (hier p^2) eine hinreichend gute Näherung ist. Das hier angewandte Verfahren, das die Russell-Saundersche Kopplung als Spezialfall (für $\xi \ll F^2$) enthält, bezeichnet man als *intermediäre* Kopplung. Es enthält, abgesehen von der Beschränkung auf eine Konfiguration und die Einschränkungen, die im Hamilton-Operator selbst liegen, keine Näherungen.

Es empfiehlt sich, anhand von (11.3–4) bis (11.3–6) die Grenzfälle a) $\xi \ll F^2$ und b) $\xi \gg F^2$ getrennt zu diskutieren. Im Fall a) können wir in den Wurzeln in (11.3–4) und (11.3–5) $2\xi^2$ bzw. $8\xi^2$ vernachlässigen, und wir erhalten die uns schon bekannten Russell-Saunders-Energien (11.2–13). Eine etwas bessere Näherung für nicht ganz kleine ξ erhält man, wenn man in den Wurzeln die Ausdrücke in eckigen Klammern ausklammert und vor die Wurzel zieht. Für die verbleibende Wurzel macht man dann eine Taylor-Entwicklung:

$$E_{1,2}^{(J=2)} = \frac{1}{2}\left\{E(^3P) + E(^1D) + \frac{1}{2}\xi\right\} \pm \frac{1}{2}\left\{E(^3P) - E(^1D) + \frac{1}{2}\xi\right\}$$

$$\times \left\{1 + \frac{\xi^2}{(E(^3P) - E(^1D) + \frac{1}{2}\xi)^2} + O(\xi^4)\right\} =$$

$$\begin{cases} E(^3P) + \frac{1}{2}\xi + \frac{1}{2}\dfrac{\xi^2}{E(^3P) - E(^1D) + \frac{1}{2}\xi} + O(\xi^4) \\[2ex] E(^1D) - \frac{1}{2}\dfrac{\xi^2}{E(^3P) - E(^1D) + \frac{1}{2}\xi} + O(\xi^4) \end{cases} \qquad (11.3\text{–}7)$$

Das Ergebnis (11.3–7) wird üblicherweise mit Hilfe der Störungstheorie 2. Ordnung abgeleitet. Die Störungstheorie leistet aber im Grund ja nichts anderes, als daß sie die Koeffizienten der Entwicklung der Energie nach Potenzen eines Parameters (hier ξ) zu berechnen gestattet. In unserem Fall können wir diese Koeffizienten unmittelbar durch eine Taylor-Entwicklung der exakten Lösung erhalten. Im Grenzfall b) ergibt sich bei völliger Vernachlässigung von F^2 gegenüber ξ folgendes:

$$E_{1,2}^{(J=2)} \doteq 2H_{pp} + F^0 + \frac{1}{4}\xi \pm \frac{3}{4}\xi = \begin{cases} 2H_{pp} + F^0 + \xi \\[1ex] 2H_{pp} + F^0 - \frac{1}{2}\xi \end{cases}$$

$$E_{1,2}^{(J=0)} = 2H_{pp} + F^0 - \frac{1}{2}\xi \pm \frac{3}{2}\xi = \begin{cases} 2H_{pp} + F^0 + \xi \\[1ex] 2H_{pp} + F^0 - 2\xi \end{cases}$$

$$E^{(J=1)} = 2H_{pp} + F^0 - \frac{1}{2}\xi \qquad (11.3\text{–}8)$$

Die Ausdrücke, die man erhält, wenn man F^2 stehen läßt und für die Wurzel nach Ausklammern von $\frac{9}{4}\xi^2$ bzw. $9\xi^2$ eine Taylor-Entwicklung ansetzt, wollen wir nicht anschreiben. Vielmehr wollen wir uns überlegen, wie das Ergebnis (11.3–8) für extrem große Spin-Bahn-Wechselwirkung zu verstehen ist und wie man es u.U. einfacher erhält.

Bei völliger Vernachlässigung der Austauschwechselwirkung der Elektronen kann man bei Anwesenheit von Spin-Bahn-Wechselwirkung die Wellenfunktionen einfach als Slater-Determinanten ansetzen, die aus solchen Spinorbitalen aufgebaut sind, die Eigenfunktionen von $\mathbf{j}^2$, d.h. von der Form (11.1–12/13) sind. Der Erwartungswert von $\mathbf{H}_{SB}$ ist dann gleich der Summe der Erwartungswerte von $\mathbf{h}_{SB}$ der beiden Spinorbitale. Da alle $l = 1$ und alle $s = 1/2$ sind, hängt nach (11.1–17) ein solcher Orbitalerwartungswert nur von j ab, und wir erhalten

$$\frac{1}{2}\xi \quad \text{für } j = \frac{3}{2} \quad \text{und} \quad -\xi \quad \text{für } j = \frac{1}{2}.$$

Damit ist, wenn wir eine *Spinorbital-Unter-Konfiguration* $[j_1, j_2]$ schreiben:

$$\begin{aligned}
&< \left[\frac{1}{2}, \frac{1}{2}\right] |\mathbf{H}_{SB}| \left[\frac{1}{2}, \frac{1}{2}\right] > = -\xi - \xi = -2\,\xi \\
&< \left[\frac{1}{2}, \frac{3}{2}\right] |\mathbf{H}_{SB}| \left[\frac{1}{2}, \frac{3}{2}\right] > = -\xi + \frac{1}{2}\xi = -\frac{1}{2}\xi \\
&< \left[\frac{3}{2}, \frac{3}{2}\right] |\mathbf{H}_{SB}| \left[\frac{3}{2}, \frac{3}{2}\right] > = \frac{1}{2}\xi + \frac{1}{2}\xi = +\xi
\end{aligned} \tag{11.3–9}$$

Das sind aber genau die gleichen Ausdrücke wie in (11.3–8). Im Grenzfall starker Spin-Bahn-Wechselwirkung hängt die Energie eines Terms in erster Näherung nur davon ab, welche j-Werte die beteiligten Elektronen haben, d.h., welche $[j_1, j_2]$-Unter-Konfiguration vorliegt. In diesem Fall, in dem man von j–j-Kopplung spricht, wird eine Konfiguration besser durch die Angabe der j-Werte für jedes Elektron als durch einen Russell-Saunders-Term charakterisiert.

Man kann natürlich auch ausgehend von der j–j-Kopplung nach anschließender Berücksichtigung der Austausch-Wechselwirkung der Elektronen zu den Energieausdrücken (11.3–4–6) der intermediären Kopplung gelangen, aber das ist etwas mühsam, und wir wollen es nicht durchführen.

11.4. Atome im Magnetfeld

11.4.1. Klassische Hamilton-Funktion – Vektorpotential des Magnetfelds

Die klassische Hamilton-Funktion für ein Elektron in einem elektromagnetischen Feld lautet

$$H = \frac{1}{2m}(\vec{p} + \frac{e}{c}\vec{A})^2 + V \tag{11.4–1}$$

wobei $\vec{A}$ das sog. Vektorpotential des magnetischen Feldes $\vec{\mathcal{H}}$ und V das Potential des elektrischen Feldes $\vec{\mathcal{E}}$ ist. Dabei ist e die Elektronenladung und c die Lichtgeschwindigkeit. $\vec{A}$ ist eine Funktion der Koordinaten der Elektronen. Bekanntlich (d.h. nach den Maxwellschen Gleichungen) ist das elektrische Feld $\vec{\mathcal{E}}$ wirbelfrei, d.h. rot $\vec{\mathcal{E}} = \vec{0}$ (sofern $\vec{\mathcal{H}}$ zeitlich konstant ist – wir wollen uns auf diesen Fall beschränken), und folglich läßt sich $\vec{\mathcal{E}}$ als Gradient eines skalaren Potentials schreiben:

$$\vec{\mathcal{E}} = -\operatorname{grad} V = -\nabla V \tag{11.4–2}$$

Hingegen ist $\vec{\mathcal{H}}$ quellenfrei, d.h. div $\vec{\mathcal{H}} = 0$, und folglich läßt sich $\vec{\mathcal{H}}$ als Rotation eines Vektorpotentials $\vec{A}$ schreiben (zur Definition von div, grad, rot s. Anhang A2)

$$\vec{\mathcal{H}} = \operatorname{rot} \vec{A} = \nabla \times \vec{A} \tag{11.4–3}$$

So wie V durch (11.4–2) nicht eindeutig festgelegt ist – man kann zu V eine beliebige Konstante hinzufügen, ohne die Gültigkeit von (11.4–2) zu ändern –, ist auch in der Definition von $\vec{A}$ noch einige Willkür. Addiert man nämlich zu $\vec{A}$ den Gradienten irgendeiner skalaren Funktion χ , so erfüllt $\vec{A} + \operatorname{grad} \chi$ ebenfalls (11.4–3). Diese Mehrdeutigkeit der sog. ‚Eichung' des Vektorpotentials soll uns aber nicht weiter interessieren; man kann nämlich zeigen, daß alle quantenmechanischen Observablen von dieser Eichung völlig unabhängig sind. Im Spezialfall eines homogenen Magnetfelds der Stärke $\vec{\mathcal{H}}$ ist *eine mögliche* Wahl des Vektorpotentials

$$\vec{A} = \frac{1}{2}\, \vec{\mathcal{H}} \times \vec{r} \tag{11.4–4}$$

Wir setzen (11.4–4) in (11.4–1) ein und haben dann die klassischen Hamilton-Funktion eines Elektrons in einem homogenen magnetischen Feld. Ersetzen wir dann $\vec{p}$ durch den Operator $\vec{\mathbf{p}} = \frac{\hbar}{i} \nabla$, so erhalten wir den entsprechenden Hamilton-Operator. Allerdings müssen wir noch berücksichtigen, daß auch der Elektronenspin mit dem Magnetfeld $\vec{\mathcal{H}}$ wechselwirkt, und wir dürfen den Term der Spin-Bahn-Wechselwirkung nicht weglassen. Evtl. sind sogar weitere Terme zu berücksichtigen, etwa solche, die mit dem Kernspin zusammenhängen, aber diese wollen wir jetzt weglassen. Sie sind natürlich für spezielle Anwendungen, z.B. im Zusammenhang mit der Kernresonanzspektroskopie, durchaus wesentlich, stellen aber in bezug auf die Effekte, die uns jetzt interessieren, nur kleine Korrekturen dar.

11.4.2. Der Hamilton-Operator für ein Atom im Magnetfeld

Der Hamilton-Operator für ein Atom in einem homogenen Magnetfeld ist somit gegeben durch (man benutzt in diesem Fall i.allg. keine atomaren Einheiten.):

$$\begin{aligned}\mathbf{H} = \frac{1}{2m} \sum_{k=1}^{n} \Bigg\{ & \left(\frac{\hbar}{i} \nabla_k + \frac{e}{2c}\, \vec{\mathcal{H}} \times \vec{r}_k\right)^2 + \frac{2e}{c}\, \vec{\mathbf{s}}_k \cdot \vec{\mathcal{H}} \\ & + \frac{me}{c}\, \xi(r_k)\, \vec{r}_k \times \vec{\mathcal{H}} \times \vec{r}_k \cdot \vec{\mathbf{s}}_k + \xi(r_k)\, \vec{\ell}_k \cdot \vec{\mathbf{s}}_k \Bigg\} - \sum_{k=1}^{n} \frac{Z e^2}{r_k} \\ & + \sum_{k<l} \frac{e^2}{r_{kl}} \end{aligned} \tag{11.4–5}$$

Dabei enthält (11.4–5) zusätzlich zu den bereits in (11.4–1) bzw. auch sonst in einem Hamilton-Operator eines Mehrelektronenatoms enthaltenen Termen noch den Operator

$$\frac{1}{2m} \sum_{k=1}^{n} \frac{2e}{c} \vec{\mathbf{s}}_k \cdot \vec{\mathcal{H}} , \qquad (11.4\text{–}6)$$

der Wechselwirkung zwischen Spin und äußerem Magnetfeld, den Operator

$$\frac{e}{2c} \sum_{k=1}^{n} \xi(r_k)\, \vec{r}_k \times \vec{\mathcal{H}} \times \vec{r}_k \cdot \vec{\mathbf{s}}_k , \qquad (11.4\text{–}7)$$

der i.allg. aber nur kleinere Korrekturen darstellt, und den wir deshalb im folgenden weglassen wollen, sowie schließlich den uns bekannten Operator der Spin-Bahn-Wechselwirkung

$$-\frac{1}{2m} \sum_{k} \xi(r_k)\, \vec{\ell}_k \cdot \vec{\mathbf{s}}_k \qquad (11.4\text{–}8)$$

Subtrahiert man von $\mathbf{H}$ den Hamilton-Operator $\mathbf{H}_0$ bei Abwesenheit eines äußeren Magnetfeldes (aber mit Berücksichtigung der Spin-Bahn-Wechselwirkung), so erhält man für den ‚Störoperator' $\mathbf{H}' = \mathbf{H} - \mathbf{H}_0$, wenn man den i.allg. sehr kleinen Term (11.4–7) vernachlässigt,

$$\mathbf{H}' = \sum_{k=1}^{n} \left\{ \frac{e}{2mc} \vec{\mathcal{H}} \times \vec{r}_k \cdot \frac{\hbar}{i} \nabla_k + \frac{e^2}{8mc^2} |\vec{\mathcal{H}} \times \vec{r}_k|^2 + \frac{e}{mc} \vec{\mathcal{H}} \cdot \vec{\mathbf{s}}_k \right\}$$

$$= \frac{e}{2mc} \vec{\mathcal{H}} \cdot \sum_{k=1}^{n} (\vec{\ell}_k + 2\vec{\mathbf{s}}_k) + \frac{e^2}{8mc^2} \sum_{k=1}^{n} |\vec{\mathcal{H}} \times \vec{r}_k|^2$$

$$= \frac{e}{2mc} \vec{\mathcal{H}} \cdot (\vec{\mathbf{L}} + 2\vec{\mathbf{S}}) + \frac{e^2}{8mc^2} \sum_{k=1}^{n} |\vec{\mathcal{H}} \times \vec{r}_k|^2 \qquad (11.4\text{–}9)$$

Bei der Umformung in (11.4–9) haben wir berücksichtigt, daß allgemein $\vec{A} \times \vec{B} \cdot \vec{C} = \vec{A} \cdot \vec{B} \times \vec{C}$ gilt.

Man kann $\frac{e}{2mc} \vec{\mathbf{L}}$ als den Operator des magnetischen Moments interpretieren, das mit dem Bahndrehimpuls verbunden ist, und entsprechend $\frac{e}{mc} \cdot \vec{\mathbf{S}}$ als das magnetische Moment des Spins. Während das Verhältnis $\frac{e}{2mc}$ zwischen magnetischem Moment und Bahndrehimpuls durchaus im Einklang mit den Ergebnissen der klassischen

Physik ist, weicht das entsprechende Verhältnis beim Spin um einen Faktor 2 von dem ab, was man naiverweise erwarten würde. Das Elektron hat ein anomales gyromagnetisches Verhältnis von $g = 2$. Wir haben hier dieses Ergebnis nicht abgeleitet, sondern bei der Formulierung des Wechselwirkungsterms zwischen Spin und Magnetfeld in (11.4–5) hineingesteckt. Die Form (11.4–5) des Hamilton-Operators und damit auch das anomale gyromagnetische Verhältnis des Elektrons läßt sich aber ausgehend von der Diracschen relativistischen Quantentheorie herleiten. Interessant ist, daß der g-Faktor des Elektrons nicht, wie aus der Dirac-Gleichung folgt, und wie wir es hier unterstellt haben, genau gleich 2 ist, sondern

$$g = 2.0023 \tag{11.4–10}$$

Die Abweichung vom Wert von 2 läßt sich mit Hilfe der Quantenelektrodynamik quantitativ erklären. Das soll uns aber hier nicht weiter interessieren.

11.4.3. Anwendung der Störungstheorie

Wir wollen festlegen, daß die Richtung des homogenen magnetischen Feldes die z-Richtung sei, d.h.

$$\mathcal{H}_x = \mathcal{H}_y = 0, \quad \vec{\mathcal{H}} = (0,0,\mathcal{H}_z), \quad \vec{\mathcal{H}} \times \vec{r} = (-\mathcal{H}_z y, \mathcal{H}_z x, 0) \tag{11.4–11}$$

Dann wird aus (11.4–9)

$$\begin{aligned} \mathbf{H}' &= \frac{e}{2mc}\,\mathcal{H}_z\,(\mathbf{L}_z + 2\mathbf{S}_z) + \frac{e^2}{8mc^2}\,\mathcal{H}_z^2 \sum_{k=1}^{n} (x_k^2 + y_k^2) \\ &= \mathbf{H}_1\,\mathcal{H}_z + \mathbf{H}_2\,\mathcal{H}_z^2 \end{aligned} \tag{11.4–12}$$

$$\begin{aligned} \mathbf{H}_1 &= \frac{e}{2mc}\,(\mathbf{L}_z + 2\mathbf{S}_z) \\ \mathbf{H}_2 &= \frac{e^2}{8mc^2} \sum_{k=1}^{n} (x_k^2 + y_k^2) \end{aligned} \tag{11.4–13}$$

Der Störungsoperator $\mathbf{H}'$ besteht also aus zwei Anteilen, von denen der eine proportional zur Feldstärke $\mathcal{H}_z$, der andere proportional zu $\mathcal{H}_z^2$ ist. Was uns jetzt interessiert, ist die Energie E als Funktion von $\mathcal{H}_z$. Dazu benutzen wir den Formalismus der Störungstheorie (s. Kap. 6).

Wir entwickeln E und ψ für genügend kleine $\mathcal{H}_z$ als Potenzreihe in $\mathcal{H}_z$:

$$E = E_0 + E_1\,\mathcal{H}_z + E_2\,\mathcal{H}_z^2 + \ldots \tag{11.4–14}$$

$$\psi = \psi_0 + \psi_1\,\mathcal{H}_z + \psi_2\,\mathcal{H}_z^2 + \ldots \tag{11.4–15}$$

Einsetzen von (11.4—12), (11.4—14) und (11.4—15) in die Schrödingergleichung $(\mathbf{H}_0 + \mathbf{H}')\,\psi = E\,\psi$ und Ordnen nach Potenzen von $\mathcal{H}_z$ führt zu Gleichungen, die H_k, E_k und ψ_k verknüpfen. Uns interessieren vor allem folgende drei Gleichungen der Störungstheorie

$$\mathbf{H}_0\,\psi_0 = E_0\,\psi_0 \tag{11.4—16}$$

$$E_1 = (\psi_0, \mathbf{H}_1\,\psi_0) \tag{11.4—17}$$

$$E_2 = (\psi_0, \mathbf{H}_1\,\psi_1) + (\psi_0, \mathbf{H}_2\,\psi_0) \tag{11.4—18}$$

Den in $\mathcal{H}_z$ linearen Anteil E_1 der Energie berechnet man einfach als Erwartungswert von $\mathbf{H}_1$, gebildet mit der Eigenfunktion ψ_0 des ‚ungestörten' Hamilton-Operators $\mathbf{H}_0$. Zur Berechnung von E_2 ist dagegen die Kenntnis von ψ_1 erforderlich, das man als Lösung der inhomogenen Differentialgleichung

$$(\mathbf{H}_0 - E_0)\,\psi_1 = -(\mathbf{H}_1 - E_1)\,\psi_0 \tag{11.4—19}$$

mit der Nebenbedingung $(\psi_1, \psi_0) = 0$ berechnen kann.

Wenn $\mathcal{H}_z$ sehr klein ist – und alle experimentell erzeugbaren Feldstärken sind in diesem Sinne klein –, so ist die Störung der Energie im wesentlichen durch $E_1\,\mathcal{H}_z$ gegeben, bzw. falls $E_1\,\mathcal{H}_z$ verschwindet, durch $E_2\,\mathcal{H}_z^2$. Wenn $E_1\,\mathcal{H}_z$ nicht verschwindet, aber nur dann, kann man in guter Näherung $E_2\,\mathcal{H}_z^2$ vernachlässigen. Man sieht übrigens leicht, daß

$$\left(\frac{\partial E}{\partial \mathcal{H}_z}\right)_{\mathcal{H}_z=0} = E_1 \tag{11.4—20}$$

$$\left(\frac{\partial^2 E}{\partial \mathcal{H}_z^2}\right)_{\mathcal{H}_z=0} = 2\,E_2 \tag{11.4—21}$$

11.4.4. Der Diamagnetismus von Atomen in ^1S-Zuständen

Betrachten wir den ^1S-Zustand eines Atoms. Hier gilt

$$\begin{aligned} \mathbf{L}_z\,\psi_0 &= 0\,\psi_0 = 0 \\ \mathbf{S}_z\,\psi_0 &= 0\,\psi_0 = 0 \end{aligned} \tag{11.4—22}$$

und folglich nach (11.4—17) und (11.4—13)

$$E_1 = \frac{e}{2mc} < \psi_0 \mid \mathbf{L}_z + 2\mathbf{S}_z \mid \psi_0 > = 0 \tag{11.4—23}$$

Außerdem verschwindet die rechte Seite von (11.4–19), so daß ψ_1 Eigenfunktion von $\mathbf{H}_0$ zum Eigenwert E_0 ist. Einzige Eigenfunktion von $\mathbf{H}_0$ zum Eigenwert E_0 ist aber ψ_0, da ein ^1S-Zustand nicht-entartet ist. Die Nebenbedingung $(\psi_1, \psi_0) = 0$ ist also nur zu erfüllen, wenn $\psi_1 \equiv 0$ ist. Damit erhalten wir für E_2 nach (11.4–18) und (11.4–13)

$$E_2 = \frac{e^2}{8mc^2} < \psi_0 \mid \sum_{k=1}^{n} (x_k^2 + y_k^2) \mid \psi_0 >$$

$$= \frac{e^2}{12mc^2} < \psi_0 \mid \sum_{k=1}^{n} r_k^2 \mid \psi_0 > = \frac{1}{2} \left(\frac{\partial^2 E}{\partial \mathcal{H}_z^2} \right)_{\mathcal{H}_z = 0} \qquad (11.4\text{–}24)$$

Wenn wir $\frac{\partial^2 E}{\partial \mathcal{H}_z^2}$ noch mit der Loschmidtschen Zahl N_L multiplizieren, erhalten wir den Ausdruck für die magnetische Suszeptibilität

$$\chi = \frac{N_L \cdot e^2}{6mc^2} < \psi_0 \mid \sum_{k=1}^{n} r_k^2 \mid \psi_0 > \qquad (11.4\text{–}25)$$

eines Mols von Atomen in einem ^1S-Zustand. Der Ausdruck (11.4–25) ist positiv, die Energie wird im Feld erhöht. Anschaulich gesprochen induziert das angelegte Feld in einem Atom, das kein permanentes magnetisches Moment hat, einen Kreisstrom und damit ein dem angelegten Feld entgegengesetzes magnetischen Moment, wodurch Energieerhöhung auftritt. Man spricht hier von *Diamagnetismus.*

Es sei darauf hingewiesen, daß die soeben gegebene Ableitung der magnetischen Suszeptibilität nur für diamagnetische *Atome,* nicht aber für Moleküle gilt. Die Wellenfunktionen von Molekülen sind nämlich nicht Eigenfunktionen von $\mathbf{L}_z$, und damit verschwindet ψ_1 nicht, so daß es auch einen ganz wesentlichen Beitrag zu $\frac{\partial^2 E}{\partial \mathcal{H}_z^2}$ gibt, der mit $\mathbf{H}_1$ in einer komplizierten Weise über (11.4–18 und 11.4–19) zusammenhängt (sog. van-Vleckscher oder temperaturunabhängiger Paramagnetismus).

11.4.5. Der Zeeman-Effekt

Im folgenden betrachten wir Atome mit $L \neq 0$ oder $S \neq 0$, die also selbst ein permanentes magnetisches Moment haben, und wir interessieren uns nur für Energiebeiträge, die linear in der Feldstärke $\mathcal{H}_z$ sind.

Wenn das Feld $\mathcal{H}_z$ genügend klein ist – und das ist in der Praxis in der Regel der Fall – so sind die Wechselwirkungen mit dem Magnetfeld klein gegen die Spin-Bahn-Wechselwirkung. Wir beschränken uns jetzt auf den Fall, daß auch letztere noch klein ist, d.h., daß wir die Russell-Saunders-Kopplung verwenden können. Die Russel-Saunders-Terme sind nach J, M_J, L und S klassifiziert, $\mathbf{H}'$ vertauscht dagegen nur mit $\mathbf{J}^2$, $\mathbf{J}_z$, $\mathbf{L}_z$

und $\mathbf{S}_z$, nicht aber mit $\mathbf{L}^2$ und $\mathbf{S}^2$. Das macht die Berechnung der Matrixelemente $E_1 = (\psi_0, \mathbf{H}' \psi_0)$ etwas schwierig. Um sie berechnen zu können, muß man etwas tiefer in die Theorie des Drehimpulses eindringen als wir das hier vorhaben. Man erhält für die Energieänderungen im Feld

$$\Delta E(J, M_J, L, S) = \frac{e\hbar}{2mc} \cdot g\,\mathcal{H}_z M_J = \beta \cdot g\,\mathcal{H}_z\, M_J \qquad (11.4\text{–}26)$$

mit

$$g = 1 + \frac{J(J+1) + S(S+1) - L(L+1)}{2J(J+1)} \qquad (11.4\text{–}27)$$

Die Größe

$$\beta = \frac{e \cdot \hbar}{2mc} = 0.9273 \cdot 10^{-20} \text{ erg/gauss} \qquad (11.4\text{–}28)$$

bezeichnet man als *Bohrsches Magneton.* Im magnetischen Feld spaltet die Energie jedes Russell-Saunders-Terms, die bei Abwesenheit eines Feldes $(2J+1)$-fach entartet ist, gemäß (11.4–26) in $(2J+1)$-äquidistante Niveaus auf, mit einem Abstand von $\beta \cdot g \cdot \mathcal{H}_z$ zwischen benachbarten Niveaus. Diese Aufspaltung im Magnetfeld bezeichnet man als *Zeeman-Effekt.* Man kann die Übergänge zwischen Zeeman-Niveaus unmittelbar mit Hilfe der Elektronenspinresonanz-Methode messen.

11.4.6. Die magnetische Suszeptibilität paramagnetischer Atome

Eine Folge des Zeeman-Effekts ist der Paramagnetismus von Atomen mit $S \neq 0$ oder $L \neq 0$.

Betrachten wir zunächst einen Russell-Saunders-Term, etwa den Grundterm eines Atoms. Dieser ist durch J, L und S gekennzeichnet und $(2J+1)$-fach entartet. Alle $(2J+1)$-verschiedenen M_J-Werte sind bei Abwesenheit eines äußeren Magnetfelds gleich wahrscheinlich. Die Wechselwirkung eines M_J-Zustandes mit dem Magnetfeld ist durch (11.4–26) gegeben. Mittelt man über alle M_J-Zustände unter der Voraussetzung, daß sie gleich wahrscheinlich sind, so erhält man

$$\overline{\Delta E}(J\, L, S) = \frac{1}{2J+1} \sum_{M_J=-J}^{J} \Delta E(J, M_J, L, S) = \frac{\beta \cdot g \cdot \mathcal{H}_z}{2J+1} \cdot \sum_{M_J=-J}^{J} M_J = 0 \qquad (11.4\text{–}29)$$

Es sollte also im Mittel überhaupt keine Wechselwirkungsenergie mit dem Feld auftreten.

Tatsächlich sind die verschiedenen Niveaus in einem Gas von Atomen aber nicht gleich stark besetzt, sondern es gilt eine Boltzmann-Verteilung, und wir erhalten für die mittlere Wechselwirkungsenergie eines Russell-Saunders-Terms:

$$\overline{\Delta E}\,(J, L, S) = \frac{\sum\limits_{M_J} \mathcal{H}_z \beta g \cdot M_J \, e^{-\frac{\beta g M_J \mathcal{H}_z}{k T}}}{\sum\limits_{M_J} e^{-\frac{\beta g M_J \mathcal{H}_z}{k T}}}$$

$$= \frac{\mathcal{H}_z \cdot \beta \cdot g \sum\limits_{M_J} M_J \left\{1 - \frac{\beta g M_J \mathcal{H}_z}{k T} + \ldots\right\}}{\sum\limits_{M_J} \left\{1 - \frac{\beta g M_J \mathcal{H}_z}{k T} + \ldots\right\}} \tag{11.4–30}$$

Berücksichtigen wir, daß

$$\sum_{M_J = -J}^{J} 1 = (2J + 1) \; ; \quad \sum_{M_J = -J}^{J} M_J = 0 \tag{11.4–31}$$

$$\sum_{M_J = -J}^{J} M_J^2 = \frac{1}{3} J\,(J + 1)\,(2J + 1)\,, \tag{11.4–32}$$

so wird aus (11.4–30) bei Vernachlässigung von Termen, die von höherer als zweiter Ordnung in $\mathcal{H}_z$ sind:

$$\overline{\Delta E}\,(L, S, J) = -\mathcal{H}_z^2 \cdot \frac{\beta^2 \cdot g^2 J\,(J + 1)}{3\,k T} \tag{11.4–33}$$

(Dieser Ausdruck gilt nicht mehr für sehr tiefe Temperaturen, d.h. kleines T, weil die Reihenentwicklung der e-Funktion unter Beschränkung auf zwei Terme dann eine schlechte Näherung ist.)

Wenn wir wie in Abschn. 11.4.4 die magnetische Suszeptibilität definieren als

$$\chi = N_L \cdot \frac{\partial^2 E}{\partial \mathcal{H}_z^2} \tag{11.4–34}$$

so erhalten wir jetzt

$$\chi = -\frac{2 N_L \cdot \beta^2 \cdot g^2 J\,(J + 1)}{3\,k T} \tag{11.4–35}$$

χ ist negativ, die Energie wird im Feld erniedrigt, man spricht von *Paramagnetismus*. Dieser ist, wie das T im Nenner erkennen läßt, temperaturabhängig.

Anschaulich kommt diese Energieerniedrigung dadurch zustande, daß Atome mit $L \neq 0$, $S \neq 0$ ein permanentes magnetisches Moment besitzen. Während bei Abwesenheit eines Feldes alle Orientierungen der Momente gleich wahrscheinlich sind, sind im Feld, abhängig von der Temperatur, mehr Momente so orientiert, daß sie eine anziehende (energieerniedrigende) Wechselwirkung mit dem Feld geben.

Mit dem Ausdruck (11.4–35) für die magnetische Suszeptibilität sind wir aber noch nicht ganz fertig. Zunächst müssen wir berücksichtigen, daß bei höherer Temperatur nicht nur Zustände des Grundterms besetzt sind, vor allem dann, wenn die Energien anderer Russel-Saunders-Terme dicht über dem Grundterm liegen. Dann müssen wir noch über eine Boltzmann-Verteilung der verschiedenen Russell-Saunders-Terme mitteln und erhalten

$$\chi = -\frac{2 N_L \sum\limits_k (2J_k + 1)\, \Delta E_k (L_k, S_k, J_k)\, e^{-\frac{\Delta E_k}{kT}}}{\mathcal{H}_z^2 \sum\limits_k (2J_k + 1)\, e^{-\frac{\Delta E_k}{kT}}} \qquad (11.4\text{–}36)$$

Wir müssen aber noch etwas anderes bedenken: Die Zeeman-Aufspaltung der einzelnen Niveaus ist linear in $\mathcal{H}_z$, aber die mittlere Wechselwirkung der Atome eines Gases mit dem Feld, die zum Paramagnetismus führt, ist quadratisch in $\mathcal{H}_z$. Während wir bei der Betrachtung des Zeeman-Effekts auf die Berücksichtigung von Beiträgen in $\mathcal{H}_z^2$ zur Energie verzichten konnten, da die in $\mathcal{H}_z$ linearen Beiträge sicher wichtiger sind, ist das für die magnetische Suszeptibilität anders. In der Tat gibt es zwei Beiträge zu χ, die von Beiträgen zur Energie, die proportional zu $\mathcal{H}_z^2$ sind, herrühren:

a) den in Abschn. 11.4.4 behandelten diamagnetischen Beitrag, der im Sinne der Störungstheorie (11.4–18) den Erwartungswert $(\psi_0, \mathbf{H}_2\, \psi_0)$ darstellt,

b) den Beitrag $(\psi_0, \mathbf{H}_1, \psi_1)$, der energieerniedrigend ist und den man als Van-Vleckschen Paramagnetismus bezeichnet.

Sowohl der diamagnetische Beitrag zu χ wie der Beitrag des Van-Vleckschen Paramagnetismus sind temperatur*un*abhängig. Beide sind i.allg. klein, verglichen mit dem temperaturabhängigen Paramagnetismus. Bei einer quantitativen Berechnung der magnetischen Suszeptibilität eines paramagnetischen Moleküls müssen aber beide mitberücksichtigt werden.

Zusammenfassung zu Kap. 11

Das magnetische Moment des Bahndrehimpulses und dasjenige des Spins führen zu einer Wechselwirkung, die durch den Spin-Bahn-Wechselwirkungsoperator $\mathbf{H}_{SB}$ (11.1–1) beschrieben wird. Dieser ist eine Summe von Einelektronenoperatoren (11.2–1). Bei Anwesenheit von Spin-Bahn-Wechselwirkung (d.h., wenn diese nicht zu vernachlässigen ist) vertauscht der Hamilton-Operator $\mathbf{H} = \mathbf{H}_0 + \mathbf{H}_{SB}$ nicht mehr mit $\mathbf{L}^2$, $\mathbf{L}_z$, $\mathbf{S}^2$, $\mathbf{S}_z$, sondern nur mit $\mathbf{J}^2$ und $\mathbf{J}_z$, wobei $\vec{\mathbf{J}} = \vec{\mathbf{L}} + \vec{\mathbf{S}}$. Die Eigenfunktionen sind nur mehr durch die Quantenzahlen J und M_J zu charakterisieren. Bei Einelektronensystemen vertauscht $\mathbf{H}$ allerdings auch mit $\boldsymbol{\ell}^2$ und $\mathbf{s}^2$ (nicht mit $\boldsymbol{\ell}_z$ und $\mathbf{s}_z$), so daß j, m_j, l und s ‚gute' Quantenzahlen sind. Bei Mehrelektronenatomen sind L und S nur im Grenzfall sehr kleiner Spin-Bahn-Wechselwirkung gute Quantenzahlen. In diesem Grenzfall kennzeichnet man Zustände durch einen Russell-Saunders-Term, z.B. $^3P_1$, wobei der Index 1 den Wert von J angibt. Die zulässigen Werte von J liegen nach der Dreiecksungleichung zwischen $|L-S|$ und $L+S$.

Wenn zu einem LS-Term mehrere J möglich sind, so haben die verschiedenen Zustände verschiedene Energien, die gemäß (11.2–9) mit L, S und J zusammenhängen. Die Spin-Bahn-Wechselwirkung führt zu einer Aufspaltung des $(2L+1)\cdot(2S+1)$-fach entarteten LS-Terms in min $[(2L+1), (2S+1)]$ verschiedene Terme mit verschiedenem J, die je noch $(2J+1)$-fach entartet sind.

Wenn die Spin-Bahn-Wechselwirkung nicht klein ist gegenüber der Größe der energetischen Aufspaltung einer Konfiguration in verschiedene Terme als Folge der Austauschwechselwirkung der Elektronen, dann wird ein physikalischer Zustand nicht durch einen einzigen Russell-Saunders-Term, sondern durch eine Mischung von Russell-Saunders-Termen der gleichen Konfiguration, mit verschiedenen L und S, aber gleichem J beschrieben. Bei der p^2-Konfiguration ‚mischen' z.B. die Terme $^3P_2$ und $^1D_2$. Im Grenzfall, daß die Spin-Bahn-Wechselwirkung sogar groß ist verglichen mit der Termaufspaltung, empfiehlt es sich in erster Näherung nicht von Russell-Saunders-Termen auszugehen, sondern von Unterkonfigurationen, in denen jedes Elektron außer durch l und s durch einen Wert von j gekennzeichnet ist. Bei der p^2-Konfiguration sind die Unterkonfigurationen [1/2, 1/2], [1/2, 3/2] und [3/2, 3/2] möglich.

Der Hamilton-Operator für ein Atom in einem äußeren Magnetfeld ist durch (11.4–5) gegeben. Er kann für ein homogenes Magnetfeld so umgeformt werden, daß er sich als $\mathbf{H} = \mathbf{H}_0 + \mathbf{H}'$ schreiben läßt, wobei $\mathbf{H}_0$ der Operator bei Abwesenheit eines Magnetfeldes ist. $\mathbf{H}'$ enthält zwei Anteile, von denen der eine proportional zur magnetischen Feldstärke $\mathcal{H}_z$, der andere proportional zu ihrem Quadrat $\mathcal{H}_z^2$ ist (wobei die Feldrichtung mit der z-Achse zusammenfalle). Mit Hilfe der Störungstheorie lassen sich die Beiträge zur Energie berechnen, die proportional zu $\mathcal{H}_z$ bzw. zu $\mathcal{H}_z^2$ sind. Bei Atomen in ^1S-Zuständen verschwindet der Beitrag in $\mathcal{H}_z$, und derjenige in $\mathcal{H}_z^2$ (11.4–24) ist unmittelbar für die diamagnetische Suszeptibilität verantwortlich.

Atomare Zustände mit $J \neq 0$ sind bei Abwesenheit eines Feldes $(2J+1)$-fach entartet. Diese Entartung wird im magnetischen Feld aufgehoben, wobei die Verschiebung der Energien für verschiedenes M_J durch (11.4–26) gegeben ist (Zeeman-Effekt). Diese Zeeman-Aufspaltung ergibt zusammen mit der Boltzmannschen Energieverteilung den temperaturabhängigen Paramagnetismus. Daneben gibt es noch einen temperaturunabhängigen (Van-Vleckschen) Paramagnetismus, der mit dem Störungsbeitrag 2. Ordnung (11.4–18) zur Energie zusammenhängt.

12. Elektronen-Korrelation und Konfigurationswechselwirkung

12.1. Die Korrelationsenergie

Berechnet man den im Sinne des Variationsprinzips besten Energieerwartungswert für eine nur aus einer Slater-Determinante bestehende Wellenfunktion, d.h. die Hartree-Fock-Energie

$$E_{HF} = (\phi, \mathbf{H}\phi) \tag{12.1–1}$$

eines bestimmten quantenmechanischen Zustandes, so hat man damit nicht den entsprechenden Eigenwert E der Schrödingergleichung, sondern nur eine Näherung für diesen. Die Differenz

$$E_{corr} = E - E_{HF} \tag{12.1–2}$$

bezeichnet man als Korrelationsenergie*). Auch der Eigenwert E der Schrödinger-Gleichung ist noch nicht identisch mit der exakten (oder experimentellen) Energie E_{ex} dieses Zustandes, da die Schrödingergleichung selbst nur im sog. nicht-relativistischen Grenzfall gültig ist, während die atomare bzw. molekulare Wirklichkeit relativistisch ist. Die relativistische Korrektur zur Energie

$$E_{rel} = E_{ex} - E \tag{12.1–3}$$

ist bei Atomen etwa proportional zur vierten Potenz der Kernladung. Sie ist bei leichten Atomen (etwa H bis Ne) oft zu vernachlässigen, sie wird aber bei schweren Atomen sehr wichtig. Es spricht einiges dafür, obwohl es nicht erwiesen ist, daß die relativistischen Korrekturen im wesentlichen nur die inneren Schalen betreffen und sich bei der Berechnung der Energiedifferenzen, die uns eigentlich interessieren (wie Bindungsenergien, spektrale Anregungsenergien der äußeren Elektronen etc.) nahezu vollständig herausheben. Aus diesem Grunde sind die relativistischen Korrekturen zur Energie relativ uninteressant, abgesehen von spezifischen relativistischen Effekten wie Spin-Bahn-Wechselwirkung etc.

Im Gegensatz zu E_{rel} ändert sich aber E_{corr} bei spektraler Anregung, bei chemischer Bindung etc., sehr stark und ist deshalb i.allg. auch bei der Berechnung von Energiedifferenzen nicht zu vernachlässigen. Größenordnungsmäßig beträgt die Korrelationsenergie E_{corr} eines Atoms oder Moleküls etwa 1 % der Gesamtenergie E, wobei die Gesamtenergie (dem Betrage nach) die Energie ist, die nötig ist, um sämtliche Elektronen und sämtliche Kerne paarweise unendlich weit voneinander zu entfernen. Gesamtenergien sind i.allg. außerordentlich groß, für Atome mit Kernladung Z ist für nicht zu kleine Z $|E| > Z^2$; beispielsweise ist $E(\mathrm{H}) = -.5$ a.u., $E(\mathrm{C}) \sim -37$ a.u.; $E(\mathrm{P}) \sim -340$ a.u.

---

* E.P. Wigner, F. Seitz, Phys.Rev. *43*, 804 (1933); P.O. Löwdin, Adv.Quant.Chem. *2*, 207 (1959).

Bei der Anregung eines Valenzelektrons oder der Bildung einer chemischen Bindung ist die Änderung von E_{corr} in der Regel von der gleichen Größenordnung wie diejenige von E_{HF}, so daß im Grunde eine Theorie von Atomen und Molekülen auf der Basis von E_{HF}, d.h. ohne Berücksichtigung von E_{corr}, gar nicht möglich ist. Die Berechnung von Korrelationsenergien ist aber nicht einfach.

12.2. Die Korrelation der Elektronen im Raum

Der Begriff Korrelation stammt eigentlich aus der mathematischen Statistik und bezieht sich auf die Verteilung von zwei Variablen. Wenn für zwei Variable x und y Verteilungsfunktionen $f_1(x)$ und $f_2(y)$ und eine gemeinsame Verteilungsfunktion $g(x,y)$ gegeben sind, so bezeichnet man die Variablen als unabhängig, wenn

$$g(x,y) = f_1(x)\, f_2(y) \tag{12.2–1}$$

Andernfalls, d.h. wenn (12.2–1) nicht gilt, heißen sie *korreliert.* Dann hängt die Wahrscheinlichkeit, daß y einen bestimmten Wert annimmt, davon ab, welchen Wert gleichzeitig x annimmt.

Um die Begriffe der mathematischen Statistik auf die Elektronenverteilung anwenden zu können, führt man die Elektronendichte $\rho(\vec{r})$ und die Paardichte $\pi(\vec{r}_1, \vec{r}_2)$ ein. Die Wahrscheinlichkeitsdichte $\rho_1(\vec{r}_1)$, das erste Elektron an einer Stelle $\vec{r}_1$ des Raums anzutreffen (unabhängig davon, wo die anderen Elektronen sich befinden), erhält man, wenn man in der Wahrscheinlichkeitsdichte

$$\Psi(1,2 \ldots n)\; \Psi^*(1,2 \ldots n) \tag{12.2–2}$$

über die Koordinaten aller anderen Elektronen integriert. Der Wert der Spin-Koordinaten soll uns gleichgültig sein, d.h. wir integrieren auch über sämtliche Spinkoordinaten. Das ergibt

$$\rho_1(\vec{r}_1) = \int \Psi(1,2 \ldots n)\, \Psi^*(1,2 \ldots n)\, d\tau_2 \ldots d\tau_n\, ds_1 \ldots ds_n \tag{12.2–3}$$

Würde man nach der Wahrscheinlichkeit $\rho_2(\vec{r}_2)$ gefragt haben, das zweite Teilchen an der Stelle $\vec{r}_2$ zu finden, so hätte man über die Ortskoordinaten aller Teilchen bis auf das zweite integrieren müssen. Da (als Folge der Ununterscheidbarkeit der Teilchen) $\Psi\Psi^*$ invariant gegenüber Teilchenvertauschung ist, wäre das Ergebnis identisch dieselbe Funktion. Die Wahrscheinlichkeit, *irgendein* Teilchen an der Stelle $\vec{r}_1$ zu finden, ist folglich gleich n mal der, das erste Teilchen dort anzutreffen:

$$\rho(\vec{r}_1) = n \int \Psi(1,2 \ldots n)\, \Psi^*(1,2 \ldots n)\, d\tau_2 \ldots d\tau_n\, ds_1\, ds_2 \ldots ds_n \tag{12.2–4}$$

Analog ergibt sich, daß die Wahrscheinlichkeitsdichte, gleichzeitig ein Teilchen in $\vec{r}_1$ und ein beliebiges anderes in $\vec{r}_2$ zu finden, gegeben ist durch

$$\pi(\vec{r}_1, \vec{r}_2) = n\,(n\text{-}1) \int \Psi\,(1,2\,\ldots\,n)\,\Psi^*(1,2\,\ldots\,n)\; d\tau_3 \ldots d\tau_n\; ds_1\; ds_2 \ldots ds_n \tag{12.2–5}$$

Wären die Elektronen in einem Atom (oder Molekül) unabhängig im statistischen Sinne, so müßte gelten

$$\pi\,(\vec{r}_1, \vec{r}_2) = \frac{n-1}{n}\,\rho\,(\vec{r}_1)\,\rho\,(\vec{r}_2) \tag{12.2–6}$$

wobei der Faktor $\frac{n-1}{n}$ die Ununterscheidbarkeit der Teilchen berücksichtigt*).

Die wirkliche Paardichte $\pi\,(1,2)$ eines quantenmechanischen Zustandes hängt mit der entsprechenden Einteilchendichte $\rho(1)$ nicht gemäß (12.2–6) zusammen, sondern i.allg. ist es so, daß für kleine Abstände zwischen $\vec{r}_1$ und $\vec{r}_2$ $\pi(1,2)$ kleiner ist, als man es nach (12.2–6) erwarten würde, während es für große Abstände etwas größer ist. Man kann anschaulich sagen, daß die Elektronen einander etwas ausweichen und genau dies ist es, was man als Korrelation der Elektronen bezeichnet. Wären die Elektronen nicht korreliert, so könnte man jedes Elektron durch eine ‚Ladungswolke' beschreiben, und die Wechselwirkung zweier Elektronen bestünde in der Coulomb-Abstoßung dieser Ladungswolken. Die wirkliche Elektronenabstoßung ist aber kleiner als die der den Elektronen zugeordneten Ladungswolken, eben weil die Elektronen einander ausweichen, d.h., weil sie sich nie so nahe kommen, wie es statistisch unabhängige Teilchen tun würden. Diese verringerte Abstoßungsenergie der Elektronen als Folge ihrer Korrelation ist z.T. verantwortlich für die in Abschn. 12.1 definierte Korrelationsenergie.

Für die Korrelation der Elektronen im Raum gibt es im wesentlichen zwei Ursachen. Die eine hat mit dem Pauli-Prinzip (d.h. der Antisymmetrie der Wellenfunktion in bezug auf die Vertauschung der Koordinaten zweier Elektronen) zu tun. Man spricht in diesem Zusammenhang von *Fermi-Korrelation*. Eine andere Ursache für die Korrelation ist die Coulombsche Abstoßung der Elektronen, man spricht hier von *Coulomb-Korrelation*. Daneben gibt es auch eine Korrelation, die mit der Gesamtsymmetrie oder dem Gesamtspin des betrachteten Zustandes zu tun hat.

Zur Erläuterung der Fermi-Korrelation empfiehlt es sich, sowohl die Ladungsdichte als auch die Paardichte in Beiträge aufzuteilen, die bestimmten Spinquantenzahlen der Elektronen entsprechen.

$$\rho\,(1) = \rho^{\alpha}\,(1) + \rho^{\beta}\,(1) \tag{12.2–7}$$

$$\pi(1,2) = \pi^{\alpha\alpha}(1,2) + \pi^{\alpha\beta}(1,2) + \pi^{\beta\alpha}(1,2) + \pi^{\beta\beta}(1,2) \tag{12.2–8}$$

* Dieser Faktor wird oft vergessen. Vgl. hierzu W. Kutzelnigg, G. Del Re, G. Berthier, Phys.Rev. *172*, 49 (1968). Anschaulich kann man den Faktor $\frac{n-1}{n}$ verstehen, wenn man bedenkt, daß die mögliche Zahl von Paaren $n\,(n-1)$ und nicht n^2 ist.

Es bedeutet z.B. $\rho^\alpha(1)$ die Wahrscheinlichkeitsdichte, ein Elektron mit α-Spin an der Stelle $\vec{r}_1$ zu finden, und $\pi^{\alpha\beta}(1,2)$ ist die Wahrscheinlichkeitsdichte, gleichzeitig ein Elektron mit α-Spin in $\vec{r}_1$ und ein anderes mit β-Spin in $\vec{r}_2$ zu finden. Man kann nun relativ leicht zeigen, daß als Folge der Antisymmetrie der Wellenfunktion allgemein gilt*)

$$\pi^{\alpha\alpha}(1,1) = \pi^{\beta\beta}(1,1) = 0 \qquad (12.2\text{–}9)$$

Die Wahrscheinlichkeit, zwei Teilchen mit gleichem Spin an derselben Stelle zu finden, verschwindet. Da auch die erste Ableitung von $\pi^{\alpha\alpha}$ (oder $\pi^{\beta\beta}$) nach $r_{12} = |\vec{r}_1 - \vec{r}_2|$ an der Stelle $\vec{r}_1 = \vec{r}_2$ verschwindet, sieht $\pi^{\alpha\alpha}$ als Funktion von $\vec{r}_2$ bei festgehaltenem $\vec{r}_1$ etwa so aus:

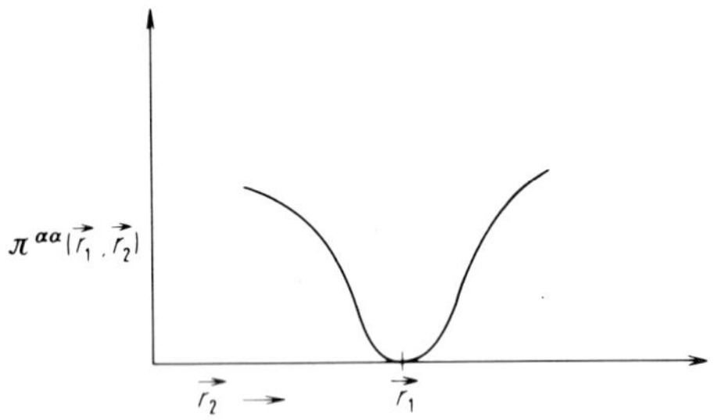

Abb. 11. Schematische Darstellung des Fermi-Lochs.

Zwei Elektronen mit gleichem Spin können sich nicht beliebig nahe kommen. Jedes Teilchen ist gewissermaßen von einem Loch in der Verteilung der anderen Elektronen umgeben. Dieses Loch wird *Fermi-Loch* genannt.

Im Gegensatz zu $\pi^{\alpha\alpha}$ (oder $\pi^{\beta\beta}$) verschwindet $\pi^{\alpha\beta}$ (oder $\pi^{\beta\alpha}$) im Grenzfall $\vec{r}_1 = \vec{r}_2$ keineswegs. Im Rahmen der Eindeterminanten-Näherung (z.B. der Hartree-Fock-Methode) gilt sogar, daß

$$\pi^{\alpha\beta}(1,2) = \rho^\alpha(1)\,\rho^\beta(2) \qquad (12.2\text{–}10)$$

während (12.2–9) auch in der Eindeterminanten-Näherung gilt, da die Wellenfunktion dieser Näherung ja antisymmetrisch ist.

---

* Zum Beweis betrachte man statt der Paardichte zunächst die sog. Dichtematrix

$$P(1,2;1',2') = n\,(n-1) \int \Psi\,(1,2,3\,,\ldots n)\;\Psi^*(1',2',3\ldots n)\quad d\tau_3 \ldots d\tau_n\; ds_3 \ldots ds_n$$

bei der die Koordinaten, über die nicht integriert wird, in Ψ und Ψ^* anders benannt sind, und wobei P noch spinabhängig ist. Man sieht unmittelbar, daß $P(1,2;1',2') = -P(2,1;1',2')$, folglich $P(1,1;1',1') = 0$. Dann setze man $\vec{x}_1 = \vec{x}_1'$, und man erhält das Ergebnis: Die Wahrscheinlichkeitsdichte, zwei Elektronen mit dem gleichen Spin s_1 an derselben Stelle $\vec{r}_1$ anzutreffen, d.h. zwei Teilchen mit gleichem $\vec{x}_1 = (\vec{r}_1, s_1)$, verschwindet.

Die Coulomb-Korrelation (die man im Rahmen der Eindeterminanten-Näherung nicht berücksichtigt) führt dazu, daß das exakte $\pi^{\alpha\beta}$ in der Nähe von $\vec{r}_1 = \vec{r}_2$ kleiner ist als $\rho^{\alpha}(\vec{r}_1) \cdot \rho^{\beta}(\vec{r}_2)$, schematisch etwa in folgender Weise:

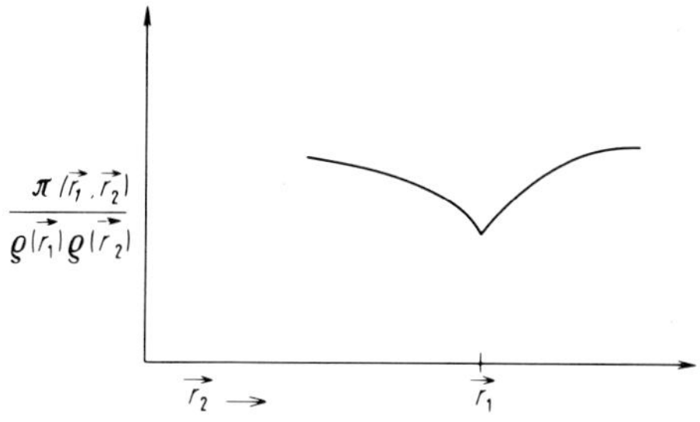

Abb. 12. Schematische Darstellung des Coulomb-Lochs.

Es tritt also auch ein ‚*Coulomb-Loch*' auf. Qualitativ unterscheidet sich dieses in zweierlei Weise vom Fermi-Loch:

1. $\pi^{\alpha\beta}(1,1)$ verschwindet nicht, das Loch geht nicht bis auf Null.

2. An der Stelle $\vec{r}_1 = \vec{r}_2$ hat $\pi^{\alpha\beta}(\vec{r}_1, \vec{r}_2)$ eine Spitze (engl. ‚cusp'), d.h. eine unstetige erste Ableitung.

Wie schon angedeutet, trägt die Hartree-Fock-Näherung der Fermi-Korrelation Rechnung (diese führt ja gerade zur sog. Austauschenergie), so daß die Korrelationsenergie, die ja gemäß (12.1–2) definiert ist, im wesentlichen damit zu tun hat, daß in der Hartree-Fock-Näherung das Ausweichen der Elektronen als Folge ihrer Coulombschen Abstoßung vernachlässigt wird.

Es gibt allerdings auch einen Beitrag zur Korrelation bei offenschaligen Zuständen, den man in der Eindeterminanten-Näherung vernachlässigt, den man aber erfaßt, wenn man (wie in Kap. 10 ausführlich erläutert) als Wellenfunktion eine geeignete Linearkombination von Slater-Determinanten zur gleichen Konfiguration verwendet. In erster Näherung ist die Einteilchendichte $\rho(1)$ (genauer gesagt der total-symmetrische Anteil*) der Einteilchendichte) für alle Terme der gleichen Konfiguration (z.B. ^3P, ^1D, ^1S zu p^2) gleich, dagegen unterscheiden sich die verschiedenen Terme in der Paardichte $\pi(1,2)$ und damit in der räumlichen Korrelation der Elektronen. Die Hundsche Regel besagt genau, daß derjenige Term einer Konfiguration energetisch am tiefsten liegt, bei dem die Elektronen am stärksten negativ korreliert sind, d.h. in dem ihnen die beste Gelegenheit geboten wird, einander auszuweichen. Bei der p^2-Konfiguration ist die Reihenfolge negativer Korrelation $^3P > {}^1D > {}^1S$.

Ob man die Termaufspaltungsenergie zur Korrelationsenergie oder zur Hartree-Fock-Energie rechnet, ist im Grunde eine Definitionssache, über die unter Fachleuten leider keine Einigkeit besteht. Wir umgehen diese Schwierigkeit, indem wir uns im folgenden auf abgeschlossenschalige Zustände beschränken, wo zu jeder Konfiguration nur ein Term gehört.

---

* Vgl. W. Kutzelnigg, V.H. Smith, Int.J.Quant.Chem. *2*, 31, 553 (1968).

12.3. Konfigurationswechselwirkung

Die Beschreibung von atomaren Zuständen durch die Angabe der Konfiguration und, wenn nötig, des Terms innerhalb einer Konfiguration ist recht praktisch und weitgehend anschaulich zu erfassen. Sie stellt gewissermaßen das bestmögliche Modell dar, das mit der Vorstellung unabhängiger Elektronen gerade noch verträglich ist. Die Spektroskopiker sind mit dieser Beschreibung i.allg. sehr gut zurechtgekommen*), sie sind aber schon früh auf Zustände gestoßen, die sich durch eine einzige Konfiguration einfach nicht beschreiben lassen.

Das ist immer dann der Fall, wenn zwei Terme (mit Wellenfunktionen ϕ_1, ϕ_2) gleicher Symmetrie (d.h. mit gleichem S, M_S, L, M_S) zu *verschiedenen Konfigurationen* zufällig energetisch sehr nahe beieinander liegen oder aber ein besonders großes Nichtdiagonalelement H_{12} des Hamilton-Operators haben. In einem solchen Fall ist weder ϕ_1 noch ϕ_2 eine gute Näherung für wirkliche Zustände, sondern man muß zumindest Linearkombinationen von ϕ_1 und ϕ_2 wählen

$$\Psi = c_1 \phi_1 + c_2 \phi_2$$

und die Koeffizienten c_1, c_2 sowie Näherungen für die Energieeigenwerte aus einem Säkularproblem berechnen. Ein klassisches Beispiel betrifft die ^1D-Terme zu den Konfigurationen $[\mathrm{Mg}^{2+}]\ 3s3d$ und $[\mathrm{Mg}^{2+}]\ 3p^2$ des neutralen Magnesium-Atoms. Zur Konfiguration $3s3d$ gibt es die Terme ^1D und ^3D, zu $3p^2$ die Terme ^3P, ^1D und ^1S.

Der einzige, beiden Konfigurationen gemeinsame Term ist ^1D. Da die Matrixelemente zwischen Termen verschiedener Symmetrie notwendig verschwinden, ‚stören' sich die Terme ^3D zu $3s3d$ und ^3P sowie ^1S zu $3p^2$ überhaupt nicht. Deren Energien liegen deshalb dort, wo man sie erwartet, dagegen wird der ^1D-Term zu $3s3d$ durch die Konfigurationswechselwirkung gesenkt – und zwar so sehr, daß er entgegen der Hundschen Regel unter den ^3D-Term zu liegen kommt, während der ^1D-Term zu $3p^2$ angehoben wird. Die neuen Terme entsprechen nicht reinen Konfigurationen, sondern sind beide Mischungen von $3p^2$ und $3s3d$. Fälle von Konfigurationswechselwirkung wie der soeben besprochene sind spektakulär in ihrer Auswirkung und mathematisch leicht zu behandeln. Sie stellen aber nur Spezialfälle einer allgemeinen Tatsache dar, nämlich daß eine exakte Lösung der Schrödingergleichung eines Atoms grundsätzlich nicht durch eine Konfiguration – insbesondere nicht durch eine einzige Slater-Determinante – beschrieben werden kann, daß man aber jede Wellenfunktion als Linearkombination aller der Slater-Determinanten darstellen kann, die aus einem vollständigen Satz von Spinorbitalen aufgebaut werden können. Im Sinne des Variationsprinzips kann man also einen Satz von Spinorbitalen wählen, hieraus alle möglichen Slater-Determinanten bilden (bei m Spinorbitalen und n Elektronen sind das $\binom{m}{n} = \frac{m!}{n!\,(m-n)!}$ solche Determinanten) und die gesuchte Wellenfunktion als Linearkombination dieser Slater-Determinanten formulieren, wobei sich die Koeffizienten in diesen Linearkombinationen aus einem Matrixeigenwertproblem ergeben. Man spricht dann von Konfigurations-

* Vgl. hierzu z.B. C.K. Jörgensen: Modern Aspects of Ligand-Field-Theorie. North-Holland, Amsterdam 1971, insbesondere das Kap. ‚The world as a theatre'.

wechselwirkungs- oder C.I.-Ansatz (C.I. nach dem englischen ,configuration interaction'). Dieser quantenchemische Begriff der Konfigurationswechselwirkung deckt sich nicht ganz mit dem aus der Spektroskopie, vor allem dann, wenn man, wie es manchmal geschieht — was wir aber nicht tun wollen — eine Slater-Determinante im Sinne der quantenchemischen C.I. als eine Konfiguration bezeichnet. Dann wäre nämlich bereits die Linearkombination mehrerer Slater-Determinanten der gleichen Konfiguration in einem Term ein Fall von C.I.

Eine C.I. wie bei den ^1D-Termen des Mg bezeichnet man in der Sprache der Quantenchemie sinnvollerweise als eine C.I. 1. Ordnung. Diese Bezeichnung ist immer dann angebracht, wenn aus einem speziellen Grund zwei oder auch mehr Einkonfigurationswellenfunktionen entweder sehr ähnliche Energieerwartungswerte oder große Nichtdiagonalelemente mit dem Hamilton-Operator haben, so daß in den zu wählenden Linearkombinationen beide (bzw. mehrere) Konfigurationen mit Koeffizienten von gleicher Größenordnung auftreten, so daß eine Klassifikation eines Zustandes durch Angabe einer Konfiguration ihren Sinn verliert. In den meisten, sozusagen normalen Fällen ist in der Linearkombination des C.I.-Ansatzes eine Funktion einer bestimmten Konfiguration wesentlich stärker beteiligt als alle anderen, oft mit einem Koeffizienten $c_1 \approx 0.9$ oder gar $c_1 \approx 0.99$, so daß die Beschreibung des Zustandes durch eine Konfiguration zumindest qualitativ durchaus berechtigt ist. In diesen Fällen hat die Verbesserung der Wellenfunktion durch C.I. wenig Einfluß auf die Elektronendichte und die Erwartungswerte von Einteilchenoperatoren, wohl aber auf die Paardichte und damit auf die Elektronenwechselwirkung.

Hier muß noch auf ein mögliches Mißverständnis hingewiesen werden, das durch die Bezeichnung Konfigurationswechselwirkung nahegelegt wird. Man könnte nämlich glauben, daß die Einkonfiguration-Funktionen, aus denen man eine Variationsfunktion linear kombiniert, selbst physikalisch realisierten Zuständen entsprechen müßten. Das ist aber ausgesprochen falsch.

Das erkennt man deutlich, wenn man z.B. die Konfiguration $2p^2$ des He-Atoms, die den Erwartungswert des Hamilton-Operators minimiert, d.h. die spektroskopische Konfiguration $2p^2$ vergleicht mit derjenigen $2p^2$-Konfiguration, die ,beigemischt' zur $1s^2$-Konfiguration im Sinne der C.I.-Rechnung die Energie des $1s^2$-Zustandes optimal verbessert. Im ersten Fall erhält man für den Radialteil der $2p$-Funktionen näherungsweise $Nre^{-0.8r}$, im zweiten Fall $N're^{-3.5r}$. Diejenige $2p$-Funktion, die am besten mit $1s$ wechselwirkt, ist diejenige, die im wesentlichen dort lokalisiert ist, wo ein $1s$-Elektron die größte Aufenthaltswahrscheinlichkeit hat, während die spektroskopische $2p$-Funktion einer maximalen Aufenthaltswahrscheinlichkeit der Elektronen weit außerhalb der der $1s$-Funktion entspricht (s. Abb. 13 auf Seite 208).

12.4. Die Elektronen-Korrelation im Helium-Grundzustand

Die Theorie der Zweielektronensysteme wird dadurch erleichtert, daß man den Spin abseparieren kann. Die spinfreie Wellenfunktion eines Singulett-Zustandes muß symmetrisch sein:

$$\Omega(1,2) = \Omega(2,1) \qquad (12.4\text{—}1)$$

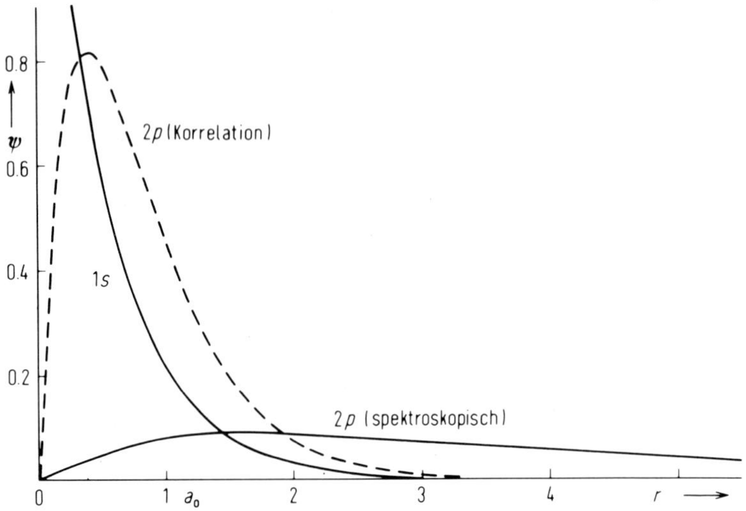

Abb. 13. Vergleich des spektroskopischen $2p$-AO's der $1s2p$-Konfiguration des He mit dem für die Korrelation der $1s^2$-Konfiguration optimalen $2p$-AO.

Die spinfreie Wellenfunktion $\psi(1,2)$, die einer einzigen Slater-Determinante für eine abgeschlossen-schalige Konfiguration entspricht, ist von der uns aus Abschn. 8.1 bekannten Form

$$\omega(1,2) = \varphi(1)\,\varphi(2) \tag{12.4–2}$$

Wie können wir diesen Näherungsansatz verbessern, um so beliebig nahe an eine exakte Lösung der Schrödingergleichung zu kommen? Wir wollen hier nur eine Möglichkeit diskutieren, die zwar für den Spezialfall eines Zweielektronensystems nicht die wirkungsvollste ist, die sich aber im Gegensatz zu den diesem Spezialfall besser angepaßten Methoden ohne große Schwierigkeiten auf Systeme mit beliebig vielen Elektronen erweitern läßt. Die folgenden Überlegungen schließen unmittelbar an die des Abschnitts 12.3 an, nur daß wir jetzt statt Slater-Determinanten einfach Produktfunktionen verwenden können.

Sei $\{\varphi_i\}$ eine Basis des Hilbert-Raums der Orbitale (spinfreie Einelektronenfunktionen), dann bilden die Produkte $\varphi_i(1)\,\varphi_j(2)$ eine Basis für den Raum der spinfreien Zweielektronenfunktion, d.h. jede beliebige Zweielektronenfunktion läßt sich als Linearkombination der Produkte $\varphi_i(1)\,\varphi_j(2)$ darstellen:

$$\Omega(1,2) = \sum_{i,j} c_{ij}\,\varphi_i(1)\,\varphi_j(2) \tag{12.4–3}$$

Verlangen wir, daß $\Omega(1,2)$ eine symmetrische Funktion ist, so muß sein

$$c_{ij} = c_{ji} \tag{12.4–4}$$

Wir können nun eine Basis$\{\varphi_i\}$vorgeben, die Matrixelemente $H_{ij,kl}$ des Hamilton-Operators in der Basis von Produktfunktionen ausrechnen und die Energie E sowie die Koeffizienten c_{ij} aus einem Matrixeigenwertproblem berechnen. Eine offensichtliche Schwierigkeit dieses Verfahrens besteht darin, daß eine vollständige Basis sowohl von Einelektronen- wie von Zweielektronenfunktionen unendlich ist, wir aber nur mit endlichen Basen rechnen können.

Damit man, im Sinne des Variationsprinzips, auch mit einer relativ kleinen Basis genügend nahe an die exakte Energie kommt, ist eine geeignete Wahl der φ_i sehr wesentlich. Sonst bringt dieses Verfahren der ‚Konfigurationswechselwirkung' (C.I.) nicht viel.

Nun läßt sich das Kriterium für eine optimale Basis, d.h. für diejenige, die mit einer möglichst kleinen Zahl von Termen in der Summe (12.4–3) eine möglichst gute Näherung für Energie und Wellenfunktion ergibt, mathematisch streng formulieren. Es zeigt sich, daß bei Verwendung dieser Basis$\{\chi_i\}$ die sog. Kreuzterme (Nichtdiagonalterme) mit $i \neq j$ in der Entwicklung wegfallen, und daß man statt (12.4–3) einfach hat

$$\Omega(1,2) = \sum_i c_i \chi_i(1) \chi_i^*(2) \qquad (12.4\text{–}5)$$

Daß eine solche Entwicklung ohne Verlust der Allgemeinheit möglich ist, haben als erste wahrscheinlich Hurley, Lennard-Jones und Pople*) erkannt, die diese Entwicklung (12.4–5) der Wellenfunktion als ‚kanonische' Entwicklung bezeichneten. Ein allgemeines Interesse an dieser Entwicklung wurde aber erst durch Shull und Löwdin**) geweckt, nachdem diese Autoren Zweielektronensysteme im Zusammenhang mit dem kurz zuvor definierten Begriff der natürlichen Orbitale***) diskutiert hatten und für (12.4–5) die suggestive Bezeichnung ‚natürliche Entwicklung' vorgeschlagen hatten. Die χ_i selbst werden seither üblicherweise als natürliche Orbitale bezeichnet.

Für die praktische Quantenchemie ist nun von Bedeutung, daß man eine natürliche Entwicklung mit zunächst unbekannten c_i und χ_i als Variationsansatz benützen kann, wobei sowohl die Koeffizienten c_i als auch die Orbitale χ_i zu variieren sind. Wesentliche Vorarbeiten zur Durchführung dieser Art von doppelter Variation wurden von A.P. Jucys****) geleistet. Die direkte Berechnung genäherter natürlicher Orbitale für den Grundzustand des He-Atoms und der mit He isoelektronischen Ionen*****) wurde erst durchgeführt, nachdem vorher genäherte natürliche Orbitale indirekt aus bereits bekannten guten Wellenfunktionen für den Helium-Grundzustand berechnet worden waren.

Beschränkt man sich in der Entwicklung (12.4–5) auf einen einzigen Term, so führt das natürlich auf die Hartree-Fock-Näherung, und man erhält eine Energie von -2.8617 a.u. Die beste Energie, die man mit einer Summe von 6 Termen in (12.4–5) erhalten kann, ist -2.9017 a.u., während 20 Terme -2.9032 a.u. geben. Der exakte

---

* C. Hurley, J.E. Lennard-Jones, J.A. Pople, Proc.Roy.Soc. *A220*, 446 (1953).

** P.O. Löwdin, H. Shull, Phys.Rev. *101*, 1730(1956).

*** P.O. Löwdin, Phys.Rev. *97*, 1474 (1955).

**** A.P. Jucys, J. Exp.Theor.Phys. (UdSSR) *23*, 129 (1952).

***** W. Kutzelnigg, Theoret.Chim.Acta *1*, 327, 343 (1963).

Wert ist – 2.9037 a.u. Die beste Rechnung des Helium-Grundzustandes stammt von Pekeris*), der einen recht komplizierten Ansatz (nicht der hier besprochenen Art) für die Wellenfunktion verwendete und spektroskopische Genauigkeit erreichte (Übereinstimmung mit dem Experiment auf ca. 10^{-7} a.u. $\approx 0.01\ cm^{-1}$). Rechnungen unter Benutzung ähnlicher Ansätze und mit vergleichbarer hoher Genauigkeit sind außer an den He-ähnlichen Ionen nur noch am Li-Atom**) und am H_2-Molekül***) möglich.

12.5. Elektronenpaar-Korrelation in Atomen

Die Erfassung der Elektronenkorrelation in Atomen ist sehr aufwendig, und erst in den letzten Jahren ist es gelungen, unter Benutzung z.B. der sog. Elektronenpaarnäherung gute Ergebnisse für Korrelationsenergien von Vielelektronensystemen zu erhalten. Sieht man von sehr kleinen Atomen wie He und Li, allenfalls Be ab, so beruhen alle praktikablen Ansätze auf der Konfigurationswechselwirkung (C.I.). Wir wollen jetzt nur solche Zustände betrachten, die in erster Näherung durch eine einzige Slater-Determinante ϕ, aufgebaut aus Spinorbitalen ψ_i, beschrieben werden können. Wir setzen dann die exakte (nicht relativistische) Wellenfunktion folgendermaßen an:

$$\Psi = c_0 \phi + \sum_{i,a} c_i^a \phi_i^a + \sum_{i<j} \sum_{a<b} c_{ij}^{ab} \phi_{ij}^{ab} + \ldots \qquad (12.5\text{–}1)$$

Dabei sei z.B. ϕ_i^a diejenige Slater-Determinante, die man aus ϕ erhält, wenn man das in ϕ besetzte Spinorbital ψ_i durch das in ϕ unbesetzte Spinorbital ψ_a ersetzt. Die ψ_i sollen gemeinsam mit den ψ_a eine orthonormale Basis von Einelektronenfunktionen bilden. Man bezeichnet die ϕ_i^a als einfach-substituierte, die ϕ_{ij}^{ab} als doppelt-substituierte Slater-Determinanten. Gelegentlich spricht man auch von einfach- bzw. doppelt-'angeregten Konfigurationen', was aber mißverständlich ist, da die ϕ_i^a etc. keinerlei spektroskopischen Zuständen entsprechen.

Die weitere Rechnung wird durch zwei Tatsachen erleichtert:

1. Die Matrixelemente des Hamilton-Operators zwischen ϕ und allen mehr als zweifach-substituierten Determinanten verschwinden sämtlich, z.B.

$$(\phi, \mathbf{H}\, \phi_{ijk}^{abc}) = 0 \qquad (12.5\text{–}2)$$

Das liegt daran, daß $\mathbf{H}$ nur Ein- und Zweielektronenterme enthält, und daß die Spinorbitale ψ_i, ψ_a orthonormal sind.

2. Die Matrixelemente zwischen ϕ und allen einfach-substituierten Determinanten ϕ_i^a verschwinden dann, wenn die ψ_i Eigenfunktionen des Hartree-Fock-Operators sind. Das ist die Aussage des sog. *Brillouin-Theorems*.

---

* C.L. Pekeris, Phys.Rev. *112*, 1649 (1958).

** S. Larsson, Phys. Rev. *169*, 49 (1968).

*** W. Kolos, L. Wolniewicz, J.Chem.Phys. *41*, 3663 (1964).

Wählen wir also die ψ_i als Hartree-Fock-Spinorbitale, so tragen in erster Näherung nur die ϕ_{ij}^{ab} zur Korrelationsenergie bei. Die ϕ_i^a und ϕ_{ijk}^{abc} tragen in höherer Näherung bei, weil sie nicht verschwindende Matrixelemente mit den ϕ_{ij}^{ab} haben. Es bietet sich also als Näherung zur Erfassung der Korrelation an, nur die zweifach-substituierten Determinanten ϕ_{ij}^{ab} in der Entwicklung mitzunehmen. Es ist dann möglich, Beiträge ϵ_{ij} von Paaren der einzelnen in ϕ besetzten ψ_i zur Korrelationsenergie zu definieren und Näherungen für diese ϵ_{ij} aus stark vereinfachten Gleichungen zu berechnen. Diese *Näherung der unabhängigen Elektronenpaare,* die manchmal auch Many-Elektron-Theorie*) oder Bethe-Goldstone-Theorie**) genannt wird, gehorcht nicht streng dem Variationsprinzip, sie liefert aber mit relativ wenig Aufwand recht gute Ergebnisse. Die Näherung der unabhängigen Elektronenpaare, bei der jeweils ein Elektronenpaar im Hartree-Fock-Feld der übrigen Elektronen berechnet wird, läßt sich verbessern zur Näherung der gekoppelten Elektronenpaare***), die die z.Zt. praktikabelste Methode zur Berechnung von Korrelationsenergien größerer Atome und Moleküle darstellt. Bei den Paarbeiträgen zur Elektronenkorrelation unterscheidet man sinnvollerweise zwischen sog. Intrapaarbeiträgen ϵ_{RR}, die dem Fall entsprechen, daß $\psi_i = \varphi_R \cdot \alpha$; $\psi_j = \varphi_R \cdot \beta$, also der Korrelation der beiden Elektronen, die das gleiche Orbital besetzen, und Interpaarbeiträgen ϵ_{RS}. In der Regel sind die Intrapaarbeiträge größer als die Interpaarbeiträge. Erstaunlich groß sind aber Interpaarbeiträge wie $\epsilon_{2s,\,2p}$, also zwischen Orbitalen, die zwar nicht gleich sind, aber doch zur gleichen Hauptquantenzahl gehören. Auffallend ist, daß der Beitrag der K-Schalen, $\epsilon_{1s,\,1s}$, in den verschiedenen Atomen nahezu konstant ist. Auf Abb. 14 ist die Korrelationsenergie der Grundzustände der Atome als Funktion der Ordnungszahl graphisch dargestellt.

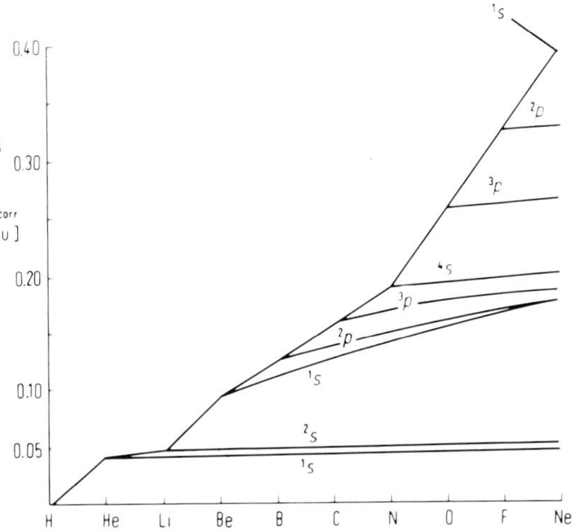

Abb. 14. Die Korrelationsenergie der neutralen Atome und der isoelektronischen positiven Ionen im Grundzustand als Funktion der Ordnungszahl****.

* O. Sinanoglu, J.Chem.Phys. *36*, 706, 3198 (1962).

** R.K. Nesbet, Phys.Rev. *109*, 1632 (1958), 175, 2 (1968); *A3*, 87 (1971).

*** W. Meyer, J.Chem.Phys. *58*, 1017 (1973).

**** E. Clementi, A. Veillard, J.Chem.Phys. *44*, 3052 (1966).

Zusammenfassung zu Kap. 12

Die im Sinne des Variationsprinzips beste Energie, die man mit einer Wellenfunktion in der Form einer Slater-Determinante erhalten kann, unterscheidet sich vom entsprechenden exakten Eigenwert des Hamilton-Operators um den Betrag der sog. Korrelationsenergie.

Unter Elektronenkorrelation versteht man die Tatsache, daß die Verteilungsfunktionen der verschiedenen Elektronen nicht im statistischen Sinne voneinander unabhängig, sondern eben korreliert sind. Für diese Korrelation gibt es im wesentlichen drei Ursachen:

1. Die Antisymmetrie der Wellenfunktion (Pauli-Prinzip),
2. räumliche Symmetrieeigenschaften, die mit Drehimpuls und Spin zusammenhängen,
3. die Abstoßung der Elektronen.

In der Regel wirkt sich die Korrelation so aus, daß die Elektronen einander ausweichen.

Die Standardmethode, Wellenfunktionen zu konstruieren, die der Korrelation Rechnung tragen, ist diejenige der sog. Konfigurationswechselwirkung, bei der man die Wellenfunktion als Linearkombination von Slater-Determinanten ansetzt. Eine vielfach gute Näherung ist auch diejenige der sog. unabhängigen Elektronenpaare.

Mathematischer Anhang

A1. Vektoren*)

A 1.1. Definitionen

Wir wollen ein n-tupel von Zahlen $(a_1, a_2 \ldots\ldots\ldots a_n)$ z.B. (3, 4) oder (4, −6, 5, 3) einen *Vektor* nennen. Die Zahlen a_i nennen wir seine Komponenten, a_3 ist die dritte Komponente. Die Gesamtzahl n der Komponenten nennen wir die *Dimension* des Vektors, z.B. hat der Vektor (4, −6, 5, 3) die Dimension 4. Symbolisch wollen wir einen Vektor durch einen Buchstaben mit einem Pfeil darüber bezeichnen:

$$\vec{a} = (a_1, a_2 \ldots . a_n) \qquad \text{(A1–1)}$$

Zwei Vektoren sind gleich, wenn sie in allen Komponenten paarweise übereinstimmen, z.B.

$$\vec{a} = \vec{b} \qquad \text{dann und nur dann, wenn}$$

$$a_i = b_i \qquad \text{für alle } i \qquad \text{(A1–2)}$$

(Nur Vektoren der gleichen Dimension können gleich sein.) Z.B. ist

$$(3, 4) \neq (4, 3), \quad \text{aber} \quad (1+2, 7) = (3, 4+3) .$$

Eine Komponente eines Vektors kann auch ein arithmetischer Ausdruck statt einer Zahl sein.

Wir definieren die Summe zweier Vektoren:

$$\vec{c} = \vec{a} + \vec{b} \quad (\vec{a}, \vec{b} \text{ und } \vec{c} \text{ von gleicher Dimension } n) \qquad \text{(A1–3)}$$

$$\text{heißt: } c_i = a_i + b_i \quad \text{für } i = 1, 2 \ldots . n$$

Eine Zahl im herkömmlichen Sinn kann man auch als eindimensionalen Vektor auffassen. Wir nennen Zahlen *Skalare,* wenn wir sie von Vektoren unterscheiden wollen. Die Multiplikation eines Vektors mit einem Skalar ist so definiert:

$$\vec{c} = \lambda \vec{a} \quad \text{heißt: } c_i = \lambda a_i \qquad \text{für } i = 1, 2 \ldots n \qquad \text{(A1–4)}$$

---

* Es ist heute i.allg. üblich, Vektoren axiomatisch als Elemente eines linearen Raumes einzuführen. Wir wollen diesen Weg in Abschn. A6 gehen, wir ziehen es aber vor, zunächst Vektoren in einem speziellen sog. cartesischen Vektorraum in einer konstruktiven Weise zu definieren.

Ein Vektor, dessen sämtliche Komponenten gleich 0 sind, heißt Nullvektor. Er wird als $\vec{0}$ abgekürzt, $\vec{0} = (0, 0 \ldots 0)$.

A 1.2. Geometrische Deutung eines Vektors – Skalarprodukte

Einen zweidimensionalen Vektor kann man als Punkt auf einer Ebene interpretieren. Wir wählen ein cartesisches Koordinatensystem (wobei die Wahl eines solchen Systems, des Ursprungs, der Orientierung und des Maßstabes natürlich recht willkürlich ist). Die x- und die y-Koordinate irgendeines Punktes lassen sich dann als Vektor (x, y) schreiben, und jedem Zahlenpaar (x, y) läßt sich ein Punkt zuordnen.

Oft ordnet man statt des Punktes (x, y) dem Vektor (x, y) auch einen Pfeil zu, der vom Koordinatenursprung zum Punkt (x, y) weist. Im Dreidimensionalen ist alles analog, vier- und mehrdimensionale Vektoren entziehen sich einer anschaulichen Interpretation.

Die Vektoraddition läßt sich anschaulich darstellen (Kräfteparallelogramm):

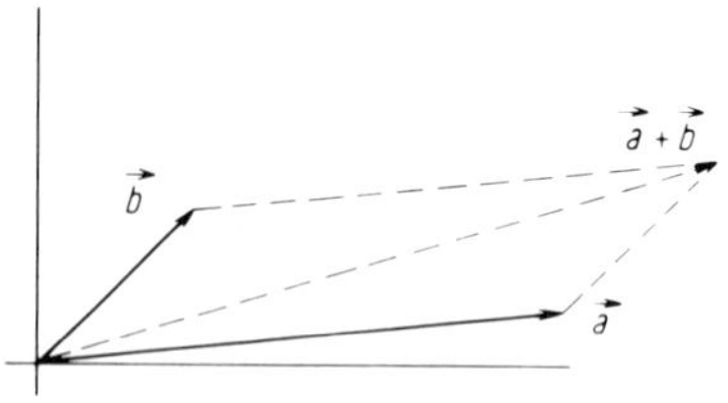

Abb. A–1.

Multiplikation mit einem Skalar: die Richtung bleibt dieselbe, die Länge wird mit λ multipliziert.

Die *Länge* eines Vektors (man sagt auch *Norm* oder *Betrag* des Vektors), geschrieben $|\vec{c}|$ oder c, ergibt sich im Zweidimensionalen anschaulich nach Pythagoras:

$$\vec{c} = (c_1, c_2)$$

$$c = |\vec{c}| = +\sqrt{c_1^2 + c_2^2} \qquad \text{(A1–5)}$$

Die Erweiterung dieser Definition auf n-dimensionale Vektoren ist

$$\vec{c} = (c_1, c_2 \ldots\ldots c_n)$$

$$|\vec{c}| = +\sqrt{c_1^2 + c_2^2 + \ldots\ldots + c_n^2} \qquad \text{(A1–6)}$$

Oft benutzt man komplexe Vektoren, d.h. Vektoren mit komplexen Komponenten. Damit die Norm reell ist, definiert man

$$c^2 = c_1^* c_1 + c_2^* c_2 + \ldots\ldots c_n^* c_n \qquad \text{(A1–7)}$$

wobei c_i^* die zu c_i konjugiert komplexe Zahl ist. Das Produkt einer komplexen Zahl mit ihrem konjugiert Komplexen ist immer reell und positiv (genauer gesagt: nicht negativ).

Zur Erinnerung: Sei $\mathrm{i} = \sqrt{-1}$ die imaginäre Einheit, dann ist $z = a + \mathrm{i}b$ (mit a und b reell) eine komplexe Zahl und $z^* = a - \mathrm{i}b$ die zu z konjugiert komplexe Zahl. Man sieht unmittelbar, daß $z^*z = a^2 + b^2 \geqslant 0$. Oft schreibt man auch $z^*z = zz^* = |z|^2$, wobei $|z| = +\sqrt{a^2 + b^2}$ als Betrag der komplexen Zahl bezeichnet wird.

Die Definition für den Betrag eines komplexen Vektors

$$c = |\vec{c}| = \sqrt{c_1^* c_1 + c_2^* c_2 + \ldots\ldots c_n^* c_n}$$

$$= \sqrt{|c_1|^2 + |c_2|^2 + \ldots |c_n|^2} \qquad \text{(A1–8)}$$

enthält die zuvor für reelle Vektoren gegebene als Spezialfall.

Das Skalarprodukt zweier Vektoren (gleicher Dimension) ist definiert durch

$$\vec{u} \cdot \vec{v} = (\vec{u}, \vec{v}) = u_1^* v_1 + u_2^* v_2 + \ldots + u_n^* v_n \qquad \text{(A1–9)}$$

wobei $\vec{u} \cdot \vec{v}$ und $(\vec{u}, \vec{v})$ zwei verschiedene Schreibweisen für den gleichen Ausdruck sind. Wie der Name sagt, ist das Skalarprodukt nicht ein Vektor, sondern ein Skalar.

Kombination von Vektoraddition und Skalarprodukt:

$$(\vec{a} + \vec{b}, \vec{c}) = (\vec{a}, \vec{c}) + (\vec{b}, \vec{c})\ ;\ (\lambda\vec{a}, \vec{b}) = \lambda^*(\vec{a}, \vec{b}) \qquad \text{(A1–10)}$$

Symmetrie der Skalarprodukte:

$$(\vec{a}, \vec{b}) = (\vec{b}, \vec{a})^* \qquad \text{(A1–11)}$$

Anschauliche Deutung des Skalarprodukts im Zweidimensionalen:

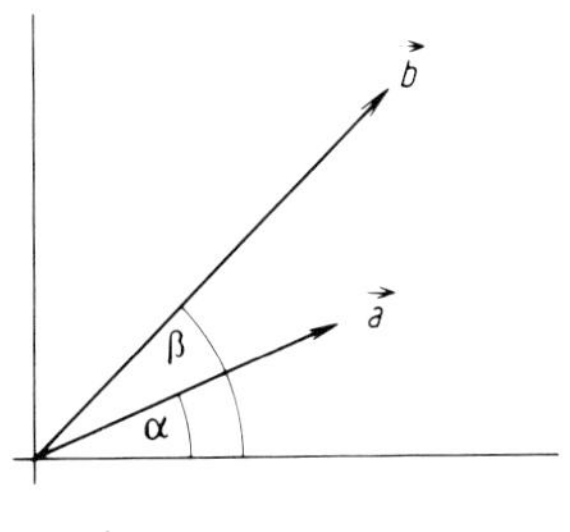

Abb. A–2.

$$\vec{a} = (a\cos\alpha,\ a\sin\alpha)$$

$$\vec{b} = (b\cos\beta,\ b\sin\beta)$$

$$\vec{a}\cdot\vec{b} = a\,b\cos\alpha\cos\beta + ab\sin\alpha\sin\beta$$

$$= a\,b\,[\cos\alpha\cos\beta + \sin\alpha\sin\beta] = a\,b\cos(\alpha-\beta) \qquad \text{(A1–12)}$$

Wenn $\alpha - \beta = \frac{\pi}{2}$ $(=90^\circ)$, so ist $\cos(\alpha-\beta) = 0$, damit $\vec{a}\cdot\vec{b} = 0$, d.h. das Skalarprodukt verschwindet. Man spricht in diesem Fall von *orthogonalen* Vektoren. (Sofern keiner der beiden Vektoren den Betrag 0 hat.)

A 1.3. Linearkombinationen von Vektoren – Koordinatentransformation

Seien $\vec{u}_1, \vec{u}_2 \ldots\ldots \vec{u}_m$ Vektoren der Dimension n. Ein Vektor

$$\vec{v} = \alpha_1\vec{u}_1 + \alpha_2\vec{u}_2 + \ldots\ldots \alpha_m\vec{u}_m, \qquad \text{(A1–13)}$$

wobei die α_i Skalare sind, heißt eine *Linearkombination* der gegebenen Vektoren $\vec{u}_k$. Die Gesamtheit der als Linearkombination eines gegebenen Satzes $\vec{u}_k$ darstellbaren Vektoren nennt man den von den Vektoren $\vec{u}_k$ ‚aufgespannten' Vektorraum.

Um diesen Raum genauer zu untersuchen, brauchen wir den wichtigen Begriff der *linearen Unabhängigkeit.*

Eine Menge von Vektoren $\vec{a}_k$ $(k = 1, 2 \ldots m)$ heißt linear unabhängig, wenn es außer der ‚trivialen' Wahl $\alpha_1 = \alpha_2 = \ldots\ldots \alpha_m = 0$ keinen Satz von Skalaren α_k gibt, derart daß

$$\sum_{k=1}^{m} \alpha_k \vec{a}_k = \vec{0} \qquad \text{(A1–14)}$$

Man kann die Definition auch so formulieren: ... wenn keiner der Vektoren $\vec{a}_k$ als Linearkombination der anderen $\vec{a}_i$ $(i \neq k)$ dargestellt werden kann. Oder ...... wenn keiner der Vektoren $\vec{a}_k$ zu dem von den anderen Vektoren aufgespannten Vektorraum gehört.

Anderenfalls, d.h., wenn es eine nichttriviale Wahl von $\alpha_1, \ldots \alpha_k$ gibt, derart daß (A1–14) erfüllt ist, heißen die Vektoren linear abhängig. Dann gibt es zumindest einen Vektor $\vec{a}_k$, der als Linearkombination der anderen dargestellt werden kann.

Ein Satz, den wir nicht beweisen wollen, lautet: m Vektoren der Dimension n sind immer dann notwendig linear abhängig, wenn $m > n$. Z.B. sind 3 Vektoren in zweidimensionalen Räumen immer linear abhängig.

Sind die Vektoren $\vec{a}_k$ $(k = 1, 2 \ldots\ldots m)$ linear unabhängig, so sagen wir, der Vektorraum, den sie aufspannen, habe die Dimension m.

Z.B. sind 3 Vektoren $\vec{a}_1, \vec{a}_2, \vec{a}_3$ im dreidimensionalen Raum linear unabhängig, wenn sie nicht in einer Ebene liegen. Jeder beliebige andere Vektor läßt sich dann als Linearkombination von $\vec{a}_1, \vec{a}_2, \vec{a}_3$ darstellen. Die drei Vektoren spannen in der Tat den gesamten dreidimensionalen Raum auf.

Zwei Vektoren $\vec{a}_1, \vec{a}_2$ sind linear unabhängig, wenn nicht $\vec{a}_1 = \lambda \vec{a}_2$ gilt, wenn sie also nicht kollinear sind. Zwei nicht-kollineare Vektoren spannen einen zweidimensionalen Vektorraum auf (einen 'Unterraum'), zu dem alle die Vektoren gehören, die in der gleichen Ebene liegen.

Einen Satz $\{\vec{u}_k\}$ von n linear unabhängigen Vektoren der Dimension n nennt man eine *Basis* des n-dimensionalen Raums. Denn jeder Vektor $\vec{a}$ der gleichen Dimension läßt sich als Linearkombination der $\vec{u}_k$ schreiben.

$$\vec{a} = \sum_{k=1}^{n} \alpha_k \vec{u}_k \qquad \text{(A1–15)}$$

Durch die Angabe der $\vec{u}_k$ und der α_k ist jeder Vektor eindeutig charakterisiert. Man kann einen Vektor $\vec{a}$ statt durch seine 'natürlichen' Komponenten a_i im Sinne von (A1–1) auch durch seine Komponenten α_k in der Basis $\{\vec{u}_k\}$ kennzeichnen. Man spricht dann von einem Übergang zu einem anderen Koordinatensystem.

Die natürlichen Komponenten a_i ergeben sich unmittelbar als diejenigen α_i im Sinne von Gl. (A1–15), wenn man als Basis $\{\vec{u}_k\}$ die Vektoren $\vec{u}_1 = (1, 0, 0 \ldots 0)$, $\vec{u}_2 = (0, 1, 0 \ldots 0)$ etc., die sog. cartesischen Einheitsvektoren, wählt.

Die Gesamtheit der Vektoren der Dimension n bildet den n-dimensionalen cartesischen Vektorraum $\mathfrak{R}_n$ (für reelle Vektoren) bzw. C_n (für komplexe Vektoren). m linear unabhängige Vektoren ($m \leqslant n$) spannen einen Vektorraum der Dimension m auf: im Fall $m = n$ eben den $\mathfrak{R}_n$, im Falle $m < n$ einen Unterraum; $m > n$ ist ausgeschlossen, weil es maximal n linear unabhängige Vektoren gibt.

Die Komponenten eines Vektors $\vec{a}$ im Sinne von (A1–1) in beliebigen Koordinatensystemen erhält man durch Lösen des Gleichungssystems (A1–15), das in Komponenten geschrieben lautet:

$$\begin{aligned} a_1 &= \alpha_1 u_{11} + \alpha_2 u_{21} + \ldots\ldots \alpha_n u_{n1} \\ a_2 &= \alpha_1 u_{12} + \alpha_2 u_{22} + \ldots\ldots \alpha_n u_{n2} \\ &\ldots\ldots\ldots\ldots\ldots\ldots\ldots\ldots \\ a_n &= \alpha_1 u_{1n} + \alpha_n u_{2n} + \ldots\ldots \alpha_n u_{nn} \end{aligned} \qquad \text{(A1–16)}$$

wobei $\vec{u}_k = (u_{k1}, u_{k2} \ldots\ldots u_{kn})$.

Die α_k sind die Unbekannten.

Mit Vorteil verwendet man allerdings eine Basis, die orthonormal ist, d.h. die aus Vektoren besteht, die paarweise zueinander orthogonal sind und die Norm 1 haben.

$$(\vec{u}_i, \vec{u}_j) = \delta_{ij} \qquad \text{d.h.} \begin{cases} = 0 & \text{für } i \neq j \\ = 1 & \text{für } i = j \end{cases} \tag{A1–17}$$

Im Falle einer orthogonalen Basis erübrigt sich eine Auflösung des Gleichungssystems (A1–15) bzw. (A1–16). Man multipliziert $\vec{a}$ skalar mit $\vec{u}_l$.

$$(\vec{u}_l, \vec{a}) = \sum_{k=1}^{n} \alpha_k (\vec{u}_l, \vec{u}_k) = \sum_{k=1}^{n} \alpha_k \delta_{lk} = \alpha_l \tag{A1–18}$$

Die Komponente α_l von $\vec{a}$ in der Basis $\{u_l\}$ erhält man also einfach als Skalarprodukt, sofern die Basis orthonormal ist.

Vektoraddition läßt sich in jeder Basis durch Addition der entsprechenden Komponenten ausdrücken, die Bildung eines Skalarprodukts hat dagegen nur in einer orthogonalen Basis die uns bekannte einfache Form. Sei:

$$\vec{a} = \sum_{i=1}^{n} \alpha_i \vec{u}_i$$

$$\vec{b} = \sum_{i=1}^{n} \beta_i \vec{u}_i \tag{A1–19}$$

dann ist

$$(\vec{a}, \vec{b}) = \left(\sum_{i=1}^{n} \alpha_i \vec{u}_i , \sum_{k=1}^{n} \beta_k \vec{u}_k \right) = \sum_{i=1}^{n} \sum_{k=1}^{n} \alpha_i^* \beta_k (u_i, u_k) \tag{A1–20}$$

Im Falle, daß $(u_i, u_k) = \delta_{ik}$, folgt sofort

$$(\vec{a}, \vec{b}) = \sum_{i=1}^{n} \sum_{k=1}^{n} \delta_{ik} \alpha_i^* \beta_k = \sum_{i=1}^{n} \alpha_i^* \beta_i \tag{A1–21}$$

In einem schiefwinkligen Koordinatensystem enthält der Ausdruck für das Skalarprodukt noch die $(\vec{u}_i, \vec{u}_k)$, die, wie man sagt, die *Metrik* des Koordinatensystems darstellen.

A 1.4. Kovariante und kontravariante Komponenten eines Vektors

Sei eine nichtorthogonale Basis $\{\vec{u}_i\}$ gegeben mit der Metrik

$$S_{ik} = (\vec{u}_i, \vec{u}_k), \qquad \text{(A1–22)}$$

so kann man einen Vektor $\vec{a}$ bezüglich der Basis in zweierlei Weise charakterisieren:

a) so wie bisher im Sinne von (A1–15) durch die Komponenten α_i der Zerlegung von $\vec{a}$ nach den $\vec{u}_i$,

b) durch die Skalarprodukte

$$\bar{\alpha}_i = (\vec{u}_i, \vec{a}). \qquad \text{(A1–23)}$$

Wir bezeichnen die α_i als kontravariante und die $\bar{\alpha}_i$ als kovariante Komponenten von $\vec{a}$ bezüglich der Basis $\vec{u}_i$. In orthogonalen Basen sind wegen (A1–18) die α_i mit den entsprechenden $\bar{\alpha}_i$ identisch.

In einem zweidimensionalen Raum kann man die Bedeutung der beiden Typen von Komponenten anhand von Abb. A–3 veranschaulichen. Wir setzen voraus, daß $|\vec{u}_1| = |\vec{u}_2|$ und daß alle Längen in Einheiten von $|\vec{u}_1|$ gemessen werden.

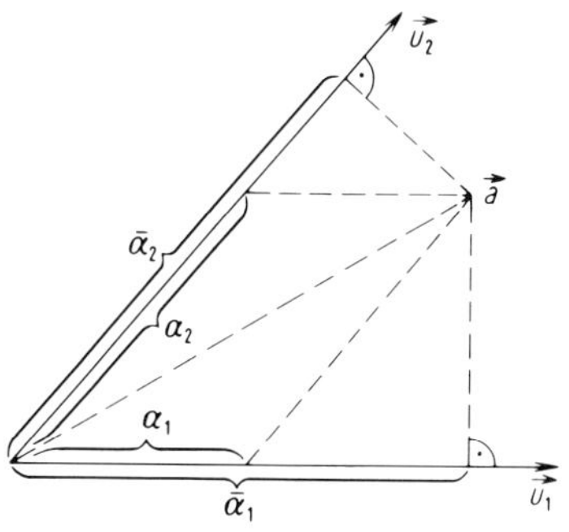

Abb. A–3.

Offenbar sind die auf Abb. A–3 eingetragenen α_1 und α_2 bzw. $\bar{\alpha}_1$ und $\bar{\alpha}_2$ tatsächlich die kontravarianten bzw. kovarianten Komponenten von $\vec{a}$ in der Basis $\vec{u}_1, \vec{u}_2$. Die kontravarianten Komponenten entsprechen einer Parallelprojektion von $\vec{a}$ auf die Basisvektoren, die kovarianten Komponenten einer Vertikalprojektion. Man sieht auch, daß beide Projektionen das gleiche Ergebnis liefern, falls $\vec{u}_1$ und $\vec{u}_2$ zueinander orthogonal sind.

Bei Kenntnis der Metrik lassen sich die $\bar{\alpha}_i$ leicht durch die α_i ausdrücken. Nach (A1–23), (A1–15) und (A1–22) ist

$$\bar{\alpha}_i = (\vec{u}_i, \vec{a}) = \sum_k \alpha_k (\vec{u}_i, \vec{u}_k) = \sum_k S_{ik}\, \alpha_k \qquad \text{(A1–24)}$$

Das Skalarprodukt zwischen zwei Vektoren $\vec{a}$ und $\vec{b}$ gemäß (A1–19) und (A1–20) läßt sich unter Benutzung von (A1–24) vereinfachen zu:

$$(\vec{a}, \vec{b}) = \sum_i \sum_k \alpha_i^* \beta_k \cdot S_{ik} = \sum_i \alpha_i^* \overline{\beta}_i \tag{A1–25}$$

Der im Falle einer orthogonalen Basis gültige Ausdruck (A1–21) läßt sich für den Fall einer nichtorthogonalen Basis verallgemeinern, wenn man vorschreibt, daß jeweils eine kontravariante Komponente des einen Vektors mit der entsprechenden kovarianten Komponente des anderen Vektors zu kombinieren ist.

A 1.5. Vektorprodukte

Im dreidimensionalen Raum definiert man außer dem Skalarprodukt noch ein sog. Vektorprodukt:

$$\vec{c} = \vec{a} \times \vec{b} \qquad \text{heißt}$$

$$c_1 = a_2 b_3 - a_3 b_2 ; \; c_2 = a_3 b_1 - a_1 b_3 ; \; c_3 = a_1 b_2 - a_2 b_1 \tag{A1–26}$$

Man zeigt verhältnismäßig leicht, daß

$$|\vec{c}| = |\vec{a}| \; |\vec{b}| \sin(\vec{a}, \vec{b}) \tag{A1–27}$$

Der Vektor $\vec{c}$ ist orthogonal zu $\vec{a}$ und $\vec{b}$. Wegen des sin-Faktors verschwindet $\vec{c}$, wenn $\vec{a}$ und $\vec{b}$ kollinear sind. Insbesondere verschwindet das Vektorprodukt eines Vektors mit sich selbst.

$$\vec{a} \times \vec{a} = \vec{0} \tag{A1–28}$$

A 2. Felder und Differentialoperatoren

Sei $u = f(x, y, z)$ eine Funktion von drei Variablen, so kann man diese interpretieren als eine Vorschrift, die jedem Punkt des dreidimensionalen Raums (oder anders gesagt: jedem Ortsvektor $\vec{r}$) einen Wert u zuordnet.

Man kann auch schreiben:

$$u = f(\vec{r}) \qquad \vec{r} = (x, y, z) \tag{A2–1}$$

und man sagt, u beschreibt ein *Feld,* genauer gesagt ein skalares Feld, denn u ist eine skalare Funktion.

Ein physikalisches Beispiel ist etwa ein Temperaturfeld. An jedem Punkt des Raumes herrscht eine Temperatur $T(\vec{r})$, wobei i.allg. gilt: $T(\vec{r}_1) \neq T(\vec{r}_2)$ für $\vec{r}_1 \neq \vec{r}_2$. Ähnlich wie man eine Vorschrift definiert, die einem Vektor einen Skalar zuordnet, kann man auch umgekehrt einem Skalar einen Vektor zuordnen. Wir haben dann eine Vektorfunktion. Die skalare unabhängige Variable sei z.B. die Zeit t, und der Vektor $\vec{r}(t) = (x(t), y(t), z(t))$ gebe den Ort eines sich bewegenden Punktes zur Zeit t an. Man nennt $\vec{r}(t)$ auch die Bahn des Punktes. Ähnlich wie ein Vektor drei Skalare zusammenfaßt, besteht eine Vektorfunktion aus drei skalaren Funktionen, die völlig beliebig sein können und voneinander unabhängig sind. Ähnlich wie man eine skalare Funktion nach den unabhängigen Variablen differenzieren kann, geht das auch bei einer Vektorfunktion (Differenzierbarkeit der Komponenten $x(t)$ etc. für sich vorausgesetzt).

$$\frac{d\vec{r}}{dt} = \dot{\vec{r}} = \left(\frac{dx(t)}{dt}, \frac{dy(t)}{dt}, \frac{dz(t)}{dt}\right) = (\dot{x}, \dot{y}, \dot{z}) \qquad \text{(A2–2)}$$

$\dot{\vec{r}}$ bezeichnet man als den Geschwindigkeitsvektor, er hat i.allg. nicht die gleiche Richtung wie $\vec{r}$ selbst.

Schließlich können sowohl unabhängige als abhängige Variable Vektoren sein. Dann liegt ein sog. Vektorfeld vor.

$$\vec{s} = \vec{s}(\vec{r}) \qquad \text{(A2–3)}$$

oder ausführlicher geschrieben:

$$\vec{s} = (u, v, w) \quad ; \quad \vec{r} = (x, y, z)$$

$$u = u(x, y, z)$$

$$v = v(x, y, z)$$

$$w = w(x, y, z) \qquad \text{(A2–4)}$$

Physikalische Beispiele für Vektorfelder sind ein Strömungsfeld (jedem Punkt ist ein Geschwindigkeitsvektor zugeordnet) oder ein Kraftfeld (z.B. das Schwerefeld der Erde).

Aus jedem skalaren Feld kann man (Existenz der partiellen Ableitungen vorausgesetzt) z.B. durch Differenzieren ein Vektorfeld bilden.

Sei $f(x, y, z)$ ein skalares Feld, so bilden die Funktionen

$$f_x = \frac{\partial f}{\partial x} \; ; \; f_y = \frac{\partial f}{\partial y} \; ; \; f_z = \frac{\partial f}{\partial z}$$

die Komponenten eines Vektorfeldes, das man als Gradientenfeld des skalaren Feldes bezeichnet:

$$\operatorname{grad} f = \left(\frac{\partial f}{\partial x}, \frac{\partial f}{\partial y}, \frac{\partial f}{\partial z} \right) \tag{A2–5}$$

Ein Beipiel: Das elektrische Potential einer Punktladung Q ist

$$V = \frac{Q}{r} \tag{A2–6}$$

wobei $r = \sqrt{x^2 + y^2 + z^2}$ der Abstand von der Punktladung ist. Die elektrische Feldstärke erhält man aus dem entsprechenden Potential nach der Formel

$$\vec{E} = -\operatorname{grad} V \tag{A2–7}$$

In unserem Beispiel

$$\vec{E} = -Q \operatorname{grad}\left(\frac{1}{r}\right) = -Q \left\{ \frac{\partial}{\partial x}\left(\frac{1}{r}\right), \frac{\partial}{\partial y}\left(\frac{1}{r}\right), \frac{\partial}{\partial z}\left(\frac{1}{r}\right) \right\}$$

$$= -Q \left\{ \frac{-x}{r^3}, \frac{-y}{r^3}, \frac{-z}{r^3} \right\} = Q \cdot \frac{\vec{r}}{r^3} \tag{A2–8}$$

Andererseits erhält man z.B. aus einem Vektorfeld ein Skalarfeld nach folgender Vorschrift: Sei $\vec{s} = \vec{s}\,(\vec{r})$ ein Vektorfeld mit $\vec{s} = (u, v, w)$, so bilde man

$$\frac{\partial u}{\partial x} + \frac{\partial v}{\partial y} + \frac{\partial w}{\partial z} = \operatorname{div} \vec{s} \tag{A2–9}$$

Man spricht diesen Ausdruck: Divergenz von $\vec{s}$.

Schließlich kann man aus einem skalaren Feld zuerst das Gradientenfeld bilden und anschließend dessen Divergenz, wobei man wieder ein skalares Feld erhält:

$$\operatorname{div} \operatorname{grad} f = \frac{\partial}{\partial x}\left(\frac{\partial f}{\partial x}\right) + \frac{\partial}{\partial y}\left(\frac{\partial f}{\partial y}\right) + \frac{\partial}{\partial z}\left(\frac{\partial f}{\partial z}\right)$$

$$= \frac{\partial^2 f}{\partial x^2} + \frac{\partial^2 f}{\partial y^2} + \frac{\partial^2 f}{\partial z^2} \tag{A2–10}$$

Man kann die Schreibweise vereinfachen, wenn man sog. Differentialoperatoren einführt. Schreiben wir zunächst:

$$\frac{\mathrm{d}f}{\mathrm{d}x} = \frac{\mathrm{d}}{\mathrm{d}x} f \tag{A2–11}$$

und nennen wir $\frac{\mathrm{d}}{\mathrm{d}x}$ einen *Differentialoperator.* Allgemein versteht man unter einem Operator eine Vorschrift, die einer Funktion f eine andere Funktion g zuordnet. In unserem Fall ist $g = \frac{\mathrm{d}f}{\mathrm{d}x}$

Entsprechend können wir die Vorschrift, den Gradienten eines Feldes zu berechnen, durch einen vektorartigen Operator symbolisieren, den wir als ∇ abkürzen und Nabla sprechen:

$$\nabla = \left(\frac{\partial}{\partial x}, \frac{\partial}{\partial y}, \frac{\partial}{\partial z}\right) \tag{A2–12}$$

heißt

$$\nabla f = \left(\frac{\partial f}{\partial x}, \frac{\partial f}{\partial y}, \frac{\partial f}{\partial z}\right) = \operatorname{grad} f \tag{A2–13}$$

Die Divergenz von $\vec{s}$ können wir als Skalarprodukt von ∇ und $\vec{s}$ schreiben:

$$\nabla \cdot \vec{s} = \left(\frac{\partial}{\partial x}, \frac{\partial}{\partial y}, \frac{\partial}{\partial z}\right) (u, v, w)$$

$$= \frac{\partial u}{\partial x} + \frac{\partial v}{\partial y} + \frac{\partial w}{\partial z} = \operatorname{div} \vec{s} \tag{A2–14}$$

Analog ist

$$\nabla \cdot (\nabla f) = \left(\frac{\partial}{\partial x}, \frac{\partial}{\partial y}, \frac{\partial}{\partial z}\right) \cdot \left(\frac{\partial f}{\partial x}, \frac{\partial f}{\partial y}, \frac{\partial f}{\partial z}\right)$$

$$= \frac{\partial^2 f}{\partial x^2} + \frac{\partial^2 f}{\partial y^2} + \frac{\partial^2 f}{\partial z^2} = \operatorname{div} \operatorname{grad} f = \nabla^2 f = \Delta f \tag{A2–15}$$

Für den Operator $\nabla \cdot \nabla$ schreibt man auch ∇^2 oder Δ. Man nennt ihn Laplace-Operator.

In unserem Beispiel des Feldes einer Punktladung ist das Potential $V = \frac{Q}{r}$; entsprechend ist (unter Benutzung von A2–7 und A2–8)

$$\Delta V = \operatorname{div} \operatorname{grad} V = -\operatorname{div} \vec{E} = -Q \operatorname{div} \frac{\vec{r}}{r^3} \tag{A2–16}$$

Außer an der Stelle $\vec{r} = \vec{0}$, wo ΔV nicht existiert, ergibt sich, wenn man div $\frac{\vec{r}}{r^3}$ explizit ausrechnet, daß

$$\Delta V = \frac{\partial^2 V}{\partial x^2} + \frac{\partial^2 V}{\partial y^2} + \frac{\partial^2 V}{\partial z^2} = 0 \qquad \text{(A2–17)}$$

erfüllt. Das elektrische Potential V erfüllt also die Differentialgleichung (A2–17) an den Stellen des Raumes, wo sich keine Ladung befindet. Dies ist eine der wichtigsten Differentialgleichungen der mathematischen Physik. Sie heißt Laplacesche Differentialgleichung. Ihre Lösungen werden wir in Kap. A5 näher erläutern. Eine mögliche Lösung ist offenbar $V = \frac{Q}{r}$.

In Gl. (A2–14) haben wir das Skalarprodukt $\nabla \cdot \vec{s}$ gebildet und als div $\vec{s}$ bezeichnet. Man kann auch das entsprechende Vektorprodukt $\nabla \times \vec{s}$ bilden und bezeichnet dieses als Rotation von $\vec{s}$, abgekürzt rot $\vec{s}$

$$\text{rot}\,\vec{s} = \nabla \times \vec{s} = \left(\frac{\partial}{\partial x}, \frac{\partial}{\partial y}, \frac{\partial}{\partial z}\right) \times (u, v, w)$$

$$= \left(\frac{\partial w}{\partial y} - \frac{\partial v}{\partial z}, \frac{\partial u}{\partial z} - \frac{\partial w}{\partial x}, \frac{\partial v}{\partial x} - \frac{\partial u}{\partial y}\right) \qquad \text{(A2–18)}$$

Die Rotation spielt vor allem in der Elektrodynamik eine wichtige Rolle.

A 3. Uneigentliche und mehrdimensionale Integrale

Die Definition eines (Riemannschen) Integrals

$$\int_a^b f(x)\, dx$$

sei als bekannt vorausgesetzt. Hinreichend für die Existenz eines solchen Integrals ist bekanntlich, daß $f(x)$ im ganzen Intervall definiert, stückweise stetig und beschränkt ist, anders gesagt, daß für $a \leqslant x \leqslant b$ $f(x)$ nicht unendlich wird, und daß in diesem Intervall höchstens eine endliche Zahl von Unstetigkeiten ist.

Oft haben wir es mit Integralen zu tun, bei denen der Integrationsbereich unendlich ist, z.B.

$$\int_a^\infty f(x)\, dx \quad \text{oder} \quad \int_{-\infty}^\infty f(x)\, dx \qquad \text{(A3–1)}$$

Im Riemannschen Sinn sind solche Integrale überhaupt nicht definiert.

Wenn allerdings der Grenzwert

$$\lim_{b \to \infty} \int_a^b f(x)\, dx \qquad \text{(A3–2)}$$

existiert (d.h. auch: endlich ist), so kann man abgekürzt schreiben:

$$\lim_{b \to \infty} \int_a^b f(x)\,\mathrm{d}x = \int_a^\infty f(x)\,\mathrm{d}x \qquad \text{(A3–3)}$$

und hat so Integrale mit unendlichem Integrationsbereich definiert. Eine Voraussetzung für die Existenz eines solchen 'uneigentlichen Integrals' ist in der Regel, daß $f(x)$ im Unendlichen genügend rasch verschwindet.

Beispiel für ein existierendes uneigentliches Integral:

$$\int_0^\infty \mathrm{e}^{-x}\,\mathrm{d}x = \lim_{b \to \infty} \int_0^b \mathrm{e}^{-x}\,\mathrm{d}x = \lim_{b \to \infty} \left\{ -\mathrm{e}^{-x} \Big|_0^b \right\}$$

$$= \lim_{b \to \infty} \left\{ -\mathrm{e}^{-b} + \mathrm{e}^{-0} \right\} = 1 \qquad \text{(A3–4)}$$

Verschwinden des Integranden im Unendlichen ist allerdings nicht eine hinreichende Voraussetzung für die Existenz eines derartigen Integrals.

$\int_1^\infty x^{-\frac{1}{2}}\,\mathrm{d}x$ existiert nicht, obwohl $x^{-\frac{1}{2}}$ für $x \to \infty$ gegen 0 geht.

$$\int_1^b x^{-\frac{1}{2}}\,\mathrm{d}x = 2\,x^{\frac{1}{2}} \Big|_1^b = 2\,b^{\frac{1}{2}} - 2 \qquad \text{(A3–5)}$$

Der Grenzwert des Integrals für $b \to \infty$ existiert nicht (wird unendlich).

Es gibt noch einen anderen Typ von uneigentlichen Integralen. Falls $f(x)$ im Integrationsintervall nicht beschränkt ist (unendlich wird), so daß das Integral nicht definiert ist, kann man in manchen Fällen die entsprechenden Integrale als Grenzwert erklären, z.B.

$$\int_0^1 x^{-\frac{1}{2}}\,\mathrm{d}x$$

ist zunächst nicht definiert, da für $x = 0$ $f(x) = \infty$, aber

$$\lim_{a \to 0} \int_a^1 x^{-\frac{1}{2}}\,\mathrm{d}x = \lim_{a \to 0} \left\{ 2\,x^{\frac{1}{2}} \Big|_a^1 \right\} = 2 \lim_{a \to 0} \left\{ 1 - a^{\frac{1}{2}} \right\} = 2 \qquad \text{(A3–6)}$$

existiert.

Bei Funktionen mehrerer Variabler kennt man Linienintegrale und Gebietsintegrale. Uns interessieren hier nur die letzteren. Sei $z = f(x,y)$, und sei das Integrationsgebiet G (in Abb. A–4 schraffiert) begrenzt durch die Kurven $x = 0$, $y = 0$ und $y = g(x)$ ($g(x)$ sei eine monotone Funktion mit Umkehrung $x = g^{-1}(y)$),

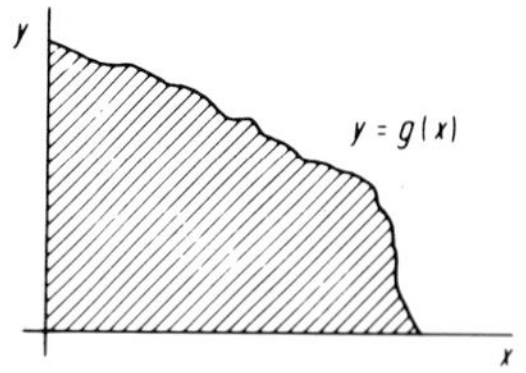

Abb. A–4.

so kann man das entsprechende Gebietsintegral

$$\int_G f(x,y)\, dx\, dy$$

a priori in zweierlei Weise definieren, d.h. auf eindimensionale Integrale zurückführen, nämlich

$$\int_{y=0}^{g(0)} \left[\int_{x=0}^{g^{-1}(y)} f(x,y)\, dx \right] dy \qquad \text{(A3–7)}$$

oder

$$\int_{x=0}^{g^{-1}(0)} \left[\int_{y=0}^{g(x)} f(x,y)\, dy \right] dx \qquad \text{(A3–8)}$$

Im ersten Fall betrachtet man zunächst y als konstant und integriert über x, d.h. in horizontalen Streifen, erhält so eine Funktion von y allein und integriert diese dann. Im zweiten Fall ist es umgekehrt.

Notwendig und hinreichend dafür, daß man in beiden Fällen das gleiche Ergebnis erhält, daß mithin das Gebietsintegral definiert ist, ist Stetigkeit von $f(x,y)$ im Sinne der Stetigkeit von Funktionen mehrerer Variabler, was eine stärkere Forderung ist als Stetigkeit in jeder Variablen für sich. Einzelheiten würden zu weit führen, zumal die Funktionen, mit denen wir es zu tun haben werden, alle die Stetigkeitsforderung erfüllen. Wir müssen jetzt die Begriffe Gebietsintegral und uneigentliches Integral kombinieren. Ein Beispiel:

$$\int_{x=0}^{\infty} \int_{y=0}^{\infty} e^{-x-y}\, dx dy \qquad \text{(A3–9)}$$

In diesem Fall ist die Situation besonders einfach. Das uneigentliche Gebietsintegral läßt sich ‚faktorisieren', d.h., als Produkt zweier uneigentlicher eindimensionaler Integrale schreiben, da hier $f(x, y)$ ein Produkt einer Funktion nur von x und einer nur von y ist.

$$\int_{x=0}^{\infty} \int_{y=0}^{\infty} e^{-x} e^{-y} \, dx dy = \left\{ \int_0^{\infty} e^{-x} \, dx \right\} \left\{ \int_0^{\infty} e^{-y} \, dy \right\} = 1 \qquad \text{(A3–10)}$$

Ein anderes Integral, das uns interessiert, ist

$$\int_{x=0}^{\infty} \int_{y=0}^{\infty} e^{-x^2-y^2} \, dx dy \qquad \text{(A3–11)}$$

Im Prinzip können wir es zwar auch faktorisieren, aber das hilft uns nicht weiter, da die Stammfunktion von e^{-x^2} keine elementare Funktion ist, wir also $\int_0^{\infty} e^{-x^2} \, dx$ zunächst nicht kennen.

Wir werden dieses Integral später durch Übergang zu einem anderen Koordinatensystem auswerten.

A4. Krummlinige Koordinatensysteme, insbesondere sphärische Polarkoordinaten

Einen Punkt in einer Ebene kann man entweder durch seine cartesischen Koordinaten x, y oder aber z.B. durch seine Polarkoordinaten r, φ kennzeichnen, wie in Abb. A–5 angedeutet ist.

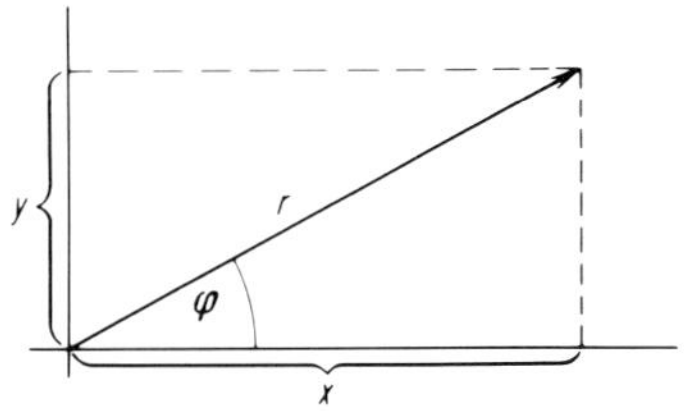

Abb. A–5.

Der Zusammenhang zwischen beiden Koordinatensätzen ist gegeben durch

$$x = r \cos \varphi$$

$$y = r \sin \varphi \qquad \text{(A4–1)}$$

$$r = +\sqrt{x^2 + y^2}$$

$$\varphi = \operatorname{arctg} \left(\frac{y}{x} \right) \qquad \text{(A4–2)}$$

Das cartesische Koordinatennetz ist durch die Kurven $x = \text{const.}$ bzw. $y = \text{const.}$ gegeben. Diese sind Geraden und orthogonal zueinander. Das Netz der Polarkoordinaten besteht aus Geraden durch den Ursprung ($\varphi = \text{const.}$) und konzentrischen Kreisen um den Ursprung ($r = \text{const.}$).

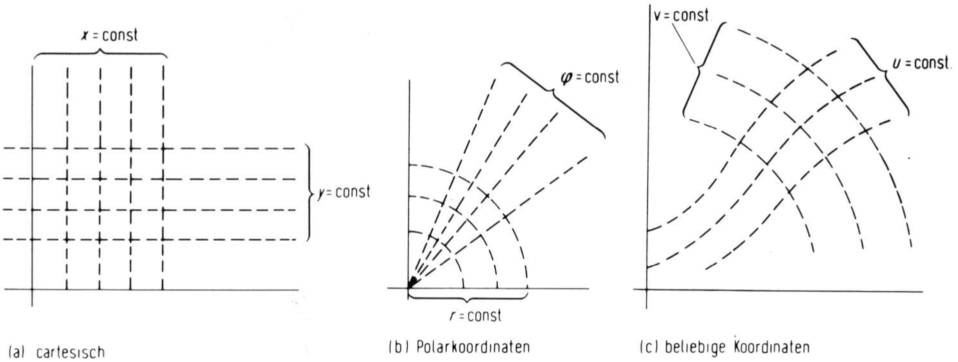

Abb. A–6.

Diese beiden Koordinatennetze sowie eine dritte Möglichkeit eines beliebigen krummlinigen Koordinatensystems sind auf Abb. A–6 schematisch dargestellt. Der Übergang vom x–y- zum u–v-Koordinatensystem ist möglich, wenn u und v als Funktionen von x und y angegeben sind.

$$u = u(x, y)$$

$$v = v(x, y) \tag{A4–3}$$

Damit jeder Punkt (x, y) eindeutig festgelegt ist, muß die Abbildung (A4–3) umkehrbar sein, d.h. es muß (eindeutig) existieren

$$x = x(u, v)$$

$$y = y(u, v) \tag{A4–4}$$

Die Transformation einer Funktion $f(x, y)$ auf die neuen Koordinaten ist dann trivial

$$f(x, y) = f[x(u, v),\ y(u, v)] = F(u, v) \tag{A4–5}$$

z.B.

$$f(x, y) = 2xy = 2r^2 \sin\varphi \cos\varphi = r^2 \sin 2\varphi = F(r, \varphi) \tag{A4–6}$$

Ähnlich elementar ist die umgekehrte Transformation, z.B.

$$F(r, \varphi) = e^{-r} = e^{-\sqrt{x^2 + y^2}} = f(x, y) \tag{A4–7}$$

Die Erweiterung der obigen Überlegungen auf mehrdimensionale Koordinatensysteme liegt nahe, z.B. haben wir statt (A4–4) in einem dreidimensionalen Raum

$$\begin{aligned} u &= u(x, y, z) \qquad & x &= x(u, v, w) \\ v &= v(x, y, z) \qquad & y &= y(u, v, w) \\ w &= w(x, y, z) \qquad & z &= z(u, v, w) \end{aligned} \tag{A4–8}$$

Ein besonders wichtiges Koordinatensystem im dreidimensionalen Raum ist das der sphärischen Polarkoordinaten oder Kugelkoordinaten, die mit den cartesischen Koordinaten folgendermaßen zusammenhängen:

$$\begin{aligned} r &= \sqrt{x^2 + y^2 + z^2} \qquad & x &= r \sin \vartheta \cos \varphi \\ \vartheta &= \operatorname{arc\,cos} \left(\frac{z}{r}\right) \qquad & y &= r \sin \vartheta \sin \varphi \\ \varphi &= \operatorname{arc\,tg} \left(\frac{y}{x}\right) \qquad & z &= r \cos \vartheta \end{aligned} \tag{A4–9}$$

Dabei ist r der Abstand des Punktes (x, y, z) vom Koordinatenursprung, die z-Achse definiert eine ausgezeichnete Richtung entsprechend der Verbindungslinie der Pole (Erdachse) auf der Erdkugel, φ entspricht der geographischen Länge und $\pi/2 - \vartheta$ der geographischen Breite.

Oft hat man Gebietsintegrale von Funktionen in krummlinigen Koordinaten zu bilden, z.B.

$$\int_{r=0}^{R} \int_{\varphi=0}^{2\pi} r^2 \, df \tag{A4–10}$$

wobei df das Flächenelement (im zweidimensionalen Fall, analog das Volumenelement $d\tau$ im dreidimensionalen Falle) in den Polarkoordinaten r und φ bedeutet. In cartesischen Koordinaten ist das Flächenelement einfach durch $df = dx dy$ (analog $d\tau = dx dy dz$) gegeben, in beliebigen Koordinatensystemen ist es aber i.allg. nicht gleich

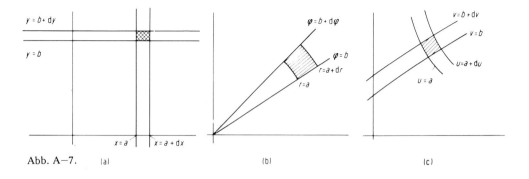

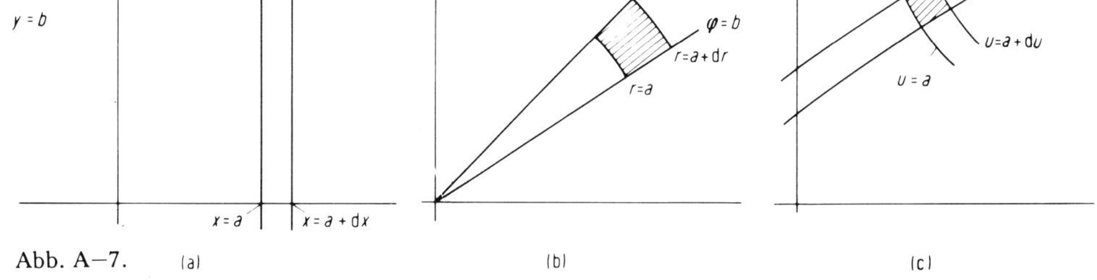

Abb. A–7.

$dudv$ (bzw. $dudvdw$). Das Flächenelement df ist die Fläche, die von den Kurven $u = a$, $u = a + du$, $v = b$, $v = b + dv$ begrenzt wird, wobei a und b Konstante sind. In Abb. A–7 ist df für ein ebenes cartesisches Koordinatensystem, für Polarkoordinaten und beliebige krummlinige Koordinaten angegeben.

Im allgemeinen Fall wird für $du \to 0$, $dv \to 0$ das Flächenelement ein Parallelogramm, aufgespannt von den Vektoren $d\vec{u}$ und $d\vec{v}$, deren cartesische Komponenten gegeben sind durch

$$d\vec{u} = \left(\frac{\partial x}{\partial u}\,du,\ \frac{\partial y}{\partial u}\,du\right)$$

$$d\vec{v} = \left(\frac{\partial x}{\partial v}\,dv,\ \frac{\partial y}{\partial v}\,dv\right) \qquad \text{(A4–11)}$$

Der Flächeninhalt eines Parallelogramms ist aber gleich der Determinante aus den cartesichen Komponenten der Vektoren, die es aufspannen

$$df = \begin{vmatrix} \dfrac{\partial x}{\partial u} & \dfrac{\partial x}{\partial v} \\ \dfrac{\partial y}{\partial u} & \dfrac{\partial y}{\partial v} \end{vmatrix} du\,dv \qquad \text{(A4–12)}$$

Analog erhält man für das Volumenelement $d\tau$ im dreidimensionalen Raum

$$d\tau = \begin{vmatrix} \dfrac{\partial x}{\partial u} & \dfrac{\partial x}{\partial v} & \dfrac{\partial x}{\partial w} \\ \dfrac{\partial y}{\partial u} & \dfrac{\partial y}{\partial v} & \dfrac{\partial y}{\partial w} \\ \dfrac{\partial z}{\partial u} & \dfrac{\partial z}{\partial v} & \dfrac{\partial z}{\partial w} \end{vmatrix} du\,dv\,dw \qquad \text{(A4–13)}$$

Die in (A4–12) bzw. (A4–13) auftretenden Determinanten nennt man Funktionaldeterminanten oder Jacobische Determinanten. Für ebene Polarkoordinaten ergibt sich für die Funktionaldeterminante aus (A4–1):

$$\begin{vmatrix} \dfrac{\partial x}{\partial r} & \dfrac{\partial x}{\partial \varphi} \\ \dfrac{\partial y}{\partial r} & \dfrac{\partial y}{\partial \varphi} \end{vmatrix} = \begin{vmatrix} \cos\varphi & -r\sin\varphi \\ \sin\varphi & r\cos\varphi \end{vmatrix} = r\cdot\cos^2\varphi + r\cdot\sin^2\varphi = r \qquad \text{(A4–14)}$$

also ist

$$df = r\,dr\,d\varphi\,. \qquad \text{(A4–15)}$$

Für sphärische Polarkoordinaten erhalten wir aus (A4–9):

$$\begin{vmatrix} \frac{\partial x}{\partial r} & \frac{\partial x}{\partial \vartheta} & \frac{\partial x}{\partial \varphi} \\ \frac{\partial y}{\partial r} & \frac{\partial y}{\partial \vartheta} & \frac{\partial y}{\partial \varphi} \\ \frac{\partial z}{\partial r} & \frac{\partial z}{\partial \vartheta} & \frac{\partial z}{\partial \varphi} \end{vmatrix} = \begin{vmatrix} \sin\vartheta\cos\varphi & r\cos\vartheta\cos\varphi & r\sin\vartheta\sin\varphi \\ \sin\vartheta\sin\varphi & r\cos\vartheta\sin\varphi & -r\sin\vartheta\cos\varphi \\ \cos\vartheta & -r\sin\vartheta & 0 \end{vmatrix} =$$

$$= r^2\cos^2\vartheta\sin\vartheta\cos^2\varphi + r^2\sin^3\vartheta\sin^2\varphi$$

$$+ r^2\sin\vartheta\cos^2\vartheta\sin^2\varphi + r^2\sin^3\vartheta\cos^2\varphi$$

$$= r^2\sin\vartheta\,(\cos^2\vartheta + \sin^2\vartheta)\cos^2\varphi$$

$$+ r^2\sin\vartheta\,(\cos^2\vartheta + \sin^2\vartheta)\sin^2\varphi$$

$$= r^2\sin\vartheta\,(\cos^2\varphi + \sin^2\varphi) = r^2\sin\vartheta \qquad \text{(A4–16)}$$

Folglich ist

$$d\tau = r^2\,dr\,\sin\vartheta\,d\vartheta\,d\varphi \qquad \text{(A4–17)}$$

$d\omega = \sin\vartheta d\vartheta d\varphi$ bezeichnet man manchmal auch als Raumwinkel.

Wenn man in einem Gebietsintegral

$$\int_G f(x,y)\,dx\,dy \qquad \text{(A4–18)}$$

eine Koordinatentransformation durchführt, muß man nicht nur die Funktion $f(x, y)$ sowie das Flächenelement $dxdy$ auf die neuen Koordinaten transformieren, sondern man muß auch die Integrationsgrenzen entsprechend transformieren. Das soll am folgenden Beispiel erläutert werden, bei dem das Integrationsgebiet ein Quadrat ist mit den Eckpunkten (0, 0); (1, 0); (0, 1) und (1, 1) im cartesischen System. Daß die Integrationsgrenzen für φ 0 und $\pi/2$ sind, erkennt man sofort, man sieht aber auch, daß die Integrationsgrenze für r von φ abhängt, und zwar in einer verschiedenen Weise, je nachdem ob φ zwischen 0 und $\pi/4$ oder zwischen $\pi/4$ und $\pi/2$ liegt.

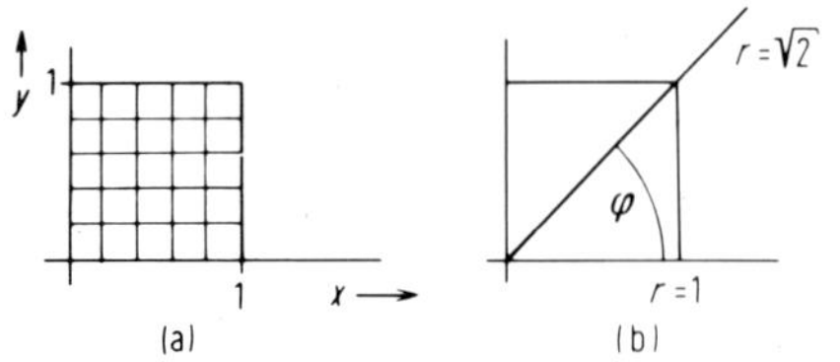

Abb. A–8.

$$\int_{x=0}^{1}\int_{y=0}^{1}(x+y)^2\,\mathrm{d}x\mathrm{d}y = \int_{\varphi=0}^{\frac{\pi}{4}}\int_{r=0}^{\sqrt{1+\mathrm{tg}^2\varphi}} r^2[\cos\varphi+\sin\varphi]^2\,r\,\mathrm{d}r\mathrm{d}\varphi$$

$$+\int_{\varphi=\frac{\pi}{4}}^{\frac{\pi}{2}}\int_{r=0}^{\sqrt{1+\mathrm{ctg}^2\varphi}} r^2[\cos\varphi+\sin\varphi]^2\,r\mathrm{d}r\mathrm{d}\varphi \qquad \text{(A4–19)}$$

Offenbar ist das Gebietsintegral (A4–19) in cartesischen Koordinaten leichter auszuwerten als in Polarkoordinaten, es gibt aber Gebietsintegrale, die man in Polarkoordinaten leichter berechnet, evtl. dann, wenn das Integrationsgebiet ein Kreis um den Ursprung ist.

Von besonderer Bedeutung ist das folgende uneigentliche Integral

$$\int_{x=0}^{\infty}\int_{y=0}^{\infty}\mathrm{e}^{-(x^2+y^2)}\,\mathrm{d}x\mathrm{d}y = \int_{\varphi=0}^{\frac{\pi}{2}}\int_{r=0}^{\infty}\mathrm{e}^{-r^2}\,r\mathrm{d}r\mathrm{d}\varphi$$

$$= \int_{\varphi=0}^{\frac{\pi}{2}}\mathrm{d}\varphi\int_{r=0}^{\infty} r\,\mathrm{e}^{-r^2}\,\mathrm{d}r = \frac{\pi}{2}\left\{-\frac{1}{2}\,\mathrm{e}^{-r^2}\Big|_0^{\infty}\right\} = \frac{\pi}{4} \qquad \text{(A4–20)}$$

Wegen der Identität

$$\int_{x=0}^{\infty}\int_{y=0}^{\infty}\mathrm{e}^{-(x^2+y^2)}\,\mathrm{d}x\mathrm{d}y = \int_{x=0}^{\infty}\mathrm{e}^{-x^2}\,\mathrm{d}x\int_{y=0}^{\infty}\mathrm{e}^{-y^2}\,\mathrm{d}y$$

$$= \left\{\int_{x=0}^{\infty}\mathrm{e}^{-x^2}\,\mathrm{d}x\right\}^2 \qquad \text{(A4–21)}$$

gewinnt man hieraus

$$\int_{x=0}^{\infty}\mathrm{e}^{-x^2}\,\mathrm{d}x = \frac{1}{2}\sqrt{\pi} \quad \text{bzw.} \quad \int_{-\infty}^{\infty}\mathrm{e}^{-x^2}\,\mathrm{d}x = \sqrt{\pi} \qquad \text{(A4–22)}$$

Das Volumen einer Kugel vom Radius R ist durch folgendes Integral gegeben:

$$V = \int_{\varphi=0}^{2\pi} \int_{\vartheta=0}^{\pi} \int_{r=0}^{R} \mathrm{d}\tau = \int_{\varphi=0}^{2\pi} \mathrm{d}\varphi \int_{\vartheta=0}^{\pi} \sin\vartheta \,\mathrm{d}\vartheta \int_{r=0}^{R} r^2 \,\mathrm{d}r$$

$$= 2\pi \left\{ - \cos\vartheta \Big|_0^{\pi} \right\} \left\{ \frac{1}{3} r^3 \Big|_0^{R} \right\} = \frac{4}{3} \pi R^3 \qquad \text{(A4–23)}$$

Man merke sich die Integrationsgrenzen für ϑ und φ, die immer gelten, wenn man über die gesamte Kugeloberfläche integriert. Wir müssen auch gelegentlich Differentialoperatoren in ein anderes Koordinatensystem umrechnen können, insbesondere den Laplace-Operator.

$$\Delta = \frac{\partial^2}{\partial x^2} + \frac{\partial^2}{\partial y^2} + \frac{\partial^2}{\partial z^2} \qquad \text{(A4–24)}$$

Er lautet in Polarkoordinaten (wie wir nicht beweisen wollen)

$$\Delta = \frac{\partial^2}{\partial r^2} + \frac{2}{r}\frac{\partial}{\partial r} + \frac{1}{r^2 \sin^2\vartheta}\frac{\partial^2}{\partial \varphi^2} + \frac{1}{r^2}\frac{\partial^2}{\partial \vartheta^2} + \frac{1}{r^2} \operatorname{ctg}\vartheta \frac{\partial}{\partial \vartheta}$$

$$= \frac{1}{r^2}\frac{\partial}{\partial r} \quad r^2 \frac{\partial}{\partial r} \quad + \frac{1}{r^2 \sin\vartheta}\frac{\partial}{\partial \vartheta} \quad \sin\vartheta \frac{\partial}{\partial \vartheta} \quad + \frac{1}{r^2 \sin^2\vartheta}\frac{\partial^2}{\partial \varphi^2}$$

(A4–25)

Wenden wir Δ auf eine Funktion an, die nur von r, nicht aber von ϑ und φ abhängt, so ist das Ergebnis relativ einfach:

$$\Delta f(r) = \frac{\partial^2 f}{\partial r^2} + \frac{2}{r}\frac{\partial f}{\partial r} \qquad \text{(A4–26)}$$

(die letzten drei Terme geben keinen Beitrag).

Z.B. ist

$$\Delta \frac{1}{r} = \frac{\partial^2 \left(\frac{1}{r}\right)}{\partial r^2} + \frac{2}{r}\frac{\partial \left(\frac{1}{r}\right)}{\partial r}$$

$$= \frac{\partial}{\partial r}\left(-\frac{1}{r^2}\right) + \frac{2}{r}\left(-\frac{1}{r^2}\right) = \frac{2}{r^3} - \frac{2}{r^3} = 0 \qquad \text{(A4–27)}$$

(sofern $r \neq 0$, weil $\frac{1}{r}$ für $r=0$ nicht definiert ist). Dieses Ergebnis erhielten wir früher in cartesischen Koordinaten mit mehr Mühe.

A 5. Differentialgleichungen

A 5.1. Definitionen

Wir wollen hier auf Differentialgleichungen nur soweit eingehen, als ihre Kenntnis für die Quantenchemie wichtig ist.

Man unterscheidet zunächst zwischen gewöhnlichen und partiellen Differentialgleichungen. Für Differentialgleichungen ist vielfach die Abkürzung DG üblich. Die allgemeinste Form einer gewöhnlichen DG ist

$$F(x, y, y', y'' \ldots y^{(n)}) = 0 \tag{A5–1}$$

Der Grad in der höchsten vorkommenden Ableitung $y^{(n)}$ bestimmt die Ordnung der DG. So ist z.B.

$$y' = x y^2 \tag{A5–2}$$

eine spezielle DG 1. Ordnung. Man hat eine DG gelöst, wenn man eine oder mehrere Funktionen $y(x)$ gefunden hat, die die gegebene DG erfüllen. Im Falle der DG (A5–2) ist z.B. die Lösung

$$y = \frac{-2}{x^2 + 2c} \tag{A5–3}$$

denn die Funktion (A5–3) erfüllt die DG (A5–2) und zwar unabhängig davon, welchen Wert die Konstante c hat.

Man spricht auch dann davon, daß man eine DG gelöst hat, wenn man zwar $y(x)$ nicht in expliziter Form gefunden hat, aber zur Berechnung von $y(x)$ oder des Inversen $x(y)$ nur ein Integral zu berechnen hat, für das evtl. ein geschlossener Ausdruck nicht bekannt ist. Man bezeichnet das Lösen einer DG vielfach als integrieren, und man verwendet dann für Integration im herkömmlichen Sinn die Bezeichnung ‚Quadratur'.

Während bei einer gewöhnlichen DG die gesuchte Funktion $y(x)$ eine Funktion einer Variablen ist, sucht man bei einer partiellen DG eine Funktion mehrerer Variablen, und in der DG treten außer der Funktion und den unabhängige Variablen noch die verschiedenen partiellen Ableitungen auf. Für eine Funktion $z(x, y)$ zweier Variablen x und y ist die allgemeine Form einer partiellen DG:

$$F\left(x, y, z, \frac{\partial z}{\partial x}, \frac{\partial z}{\partial y}, \frac{\partial^2 z}{\partial x^2}, \frac{\partial^2 z}{\partial x \partial y}, \ldots \frac{\partial^n z}{\partial y^n}\right) = 0 \tag{A5–4}$$

Auch hier unterscheidet man DGs 1., 2. Ordnung etc., je nachdem ob die höchste vorkommende Ableitung eine erste oder zweite Ableitung etc. ist. Eine spezielle partielle DG 2. Ordnung ist z.B.

$$\frac{\partial^2 z}{\partial x^2} = a \frac{\partial z}{\partial y} \qquad \text{(A5–5)}$$

Eine partielle DG bezeichnet man als gelöst, wenn man sie auf die Lösung einer gewöhnlichen DG zurückgeführt hat, auch wenn sich diese nicht ohne weiteres lösen läßt.

A 5.2. Existenzsätze

In der Theorie der DG interessiert man sich zunächst für die Frage, ob eine gegebene DG überhaupt eine Lösung hat, und ob diese eindeutig ist. Relativ einfach sind die Existenzsätze für gewöhnliche DGs erster Ordnung, die in der speziellen (nach y' aufgelösten) Weise gegeben sind:

$$y' = f(x, y) \qquad \text{(A5–6)}$$

Unter einer Voraussetzung (Stetigkeit in einer Umgebung von (x_0, y_0) und Erfüllen einer sog. Lipschitz-Bedingung), die wir nicht genauer formulieren wollen, und die bei physikalischen Beispielen in der Regel erfüllt ist, läßt sich zeigen, daß es zu jedem vorgegebenen Wertepaar (x_0, y_0) genau eine Lösung $y(x)$ gibt, die die DG (A5–6) erfüllt, und für die gilt $y(x_0) = y_0$.

Wenn $f(x, y)$ in einer Umgebung von x_0, y_0 sogar eine analytische Funktion ist, dann ist auch $y(x)$ analytisch, und man kann die DG dadurch lösen, daß man $y(x)$ als Potenzreihe ansetzt

$$y(x) = \sum_k a_k x^k \qquad \text{(A5–7)}$$

und durch Einsetzen in die DG Bedingungsgleichungen für die Koeffizienten a_k erhält.

Für eine DG 1. Ordnung, die sich nicht auf die Form (A5–6) bringen läßt, muß es nicht notwendigerweise durch jeden vorgegebenen Punkt (x_0, y_0) eine Lösung geben, und es kann auch mehr als eine Lösung geben.

A 5.3. Separierbare gewöhnliche Differentialgleichungen erster Ordnung – Beispiele für Lösungsmannigfaltigkeiten und Integrationskonstanten

Besonders leicht lösbar sind DG der Form

$$y' = f(x)\, g(y) \qquad \text{(A5–8)}$$

Anhand der Lösungen dieses Typs von DG kann man einige Dinge illustrieren, die für DG allgemein gelten.

Wir machen von der Möglichkeit Gebrauch, daß man statt

$$y' = \frac{dy}{dx} \quad \text{auch schreiben kann}$$

$$dy = y' \cdot dx \tag{A5–9}$$

woraus man nach Integration erhält

$$y = \int dy = \int y' \, dx + c \,, \tag{A5–10}$$

Wenn (A5–8) gilt, wird aus (A5–9)

$$dy = f(x) \; g(y) \; dx \tag{A5–11}$$

Dividieren durch $g(y)$ ergibt

$$\frac{dy}{g(y)} = f(x) \; dx \tag{A5–12}$$

und Integrieren

$$\int \frac{dy}{g(y)} = \int f(x) \; dx + c \tag{A5–13}$$

Genau wie bei (A5–10) muß man bei (A5–13) noch eine willkürliche Integrationskonstante hinzufügen, um die allgemeine Lösung zu erhalten.

Im Beispiel der DG (A5–2) ist $f(x) = x$, $g(y) = y^2$, folglich

$$\int \frac{dy}{y^2} = \int x dx + c \tag{A5–14}$$

Integriert man Gl. (A5–14) explizit aus, so erhält man

$$-\frac{1}{y} = \frac{1}{2} x^2 + c \tag{A5–15}$$

Aufgelöst nach y ergibt sich

$$y = \frac{-2}{x^2 + 2c} \tag{A5–16}$$

Die Lösung der DG ist offenbar nicht eine einzige Kurve $y(x)$, sondern eine Kurvenschar $y_c(x)$, wobei sich für jedes c eine andere Kurve ergibt.

Die allgemeine Lösung einer DG 1. Ordnung enthält immer eine (beliebig wählbare) Integrationskonstante; bei einer DG n-ter Ordnung sind n Integrationskonstanten frei wählbar.

Vielfach kann man unter der Vielfalt der Lösungen einer DG eine bestimmte Lösung herausgreifen, indem man verlangt, daß diese gewisse vorgegebene Randbedingungen erfüllt. Man kann z.B. fordern, daß y nicht nur die DG (A5–2) erfüllt, sondern daß z.B. außerdem $y(0) = A$, wobei A ein fest vorgegebener Wert ist. Mit dieser zusätzlichen Forderung ist die Lösung in der Tat festgelegt. Bilden wir $y(0)$ für das durch (A5–16) gegebene $y(x)$

$$y(0) = \frac{-2}{2c} = \frac{-1}{c} = A \qquad \text{(A5–17)}$$

Also haben wir $c = \frac{-1}{A}$ zu wählen. Die Funktion

$$y = \frac{-2A}{Ax^2 - 2} \qquad \text{(A5–18)}$$

erfüllt sowohl unsere DG (A5–2) als auch die Randbedingung $y(0) = A$.

Betrachtungen über die Zahl der frei wählbaren Integrationskonstanten sind wichtig, wenn man einen sog. Lösungsansatz wählt. Sei z.B.

$$y'' + ay' + by = 0 \qquad \text{(A5–19)}$$

mit konstantem a und b, so versucht man den Ansatz (man bezeichnet (A5–19) als eine homogene, lineare DG 2. Ordnung mit konstanten Koeffizienten)*)

$$y = e^{\lambda x}, \qquad \text{(A5–20)}$$

dann ist $y' = \lambda\, e^{\lambda x}$; $y'' = \lambda^2\, e^{\lambda x}$

und nach Einsetzen in (A5–19) und Dividieren durch $e^{\lambda x}$:

$$\lambda^2 + a\lambda + b = 0 \qquad \text{(A5–21)}$$

$$\lambda_{1,2} = -\frac{a}{2} \pm \sqrt{\frac{a^2}{4} - b} \qquad \text{(A5–22)}$$

---

* Eine DG der Form $a_n(x)\, y^{(n)} + \ldots\ a_1(x)\, y' + a_0(x)\, y = g(x)$ bezeichnet man als linear; wenn $g(x) = 0$, als homogen (sonst inhomogen). In Gl. (A5–19) sind außerdem die ‚Koeffizienten' a, b konstant, d.h. keine Funktionen von x.

Der gewählte Ansatz löst dann die Differentialgleichung, wenn λ eine der beiden Wurzeln der quadratischen Gleichung (A5–22) ist. I.allg. ist $\lambda_1 \neq \lambda_2$, demnach haben wir zwei Funktionen, $y_1 = e^{\lambda_1 x}$ und $y_2 = e^{\lambda_2 x}$, gefunden, die die Differentialgleichung (A5–19) lösen. Man sieht ohne weiteres, daß

$$y = c_1 y_1 + c_2 y_2 \tag{A5–23}$$

auch eine Lösung ist. Da c_1 und c_2 beliebig gewählt werden können, enthält y zwei Integrationskonstanten, muß also die allgemeine Lösung sein. Das ist allerdings nicht der Fall, wenn zufällig $a^2 = 4b$. Dann hat die quadratische Gleichung nur eine Lösung, und wir haben mit unserem Ansatz *nicht* die allgemeine Lösung erhalten.

Bei Differentialgleichungen 2. Ordnung kann man zwei Randbedingungen vorgeben, um die ‚richtige' Lösung auszuwählen. Man kann z.B. $y(0) = A$ und $y'(0) = B$ mit vorgegebenen A und B verlangen.

Sei z.B.

$$y'' = -y \tag{A5–24}$$

dann ist

$$y = a \cos x + b \sin x \tag{A5–25}$$

oder damit gleichbedeutend

$$y = c\,e^{ix} + d e^{-ix} \tag{A5–26}$$

oder

$$y = A \cos(x + \delta) \tag{A5–27}$$

die allgemeine Lösung, die zwei Integrationskonstanten enthält. Die Forderung $y(0) = 1$; $y'(0) = -1$ läßt sich nur dann erfüllen, wenn $a = 1$, $b = -1$. Durch diese Randbedingungen ist also die Lösung

$$y = \cos x - \sin x \tag{A5–28}$$

festgelegt.

A 5.4. Partielle Differentialgleichungen – Bedeutung der Randbedingungen

Bei partiellen Differentialgleichungen ist die Lösungsmannigfaltigkeit noch größer. Sei z.B. die Funktion $z(x, t)$ gesucht, die die Differentialgleichung

$$\frac{\partial z}{\partial t} = c \frac{\partial z}{\partial x} \tag{A5–29}$$

erfüllt. Man überzeugt sich leicht davon, daß

$$z = f(x + ct) \qquad \text{(A5-30)}$$

die Differentialgleichungen erfüllt, wobei $f(u)$ eine beliebige differenzierbare Funktion einer Variablen ist, denn

$$\frac{\partial z}{\partial t} = \frac{\partial f}{\partial u} \cdot \frac{\partial u}{\partial t} = c \frac{\partial f}{\partial u}$$

$$\frac{\partial z}{\partial x} = \frac{\partial f}{\partial u} \cdot \frac{\partial u}{\partial x} = \frac{\partial f}{\partial u} \qquad \text{(A5-31)}$$

Wollen wir unter den vielen möglichen Lösungen eine bestimmte herausgreifen, so genügt es offenbar nicht, den Wert z für einen bestimmten Wert von x und t vorzugeben. Man kann in der Tat z.B. den Wert von z auf der Geraden $t = 0$ vorgeben. Sei die vorgegebene Funktion $g(x)$

$$z(x, 0) = g(x) \qquad \text{(A5-32)}$$

dann folgt daraus

$$z(x, 0) = f(x + c\,0) = f(x) = g(x) \qquad \text{(A5-33)}$$

also $f(x) = g(x)$, womit die Lösung der Differentialgleichung als

$$z(x, t) = g(x + ct) \qquad \text{(A5-34)}$$

festgelegt ist. Verlangen wir z.B., daß $z(x, 0) = x^2$, so folgt, daß

$$z(x, t) = (x + ct)^2 \qquad \text{(A5-35)}$$

Es ist i.allg. möglich, zusätzlich dazu, daß $z(x, y)$ Lösung einer partiellen Differentialgleichung ist, zu verlangen, daß $z(x, y)$ entlang einer vorgegebenen Kurve $h(x, y) = 0$ vorgegebene Werte hat. Man spricht dann von einer Randwertaufgabe. Am obigen Beispiel haben wir gesehen, daß die Lösung nicht weniger von den Randbedingungen als von der Differentialgleichung abhängt.

Bei Funktionen dreier unabhängiger Variabler hat man den Wert der Lösung auf einer Fläche anstatt einer Kurve vorzugeben.

A 5.5. Methode der Separation der Variablen bei partiellen Differentialgleichungen

Anhand der folgenden Beispiele wollen wir eine Lösungsmethode für partielle DG kennenlernen, die sich für Randwertprobleme oft bewährt. Sei die Differentialgleichung

$$\frac{\partial^2 z}{\partial x^2} = \frac{\partial^2 z}{\partial y^2} \qquad \text{(A5–36)}$$

und erfülle die gesuchte Funktion zusätzlich die Bedingung

$$z(x, 1) = z(x, -1) = 0$$

$$z(1, y) = z(-1, y) = 0 \qquad \text{(A5–37)}$$

d.h., verschwinde die Funktion $z(x,y)$ auf den Seiten eines Quadrates mit der Seitenlänge 2 und dem Mittelpunkt im Ursprung. Wir versuchen für die Lösung $z(x,y)$ den Ansatz

$$z(x,y) = X(x)\ Y(y) \qquad \text{(A5–38)}$$

wobei $X(x)$ und $Y(y)$ noch zu bestimmende Funktionen je einer Variablen sind. Damit engen wir die Lösungsmannigfaltigkeit willkürlich ein, wir hoffen aber, daß diejenige Lösung (oder diejenigen Lösungen), die unseren Randbedingungen genügt (bzw. genügen), zu diesem speziellen Funktionstyp gehört. Gehen wir mit dem Ansatz (A5–38) in die DG (A5–36) ein:

$$Y(y)\ \frac{\partial^2 X(x)}{\partial x^2} = X(x)\ \frac{\partial^2 Y(y)}{\partial y^2} \qquad \text{(A5–39)}$$

Jetzt tun wir etwas, was für diese Separationsmethode charakteristisch ist. Wir suchen zu erreichen, daß auf der linken Seite der Gleichung ein Ausdruck steht, der nur von x, auf der rechten einer, der nur von y abhängt. Das erreichen wir, indem wir durch XY dividieren:

$$\frac{1}{X}\frac{\partial^2 X}{\partial x^2} = \frac{1}{Y}\frac{\partial^2 Y}{\partial y^2} \qquad \text{(A5–40)}$$

Da die linke Seite nur von x abhängt, aber gleich einem Ausdruck ist, der von x überhaupt nicht abhängt, können beide nur konstant sein, d.h.

$$\frac{1}{X}\frac{\partial^2 X}{\partial x^2} = A$$

$$\frac{1}{Y}\frac{\partial^2 Y}{\partial y^2} = A \qquad \text{(A5–41)}$$

oder nach Multiplizieren mit X bzw. Y

$$\frac{\partial^2 X}{\partial x^2} = AX \qquad \frac{\partial^2 Y}{\partial y^2} = AY \qquad \text{(A5–42)}$$

Die Konstante A, die zunächst beliebig ist, bezeichnen wir als *Separationskonstante*.

Unterscheiden wir die Fälle $A > 0$ und $A < 0$, und setzen wir im ersten Fall $A = B^2$, im zweiten $A = -C^2$. Die Lösungen sind im ersten Fall

$$X = a_1 \, e^{Bx} + a_2 \, e^{-Bx}; \; Y = b_1 \, e^{By} + b_2 \, e^{-By} \qquad \text{(A5–43)}$$

im zweiten Fall

$$X = c_1 \cos C x + c_2 \sin C x$$

$$Y = d_1 \cos C y + d_2 \sin C y \qquad \text{(A5–44)}$$

Der erste Fall ist mit unseren Randbedingungen nicht verträglich (außer für $a_1 = a_2 = b_1 = b_2 = 0$), da e^x für keinen Wert von x verschwindet. Im zweiten Fall, $A = -C^2 < 0$, erfüllen wir die Randbedingungen, wenn

$$X(1) = c_1 \cos C + c_2 \sin C = 0$$

$$X(-1) = c_1 \cos(-C) + c_2 \sin(-C) = c_1 \cos C - c_2 \sin C = 0$$

d.h. $c_1 \cos C = c_2 \sin C = 0$ und analog

$$d_1 \cos C = d_2 \sin C = 0 \qquad \text{(A5–45)}$$

Außer der 'trivialen' Lösung $c_1 = c_2 = d_1 = d_2 = 0$, d.h. $z(x,y) \equiv 0$, gibt es folgende Möglichkeiten (da es kein Argument C gibt, für das $\sin C = \cos C = 0$):

1. $c_1 = 0; \; c_2 \neq 0; \; \sin C = 0; \; d_1 = 0; \; d_2 \neq 0$

2. $c_1 \neq 0; \; c_2 = 0; \quad \cos C = 0; \quad d_1 \neq 0; d_2 = 0$ (A5–46)

Nun ist $\cos C = 0$, wenn $C = (n+1/2)\pi$, und $\sin C = 0$, wenn $C = n \cdot \pi$, für beliebiges ganzzahliges n.

Wir sehen, nur solche Lösungen der Differentialgleichung sind mit unseren Randbedingungen verträglich, bei denen die Separationskonstante A gegeben ist durch

$$A = -C^2 = -\left(n + \frac{1}{2}\right)^2 \pi^2$$

$$A = -C^2 = -n^2 \cdot \pi^2$$

Die entsprechenden Lösungen sind

$$z(x,y) = c_1 \cos\left[\left(n+\frac{1}{2}\right)\pi \cdot x\right] \cdot d_1 \cos\left[\left(n+\frac{1}{2}\right)\pi \cdot y\right] = f_{n+\frac{1}{2}}(x,y)$$

$$z(x,y) = c_2 \sin[n \cdot \pi x] \cdot d_2 \sin[n\pi y] = f_n(x,y) \qquad \text{(A5–47)}$$

Wir haben zwar nicht eine einzige Lösung, aber doch einen diskreten (abzählbaren) Satz von Lösungen, die unsere Differentialgleichung und die Randbedingungen erfüllen. Allerdings ist jede Linearkombination dieser Lösungen auch wiederum Lösung und erfüllt die Randbedingungen, so daß wir als allgemeine Lösung, die die Randbedingungen erfüllt, schreiben können

$$z(x,y) = \sum_{n=0}^{\infty} c_n \cdot \cos\left[\left(n+\frac{1}{2}\right)\pi x\right] \cos\left[\left(n+\frac{1}{2}\right)\pi y\right] +$$

$$+ \sum_{n=0}^{\infty} d_n \sin[n\pi x] \sin[n\pi y] \qquad \text{(A5–48)}$$

Es ist deutlich, daß man mit dem hier gewählten Separationsansatz nur solchen Randbedingungen gerecht werden kann, bei denen die Randkurven $x = \text{const.}$ und $y = \text{const.}$ sind. Die Bedingung, daß etwa $z=f(x,y)=0$ für $x^2+y^2=R^2$, kann man auf diese Weise sicher nicht erfüllen. Hier hilft aber eine andere Separation, nämlich in ebenen Polarkoordinaten der Ansatz

$$z(r,\varphi) = R(r)\,\phi(\varphi) \qquad \text{(A5–49)}$$

An unserem Beispiel haben wir nebenbei einen Fall eines sog. *Eigenwertproblems* kennengelernt. Die (gewöhnliche) DG

$$\frac{\partial^2 X}{\partial x^2} = AX \qquad \text{(A5–50)}$$

hat mit den Randbedingungen $X(1)=X(-1)=0$ nicht für jedes vorgegebene A eine Lösung, sondern nur für solche A's, die sich als $A = -n^2 \cdot \pi^2$ mit $n=1, 1.5, 2, 2.5 \ldots$ schreiben lassen. Die speziellen Werte von A, für die unsere DG mit Randbedingungen lösbar ist, bezeichnet man als *Eigenwerte.*

A 6. Lineare Räume

A 6.1. Definition eines linearen Raums

Die Theorie der Differentialgleichungen ist nützlich für einige Spezialfälle von Schrödingergleichungen, wo eine geschlossene Lösung möglich ist. Ein Beispiel ist das H-Atom. Für alle praktischen Anwendungen der Quantenchemie sind aber diejenigen Methoden ungleich wichtiger, die auf der sog. Funktionalanalysis oder der Theorie linearer Räume basieren.

Wir verstehen unter einem *linearen Raum* *) eine Menge von Elementen A, B, C etc., für die eine Addition definiert ist sowie die Multiplikation mit einem Skalar, und für die folgendes gilt:

1. Zu je zwei Elementen A, B ist die Summe $A+B = C$ wiederum ein Element der Menge (Abgeschlossenheit gegenüber Addition).

2. Die Addition ist kommutativ, d.h. $A+B = B+A$, und assoziativ, d.h. $(A+B) + C = A + (B+C)$, m.a.W. Klammern können weggelassen werden, und auf die Reihenfolge kommt es nicht an.

3. Es existiert ein sog. Nullelement 0 mit der Eigenschaft

$$A + 0 = 0 + A = A \tag{A6–1}$$

für jedes A, und es existiert zu jedem A ein Element $-A$, derart daß

$$A + (-A) = 0. \tag{A6–2}$$

4. Zu jedem A ist auch λA (mit beliebigem reellen oder komplexen λ) Element der Menge, wobei $1 \cdot A = A$.

5. Addition sowie Multiplikation mit einem Skalar sind distributiv, d.h.

$$\lambda (A+B) = \lambda A + \lambda B \tag{A6–3}$$

$$(\lambda+\mu) A = \lambda A + \mu A \tag{A6–4}$$

Beispiele für lineare Räume sind:

1. Die n-tupel $(a_1, a_2 \ldots a_n)$ von reellen oder komplexen Zahlen, wenn wir als Addition die in (A1–1) definierte Vektoraddition nehmen.

2. Die im Intervall $a \leqslant x \leqslant b$ stetigen Funktionen $f(x)$.

3. Die Gesamtheit der Polynome vom Grade $\leqslant n$.

4. Die periodischen Funktionen mit der Periode 2π.

Man gehe einfach für jedes Beispiel die fünf oben angegebenen Axiome durch und überzeuge sich davon, daß sie erfüllt sind. Ein Gegenbeispiel ist etwa: Die Gesamtheit der im Intervall $a \leqslant x \leqslant b$ positiven Funktionen. Diese bilden keinen linearen Raum, weil das dritte Axiom sicher nicht erfüllt ist.

* Man spricht vielfach auch von einem 'Vektorraum' und nennt die Elemente A, B, C 'Vektoren'. Wir wollen hier aber den Begriff 'Vektoren' und deren Kennzeichnung durch einen Pfeil den Vektoren im $\mathbb{R}^n$ bzw. $\mathbf{C}^n$ vorbehalten.

Zu irgendwelchen Elementen $A_1, A_2 \, .. \, A_n$ ist natürlich auch jede Linearkombination

$$B = \sum_{i=1}^{n} \alpha_i A_i \qquad \text{(A6–5)}$$

Element des linearen Raumes. Analog wie bei Vektoren im Sinne von n-tupeln führt man auch den Begriff der linearen Abhängigkeit ein.

N Elemente $A_1, A_2 \dots A_N$ eines linearen Raumes heißen linear unabhängig, wenn es außer der ‚trivalen' Wahl $\alpha_1 = \alpha_2 = \dots \alpha_N = 0$ keine Skalare $\alpha_1, \alpha_2 \dots \alpha_N$ gibt, derart, daß

$$\sum_{i=1}^{N} \alpha_i A_i = 0 \qquad \text{(A6–6)}$$

Z.B. sind die drei Polynome

$$y_1 = 2x$$

$$y_2 = x^2 - 2x$$

$$y_3 = 2x^2 - x \qquad \text{(A6–7)}$$

linear abhängig, denn:

$$2y_2 - y_3 + \frac{3}{2} y_1 = 0 \qquad \text{(A6–8)}$$

Unter der *Dimension* eines linearen Raumes versteht man die Maximalzahl zueinander linear unabhängiger Elemente. Für unser Beispiel 1 (n-tupel) ist die Dimension gleich n, für das Beispiel 3 (Polynome von Gerade $\leqslant n$) ist die Dimension $n+1$, denn die $n+1$ Elemente

$$1, x, x^2, \dots x^n \qquad \text{(A6–9)}$$

sind linear unabhängig, und jedes andere Element läßt sich als Linearkombination von ihnen darstellen. Man nennt die Elemente $1, x, x^2 \dots x^n$ in diesem Fall auch eine *Basis* des Raumes. Bei den anderen beiden Beispielen ist die Dimension unendlich, d.h. zu jeder Menge von n linear unabhängigen Elementen findet man stets (mindestens) ein weiteres Element, das sich nicht als Linearkombination der n Elemente darstellen läßt.

A 6.2. Definition und Eigenschaften eines unitären Raumes

Wenn in einem linearen Raum ein sog. Skalarprodukt definiert ist, spricht man von einem linearen Raum mit Skalarprodukt oder einem *unitären* Raum. Ein Skalarprodukt (a, b) ist eine Zahl, die zwei Elementen a, b des Raumes zugeordnet ist, und die folgende Eigenschaften haben muß (damit man sie ein Skalarprodukt nennen darf):

$$(a, b)^* = (b, a) \tag{A6–10}$$

$$(a, \lambda b+\mu c) = \lambda (a, b) + \mu (a, c) \tag{A6–11}$$

$$(a, a) \geqslant 0 \tag{A6–12}$$

Das Skalarprodukt, das wir für cartesische Vektoren kennen als

$$(\vec{a}, \vec{b}) = \sum_{i=1}^{n} a_i^* b_i \tag{A6–13}$$

erfüllt offenbar diese drei Bedingungen. Mit dieser Definition des Skalarprodukts ist der cartesische Vektorraum also ein unitärer Raum.

Sind die Elemente des linearen Raumes Funktionen, so empfiehlt sich folgende Definition des Skalarprodukts

$$(f, g) = \int_a^b f(x)^* g(x)\, \mathrm{d}x \tag{A6–14}$$

wobei zu einem bestimmten unitären Raum bestimmte feste Integrationsgrenzen a und b gehören.

Auch ein so definiertes Skalarprodukt erfüllt die drei Bedingungen, die man an ein Skalarprodukt stellen muß.

In einem unitären Raum ist automatisch jedem Element A eine Zahl zugeordnet, die man als seine Norm $\|A\|$ bezeichnet. Sie ist folgendermaßen definiert:

$$\|A\| = +\sqrt{(A, A)} \tag{A6–15}$$

Ein wichtiger Satz, der unmittelbar aus den drei grundlegenden Eigenschaften eines Skalarprodukts folgt, ist die sog. Cauchy-Schwarzsche Ungleichung

$$|(A, B)| \leqslant \|A\| \cdot \|B\| \tag{A6–16}$$

Diese läßt sich folgendermaßen beweisen:

$$0 \leqslant (\lambda A+\mu B, \lambda A+\mu B) = \lambda^*(A, \lambda A+\mu B) + \mu^*(B, \lambda A+\mu B)$$

$$= \lambda^*\lambda\, (A,A) + \lambda^*\mu(A,B) + \mu^*\lambda(B,A) + \mu^*\mu(B,B) \tag{A6–17}$$

Dies gilt für beliebiges λ und μ. Wählen wir jetzt speziell $\lambda = \|B\|^2$, $\mu = -(B,A)$, dann ist

$$0 \leqslant \|B\|^4 \, \|A\|^2 - \|B\|^2 \, |(A,B)|^2 - \|B\|^2 \, |(A,B)|^2 + |(A,B)|^2 \, \|B\|^2 \tag{A6–18}$$

Zusammenfassen und Teilen durch $\|B\|^2$ ergibt:

$$0 \leqslant \|B\|^2 \, \|A\|^2 - |(A,B)|^2 \tag{A6–19}$$

Aus der Cauchy-Schwarzschen Ungleichung folgt die sog. Dreiecksungleichung

Behauptung: $\|A\| + \|B\| \geqslant \|A+B\|$ (A6–20)

Beweis:

$$\|A + B\|^2 = (A+B, A+B) =$$

$$= (A,A) + (A,B) + (B,A) + (B,B)$$

$$= \|A\|^2 + \|B\|^2 + 2\mathrm{Re}\,(A,B) \tag{A6–21}$$

Nun ist*) sicher $\mathrm{Re}(A,B) \leqslant \|(A,B)\|$, aber nach der Cauchy-Schwarzschen Ungleichung $|(A,B)| \leqslant \|A\| \, \|B\|$, also

$$\|A + B\|^2 \leqslant \|A\|^2 + \|B\|^2 + 2\,\|A\| \cdot \|B\| = (\|A\| + \|B\|)^2 \tag{A6–22}$$

Wenn eine Norm definiert ist, kann man auch den Abstand zwischen zwei Elementen definieren:

$$\text{dist.}\,(A,B) = \|A-B\| = \|A+(-B)\| \tag{A6–23}$$

Die Cauchy-Schwarzsche Ungleichung gestattet, den 'Winkel' zwischen zwei Elementen zu definieren:

$$\cos\,(\sphericalangle\, A,B) = \frac{(A,B)}{\|A\| \cdot \|B\|} \tag{A6–24}$$

Das ist eine sinnvolle Definition, da dieser Ausdruck dem Betrage nach immer kleiner als 1 und gleich 1 nur dann ist, wenn A und B kollinear sind.

Wenn für zwei Elemente eines unitären Raumes A und B (von denen keines gleich dem Nullelement ist) ihr Skalarprodukt verschwindet

$$(A,B) = 0 \tag{A6–25}$$

---

* $\mathrm{Re}(A)$, wobei A eine komplexe Zahl $A = x + iy$ ist, bedeutet den Realteil x von A. Es gilt $2\,\mathrm{Re}(A) = 2x = A + A^* = x+iy+x-iy$. Es gilt natürlich $\mathrm{Re}(A) = x \leqslant \|A\| = +\sqrt{x^2+y^2}$.

(0 bedeutet hier natürlich die Zahl 0), so bezeichnet man die Elemente (in Analogie zur entsprechenden Definition in cartesischen Räumen) als *orthogonal.*

A 6.3. Orthogonale Funktionensysteme

Oft ist es vorteilhaft, in einem unitären Raum über eine *orthogonale Basis* zu verfügen. Nehmen wir als Beispiel die reellen Polynome vom Grade $\leqslant n$ mit folgendem Skalarprodukt:

$$(f,g) = \int_{-1}^{+1} f(x)g(x)\,\mathrm{d}x \tag{A6–26}$$

Die Funktionen $1, x, x^2 \ldots x^n$ sind linear unabhängig und bilden eine *Basis* in dem Sinne, daß jedes beliebige andere Element unseres Raumes als Linearkombination der x^k darstellbar ist. Die x^k sind aber offensichtlich nicht orthogonal, denn

$$\int_{-1}^{1} x^k\, x^l\,\mathrm{d}x = \frac{1}{k+l+1}\, x^{k+l+1}\Bigg|_{-1}^{1} = \begin{cases} 0 & \text{für } k+l \text{ ungerade} \\ \dfrac{2}{k+l+1} & \text{sonst} \end{cases} \tag{A6–27}$$

Nur gerade Potenzen sind zu ungeraden automatisch orthogonal. Um eine orthogonale Basis zu erhalten, kann man das sog. Schmidtsche Orthogonalisierungsverfahren anwenden (nach Erhard Schmidt).

Seien die nichtorthogonalen Funktionen u_i ($i = 0,1,2 \ldots n$) gegeben, so konstruieren wir daraus nach Schmidt ein Orthogonalsystem von Funktionen v_i – die eine Basis des gleichen Raums sind – in folgender Weise. Wir setzen

$$v_i = \sum_{k=0}^{i-1} c_{ik}\, u_k + u_i \tag{A6–28}$$

und wählen die c_{ik} so, daß jedes v_i orthogonal zu allen v_k (mit $k<i$) ist.

Explizit sieht das so aus:

$$v_0 = u_0 \tag{A6–29}$$

$$v_1 = c_{10}\, u_0 + u_1 \tag{A6–30}$$

Die Forderung

$$(v_0, v_1) = 0 = c_{10}\,(u_0, u_0) + (u_0, u_1) \tag{A6–31}$$

legt c_{10} fest, nämlich

$$c_{10} = -\frac{(u_0, u_1)}{(u_0, u_0)} \tag{A6–32}$$

Entsprechend fahren wir fort:

$$v_2 = c_{20}\, u_0 + c_{21}\, u_1 + u_2 \tag{A6–33}$$

$$(v_0, v_2) = 0 = c_{20}\,(u_0, u_0) + c_{21}\,(u_0, u_1) + (u_0, u_2) \tag{A6–34}$$

$$(v_1, v_2) = 0 = c_{20}\,(u_1, u_0) + c_{21}\,(u_1, u_1) + (u_1, u_2)$$

$$+ c_{20}\, c_{10}\,(u_0, u_0) + c_{21}\, c_{10}\,(u_0, u_1) + c_{10}\,(u_0, u_2) \tag{A6–35}$$

Zur Bestimmung der beiden Unbekannten c_{20} und c_{21} (c_{10} ist ja aus (A6–32) bekannt) haben wir die beiden linearen Gln. (A6–34) und (A6–35), die man in herkömmlicher Weise lösen kann. Das Verfahren läßt sich beliebig fortführen.

Die so erhaltenen v_i sind in der Regel nicht auf 1 normiert, man kann sie, wenn man will, aber mühelos auf 1 normieren.

Angewandt auf das Beispiel $u_k = x^k$ und das durch (A6–26) definierte Skalarprodukt ergibt die Schmidtsche Orthogonalisierung:

$$v_0 = u_0 = 1 \tag{A6–36}$$

$$v_1 = c_{10}\, u_0 + u_1 = u_1 = x \tag{A6–37}$$

wobei c_{10} deshalb verschwindet, weil $(u_0, u_1) = 0$; die Funktionen 1 und x sind ja bereits orthogonal zueinander.

$$v_2 = c_{20}\, u_0 + c_{21}\, u_1 + u_2 = c_{20} + c_{21}\, x + x^2 \tag{A6–38}$$

$$(v_0, v_2) = 0 = (1, c_{20} + c_{21}\, x + x^2) =$$

$$= c_{20}\,(1, 1) + c_{21}\,(1, x) + (1, x^2) =$$

$$= c_{20} \cdot x \Big|_{-1}^{1} + c_{21} \cdot \frac{1}{2}\, x^2 \Big|_{-1}^{1} + \frac{1}{3}\, x^3 \Big|_{-1}^{1}$$

$$= 2\, c_{20} + \frac{2}{3} \tag{A6–39}$$

$$(v_1, v_2) = 0 = (x, c_{20} + c_{21}\, x + x^2)$$

$$= c_{20} \cdot \frac{1}{2} x^2 \Big|_{-1}^{1} + c_{21} \frac{1}{3} x^3 \Big|_{-1}^{1} + \frac{1}{4} x^4 \Big|_{-1}^{1}$$

$$= \frac{2}{3} \cdot c_{21} \qquad \text{(A6–40)}$$

Also ist

$$c_{20} = -\frac{1}{3}$$

$$c_{21} = 0$$

$$v_2 = -\frac{1}{3} + x^2 \qquad \text{(A6–41)}$$

Die so berechneten Polynome $v_i(x)$ sind bis auf einen – im Grunde willkürlichen – Normierungsfaktor gleich den sog. Legendreschen Polynomen $P_i(x)$ – die besonders wegen ihrer Beziehung zu den Kugelflächenfunktionen von Interesse sind:

$$P_0 = 1$$

$$P_1 = x$$

$$P_2 = \frac{1}{2} (3x^2 - 1)$$

$$P_3 = \frac{1}{2} (5x^3 - 3x) \qquad \text{etc.} \qquad \text{(A6–42)}$$

Die Legendreschen Polynome sind so normiert, daß $P_n(1) = 1$, nicht etwa so, daß $\|P_n\| = 1$.

Hätte man das Skalarprodukt anders definiert, z.B. als

$$(f,g) = \int_{-\infty}^{\infty} f(x) g(x) \cdot e^{-x^2}\, dx \qquad \text{(A6–43)}$$

so hätte man nach dem Schmidtschen Orthogonalisierungsverfahren statt der Legendreschen Polynome die für die Theorie des harmonischen Oszillators wichtigen Hermiteschen Polynome erhalten.

Ferner ergeben sich mit dem Skalarprodukt

$$(f,g) = \int_{0}^{\infty} f(x) g(x)\, e^{-x}\, dx \qquad \text{(A6–44)}$$

die Laguerreschen Polynome, die mit den Eigenfunktionen des H-Atoms zusammenhängen.

Ein ganz anderes Beispiel für ein orthogonales Funktionsystem stellen die Funktionen

$$\frac{1}{\sqrt{2\pi}}$$

$$\left.\begin{array}{l}\frac{1}{\sqrt{\pi}} \cos nx \\ \\ \frac{1}{\sqrt{\pi}} \sin nx\end{array}\right\} n = 1, 2 \ldots . \qquad \text{(A6-45)}$$

mit dem Skalarprodukt

$$(f,g) = \int_0^{2\pi} f(x) g(x) \, \mathrm{d}x \qquad \text{(A6–46)}$$

dar. Sie sind die Basis für die Fourier-Entwicklung periodischer Funktionen.

Die Darstellung eines gegebenen Elements A als Linearkombination einer orthonormalen Basis $\{v_i\}$ ist besonders einfach, wie wir das bei den cartesischen Vektoren früher schon sahen.

Zunächst berechnen wir die Skalarprodukte

$$\alpha_i = (v_i, A) \qquad \text{(A6–47)}$$

die man auch als Fourier-Koeffizienten bezeichnet (in Verallgemeinerung eines Begriffs aus der Theorie der Fourier-Reihen). In einem endlich-dimensionalen Raum gilt einfach

$$A = \sum_i \alpha_i v_i \qquad \text{(A6–48)}$$

Davon überzeugt man sich, wenn man die α_i zunächst als unbekannt ansieht und die obige Gleichung von links skalar mit v_k multipliziert. Wegen der Orthogonalität der v_i bleibt nur ein Term übrig:

$$(v_k, A) = \sum_i \alpha_i (v_k, v_i) = \sum_i \alpha_i \delta_{ki} = \alpha_k \qquad \text{(A6–49)}$$

A 6.4. Unendlich-dimensionale Räume – Der Hilbert-Raum

In Räumen der Dimensionen unendlich ist die in den Gl. (A6–48 und 49) enthaltene Schlußweise zunächst unzulässig, da eine Summe aus unendlich vielen Termen a priori nicht definiert ist. Ähnlich wie in der elementaren Analysis kann man eine solche Summe nur als Grenzwert einer Folge endlicher Summen definieren, vorausgesetzt, daß ein solcher Grenzwert existiert. Dazu brauchen wir den Begriff der Konvergenz von Folgen von Elementen eines linearen Raums, z.B. von Folgen von Funktionen.

Wir müssen diesen Begriff auf den uns bekannten der Konvergenz von Zahlenfolgen zurückführen, wozu es verschiedene Möglichkeiten gibt. Wir beschränken uns hier nur auf eine Möglichkeit, die für unitäre Räume besonders 'natürlich' ist, die sog. Konvergenz im Mittel.

Definition: Eine Folge von Elementen A_i eines unitären Raumes 'konvergiert im Mittel' gegen ein Grenzelement A, wenn

$$\lim_{i\to\infty} \|A-A_i\| = 0 \qquad \text{(A6–50)}$$

d.h., wenn der Abstand zum Grenzelement gegen 0 geht. Diese Konvergenz bedeutet bei Funktionenfolgen durchaus nicht 'punktweise' Konvergenz und erst recht nicht sog. 'gleichmäßige' Konvergenz.

In der elementaren Analysis lernt man das sog. Cauchysche Kriterium kennen, das notwendig und hinreichend für die Konvergenz einer Folge von Zahlen ist.

Cauchy-Kriterium: Eine Folge von Zahlen a_i konvergiert dann und nur dann gegen einen Grenzwert a, wenn es zu jedem $\epsilon > 0$ ein N gibt, derart daß

$$|a_N - a_{N+m}| < \epsilon \quad \text{für beliebiges } m \qquad \text{(A6–51)}$$

Würden wir uns auf die Menge der rationalen Zahlen beschränken, so gäbe es Folgen (von rationalen Zahlen), die im Sinne des Cauchy-Kriteriums konvergieren, deren Grenzwert aber eine irrationale Zahl ist, z.B. die Folge

$$a_1 = 1, \; a_{k+1} = \frac{a_k^2 + 2}{2a_k},$$

deren Grenzwert $\sqrt{2}$ ist. Ähnlich kann es passieren, daß in einem unitären Raum eine Folge von Elementen das auf die Konvergenz im Mittel sinngemäß angewandte Cauchy-Kriterium erfüllt, daß aber der Grenzwert nicht Element unseres Raumes ist. Wenn aber alle 'Cauchy-Folgen' auch gegen Elemente des Raumes konvergieren, nennen wir diesen Raum *vollständig*.

Damit kommen wir zu der für die praktische Quantenmechanik außerordentlich wichtigen Definition:

Ein vollständiger unitärer Raum heißt *Hilbert-Raum*. (Diese Definition ist vor allem für unendlich-dimensionale Räume wichtig, denn endlich-dimensionale Räume sind immer vollständig.)

Der best-untersuchte Hilbert-Raum ist derjenige der sog. quadrat-integrierbaren Funktionen. Eine Funktion $f(x)$ heißt im Intervall $[a,b]$ quadrat-integrierbar, wenn

$$\int_a^b |f(x)|^2 \, dx < \infty \tag{A6–52}$$

Man nennt diesen Raum auch $\mathcal{L}^2\,(a,b)$.

Daß die Menge aller dieser Funktionen mit der Definition des Skalarproduktes

$$(f,g) = \int_a^b f(x)^* g(x) \, dx \qquad ((A6–53)$$

einen unitären Raum bildet, sieht man ohne weiteres.

Die Cauchy-Schwarzsche Ungleichung gewährleistet nämlich wegen (A6–52), daß

$$(f,g) < \infty \qquad \text{für beliebiges} \qquad f,g\,. \tag{A6–54}$$

Die Vollständigkeit ist nicht so elementar zu beweisen. Im Hilbert-Raum $\mathcal{L}^2\,(0,2\pi)$ bilden die Funktionen

$$\frac{1}{\sqrt{2\pi}}, \frac{1}{\sqrt{\pi}} \sin nx, \quad \frac{1}{\sqrt{\pi}} \cos nx \qquad \text{eine orthonormale Basis.}$$

Ein grundlegendes Theorem aus der Theorie*) der Fourier-Reihen besagt nun, daß jede zu $\mathcal{L}^2\,(0,2\pi)$ gehörende Funktion f sich als Fourier-Reihe darstellen läßt. Bezeichnen wir die orthonormalen trigonometrischen Funktionen als u_i, so gilt

$$\lim_{N \to \infty} \| f - \sum_{i=0}^{N} \alpha_i u_i \| = 0 \tag{A6–55}$$

wobei $\alpha_i = (u_i, f)$. Wir schreiben dann

$$f = \sum_{i=0}^{\infty} \alpha_i u_i \,, \tag{A6–56}$$

müssen aber bedenken, daß das keine echte Gleichung ist. Ähnliches gilt für die analoge Entwicklung von Wellenfunktionen.

Im Sinne der Funktionalanalysis kann man Funktionen formal wie Vektoren behandeln, was für die Quantenmechanik außerordentlich wichtig ist.

* Zum Beweis s.z.B. D. Laugwitz, Ingenieurmathematik IV, Kap. 1. BI-Taschenbuch 62/62a.

Als mögliche Wellenfunktionen von N-Teilchensystemen sind zunächst alle diejenigen Funktionen $\psi(\vec{r}_1, \vec{r}_2 \ldots \vec{r}_n)$ zugelassen, die quadratintegrierbar (normierbar) sind, d.h. für die gilt:

$$\int \psi^*(\vec{r}_1, \vec{r}_2 \ldots \vec{r}_n)\ \psi(\vec{r}_1, \vec{r}_2 \ldots \vec{r}_n)\, d\tau < \infty \tag{A6–57}$$

wobei das Integral über den gesamten Konfigurationsraum zu bilden ist. Die Gesamtheit dieser Funktionen bildet einen linearen Raum und mit der Definition des Skalarprodukts

$$(\psi, \varphi) = \int \psi^* \varphi\, d\tau \tag{A6–58}$$

einen unitären Raum. Nach der Cauchy-Schwarzschen Ungleichung existieren in der Tat alle diese Skalarprodukte zwischen Funktionen ψ und φ, die man auch als *Überlappungsintegrale* bezeichnet. Andere Schreibweisen sind

$$(\psi_i, \psi_k) = \langle \psi_i | \psi_k \rangle = S_{ik} \tag{A6–59}$$

Dieser Raum ist unendlich-dimensional und vollständig. Es handelt sich also um einen Hilbert-Raum. Man kann in bezug auf viele Anwendungen formal so tun, als läge ein endlich-dimensionaler unitärer Raum vor, gelegentlich ist aber Vorsicht geboten und eine korrekte Anwendung der Theorie des Hilbert-Raum notwendig, vor allem bei der Diskussion von Grenzübergängen.

A 6.5. Operatoren

Physikalische Größen werden in der Quantenmechanik bekanntlich durch Operatoren beschrieben (Vgl. Abschn. 2.1). Ein Operator $\mathbf{A}$ ist eine Vorschrift, die einem Element φ eines linearen Raumes eindeutig ein anderes Element ψ desselben (oder eines anderen) Raumes zuordnet. (Die letztere Möglichkeit soll uns aber nicht interessieren.)

Symbolisch schreibt man

$$\mathbf{A}\varphi = \psi \tag{A6–60}$$

Die Gesamtheit der φ (das ist eine Untermenge unseres Raumes), für die diese Zuordnung definiert ist, nennen wir den *Definitionsbereich* von $\mathbf{A}$. Am liebsten haben wir natürlich solche $\mathbf{A}$'s, die für alle Elemente φ des linearen Raumes definiert sind. Auf die Schwierigkeiten, die andernfalls auftreten (z.B. bei Differentialoperatoren) wollen wir hier nicht eingehen. Uns interessieren nur sog. *lineare* Operatoren, d.h. solche, die die Eigenschaft haben:

$$\mathbf{A}(\lambda\varphi) = \lambda \cdot (\mathbf{A}\varphi) \tag{A6–61}$$

$$\mathbf{A}(\varphi_1 + \varphi_2) = \mathbf{A}\varphi_1 + \mathbf{A}\varphi_2 \tag{A6–62}$$

Beispielsweise sind alle multiplikativen Operatoren oder Differentialoperatoren wie $\frac{\partial}{\partial x}$ lineare Operatoren.

Wenn für ein Element φ eine Gleichung der folgenden Art gilt

$$\mathbf{A}\varphi = a\varphi \tag{A6–63}$$

wobei a ein Skalar ist, wenn also Anwendung von $\mathbf{A}$ auf φ ein Vielfaches von φ ergibt, so sagt man, φ ist *Eigenelement (Eigenvektor, Eigenfunktion)* des Operators $\mathbf{A}$ und a der entsprechenden *Eigenwert.*

Für die Eigenfunktionen *linearer* Operatoren gelten zwei wichtige Sätze:

1. Wenn φ Eigenfunktion eines linearen Operators $\mathbf{A}$ ist, so ist auch $c \cdot \varphi$ mit beliebigem skalaren c Eigenfunktion von $\mathbf{A}$ zum gleichen Eigenwert. Das folgt unmittelbar aus Gl. (A6–61) und (A6–63).

2. Wenn φ_1 und φ_2 zwei linear unabhängige Eigenfunktionen eines linearen Operators $\mathbf{A}$ zum gleichen Eigenwert a sind, so ist jede beliebige Linearkombination von φ_1 und φ_2 ebenfalls Eigenfunktion von $\mathbf{A}$ zum gleichen Eigenwert a:

$$\mathbf{A}(\lambda\varphi_1 + \mu\varphi_2) = \lambda\mathbf{A}\varphi_1 + \mu\mathbf{A}\varphi_2 = \lambda a\varphi_1 + \mu a\varphi_2$$

$$= a(\lambda\varphi_1 + \mu\varphi_2) \tag{A6–64}$$

Durch die Feststellung, daß φ Eigenfunktion von $\mathbf{A}$ zu einem bestimmten Eigenwert a ist, ist φ noch keineswegs eindeutig festgelegt. Wir wollen zwei Möglichkeiten unterscheiden:

1. Zum Eigenwert a von $\mathbf{A}$ gibt es außer φ keine weitere, von φ linear unabhängige Eigenfunktion. Wir sagen dann, der Eigenwert a ist *nicht-entartet.* In diesem Fall unterscheiden sich die möglichen Eigenfunktionen von $\mathbf{A}$ zum Eigenwert a von φ nur um einen skalaren Faktor c. Wir können diese Lösungsmannigfaltigkeit einschränken, wenn wir zusätzlich fordern, daß $\|\varphi\| = 1$, d.h., daß φ auf 1 normiert ist. Aber auch dann ist φ noch nicht eindeutig festgelegt, denn mit φ ist auch $e^{i\alpha}\varphi$ mit beliebigen α auf 1 normiert. Einen Faktor $e^{i\alpha}$ bezeichnet man als *Phasenfaktor.* Wenn $\mathbf{A}$ ein reeller hermitischer Operator ist – der Hamilton-Operator bei Abwesenheit eines Magnetfeldes gehört zu dieser Klasse – ist es immer möglich, φ reell zu wählen; fordert man dies zusätzlich, so ist φ nur noch bis auf einen Faktor ± 1 unbestimmt.

2. Zum Eigenwert a von $\mathbf{A}$ gibt es μ verschiedene linear unabhängige Eigenfunktionen $\varphi_1, \varphi_2 \ldots\ldots \varphi_\mu$. Die Lösungsmannigfaltigkeit bildet dann einen μ-dimensionalen linearen Raum mit den Funktionen $\varphi_1, \varphi_2 \ldots \varphi_\mu$ als Basis. Vorteilhaft ist auch hier die Wahl einer orthonormalen Basis, die man z.B. aus den gegebenen φ_i nach dem Schmidtschen Orthogonalisierungsverfahren konstruieren kann. Durch eine beliebige unitäre Transformation kann man aus einer orthonormalen Basis eine andere, gleichwertige machen.

Ein wichtiger Begriff ist der des *Matrixelements* eines Operators. Sei $\mathbf{A}$ ein Operator in einem unitären Raum, und seien ψ_i und ψ_k zwei Elemente dieses Raumes (die zum Definitionsbereich von $\mathbf{A}$ gehören). Dann ist auch $\mathbf{A}\,\psi_k$ ein Element dieses Raums. Das Skalarprodukt

$$(\psi_i, \mathbf{A}\,\psi_k) \tag{A6–65}$$

bezeichnet man dann als das Matrixelement des Operators $\mathbf{A}$ zwischen den Elementen ψ_i und ψ_k. Es sind verschiedene abgekürzte Schreibweisen für dieses Matrixelement üblich,

$$< \psi_i \,|\, \mathbf{A} \,|\, \psi_k >, \quad < i \,|\, \mathbf{A} \,|\, k >, \quad A_{ik} \tag{A6–66}$$

die alle dasselbe bedeuten.

Ein Operator heißt *hermitisch,* wenn für alle seine Matrixelemente folgende Beziehung gilt:

$$(\psi_i, \mathbf{A}\,\psi_k) = (\psi_k, \mathbf{A}\,\psi_i)^* \tag{A6–67}$$

Den in Abschn. 2.3 definierten Erwartungswert

$$< \mathbf{A} > = (\psi, \mathbf{A}\,\psi) = \int \psi^* [\mathbf{A}\psi]\, d\tau \tag{A6–68}$$

kennen wir als den Spezialfall eines Matrixelements mit $\psi_i = \psi_k$ und $\| \psi_i \| = \| \psi_k \| = 1$ wieder.

Wenn $\mathbf{A}$ ein hermitischer Operator ist, so ist sein Erwartungswert, gebildet mit irgendeiner Funktion, immer reell, denn

$$(\psi, \mathbf{A}\,\psi) = (\psi, \mathbf{A}\,\psi)^* \tag{A6–69}$$

Hermitische Operatoren haben zwei wichtige Eigenschaften:

1. Ihre Eigenwerte sind immer reell.

2. Eigenfunktionen zu verschiedenen (diskreten) Eigenwerten sind orthogonal zueinander.

Zum Beweis des ersten Satzes gehen wir von (A6–69) aus und berücksichtigen, daß $\mathbf{A}\,\psi = a\,\psi$

$$\begin{aligned}(\psi, \mathbf{A}\,\psi) &= a\,(\psi,\psi) = (\psi, \mathbf{A}\,\psi)^* = a^*(\psi,\psi)^* \\ &= a^*(\psi,\psi)\end{aligned} \tag{A6–70}$$

Hieraus folgt unmittelbar, daß $a = a^*$, d.h., daß a reell sein muß.

Zum Beweis des zweiten Satzes gehen wir von den beiden Eigenwertgleichungen aus

$$\mathbf{A}\psi = a\,\psi$$

$$\mathbf{A}\varphi = b\,\varphi \tag{A6–71}$$

aus denen folgt:

$$(\varphi, \mathbf{A}\,\psi) = a\,(\varphi, \psi)$$

$$(\psi, \mathbf{A}\varphi) = b\,(\psi, \varphi)$$

$$(\varphi, \mathbf{A}\,\psi) = (\psi, \mathbf{A}\varphi)^* = b^*\,(\psi, \varphi)^* = b\,(\varphi, \psi) \tag{A6–72}$$

Vergleich der ersten und dritten Zeile ergibt

$$0 = (a-b)\,(\varphi, \psi) \tag{A6–73}$$

d.h. aber, da nach Voraussetzung $a \neq b$ sein soll, daß $(\varphi, \psi) = 0$ ist.

Die Eigenfunktionen eines hermitischen Operators zu verschiedenen Eigenwerten sind notwendigerweise orthogonal zueinander, diejenigen zu einem entarteten Eigenwert können, wie wir gesehen haben, immer orthogonal gewählt werden. Die Gesamtheit der Eigenfunktionen eines hermitischen Operators kann folglich immer als Orthonormalsystem gewählt werden.

Wir wollen jetzt zeigen, daß einige wichtige Operatoren der Quantenmechanik in der Tat hermitisch sind. Zunächst sind alle reellen multiplikativen Operatoren hermitisch. Sei $\mathbf{f} = f = f^*$ ein multiplikativer Operator, dann gilt

$$(\psi_i, \mathbf{f}\psi_k) = \int \psi_i^* \, f \psi_k \, \mathrm{d}\tau$$

$$(\psi_i, \mathbf{f}\psi_k)^* = \int \psi_i \, f^* \psi_k^* \, \mathrm{d}\tau = \int \psi_k^* \, f \psi_i \, \mathrm{d}\tau$$

$$(\psi_k, \mathbf{f}\psi_i) = \int \psi_k^* \, f \psi_i \, \mathrm{d}\tau = (\psi_i, \mathbf{f}\psi_k)^* \tag{A6–74}$$

Hierbei sind ja ψ_k, ψ_i und f einfach Funktionen und beliebig vertauschbar.

Auch der Impulsoperator $\mathbf{p}_x = \frac{\hbar}{\mathrm{i}} \frac{\partial}{\partial x}$ ist hermitisch, wie man folgendermaßen sieht:

$$p_{lk} = \left(\psi_l, \frac{\hbar}{\mathrm{i}} \frac{\partial}{\partial x} \psi_k\right) = \int_{-\infty}^{+\infty} \psi_l^* \frac{\hbar}{\mathrm{i}} \frac{\partial \psi_k}{\partial x} \, \mathrm{d}x$$

$$p_{kl} = \left(\psi_k, \frac{\hbar}{\mathrm{i}} \frac{\partial}{\partial x} \psi_l\right) = \int_{-\infty}^{+\infty} \psi_k^* \frac{\hbar}{\mathrm{i}} \frac{\partial \psi_l}{\partial x} \, \mathrm{d}x$$

$$= \frac{\hbar}{i} \psi_k^* \psi_l \Big|_{-\infty}^{+\infty} - \frac{\hbar}{i} \int_{-\infty}^{+\infty} \frac{\partial \psi_k^*}{\partial x} \psi_l \, dx$$

$$= 0 - \frac{\hbar}{i} \int_{-\infty}^{+\infty} \psi_l \frac{\partial \psi_k^*}{\partial x} \, dx$$

$$p_{kl}^* = \frac{\hbar}{i} \int_{-\infty}^{+\infty} \psi_l^* \frac{\partial \psi_k}{\partial x} \, dx = p_{lk} \qquad \text{(A6–75)}$$

Zum Beweis der Hermitizität von $\mathbf{p}_x$ haben wir eine partielle Integration durchgeführt und benützt, daß ψ_k und ψ_l im Unendlichen verschwinden. Man beachte, daß der Operator $\hbar \frac{\partial}{\partial x}$ nicht hermitisch wäre, und daß erst die imaginäre Einheit i die Hermitizität gewährleistet. Um zu beweisen, daß der Δ-Operator und damit der Operator der kinetischen Energie hermitisch ist, muß man zweimal hintereinander partiell integrieren, aber der Beweis ist analog wie bei (A6–75).

Sei ein beliebiger Operator $\mathbf{A}$ (der insbesondere nicht hermitisch sein muß) gegeben, und sei f eine Funktion aus dem Definitionsbereich von $\mathbf{A}$, so läßt sich durch die Beziehung

$$(g, \mathbf{A} f) = (\mathbf{A}^+ g, f) \qquad \text{(A6–76)}$$

ein neuer Operator $\mathbf{A}^+$ definieren, den man als den zu $\mathbf{A}$ adjungierten Operator bezeichnet. Dabei hat $\mathbf{A}^+$ i.allg. einen anderen Definitionsbereich als $\mathbf{A}$, selbst dann, wenn $\mathbf{A}$ hermitisch ist, wenn also für diejenigen g, die zum Definitionsbereich von $\mathbf{A}$ gehören, gilt:

$$\mathbf{A} g = \mathbf{A}^+ g \qquad \text{(A6–77)}$$

Falls $\mathbf{A}$ und $\mathbf{A}^+$ völlig übereinstimmen, sie also auch den gleichen Definitionsbereich haben, bezeichnet man $\mathbf{A}$ als *selbstadjungiert.* Wir erwähnen das nur, um darauf hinzuweisen, daß es eine etwas strengere Forderung an einen Operator darstellt, wenn er selbstadjungiert, als wenn er nur hermitisch sein soll. Für Operatoren in endlich-dimensionalen Räumen fallen beide Begriffe allerdings zusammen und werden dann oft unterschiedslos gebraucht.

Außer hermitischen Operatoren spielen noch zwei Typen von Operatoren eine Rolle. Ein Operator $\mathbf{U}$ heißt *unitär,* wenn das Produkt aus $\mathbf{U}$ und seinem Adjungierten $\mathbf{U}^+$ den Einheitsoperator ergibt

$$\mathbf{U}^+\mathbf{U} = \mathbf{U}\mathbf{U}^+ = \mathbf{1}$$

$$\mathbf{U}^+\mathbf{U} f = \mathbf{U}\mathbf{U}^+ f = f \qquad \text{(A6–78)}$$

Für unitäre Operatoren gilt insbesondere

$$(\mathbf{U}f, \mathbf{U}g) = (f,g) \qquad \text{(A6–79)}$$

Der Beweis von (A6–79) folgt aus der allgemeinen Definition (A6–76) eines adjungierten Operators und der Definition (A6–78) der Unitarität.

$$(\mathbf{U}f, \mathbf{U}g) = (\mathbf{U}^+ \mathbf{U}f,g) = (f,g) \qquad \text{(A6–80)}$$

Man kann auch definieren, daß $\mathbf{U}$ unitär ist, wenn (A6–79) gilt für alle f,g aus seinem Definitionsbereich.

Wendet man einen unitären Operator $\mathbf{U}$ auf sämtliche Elemente eines unitären Raumes an, d.h. transformiert man diesen Raum mit $\mathbf{U}$, so bleiben bei dieser Transformation alle Skalarprodukte und damit, geometrisch gesprochen, alle Längen und alle Winkel invariant. Man spricht deshalb auch von einer isometrischen Transformation.

Man nennt einen Operator $\mathbf{N}$ normal, wenn $\mathbf{N}$ und der zu $\mathbf{N}$ adjungierte Operator $\mathbf{N}^+$ vertauschen, d.h. wenn gilt

$$\mathbf{N}\mathbf{N}^+ = \mathbf{N}^+\mathbf{N} \qquad \text{(A6–81)}$$

Hermitische und unitäre Operatoren sind Spezialfälle von normalen Operatoren. Der früher für hermitische Operatoren bewiesene Satz, daß die Eigenfunktionen orthogonal zueinander gewählt werden können, gilt allgemein für normale Operatoren.

Zwei beliebige Operatoren $\mathbf{A}$ und $\mathbf{B}$ vertauschen in der Regel nicht, d.h. i.allg. gilt

$$\mathbf{A}\mathbf{B}f \neq \mathbf{B}\mathbf{A}f \qquad \text{(A6–82)}$$

Falls trotzdem für beliebige f das Ergebnis das gleiche ist, gleichgültig ob man zuerst $\mathbf{B}$ anwendet und dann $\mathbf{A}$ oder umgekehrt, d.h. wenn

$$\mathbf{A}\mathbf{B} = \mathbf{B}\mathbf{A} \qquad \text{(A6–83)}$$

dann hat diese Vertauschbarkeit eine Reihe von Konsequenzen für die Eigenfunktionen von $\mathbf{A}$ und $\mathbf{B}$:

1. Wenn $\mathbf{A}$ mit $\mathbf{B}$ vertauscht und φ Eigenfunktion von $\mathbf{B}$ zu einem *nichtentarteten* Eigenwert b ist, so ist φ auch Eigenfunktion von $\mathbf{A}$. Unsere Voraussetzung ist

$$\mathbf{B}\varphi = b\varphi, \quad b \text{ nichtentartet.} \qquad \text{(A6–84)}$$

Hieraus und aus (A6–83) folgt

$$\mathbf{B}\mathbf{A}\varphi = \mathbf{A}\mathbf{B}\varphi = \mathbf{A}b\varphi = b\mathbf{A}\varphi \qquad \text{(A6–85)}$$

Das heißt aber, $\mathbf{A}\varphi$ ist ebenfalls Eigenfunktion von $\mathbf{B}$ zum Eigenwert b; da b aber nichtentartet sein soll, kann $\mathbf{A}\varphi$ sich von φ nur um einen skalaren Faktor a unterscheiden:

$$\mathbf{A}\varphi = a\varphi \tag{A6–86}$$

Folglich ist φ in der Tat auch Eigenfunktion von $\mathbf{A}$.

2. Wenn $\mathbf{A}$ mit $\mathbf{B}$ vertauscht und φ Eigenfunktion von $\mathbf{B}$ zum Eigenwert b ist, und ferner $\mathbf{A}\varphi$ und φ linear unabhängig sind, so ist der Eigenwert b entartet. Der Beweis ist nahezu gleich wie beim vorigen Satz.

3. Wenn $\mathbf{A}$ mit $\mathbf{B}$ vertauscht, $\mathbf{B}$ ein normaler Operator ist und φ_k (k=1,2, . . . d) die linear unabhängigen Eigenfunktionen von $\mathbf{B}$ zu einem d-fach entarteten Eigenwert b sind, so lassen sich solche Linearkombinationen der φ_k bilden, die gleichzeitig Eigenfunktionen von $\mathbf{A}$ sind.

Beweis: Auch unter diesen Voraussetzungen gilt (A6–85) für jedes φ_k (k=1, . . . d), d.h. $\mathbf{A}\varphi_k$ muß sich als Linearkombination der φ_l darstellen lassen:

$$\mathbf{A}\varphi_k = \sum_{l=1}^{d} c_{kl}\varphi_l \qquad (k = 1, 2, \ldots d) \tag{A6–87}$$

Es ist kein Verlust der Allgemeinheit, vorauszusetzen, daß die φ_k orthonormal gewählt sind, d.h. daß

$$(\varphi_k, \varphi_l) = \delta_{kl} \tag{A6–88}$$

Multiplizieren wir (A6–87) von links skalar mit φ_i, so erhalten wir

$$(\varphi_i, \mathbf{A}\varphi_k) = \sum_{l=1}^{d} c_{kl}(\varphi_i, \varphi_l) = \sum_{l=1}^{d} c_{kl}\,\delta_{il} = c_{ki} \tag{A6–89}$$

Wir suchen jetzt nach einer solchen Linearkombination der φ_k

$$\psi = \sum_k \alpha_k \varphi_k \tag{A6–90}$$

mit der Eigenschaft

$$\mathbf{A}\,\psi = a\,\psi \tag{A6–91}$$

Einsetzen von (A6–90) und (A6–87) in (A6–91) ergibt

$$\mathbf{A}\,\psi = \sum_k \alpha_k \mathbf{A}\varphi_k = \sum_k \alpha_k \sum_l c_{kl}\varphi_l = a \sum_l \alpha_l \varphi_l \tag{A6–92}$$

Nach Skalarmultiplizieren mit φ_i erhalten wir

$$\sum_k \alpha_k \sum_l c_{kl} (\varphi_i, \varphi_l) = \sum_k \alpha_k c_{ki} = a \sum_l \alpha_l (\varphi_i, \varphi_l) = a \cdot \alpha_i \tag{A6–93}$$

bzw. wenn wir noch (A6–89) berücksichtigen

$$\sum_k (\varphi_i, \mathbf{A}\varphi_k) \alpha_k = a \cdot \alpha_i : \text{ für } i = 1,2 \ldots d \tag{A6–94}$$

In der Theorie der Matrizen (Anhang A7) wird gezeigt, daß die Matrixelemente eines normalen Operators eine normale Matrix bilden, daß das lineare Gleichungssystem (A6–94) genau d Vektoren $\vec{\alpha}^{(k)} = (\alpha_1^{(k)}, \alpha_2^{(k)}, \ldots \alpha_d^{(k)})$ und d zugehörige $a^{(k)}$ als Lösung hat, und daß es folglich genau d Linearkombinationen ψ_k der φ_l gibt, die Eigenfunktionen von $\mathbf{A}$ sind.

4. Ein normaler Operator $\mathbf{N}$ und der zu $\mathbf{N}$ adjungierte Operator $\mathbf{N}^+$ haben die gleichen Eigenfunktionen, und die entsprechenden Eigenwerte von $\mathbf{N}$ und $\mathbf{N}^+$ sind konjugiert komplex zueinander.

Die Eigenfunktionen von $\mathbf{N}$ (und $\mathbf{N}^+$) können orthogonal gewählt werden.

Beweis: Da $\mathbf{N}$ und $\mathbf{N}^+$ vertauschen, können die Eigenfunktionen φ_k von $\mathbf{N}$ so gewählt werden, daß sie auch Eigenfunktionen von $\mathbf{N}^+$ sind:

$$\begin{aligned} \mathbf{N}\varphi_k &= n_k \varphi_k \\ \mathbf{N}^+\varphi_l &= n'_l \varphi_l \end{aligned} \tag{A6–95}$$

Wir multiplizieren beide Seiten von links skalar mit φ_l bzw. φ_k.

$$\begin{aligned} (\varphi_l, \mathbf{N}\varphi_k) &= n_k (\varphi_l, \varphi_k) \\ (\varphi_k, \mathbf{N}^+\varphi_l) &= n'_l (\varphi_k, \varphi_l) \\ &= (\mathbf{N}\varphi_k, \varphi_l) = (\varphi_l, \mathbf{N}\varphi_k)^* = n_k^* (\varphi_l, \varphi_k)^* \\ &= n_k^* (\varphi_k, \varphi_l) \end{aligned} \tag{A6–96}$$

Wir sehen also, daß

$$(n'_l - n_k^*)(\varphi_k, \varphi_l) = 0 \tag{A6–97}$$

Für $k = l$ ist $(\varphi_k, \varphi_l) \neq 0$, folglich gilt allgemein $n'_k = n_k^*$, was zu beweisen war. Außerdem ergibt sich, daß für $n_l \neq n_k$ (und damit $n'_l = n_l^* \neq n_k^*$) φ_k und φ_l zueinander orthogonal sein müssen.

5. Wenn **A** und **B** vertauschen, **B** normal ist und φ_1 sowie φ_2 Eigenfunktionen von **B** zu verschiedenen Eigenwerten b_1 und b_2 sind, so gilt

$$(\varphi_1, \mathbf{A}\varphi_2) = 0 \tag{A6–98}$$

Zum Beweis betrachten wir

$$\begin{aligned}(\varphi_1, \mathbf{A}\mathbf{B}\varphi_2) &= (\varphi_1, \mathbf{A}\, b_2\, \varphi_2) = b_2\,(\varphi_1, \mathbf{A}\varphi_2)\\ &= (\varphi_1, \mathbf{B}\mathbf{A}\varphi_2) = (\mathbf{B}^+\varphi_1, \mathbf{A}\varphi_2)\\ &= (b_1^*\varphi_1, \mathbf{A}\varphi_2) = b_1\,(\varphi_1, \mathbf{A}\varphi_2)\end{aligned} \tag{A6–99}$$

Also ist

$$(b_2 - b_1)\,(\varphi_1, \mathbf{A}\varphi_2) = 0 \tag{A6–100}$$

Mit $b_2 \neq b_1$ führt das auf (A6–98). Dieser Satz ist wichtig im Zusammenhang mit der Konstruktion der Matrixelemente eines Operators **A** in einer Basis $\{\varphi_i\}$. Sind die Basisfunktionen so gewählt, daß sie Eigenfunktionen eines mit **A** vertauschbaren normalen Operators **B** sind, so sind die meisten Matrixelemente automatisch gleich 0.

A 7. Matrizen

A 7.1. Allgemeines

Gegeben sei ein lineares Gleichungssystem

$$\begin{aligned}a_{11}x_1 + a_{12}x_2 + \ldots + a_{1n}x_n &= y_1\\ a_{21}x_1 + a_{22}x_2 + \ldots + a_{2n}x_n &= y_2\\ \ldots\ldots\ldots\ldots\ldots\ldots\ldots\ldots&\ldots\\ a_{m1}x_1 + a_{m2}x_2 + \ldots + a_{mn}x_n &= y_m\end{aligned} \tag{A7–1}$$

oder abgekürzt geschrieben

$$\sum_{i=1}^{n} a_{ki}\, x_i = y_k \qquad (k = 1,2, \ldots, m) \tag{A7–2}$$

Wir können das als eine Vorschrift interpretieren, die einem n-dimensionalen Vektor $\vec{x} = (x_1, x_2 \ldots x_n)$ einen m-dimensionalen Vektor $\vec{y} = (y_1, y_2 \ldots y_m)$ zuordnet. Falls $\vec{x}$ gegeben ist, so ist die Berechnung von $\vec{y}$ trivial. Im umgekehrten Fall liegt das Problem vor, ein lineares Gleichungssystem zu 'lösen', mit dem wir uns in Abschn. A7.3 beschäftigen werden. Es ist üblich, die Gesamtheit der a_{ik} zu einer sog. Matrix zusammenzufassen:

$$a = \begin{pmatrix} a_{11} & a_{12} & \cdots\cdots & a_{1n} \\ a_{21} & a_{22} & \cdots\cdots & a_{2n} \\ \cdots & \cdots & \cdots & \cdots \\ \cdots & \cdots & \cdots & \cdots \\ a_{m1} & a_{m2} & \cdots\cdots & a_{mn} \end{pmatrix} \qquad \text{(A7–3)}$$

und das Gleichungssystem formal zu schreiben:

$$a\,\vec{x} = \vec{y} \qquad \text{(A7–4)}$$

Innerhalb einer Matrix unterscheidet man zwischen *Zeilen* und *Spalten*. So bilden die Elemente $a_{k1}, a_{k2} \ldots a_{kn}$ die k-te Zeile, die Elemente $a_{1k}, a_{2k} \ldots a_{mk}$ die k-te Spalte. Jedes Matrixelement a_{ik} hat zwei Indices, von denen der erste Zeilenindex, der zweite Spaltenindex genannt wird. Die Matrix (A7–3) hat m Zeilen und n Spalten, man bezeichnet sie deshalb als eine $m \times n$-Matrix.

Die Definition von Zeilen und Spalten erkennt man am besten anhand des folgenden Schemas:

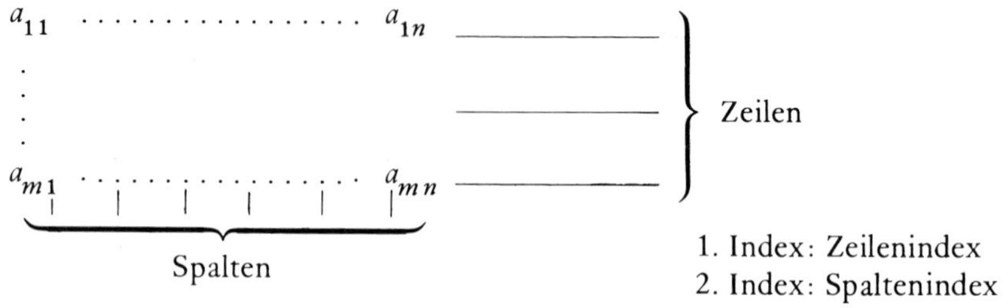

Wenn $m \neq n$, bezeichnet man die Matrix als *rechteckig*, wenn $m = n$, als quadratisch.

‚Anwendung' der Matrix a auf den Vektor $\vec{x}$ ergibt einen neuen Vektor $\vec{y}$. In diesem Sinn stellt also die Matrix a einen linearen Operator in einem cartesischen Vektorraum dar. In der Tat ist a linear, denn

$$a\,(\vec{x}_1 + \vec{x}_2) = a\,\vec{x}_1 + a\,\vec{x}_2 \qquad \text{(A7–5)}$$

$$a\,\lambda\,\vec{x} = \lambda\,a\,\vec{x} \qquad \text{(A7–6)}$$

wovon man sich leicht überzeugen kann.

Es seien $\boldsymbol{a}\vec{u} = \vec{v}$ und $\boldsymbol{b}\vec{u} = \vec{w}$ zwei Gleichungssysteme, dann ist natürlich

$$\boldsymbol{a}\vec{u} + \boldsymbol{b}\vec{u} = \vec{v} + \vec{w} \tag{A7–7}$$

Man sieht aber, daß das Ergebnis das gleiche ist, wenn wir zuerst $\boldsymbol{a}$ und $\boldsymbol{b}$ addieren, nach der Vorschrift

$$c_{ik} = a_{ik} + b_{ik}$$

und die Matrix $\boldsymbol{c} = \boldsymbol{a} + \boldsymbol{b}$ auf $\vec{u}$ anwenden:

$$\boldsymbol{c}\vec{u} = (\boldsymbol{a} + \boldsymbol{b})\vec{u} = \vec{v} + \vec{w} = \boldsymbol{a}\vec{u} + \boldsymbol{b}\vec{u} \tag{A7–8}$$

Es ist deshalb sinnvoll, $\boldsymbol{c} = \boldsymbol{a} + \boldsymbol{b}$ als die Summe der Matrizen $\boldsymbol{a}$ und $\boldsymbol{b}$ zu bezeichnen. Nach der obigen Erläuterung hat eine solche Addition zweier Matrizen nur einen Sinn, wenn beide die gleiche Anzahl Zeilen und Spalten haben, also wenn $n_a = n_b;\ m_a = m_b$.

Eine Matrix ordnet jedem $\vec{x}$ (geeigneter Dimension) einen neuen Vektor (i.allg. anderer Dimension) zu. Dieses Spiel kann man fortsetzen, z.B.

$$\vec{v} = \boldsymbol{A}\vec{u} \qquad \text{d.h. } v_k = \sum_{i=1}^{n} A_{ki}\, u_i \ (k=1, 2 \ \ldots \ m)$$

$$\vec{w} = \boldsymbol{B}\vec{v} = \boldsymbol{B}(\boldsymbol{A}\vec{u}) \qquad \text{d.h. } w_l = \sum_{k=1}^{m} B_{lk}\, v_k \ (l=1, 2 \ \ldots \ p) \tag{A7–9}$$

Offenbar hat $\vec{u}$ die Dimension n, $\vec{v}$ m und $\vec{w}$ p, $\boldsymbol{A}$ hat m Zeilen und n Spalten, die entsprechenden Zahlen für $\boldsymbol{B}$ sind p und m. Man könnte $\vec{w}$ auch unmittelbar aus $\vec{u}$ erhalten, wenn man eine Matrix $\boldsymbol{C}$ auf $\vec{u}$ anwendet:

$$\boldsymbol{C}\vec{u} = \vec{w} \tag{A7–10}$$

Wie hängt $\boldsymbol{C}$ mit $\boldsymbol{A}$ und $\boldsymbol{B}$ zusammen?

Einsetzen ergibt:

$$w_l = \sum_{k=1}^{m} B_{lk} \sum_{i=1}^{n} A_{ki}\, u_i = \sum_{k=1}^{m} \sum_{i=1}^{n} B_{lk}\, A_{ki}\, u_i$$

$$= \sum_{i=1}^{n} \sum_{k=1}^{m} B_{lk}\, A_{ki}\, u_i = \sum_{i=1}^{n} C_{li}\, u_i \tag{A7–11}$$

Folglich hängen die Koeffizienten von $\boldsymbol{C}$ mit denen von $\boldsymbol{A}$ und $\boldsymbol{B}$ folgendermaßen zusammen:

$$C_{li} = \sum_{k=1}^{m} B_{lk} A_{ki} \qquad \text{(A7–12)}$$

Es liegt nahe, $\boldsymbol{C}$ als das Produkt von $\boldsymbol{B}$ und $\boldsymbol{A}$ zu definieren. Wir wollen dafür schreiben: $\boldsymbol{C} = \boldsymbol{B} \cdot \boldsymbol{A}$ oder auch $\boldsymbol{C} = \boldsymbol{B}\boldsymbol{A}$.

Matrizenmultiplikation ist offenbar nur möglich, wenn die Zahl der Spalten von $\boldsymbol{B}$ gleich der Zahl der Zeilen von $\boldsymbol{A}$ ist, bzw. bei quadratischen Matrizen, wenn beide die gleiche Dimension haben. Die so definierte Matrizenmultiplikation ist assoziativ, d.h.

$$(\boldsymbol{A} \cdot \boldsymbol{B}) \cdot \boldsymbol{C} = \boldsymbol{A} \cdot (\boldsymbol{B} \cdot \boldsymbol{C}) \qquad \text{(A7–13)}$$

aber nicht kommutativ, d.h. i.allg. ist

$$\boldsymbol{A} \cdot \boldsymbol{B} \neq \boldsymbol{B} \cdot \boldsymbol{A} \qquad \text{(A7–14)}$$

z.B.

$$\begin{pmatrix} 3 & 1 \\ 2 & 5 \end{pmatrix} \begin{pmatrix} 2 & 1 \\ 1 & 3 \end{pmatrix} = \begin{pmatrix} 7 & 6 \\ 9 & 17 \end{pmatrix}$$

$$\begin{pmatrix} 2 & 1 \\ 1 & 3 \end{pmatrix} \begin{pmatrix} 3 & 1 \\ 2 & 5 \end{pmatrix} = \begin{pmatrix} 8 & 7 \\ 9 & 16 \end{pmatrix} \qquad \text{(A7–15)}$$

Wenn in besonderen Fällen trotzdem $\boldsymbol{A} \cdot \boldsymbol{B} = \boldsymbol{B} \cdot \boldsymbol{A}$ ist, so nennt man die Matrizen *vertauschbar,* oder man sagt, $\boldsymbol{A}$ und $\boldsymbol{B}$ *kommutieren.* Praktischer Hinweis zur Ausführung einer Matrizenmultiplikation $\boldsymbol{A} \cdot \boldsymbol{B} = \boldsymbol{C}$: Man erhält das Element C_{ik} , indem man die i-te Zeile von $\boldsymbol{A}$ mit der k-ten Spalte von $\boldsymbol{B}$ skalar multipliziert (allerdings ohne bei der i-ten Zeile von $\boldsymbol{A}$ das konjugiert Komplexe zu bilden, wie man das sonst bei Skalarprodukten tut). Im Sinne der Matrizentheorie kann man einen Vektor auch als eine Matrix auffassen, die entweder nur aus einer Zeile oder einer Spalte besteht, und zwischen Zeilenvektoren und Spaltenvektoren unterscheiden. Das wollen wir hier nicht tun.

Eine besondere Matrix ist die Einheitsmatrix, als $\boldsymbol{1}$ oder $\boldsymbol{E}$ abgekürzt, eine quadratische Matrix, die in der Hauptdiagonale ($i = k$) lauter Einsen, sonst Nullen enthält:

$$\boldsymbol{1} = \begin{pmatrix} 1 & & & & & & & \\ & 1 & & & & & & \\ & & 1 & & & & & \\ & & & 1 & & & & \\ & & & & 1 & & & \\ & & & & & \cdot & & \\ & & & & & & \cdot & \\ & & & & & & & \cdot \\ & & & & & & & & 1 \end{pmatrix} \qquad \text{(A7–16)}$$

Sie kommutiert mit allen quadratischen Matrizen der gleichen Dimension, und es gilt

$$A \cdot 1 = 1 \cdot A = A \qquad \text{für jedes } A\,. \tag{A7–17}$$

Eine Matrix, die nur in der Hauptdiagonale von 0 verschiedene Elemente hat, heißt *Diagonal-Matrix*, z.B.

$$\begin{pmatrix} 1 & 0 & 0 \\ 0 & 3 & 0 \\ 0 & 0 & -2 \end{pmatrix} \tag{A7–18}$$

Im Gegensatz zur Einheitsmatrix vertauscht eine beliebige Diagonalmatrix nicht mit jedem A (gleicher Dimension).

Die Einheitsmatrix ist ein Spezialfall einer Diagonalmatrix.

Zu jeder Matrix A ist die *gestürzte* oder transponierte Matrix A' so definiert: Sei $A = (A_{ik})$, so ist $A' = (A_{ki})$:

$$A = \begin{pmatrix} 3 & 2 \\ 1 & 5 \\ -6 & 0 \end{pmatrix} \qquad A' = \begin{pmatrix} 3 & 1 & -6 \\ 2 & 5 & 0 \end{pmatrix} \tag{A7–19}$$

Ist $A = (A_{ik})$ komplex, d.h. sind gewisse Elemente A_{ik} komplex, so definiert man die zu A konjugiert komplexe Matrix $A^* = (A^*_{ik})$, z.B.

$$A = \begin{pmatrix} 1 & 3i \\ -i & 2+i \end{pmatrix} \qquad A^* = \begin{pmatrix} 1 & -3i \\ i & 2-i \end{pmatrix} \tag{A7–20}$$

Ferner definiert man die hermitisch konjugierte (manchmal auch adjungiert genannte) Matrix $A^+ = (A^*_{ki})$, z.B.

$$A = \begin{pmatrix} 1 & 3i \\ -i & 2+i \end{pmatrix} \qquad A^+ = \begin{pmatrix} 1 & i \\ -3i & 2-i \end{pmatrix} \tag{A7–21}$$

Wenn eine Matrix A gleich der gestürzten Matrix A' ist (das ist nur bei quadratischen Matrizen möglich), nennt man A *symmetrisch*, z.B.

$$A = \begin{pmatrix} 1 & 2 & 3 \\ 2 & 1 & 5 \\ 3 & 5 & 6 \end{pmatrix} = A' \tag{A7–22}$$

Wenn $A = A^+$, so heißt A *hermitisch*, z.B.

$$A = \begin{pmatrix} 1 & i & 1+i \\ -i & 3 & 0 \\ 1-i & 0 & 2 \end{pmatrix} = A^+ \qquad \text{(A7–23)}$$

Reelle symmetrische Matrizen sind gleichzeitig auch hermitisch. Für das Stürzen und Hermitisch-Konjugieren von Matrizenprodukten gelten folgende Regeln:

$$(A \cdot B \cdot C)' = C' \cdot B' \cdot A' \qquad \text{(A7–24)}$$

$$(A \cdot B \cdot C)^+ = C^+ \cdot B^+ \cdot A^+ \qquad \text{(A7–25)}$$

Wenn es zu A eine Matrix B (beide quadratisch) mit der Eigenschaft gibt, daß

$$A \cdot B = 1\,, \qquad \text{(A7–26)}$$

dann bezeichnet man B als das *Inverse* von A und schreibt $B = A^{-1}$. Es gibt nicht zu jedem (quadratischen) A ein Inverses. Wenn A^{-1} existiert, so gilt:

$$A \cdot A^{-1} = A^{-1} \cdot A = 1 \qquad \text{(A7–27)}$$

Eine Matrix und ihr Inverses kommutieren.

Wir nennen eine quadratische Matrix U *unitär*, wenn sämtliche Zeilen von U zueinander paarweise orthogonal sind, d.h. wenn

$$\sum_{k=1}^{m} U_{ik}^* U_{jk} = \delta_{ij} \quad (i = 1, 2 \ldots m\,;\; j = 1, 2 \ldots m) \qquad \text{(A7–28)}$$

Man sieht leicht, daß diese Forderung gleichbedeutend ist mit derjenigen, daß

$$U^* U' = 1 \qquad \text{oder}$$

$$U^+ U = UU^+ = 1 \qquad \text{bzw.}$$

$$U^{-1} = U^+ \qquad \text{(A7–29)}$$

Ein Beispiel für eine unitäre Matrix ist z.B.

$$U = \begin{pmatrix} \cos\alpha & \sin\alpha \\ -\sin\alpha & \cos\alpha \end{pmatrix}$$

denn

$$U^+ U = \begin{pmatrix} \cos\alpha & -\sin\alpha \\ \sin\alpha & \cos\alpha \end{pmatrix} \begin{pmatrix} \cos\alpha & \sin\alpha \\ -\sin\alpha & \cos\alpha \end{pmatrix} = \begin{pmatrix} 1 & 0 \\ 0 & 1 \end{pmatrix} \qquad \text{(A7–30)}$$

Schließlich wird noch der Begriff ‚normale Matrix' benutzt. Eine Matrix A heißt *normal,* wenn

$$A\,A^+ = A^+ A \qquad \text{(A7–31)}$$

Hermitische und unitäre Matrizen sind Sonderfälle normaler Matrizen.

Der Leser sei auf die Analogie der Klassifikation von Matrizen mit der von Operatoren hingewiesen. Diese Analogie liegt schon deshalb nahe, weil die Matrizen einen Spezialfall von Operatoren darstellen.

A 7.2. Determinanten

Jeder quadratischen Matrix A ist eine Zahl zugeordnet, die wir als *Determinante* der Matrix bezeichnen, und für die folgende abgekürzte Schreibweisen üblich sind:

$$\det(A) = \det(A_{ik}) = |A| = |A_{ik}| \qquad \text{(A7–32)}$$

Sie wird folgendermaßen konstruiert:

Man bilde zunächst das Produkt der Diagonalelemente der Matrix:

$$a_{11} \cdot a_{22} \cdot a_{33} \; \ldots . \; a_{nn}$$

Anschließend betrachte man alle Produkte, die hieraus durch Permutieren des zweiten Index (Spaltenindex) hervorgehen:

$$a_{1i_1}\, a_{2i_2} \; \ldots . \; a_{ni_n}$$

wobei die Folge $(i_1, i_2 \; \ldots . \; i_n)$ irgendeine Permutation der Folge $(1, 2 \; \ldots . \; n)$ ist. Offenbar gibt es $n\,!$ solche Produkte. Man multipliziere dann jedes Produkt mit $(-1)^p$, wobei p die Parität der Permutation $\begin{pmatrix} 1 & 2 & \ldots & n \\ i_1 & i_2 & \ldots & i_n \end{pmatrix}$ bedeutet, und addiere dann sämtliche Terme.

$$|A| = \sum_P (-1)^p\, a_{1i_1}\, a_{2i_2} \; \ldots . \; a_{ni_n} \qquad \text{(A7–33)}$$

Die Parität p ist die Zahl der Paarvertauschungen (Transpositionen), aus denen man die betreffende Permutation aufbauen kann, z.B.:

$\begin{pmatrix} 1 & 2 & 3 \\ 2 & 3 & 1 \end{pmatrix}$: Aus (1 2 3) erhalte ich (2 3 1), indem ich zuerst 1 mit

2 vertausche, das ergibt (2 1 3), und dann 1 mit 3, also ist $p = 2$, $(-1)^p = +1$.

Für $n = 2$ und $n = 3$ erhält man besonders einfache Ausdrücke für die Determinanten:

$$n = 2 \quad : \quad |A| = A_{11} A_{22} - A_{12} A_{21} \tag{A7–34}$$

$$n = 3 \quad : \quad |A| = A_{11} A_{22} A_{33} + A_{12} A_{23} A_{31} + A_{13} A_{21} A_{32} - A_{11} A_{23} A_{32} - A_{12} A_{21} A_{33} - A_{13} A_{22} A_{31} \tag{A7–35}$$

Für $n = 2$ und $n = 3$ kann man sich diese Formeln folgendermaßen merken: Die Kreise bedeuten dabei die Matrixelemente, eine ausgezogene Linie weist darauf hin, daß das Produkt der Matrixelemente mit Plus-Vorzeichen, eine strichlinierte Linie, daß das Produkt mit Minus-Vorzeichen zu nehmen ist.

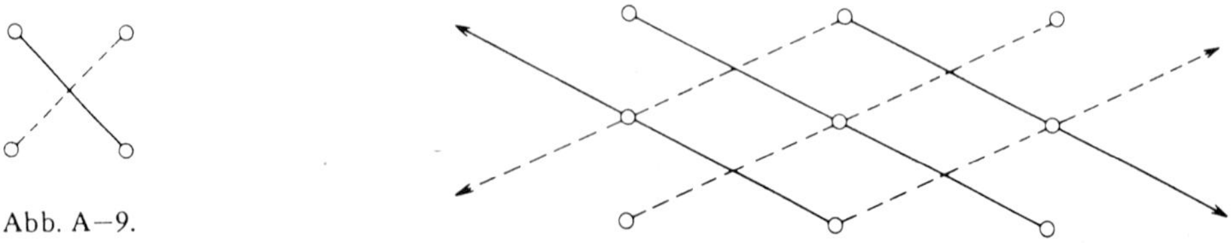

Abb. A–9.

Bereits bei $n = 4$ (24 Terme) hilft kein einfaches Schema mehr. Es empfiehlt sich dann, $|A|$ nicht unter unmittelbarer Benutzung der Definition auszurechnen, sondern sich der folgenden Sätze zu bedienen, insbesondere des sog. Laplaceschen Entwicklungssatzes.

Aus der Definition einer Determinante folgen unmittelbar folgende Eigenschaften:

1. Eine Matrix $\boldsymbol{A} = (A_{ik})$ und ihre transponierte Matrix $\boldsymbol{A}' = (A_{ki})$ haben die gleiche Determinante: $|\boldsymbol{A}| = |\boldsymbol{A}'|$

Beispiel: $\begin{vmatrix} 3 & 4 \\ 1 & 2 \end{vmatrix} = \begin{vmatrix} 3 & 1 \\ 4 & 2 \end{vmatrix} = 6 - 4 = 2$

2. Eine Determinante verschwindet, wenn alle Elemente einer Zeile oder einer Spalte verschwinden. Jeder Summand in (A7–33) verschwindet dann nämlich.

Beispiel: $\begin{vmatrix} 3 & 1 & -4 \\ 0 & 0 & 0 \\ 1 & 2 & 1 \end{vmatrix} = 0$

3. Eine Determinante kehrt ihr Vorzeichen um, wenn man zwei Spalten vertauscht (dann wird nämlich jede gerade Permutation ungerade und umgekehrt).

Beispiel: $$\begin{vmatrix} 0 & 2 & 1 \\ 1 & 1 & 0 \\ 0 & 1 & -1 \end{vmatrix} = - \begin{vmatrix} 2 & 0 & 1 \\ 1 & 1 & 0 \\ 1 & 0 & -1 \end{vmatrix} = 3$$

Allgemein gilt:

Eine Determinante ändert sich nicht, wenn man eine gerade Permutation von Zeilen oder Spalten durchführt; sie wird mit -1 multipliziert bei einer ungeraden Permutation.

4. Sind zwei Zeilen oder zwei Spalten gleich, so verschwindet die Determinante. Vertauschen dieser beiden Zeilen (bzw. Spalten) darf die Determinante natürlich nicht ändern, andererseits muß sie nach Satz 3 das Vorzeichen umkehren, also bleibt nur die Möglichkeit $|\boldsymbol{A}| = 0$.

Beispiel: $$\begin{vmatrix} 1 & 2 & 3 \\ 1 & 2 & 3 \\ 4 & 0 & 6 \end{vmatrix} = 0$$

5. Multipliziert man alle Elemente einer Zeile (oder Spalte) mit λ, so multipliziert sich die Determinante mit λ. Jeder Summand in (A7–33) wird dann nämlich mit λ multipliziert.

Beispiel: $$\begin{vmatrix} 5 \cdot 1 & 5 \cdot 2 \\ 3 & -3 \end{vmatrix} = 5 \begin{vmatrix} 1 & 2 \\ 3 & -3 \end{vmatrix} = 15 \begin{vmatrix} 1 & 2 \\ 1 & -1 \end{vmatrix}$$
$$= 15 \cdot (-1 -2) = -45$$

Daraus folgt natürlich, daß $|\lambda \boldsymbol{A}| = \lambda^n \, |\boldsymbol{A}|$.

6. Zwei Determinanten, die sich nur in einer Zeile (bzw. Spalte) unterscheiden, kann man addieren, indem man die unterschiedliche Zeile (Spalte) addiert und die übrigen gleich läßt.

Beispiel: $$\begin{vmatrix} 1 & 1 & 1 \\ 2 & 3 & 4 \\ 1 & 2 & 3 \end{vmatrix} + \begin{vmatrix} 1 & 1 & 1 \\ 1 & 0 & 2 \\ 1 & 2 & 3 \end{vmatrix} = \begin{vmatrix} 1 & 1 & 1 \\ 3 & 3 & 6 \\ 1 & 2 & 3 \end{vmatrix}$$

7. Addiert man zu einer Zeile ein Vielfaches einer anderen Zeile (analog für Spalten), so bleibt die Determinante unverändert. (Das folgt aus den Sätzen 4, 5 und 6.)

Beispiel: $$\begin{vmatrix} 1 & 1 & 1 \\ 2 & 3 & 4 \\ 1 & 2 & 3 \end{vmatrix} = \begin{vmatrix} 1 & 1 & 1 \\ 2-1 & 3-1 & 4-1 \\ 1 & 2 & 3 \end{vmatrix} = \begin{vmatrix} 1 & 1 & 1 \\ 1 & 2 & 3 \\ 1 & 2 & 3 \end{vmatrix} = 0$$

8. Sind die Zeilenvektoren (oder die Spaltenvektoren) linear abhängig, so verschwindet die Determinante. (Das folgt aus den Sätzen 7 und 2.) Es gilt auch umgekehrt, daß $\boldsymbol{A}$ nur dann verschwindet, wenn die Zeilenvektoren linear abhängig sind (vorausgesetzt, daß keiner der Nullvektor ist), folglich auch, daß das Verschwinden der Determinante lineare Abhängigkeit der Zeilenvektoren impliziert und umgekehrt. Der Beweis ist zwar elementar, aber etwas langwierig.

Beispiel für die Umformung einer Determinante und die lineare Abhängigkeit ihrer Zeilen- (bzw. Spalten-)Vektoren:

$$\begin{vmatrix} 1 & 2 & 3 & 4 \\ 5 & 6 & 7 & 8 \\ -21 & -22 & -23 & -24 \\ -1 & 4 & 36 & \pi \end{vmatrix} = \begin{vmatrix} 1 & 2 & 3 & 4 \\ 4 & 4 & 4 & 4 \\ -21 & -22 & -23 & -24 \\ -1 & 4 & 36 & \pi \end{vmatrix} =$$

$$= \begin{vmatrix} 1 & 2 & 3 & 4 \\ 4 & 4 & 4 & 4 \\ -20 & -20 & -20 & -20 \\ -1 & 4 & 36 & \pi \end{vmatrix} = \begin{vmatrix} 1 & 2 & 3 & 4 \\ 4 & 4 & 4 & 4 \\ 0 & 0 & 0 & 0 \\ -1 & 4 & 36 & \pi \end{vmatrix} = 0$$

9. Die Determinante eines Produktes von Matrizen ist gleich dem Produkt der Determinanten der Matrizen:

$$|\boldsymbol{A} \cdot \boldsymbol{B}| = |\boldsymbol{A}|\,|\boldsymbol{B}| \qquad \text{(A7–36)}$$

Der Beweis ist elementar, aber etwas mühsam. Man muß dabei ausnützen, daß Produkte von Permutationen wiederum Permutationen sind.

10. Laplacescher Entwicklungssatz für Entwicklung nach einer Zeile oder Spalte:

Man definiert zuerst die sog. Unterdeterminanten (Minoren). Die Matrix sei $\boldsymbol{a} = (a_{ik})$, dann versteht man unter der Unterdeterminante a^{ik} die Determinante der Matrix, die aus $\boldsymbol{a}$ entsteht, wenn man die i-te Zeile und die k-te Spalte wegläßt.

Beispiel:

$$a = \begin{pmatrix} 1 & 2 & 3 \\ 0 & 5 & 1 \\ 1 & 0 & 1 \end{pmatrix} \qquad a^{12} = \begin{vmatrix} 0 & 1 \\ 1 & 1 \end{vmatrix} = -1$$

Ferner definiert man den Kofaktor $\overline{a}^{ik} = (-1)^{i+k}\, a^{ik}$. Der Entwicklungssatz lautet dann: Man wähle eine Zeile (oder Spalte) der Matrix $\boldsymbol{a}$ aus, multipliziere jedes Element a_{ik} dieser Zeile (bzw. Spalte) mit dem ihm zugeordneten Kofaktor $\overline{a}^{ik}$. Die Summe dieser Produkte ist dann gleich der Determinante $|\boldsymbol{a}|$.

$$|\boldsymbol{a}| = \sum_k a_{ik}\, \overline{a}^{ik} = \sum_k (-1)^{i+k}\, a_{ik}\, a^{ik} \quad \text{für beliebiges } i \qquad \text{(A7–37)}$$

Beispiel:

$$\begin{vmatrix} 1 & 2 & 3 \\ 0 & 2 & 2 \\ 1 & 3 & 0 \end{vmatrix} = 1. \begin{vmatrix} 2 & 2 \\ 3 & 0 \end{vmatrix} - 2 \begin{vmatrix} 0 & 2 \\ 1 & 0 \end{vmatrix} + 3 \begin{vmatrix} 0 & 2 \\ 1 & 3 \end{vmatrix} = -6 + 4 - 6 = -8$$

$$= -0 \begin{vmatrix} 2 & 3 \\ 3 & 0 \end{vmatrix} + 2 \begin{vmatrix} 1 & 3 \\ 1 & 0 \end{vmatrix} - 2 \begin{vmatrix} 1 & 2 \\ 1 & 3 \end{vmatrix} = 0 - 6 - 2 = -8$$

Man entwickelt bevorzugt nach einer Zeile (bzw. Spalte), die möglichst viele Nullen enthält.

A 7. 3. Auflösen linearer Gleichungssysteme

Sei $\boldsymbol{A}$ eine quadratische Matrix und

$$\boldsymbol{A}\vec{x} = \vec{y} \tag{A7–38}$$

ein lineares Gleichungssystem. Sei $\vec{y}$ gegeben und $\vec{x}$ gesucht. Falls die Matrix $\boldsymbol{A}$ ein Inverses $\boldsymbol{A}^{-1}$ besitzt (vgl. Abschn. A 7.1), so hat das Gleichungssystem (A7–38) sicher eine Lösung. Es genügt, daß wir es von links mit $\boldsymbol{A}^{-1}$ multiplizieren:

$$\boldsymbol{A}^{-1}\boldsymbol{A}\vec{x} = \boldsymbol{1}\vec{x} = \vec{x} = \boldsymbol{A}^{-1}\vec{y} \tag{A7–39}$$

Kenntnis von $\boldsymbol{A}^{-1}$ ist also gleichbedeutend mit der Auflösung des Gleichungssystems für beliebig vorgegebenes $\vec{y}$.

Die Frage, unter welchen Voraussetzungen $\boldsymbol{A}^{-1}$ existiert und wenn es existiert, wie es sich konstruieren läßt, ist offenbar von grundsätzlicher Bedeutung für die Theorie der Lösung linearer Gleichungssysteme. Wir werden im folgenden zeigen, daß die Bedingung $|\boldsymbol{A}| \neq 0$ notwendig und hinreichend für die Existenz von $\boldsymbol{A}^{-1}$ ist, und wir werden den Beweis dafür, daß sie hinreichend ist, gleich mit einer Konstruktionsvorschrift für $\boldsymbol{A}^{-1}$ verbinden. Dann zeigen wir, daß das Inverse eindeutig ist, sofern es existiert.

Es erweist sich dabei als nützlich, folgende Definitionen einzuführen:

Eine Matrix $\boldsymbol{A}$ heißt *regulär,* wenn $|\boldsymbol{A}| \neq 0$, d.h. wenn ihre Determinante nicht verschwindet. Eine Matrix $\boldsymbol{A}$ heißt *singulär,* wenn $|\boldsymbol{A}| = 0$, d.h. wenn ihre Determinante verschwindet.

Nach den linearen Gleichungssystemen mit regulärer Matrix $\boldsymbol{A}$ werden wir uns dann mit denjenigen mit singulärem $\boldsymbol{A}$ befassen.

Beweis, daß nur reguläre Matrizen ein Inverses haben: Nach Satz 9 für Determinanten ist

$$|\boldsymbol{A}^{-1}| \cdot |\boldsymbol{A}| = |\boldsymbol{A}^{-1} \cdot \boldsymbol{A}| = |\boldsymbol{1}| = 1 \tag{A7–40}$$

Diese Gleichung ist nur zu erfüllen, wenn $|\boldsymbol{A}| \neq 0$, dann ist

$$|\boldsymbol{A}^{-1}| = |\boldsymbol{A}|^{-1} \tag{A7–41}$$

Beweis, daß zu jeder regulären Matrix ein Inverses existiert: Für die Matrix

$$\boldsymbol{A} = \begin{pmatrix} A_{11} & A_{12} & \dots\dots\dots\dots & A_{1n} \\ A_{21} & A_{22} & \dots\dots\dots\dots & A_{2n} \\ \dots & \dots & \dots\dots\dots\dots & \dots \\ \dots & \dots & \dots\dots\dots\dots & \dots \\ A_{n1} & A_{n2} & \dots\dots\dots\dots & A_{nn} \end{pmatrix} \tag{A7–42}$$

gilt nach dem Laplaceschen Entwicklungssatz z.B.

$$|\boldsymbol{A}| = \sum_{k=1}^{n} A_{1k}\,\bar{A}^{1k} \tag{A7–43}$$

wobei $\bar{A}^{1k}$ die zu A_{1k} gehörigen Kofaktoren sind. Betrachten wir jetzt die folgende Matrix

$$\begin{pmatrix} A_{21} & A_{22} & \dots\dots\dots\dots & A_{2n} \\ A_{21} & A_{22} & \dots\dots\dots\dots & A_{2n} \\ \dots & \dots & \dots\dots\dots\dots & \dots \\ \dots & \dots & \dots\dots\dots\dots & \dots \\ A_{n1} & A_{n2} & \dots\dots\dots\dots & A_{nn} \end{pmatrix} \tag{A7–44}$$

die aus $\boldsymbol{A}$ hervorgeht, indem wir die erste Zeile durch die zweite ersetzen. Die Determinante dieser Matrix ist offenbar gleich 0, andererseits kann man auf sie den Laplaceschen Entwicklungssatz anwenden:

$$0 = \sum_{k=1}^{n} A_{2k}\,\bar{A}^{1k} \tag{A7–45}$$

wobei die $\bar{A}^{1k}$ die gleichen wie oben sind.

Offenbar gilt allgemein

$$\sum_{k=1}^{n} A_{ik}\,\bar{A}^{jk} = \delta_{ij} \cdot |\boldsymbol{A}| \tag{A7–46}$$

Definieren wir jetzt die Matrix $\boldsymbol{B}$ mit den Elementen

$$B_{ki} = \frac{1}{|\boldsymbol{A}|} \bar{A}^{ik} \tag{A7–47}$$

so gilt offenbar

$$\sum_{k=1}^{n} A_{ik} B_{kj} = \delta_{ij} \tag{A7–48}$$

oder in Matrixform

$$\boldsymbol{A} \cdot \boldsymbol{B} = \boldsymbol{1} \tag{A7–49}$$

Folglich ist $\boldsymbol{B}$ in der Tat das Inverse von $\boldsymbol{A}$,

$$\boldsymbol{B} = \boldsymbol{A}^{-1} \tag{A7–50}$$

für das wir also gleich eine Konstruktionsvorschrift angegeben haben. Aus dieser Konstruktion sieht man, daß $\boldsymbol{A}^{-1}$ sich nur dann in der angegebenen Weise konstruieren läßt, wenn $|\boldsymbol{A}| \neq 0$, d.h. wenn $\boldsymbol{A}$ regulär ist. Vorher haben wir gezeigt, daß die Regularität von $\boldsymbol{A}$ notwendige Voraussetzung für die Existenz von $\boldsymbol{A}^{-1}$ ist; jetzt haben wir gezeigt, daß diese Bedingung auch hinreichend ist.

Beweis, daß das Inverse einer Matrix eindeutig ist, sofern es überhaupt existiert:

Nehmen wir an, es gäbe zwei verschiedene Matrizen $\boldsymbol{B}$ und $\boldsymbol{C}$ mit der Eigenschaft, daß

$$\boldsymbol{B} \cdot \boldsymbol{A} = \boldsymbol{1} \qquad \text{und} \qquad \boldsymbol{C} \cdot \boldsymbol{A} = \boldsymbol{1}, \tag{A7–51}$$

dann gilt offenbar auch

$$(\boldsymbol{B} - \boldsymbol{C})\boldsymbol{A} = \boldsymbol{0} \tag{A7–52}$$

Jede Zeile der Matrix $\boldsymbol{D} = \boldsymbol{B} - \boldsymbol{C}$ muß also zu jeder Spalte von $\boldsymbol{A}$ orthogonal oder aber gleich dem Nullvektor sein. Da $\boldsymbol{A}$ regulär sein soll, sind die Spaltenvektoren von $\boldsymbol{A}$ linear unabhängig, d.h., sie bilden eine Basis des n-dimensionalen cartesischen Raumes $\mathfrak{R}_n$, es gibt dann keinen Vektor, der zu allen Spalten orthogonal ist. Folglich kann $\boldsymbol{B} - \boldsymbol{C}$ nur die Nullmatrix sein. Die Annahme, daß $\boldsymbol{B}$ von $\boldsymbol{C}$ verschieden ist, führt zu einem Widerspruch: $\boldsymbol{B}$ und $\boldsymbol{C}$ müssen gleich sein, also ist $\boldsymbol{A}^{-1}$ eindeutig.

Das oben angegebene Konstruktionsverfahren für $\boldsymbol{A}^{-1}$ ist zwar formal sehr durchsichtig, aber von geringer praktischer Bedeutung, da die Zahl der expliziten Rechenschritte zu groß ist. I.allg. führt der sogenannte Gaußsche Algorithmus, auf den wir hier nicht eingehen können, mit weniger numerischem Rechenaufwand zum Ziel.

Das Problem, das Gleichungssystem

$$\vec{y} = \boldsymbol{A}\vec{x} \tag{A7–38}$$

nach $\vec{x}$ aufzulösen, haben wir soeben im Prinzip gelöst, zumindest für den Fall, daß $\boldsymbol{A}$ regulär ist. In diesem Fall ist die Lösung eindeutig und gegeben durch

$$\vec{x} = \boldsymbol{A}^{-1}\,\vec{y}\,, \tag{A7–39}$$

Für singuläres $\boldsymbol{A}$ haben wir zunächst keine Aussage gefunden. Es wäre sicher übereilt, zu glauben, daß bei singulärem $\boldsymbol{A}$ überhaupt keine Lösung existiert. Es sind zwei Fälle möglich, die von der speziellen Form von $\vec{y}$ abhängen. Entweder existiert kein Lösungsvektor $\vec{x}$, der diese Gleichung erfüllt, oder es existieren unendlich viele Lösungsvektoren. Wir beschränken uns im folgenden auf den Fall $\vec{y} = \vec{0}$, d.h. auf sogenannte homogene Gleichungssysteme.

$$\boldsymbol{A}\vec{x} = \vec{0} \tag{A7–53}$$

Falls $\boldsymbol{A}$ regulär ist, können wir das Gleichungssystem von links mit $\boldsymbol{A}^{-1}$ multiplizieren, und es ergibt sich

$$\boldsymbol{A}^{-1}\,\boldsymbol{A}\vec{x} = \vec{x} = \vec{0} \tag{A7–54}$$

Die eindeutige Lösung ist also der Nullvektor. Daß $\vec{x} = \vec{0}$ die Gl. (A7–53) löst, sieht man sofort, und dieses Ergebnis gilt sicher für beliebiges (also auch singuläres) $\boldsymbol{A}$. Diese Lösung ist recht uninteressant, man bezeichnet sie als *triviale* Lösung.

Da für reguläres $\boldsymbol{A}$ die Lösung eindeutig ist, ist für reguläres $\boldsymbol{A}$ die triviale Lösung die einzig mögliche Lösung. Notwendige Bedingung für die Existenz noch anderer, nichttrivialer Lösungen ist deshalb offenbar, daß $\boldsymbol{A}$ singulär ist.

Bevor wir diese Lösungen untersuchen, können wir noch folgendes zeigen:

1. Ist $\vec{x}$ Lösung des Gleichungssystems $\boldsymbol{A}\vec{x} = \vec{0}$, so ist auch $\lambda\vec{x}$ Lösung des gleichen Gleichungssystems.

2. Sind $\vec{x}_1$ und $\vec{x}_2$ zwei Lösungsvektoren von $\boldsymbol{A}\vec{x} = \vec{0}$, so ist auch $\lambda\vec{x}_1 + \mu\vec{x}_2$ mit beliebigem λ und μ Lösungsvektor.

Allgemein gilt also, daß die Lösungsvektoren, wenn überhaupt welche existieren, einen linearen Unterraum des $\mathcal{R}_n$ bilden. Die Dimension dieses Unterraumes ist gleich der Zahl der linear unabhängigen Lösungen von $\boldsymbol{A}\vec{x} = 0$.

Beachten wir also das Gleichungssystem

$$\begin{aligned}
A_{11}\,x_1 + A_{12}\,x_2 + \ldots\ldots A_{1n}\,x_n &= 0\\
A_{21}\,x_1 + A_{22}\,x_2 + \ldots\ldots A_{2n}\,x_n &= 0\\
\ldots\ldots\ldots\ldots\ldots\ldots\ldots\ldots\ldots\ldots&\\
A_{n1}\,x_1 + A_{n2}\,x_2 + \ldots\ldots A_{nn}\,x_n &= 0
\end{aligned} \tag{A7–55}$$

mit singulärem $\boldsymbol{A}$, d.h. $|\boldsymbol{A}| = 0$ und die Zeilenvektoren von $\boldsymbol{A}$ sind linear abhängig; das bedeutet aber auch, daß die n Gleichungen linear abhängig sind. Mindestens eine Gleichung läßt sich als Linearkombination der anderen Gleichungen darstellen, sie enthält keine zusätzliche Information. Man bezeichnet die Zahl r linear unabhängiger Zeilenvektoren von $\boldsymbol{A}$ als *Rang* dieser Matrix. Das vorliegende Gleichungssystem entspricht also bei $r < n$ nur r unabhängigen Gleichungen für n Unbekannte. Wir denken uns die Zeilen so angeordnet, daß die ersten r Zeilen linear unabhängig sind, und wir lassen die letzten $n-r$ Zeilen weg. Die verbleibende $n \times r$-Matrix hat nur r und zwar genau r linear unabhängige Spaltenvektoren. (Der 'Zeilenrang' einer Matrix ist, was wir nicht beweisen wollen, immer gleich ihrem 'Spaltenrang'.) Wir denken uns diese Spalten so angeordnet, daß die ersten r Spalten linear unabhängig sind. Unser Gleichungssystem läßt sich dann so schreiben:

$$\begin{array}{l}
A_{11}x_1 + A_{12}x_2 + \ldots A_{1r}x_r = -A_{1,r+1}x_{r+1} - \ldots A_{1n}x_n \\
A_{21}x_1 + A_{22}x_2 + \ldots A_{2r}x_r = -A_{2,r+1}x_{r+1} - \ldots A_{2n}x_n \\
\ldots\ldots\ldots\ldots\ldots\ldots\ldots\ldots\ldots\ldots\ldots\ldots \\
A_{r1}x_1 + A_{r2}x_2 + \ldots A_{rr}x_r = -A_{r,r+1}x_{r+1} - \ldots A_{rn}x_n
\end{array} \qquad \text{(A7–56)}$$

Nun geben wir für $x_{r+1}, x_{r+2} \ldots x_n$ (das sind $n-r$ Zahlen) irgendwelche Werte vor, dann ergeben sich für die rechten Seiten die Werte $d_1, d_2, \ldots d_r$, die sich als Vektor $\vec{d}$ zusammenfassen lassen.

Wir haben dann das r-dimensionale Gleichungssystem

$$\boldsymbol{A}^{(r)}\vec{x}^{(r)} = \vec{d}^{(r)} \qquad \text{(A7–57)}$$

Die Matrix $\boldsymbol{A}^{(r)}$ ist offenbar regulär, da sie r linear unabhängige Zeilen- (und Spalten-) vektoren hat. Das Gleichungssystem (A7–57) ist also eindeutig lösbar. Folglich können wir zu jedem vorgegebenen Wert von $x_{r+1}, x_{r+2} \ldots x_n$ immer Werte für $x_1, x_2 \ldots x_r$ berechnen, derart daß der n-dimensionale $\vec{x}$-Vektor unsere ursprüngliche Gleichung löst. Dementsprechend ist die Lösungsmannigfaltigkeit $(n-r)$-dimensional. Besonders wichtig ist der Fall $r = n - 1$, dann ist $n - r = 1$, die Lösungsfaltigkeit ist eindimensional.

Ein Beispiel zur Erläuterung:

$$\boldsymbol{A} = \begin{pmatrix} \sqrt{2} & 1 & 0 \\ 1 & \sqrt{2} & 1 \\ 0 & 1 & \sqrt{2} \end{pmatrix} \qquad \begin{array}{l} \sqrt{2}\cdot x_1 + x_2 = 0 \\ x_1 + \sqrt{2}\cdot x_2 + x_3 = 0 \\ x_2 + \sqrt{2}\cdot x_3 = 0 \end{array}$$

$$|\boldsymbol{A}| = 0 \qquad \text{Lösung: } x_2 = -\sqrt{2}\cdot x_1$$

$$r = 2 \qquad x_3 = -\sqrt{\frac{1}{2}}\cdot x_2 = x_1 \qquad \text{(A7–58)}$$

Man gebe $x_1 = a$ vor:

$$x_1 = a\,; \qquad x_2 = -\sqrt{2}\cdot a\,; \qquad x_3 = a$$

$$\vec{x} = (a,\ -\sqrt{2}\,a,\ a) = a\,(1,\ -\sqrt{2},\ 1) \tag{A7–59}$$

Die Lösungsmannigfaltigkeit ist eindimensional, alle Vielfachen von $(1,\ -\sqrt{2},\ 1)$ lösen die Gleichung.

Ein anderes Beispiel:

$$\boldsymbol{A} = \begin{pmatrix} 1 & 1 & 1 \\ 1 & 1 & 1 \\ 1 & 1 & 1 \end{pmatrix} \qquad x_1 + x_2 + x_3 = 0$$

$$|\boldsymbol{A}| = 0 \quad r = 1 \tag{A7–60}$$

Man gebe vor: $x_2 = a$

$x_3 = b \qquad x_1 = -a - b$

$$\vec{x} = (-a - b,\ a,\ b)$$

$$= a\,(-1,\ 1,\ 0) + b\,(-1,\ 0,\ 1) \tag{A7–61}$$

Die Lösungsmannigfaltigkeit ist zweidimensional, $\vec{x}_1 = (-1,\ 1,\ 0)$ und $\vec{x}_2 = (-1,\ 0,\ 1)$ sind zwei linear unabhängige Vektoren dieser Mannigfaltigkeit.

A 7.4. Eigenwerte und Eigenvektoren

Sei $\boldsymbol{A}$ eine quadratische Matrix. Wir suchen einen Vektor $\vec{x}$ und eine Zahl λ, so daß gelte

$$\boldsymbol{A}\vec{x} = \lambda\vec{x} \tag{A7–62}$$

d.h. daß Anwendung von $\boldsymbol{A}$ auf $\vec{x}$ ein Vielfaches von $\vec{x}$ ergebe. Wenn ein solches $\vec{x}$ existiert, nennen wir es *Eigenvektor* der Matrix $\boldsymbol{A}$ und λ den zugehörigen Eigenwert.

Wir können die Gl. (A7–62) etwas anders schreiben:

$$(\boldsymbol{A} - \lambda\,\boldsymbol{1})\,\vec{x} = \vec{0} \tag{A7–63}$$

und sehen, daß $\vec{x}$ Lösung eines homogenen linearen Gleichungssystems (vgl. Abschn. A7.3) ist. Die triviale Lösung $\vec{x} = \vec{0}$ soll uns nicht interessieren, wir wollen vielmehr nur solche $\vec{x}$ als Eigenvektoren bezeichnen, die vom Nullvektor $\vec{0}$ verschieden sind.

Bedingung für die Existenz eines nicht-trivialen $\vec{x}$ ist nun nach Abschn. A7.3, daß die Matrix $\boldsymbol{A} - \lambda \boldsymbol{1}$ singulär ist, d.h. daß ihre Determinante verschwindet:

$$|\boldsymbol{A} - \lambda \boldsymbol{1}| = 0 \qquad \text{(A7–64)}$$

Wenn man diese Determinante ausmultipliziert, erhält man ein Polynom in λ, z.B.

$$\boldsymbol{A} = \begin{pmatrix} A_{11} & A_{12} & A_{13} \\ A_{21} & A_{22} & A_{23} \\ A_{31} & A_{32} & A_{33} \end{pmatrix}$$

$$|\boldsymbol{A} - \lambda \boldsymbol{1}| = \begin{vmatrix} A_{11} - \lambda & A_{12} & A_{13} \\ A_{21} & A_{22} - \lambda & A_{23} \\ A_{31} & A_{32} & A_{33} - \lambda \end{vmatrix} = P(\lambda) =$$

$$= (A_{11} - \lambda)(A_{22} - \lambda)(A_{33} - \lambda) + A_{12} A_{23} A_{31} + A_{13} A_{32} A_{21}$$

$$- (A_{11} - \lambda) A_{23} A_{32} - (A_{22} - \lambda) A_{13} A_{31} - (A_{33} - \lambda) A_{12} A_{21}$$

$$= - \lambda^3 + \lambda^2 (A_{11} + A_{22} + A_{33}) - \lambda (A_{11} A_{22} + A_{22} A_{33} + A_{11} A_{33}$$

$$- A_{23} A_{32} - A_{13} A_{31} - A_{12} A_{21}) + A_{12} A_{23} A_{31} + A_{13} A_{32} A_{21}$$

$$+ A_{11} A_{22} A_{33} - A_{11} A_{23} A_{32} - A_{22} A_{13} A_{31} - A_{33} A_{12} A_{21} \qquad \text{(A7–65)}$$

Man bezeichnet $P(\lambda)$ als das charakteristische Polynom der Matrix $\boldsymbol{A}$. Offenbar ist für die Existenz eines Eigenvektors $\vec{x}$ Bedingung, daß $P(\lambda) = 0$, d.h., daß λ eine Nullstelle des charakteristischen Polynoms ist.

Nach dem Fundamentalsatz der Algebra hat ein Polynom n-ten Grades $P_n(\lambda)$ genau n Nullstellen λ_k, und es läßt sich in der Form schreiben

$$P_n(\lambda) = \prod_{k=1}^{n} (\lambda - \lambda_k) = (\lambda - \lambda_1)(\lambda - \lambda_2) \; .\,.\,.\,. \; (\lambda - \lambda_n) \qquad \text{(A7–66)}$$

Die Nullstellen λ_k können reell oder komplex sein, und mehrere λ_k können auch gleich sein. Wenn in der Zerlegung (A7–66) ein Faktor $(\lambda - \lambda_k)$ m-mal vorkommt, sagt man, λ_k ist eine m-fache Nullstelle.

Eine beliebige quadratische Matrix $\boldsymbol{A}$ der Dimension n hat also maximal n verschiedene Eigenwerte λ_k. Da $|\boldsymbol{A} - \lambda_k \boldsymbol{1}| = 0$, hat die Gl. (A7–63) für $\lambda = \lambda_k$ zumindest einen nichttrivialen Lösungsvektor $\vec{x}_k$. Es können a priori zu einem λ_k auch mehrere linear unabhängige Lösungsvektoren gehören, nämlich dann, wenn der Rang der Matrix $(\boldsymbol{A}-\lambda_k \boldsymbol{1})$ kleiner als $n-1$ ist. Es läßt sich zeigen, daß die Eigenvektoren zu verschiedenen Eigenwerten linear unabhängig sind. Dies hat u.a. zur Folge, daß, wenn alle λ_k verschieden sind, zu jedem λ_k nur genau ein Eigenvektor gehört.

Wir wollen die Theorie der Eigenwerte und Eigenvektoren *beliebiger* Matrizen nicht weiter verfolgen, sondern uns (in Abschn. A7.5) auf *hermitische* Matrizen beschränken, die für die Quantenchemie bei weitem am wichtigsten sind. Vorher soll aber an einem Beispiel einer nichthermitischen Matrix gezeigt werden, wie man bei beliebigen Matrizen immer vorgehen kann, um die Eigenwerte und Eigenvektoren zu bestimmen.

Beispiel:

$$\boldsymbol{A} = \begin{pmatrix} 0 & 1 & 0 \\ 0 & 0 & 1 \\ 1 & 0 & 0 \end{pmatrix}; \; P(\lambda) = |\boldsymbol{A} - \lambda \boldsymbol{1}| = \begin{vmatrix} -\lambda & 1 & 0 \\ 0 & -\lambda & 1 \\ 1 & 0 & -\lambda \end{vmatrix} = -\lambda^3 + 1 \overset{!}{=} 0 \qquad \text{(A7–67)}$$

Nullstellen von $P(\lambda)$ sind:

$$\lambda_1 = 1 \; ; \; \lambda_2 = -\frac{1}{2} + \frac{i}{2}\sqrt{3} = \omega \; ; \; \lambda_3 = -\frac{1}{2} - \frac{i}{2}\sqrt{3} = \omega^* \qquad \text{(A7–68)}$$

(die sog. drei dritten Einheitswurzeln aus 1).

Berechnung des Eigenvektors zu $\lambda_1 = 1$:

$$(\boldsymbol{A} - \lambda \boldsymbol{1})\, \vec{x}^{(1)} = \begin{pmatrix} -1 & 1 & 0 \\ 0 & -1 & 1 \\ 1 & 0 & -1 \end{pmatrix} \begin{pmatrix} x_1^{(1)} \\ x_2^{(1)} \\ x_3^{(1)} \end{pmatrix} = \begin{pmatrix} -x_1^{(1)} + x_2^{(1)} \\ -x_2^{(1)} + x_3^{(1)} \\ x_1^{(1)} - x_3^{(1)} \end{pmatrix} = \begin{pmatrix} 0 \\ 0 \\ 0 \end{pmatrix} \qquad \text{(A7–69)}$$

Der Rang dieses linearen Gleichungssystems ist 2, die dritte Gleichung ist Linearkombination der ersten und zweiten. Aus der ersten Gleichung folgt:

$$x_1^{(1)} = x_2^{(1)}$$

aus der zweiten:

$$x_2^{(1)} = x_3^{(1)} \,.$$

Also ist $\vec{x}^{(1)} = (x_1^{(1)}, x_1^{(1)}, x_1^{(1)}) = (a, a, a)$ mit beliebigem a.

Es ist üblich, zusätzlich zu fordern, daß $\vec{x}$ auf 1 normiert ist, d.h. daß

$$|\vec{x}^{(1)}|^2 = 3a^2 = 1 \, , \tag{A7–70}$$

das führt zu:

$$\vec{x}^{(1)} = \frac{1}{\sqrt{3}} (1, 1, 1) \tag{A7–71}$$

Die beiden anderen Eigenvektoren berechnet man ganz analog und man erhält:

$$\vec{x}^{(2)} = \frac{1}{\sqrt{3}} (1, \omega, \omega^*)$$

$$\vec{x}^{(3)} = \frac{1}{\sqrt{3}} (1, \omega^*, \omega) \tag{A7–72}$$

A 7.5. Eigenwert-Theorie hermitischer Matrizen

Besondere Bedeutung haben hermitische (speziell: reelle symmetrische Matrizen). Für ihre Eigenwerte und Eigenvektoren gilt eine Reihe von Sätzen, die für beliebige Matrizen nicht gelten.

1. Hermitische Matrizen haben nur *reelle* Eigenwerte.

Der Beweis entspricht genau dem für die Eigenwerte hermitischer Operatoren. In Entsprechung zum 'Matrixelement' eines hermitischen Operators führen wir den Begriff der Bilinearform einer Matrix ein:

$$(\vec{x}, A\vec{y}) \tag{A7–73}$$

wobei $\vec{x}$ und $\vec{y}$ beliebige Vektoren (der richtigen Dimension) sind. Der Ausdruck (A7–73) ist das Skalarprodukt zwischen $\vec{x}$ und $A\vec{y}$.

Für eine hermitische Matrix gilt offenbar

$$(\vec{x}, A\vec{y}) = (\vec{y}, A\vec{x})^* \tag{A7–74}$$

Der Beweis dafür, daß die Eigenwerte reell sind, ist dann genau wie in Abschn. A6.5.

2. Eigenvektoren einer hermitischen Matrix zu verschiedenen Eigenwerten sind orthogonal.

Auch bei diesem Satz können wir uns auf den Beweis für allgemeine hermitische Operatoren in Abschn. A6.5 berufen. Wie zum Beginn von Abschn. A7.1. erwähnt, sind Matrizen Operatoren mit dem cartesischen Vektorraum als Definitionsbereich.

3. Ist λ_i eine d_i-fache Nullstelle des charakteristischen Polynoms $P(\lambda)$ einer hermitischen Matrix, so ist λ_i ein genau d_i-fach entarteter Eigenwert. Falls alle n Nullstellen von $P(\lambda)$ verschieden sind, sind alle $d_i = 1$, sonst

$$\sum_{i=1}^{k} d_i = n \tag{A7–75}$$

wenn es k verschiedene Nullstellen gibt.

Einen Eigenwert λ_i bezeichnet man als D_i-fach entartet, wenn es zu λ_i D_i linear unabhängige Eigenfunktionen gibt. Wir wollen hier nicht beweisen, daß $d_i = D_i$, aber darauf hinweisen, daß dies für hermitische, nicht aber für beliebige Matrizen gilt.

Die d_i linear unabhängigen Eigenvektoren zu λ_i spannen einen d_i-dimensionalen Raum auf. Wir können in diesem Raum eine orthogonale (unitäre) Basis konstruieren, z.B. ausgehend von irgendwelchen linear unabhängigen $\vec{x}$ und anschließender Orthogonalisierung nach E. Schmidt (vgl. Abschn. A6.3). Wir können somit für jedes hermitische $\boldsymbol{A}$ einen Satz von n zueinander paarweise orthogonalen Eigenvektoren angeben. Nennen wir diese $\vec{u}_i$ $(i = 1, 2 \ldots n)$.

4. Sei $\boldsymbol{A}$ eine hermitische Matrix, und seien $\vec{u}_i$ $(i = 1, 2, \ldots n)$ orthogonale und auf 1 normierte Eigenvektoren. Fassen wir diese Vektoren als Spaltenvektoren auf, und konstruieren wir aus ihnen eine Matrix,

$$\boldsymbol{U} = (\vec{u}_1, \vec{u}_2 \ldots \vec{u}_n) \tag{A7–76}$$

so ist diese Matrix offenbar unitär, denn $\boldsymbol{U} \cdot \boldsymbol{U}^+ = \boldsymbol{1}$; ferner gilt, daß

$$\boldsymbol{U}^+ \boldsymbol{A}\, \boldsymbol{U} = \Lambda \tag{A7–77}$$

wobei Λ eine Diagonalmatrix ist mit den Eigenwerten λ_i von $\boldsymbol{A}$ als Elementen.

In der Tat ist

$$\boldsymbol{A} \cdot \boldsymbol{U} = \boldsymbol{A} \cdot (\vec{u}_1, \vec{u}_2 \ldots \vec{u}_n) = (\lambda_1 \vec{u}_1, \lambda_2 \vec{u}_2 \ldots \lambda_n \vec{u}_n)$$

$$\boldsymbol{U}^+ \cdot \boldsymbol{A}\, \boldsymbol{U} = \begin{pmatrix} \vec{u}_1 \\ \vec{u}_2 \\ \cdot \\ \cdot \\ \cdot \\ \vec{u}_n \end{pmatrix} \cdot (\lambda_1 \vec{u}_1, \lambda_2 \vec{u}_2 \ldots \lambda_n \vec{u}_n) = \begin{pmatrix} \lambda_1 & & & & 0 \\ & \lambda_2 & & & \\ & & \cdot & & \\ & & & \cdot & \\ 0 & & & & \lambda_n \end{pmatrix} \tag{A7–78}$$

wenn wir berücksichtigen, daß $(\vec{u}_i, \vec{u}_j) = \delta_{ij}$

Allgemein sagt man, eine Matrix $\boldsymbol{A}$ werde mit einer unitären Matrix $\boldsymbol{B}$ in eine Matrix $\boldsymbol{C}$ transformiert, wenn man bildet

$$C = B^+ A B \tag{A7–79}$$

In diesem Sinn kann man sagen, daß die Matrix U der Eigenvektoren von A dieses A in eine Diagonalmatrix Λ transformiert. Das Problem, die Eigenwerte und Eigenfunktionen von A zu finden, ist also gleichbedeutend mit dem, eine Matrix U zu finden, die A in eine Diagonalmatrix transformiert. Man spricht auch einfach davon, die Matrix A zu *diagonalisieren* und meint dasselbe.

Gelegentlich ist es sinnvoll, eine Diagonalisierung schrittweise vorzunehmen, indem wir z.B. U als ein Produkt zweier Matrizen U_1 und U_2 auffassen:

$$\Lambda = U^+ A U = U_2^+ U_1^+ A U_1 U_2 = U_2^+ B U_2$$

wobei $B = U_1^+ A U_1$ nicht diagonal ist, aber aus Diagonalblöcken besteht, etwa

$$\left(\begin{array}{c|cc|cc} 1 & 0 & 0 & 0 & 0 \\ \hline 0 & 3 & 4 & 0 & 0 \\ 0 & 4 & 2 & 0 & 0 \\ \hline 0 & 0 & 0 & 5 & 2 \\ 0 & 0 & 0 & 2 & 0 \end{array}\right) \tag{A7–80}$$

Abb. A–10.

vgl. auch Abb. 10 auf S. 166. Die Matrix U_1 *faktorisiert,* wie man sagt, die Matrix A. Matrizen U_1, die so etwas besorgen, kann man oft rein aus Symmetriebetrachtungen finden.

Die Diagonalisierung von B ist jetzt viel einfacher als die von A, weil man für jeden der kleinen Blöcke getrennt die Eigenwerte und Eigenvektoren bestimmen kann, was den Rechenaufwand beträchtlich reduziert. Dieser ist proportional zu n^3 für die unfaktorisierte Matrix, aber nur proportional zu $n_1^3 + n_2^3 + \ldots n_m^3$ für die faktorisierte Matrix.

5. Es gibt einige einer Matrix zugeordnete Zahlen, die unverändert bleiben, wenn man eine Matrix A mit einer unitären Matrix B transformiert. Dazu gehören:

a) Die Determinante $|A|$. In der Tat haben A und $C = B^+ A B$ die gleiche Determinante, denn $|B^+| = |B| = 1$ und

$$|C| = |B^+| \cdot |A| \cdot |B| = |A| . \tag{A7–81}$$

b) Die sogenannte *Spur.* Darunter versteht man die Summe der Diagonalelemente:

$$\mathrm{Spur}\,(A) = \mathrm{Tr}\,(A) = \sum_{i=1}^{n} A_{ii} \tag{A7–82}$$

Offenbar ist Spur $(C) = \sum_{i=1}^{n} C_{ii}$ (A7–83a)

$$C_{ii} = \sum_{l=1}^{n} \sum_{k=1}^{n} B_{li}^{*} A_{lk} B_{ki} \qquad \text{(A7–83b)}$$

folglich Spur $(C) = \sum_{i=1}^{n} \sum_{l=1}^{n} \sum_{k=1}^{n} B_{li}^{*} A_{lk} B_{ki}$

$$= \sum_{l=1}^{n} \sum_{k=1}^{n} \left(\sum_{i=1}^{n} B_{li}^{*} B_{ki} \right) A_{lk}$$

$$= \sum_{l=1}^{n} \sum_{k=1}^{n} \delta_{lk} A_{lk} = \sum_{l=1}^{n} A_{ll} = \text{Spur}\,(A)\,. \qquad \text{(A7–84)}$$

c) Die Summe der Quadrate der Beträge sämtlicher Elemente (für A hermitisch)

$$\sum_{i=1}^{n} \sum_{k=1}^{n} |A_{ik}|^2 = \sum_{i=1}^{n} \sum_{k=1}^{n} A_{ik} A_{ik}^{*}$$

In der Tat ist diese Summe der Quadrate nicht anders als die Spur der Matrix $A \cdot A$, und es gilt (wegen der Unitarität von B)

$$C \cdot C = B^{+} A B B^{+} A B = B^{+} A \, 1 \, A B$$

$$= B^{+} A A B$$

$$\text{Tr}\,(A \cdot A) = \text{Tr}\,(B^{+} A A B) = \text{Tr}\,(C \cdot C) \qquad \text{(A7–85)}$$

Diese *unitären Invarianten*, von denen es noch mehr gibt, sind geeignet zur Probe bei Eigenwertaufgaben. A und Λ müssen die gleichen Invarianten haben, da Λ aus A durch eine unitäre Transformation hervorgeht. Das bedeutet

a) $|A| = |\Lambda| = \lambda_1 \lambda_2 \ldots\ldots \lambda_n$ (A7–86)

Die Determinante einer hermitischen Matrix ist gleich dem Produkt ihrer Eigenwerte. Ist z.B. $|A| = 0$, d.h. ist A singulär, so ist mindestens ein $\lambda_i = 0$.

b) Spur $(A) = \sum_{i=1}^{n} A_{ii} =$ Spur $(\Lambda) = \sum_{i=1}^{n} \lambda_i$ (A7–87)

Die Summe der Eigenwerte einer hermitischen Matrix ist gleich der Summe ihrer Diagonalelemente.

c) $$\sum_{i=1}^{n} \sum_{j=1}^{n} |\boldsymbol{A}_{ij}|^2 = \sum_{i=1}^{n} |\lambda_i|^2 = \sum_{i=1}^{n} \lambda_i^2$$

Die Summe der Quadrate der Beträge der Elemente einer hermitischen Matrix ist gleich der Summe der Quadrate der Eigenwerte.

6. Es gibt Abschätzungen (Ungleichungen) für den größten und den kleinsten Eigenwert einer hermitischen Matrix:

a) $$\lambda_{max} \geqslant \mathrm{Max}\,(A_{ii}) \qquad \text{(A7–88a)}$$

b) $$\lambda_{min} \leqslant \mathrm{Min}\,(A_{ii}) \qquad \text{(A7–88b)}$$

c) $$|\lambda| \leqslant \mathrm{Max} \sum_{k} |A_{ik}| \qquad \text{(A7–89)}$$

In Worten: der größte Eigenwert ist mindestens so groß wie das größte Diagonalelement, und der kleinste mindestens so klein wie das kleinste Diagonalelement. Jeder Eigenwert, mithin auch λ_{max} ist dem Betrage nach kleiner als die größtmögliche Summe der Beträge der Elemente einer Zeile (oder Spalte).

Zum Beweis von Satz a) und b) zeigt man zunächst, daß für eine beliebige quadratische Form (Spezialfall einer Bilinearform im Sinne von (A7–73) mit $\vec{x} = \vec{y}$)

$$(\vec{x}, \boldsymbol{A}\vec{x}) \qquad \text{(A7–90)}$$

(dem Analogon zum Erwartungswert bei Operatoren) mit normiertem $\vec{x}$, d.h. mit

$$(\vec{x}, \vec{x}) = 1\,, \qquad \text{(A7–91)}$$

folgendes gilt:

$$\lambda_{min} \leqslant (\vec{x}, \boldsymbol{A}\vec{x}) \leqslant \lambda_{max} \qquad \text{(A7–92)}$$

Der Beweis dafür ist ganz analog zu dem, daß ein Erwartungswert eines hermitischen Operators, z.B. des Hamilton-Operators, immer eine obere Schranke für dessen tiefsten Eigenwert ist (vgl. Abschn. 5.3). Wir entwickeln $\vec{x}$ nach den orthonormierten Eigenfunktionen $\vec{u}_i$ von $\boldsymbol{A}$:

$$\vec{x} = \sum_{i=1}^{n} \alpha_i \vec{u}_i\,, \quad \sum_{i=1}^{n} |\alpha_i|^2 = 1 \qquad \text{(A7–93)}$$

Dann ist

$$(\vec{x}, A\vec{x}) = \sum_{i=1}^{n} \sum_{k=1}^{n} \alpha_i^* \alpha_k (\vec{u}_i, A\vec{u}_k)$$

$$= \sum_{i=1}^{n} \sum_{k=1}^{n} \alpha_i^* \alpha_k (\vec{u}_i, \lambda_k \vec{u}_k)$$

$$= \sum_{i=1}^{n} \sum_{k=1}^{n} \alpha_i^* \alpha_k \lambda_k \delta_{ik} = \sum_{k=1}^{n} |\alpha_k|^2 \lambda_k \qquad \text{(A7–94)}$$

Sei $\lambda_1 = \text{Min}(\lambda_i)$; $\lambda_n = \text{Max}(\lambda_i)$, dann ist

$$\lambda_n - (\vec{x}, A\vec{x}) = \sum_{k=1}^{n} (\lambda_n - \lambda_k) |\alpha_k|^2 \geqslant 0$$

$$\lambda_1 - (\vec{x}, A\vec{x}) = \sum_{k=1}^{n} (\lambda_1 - \lambda_k) |\alpha_k|^2 \leqslant 0 \qquad \text{(A7–95)}$$

womit Gl. (A7–92) bewiesen ist. Wir müssen jetzt nur bedenken, daß A_{ii} in der Tat eine quadratische Form der Matrix A, gebildet mit dem normierten Vektor $\vec{e}_i$, ist, wobei $\vec{e}_i$ an der i-ten Stelle Einsen, sonst nur Nullen hat, um zu beweisen, daß

$$\lambda_{\text{min}} \leqslant A_{ii} \leqslant \lambda_{\text{max}} . \qquad \text{(A7–96)}$$

Der Beweis von Satz c) geht von der Eigenwertgleichung

$$\sum_k A_{ik} x_k = \lambda \cdot x_i \qquad (i = 1, 2 \ldots\ldots n) \qquad \text{(A7–97)}$$

aus, woraus nach Übergang zu den Beträgen eine Ungleichung wird. (Der Betrag einer Summe ist immer kleiner als oder gleich der Summe der Beträge der Summanden.)

$$\sum_k |A_{ik}| \; |x_k| \geqslant |\lambda| \cdot |x_i| \quad (i = 1, 2 \ldots\ldots n) \qquad \text{(A7–98)}$$

Sei jetzt x_j die dem Betrage nach größte Komponente von $\vec{x}$, dann ist

$$|\lambda| \; |x_j| \leqslant \sum_k |A_{jk}| \; |x_k| \leqslant |x_j| \sum_k |A_{jk}| \qquad \text{(A7–99)}$$

bzw. nach Kürzen durch $|x_j|$:

$$|\lambda| \leqslant \sum_k |A_{jk}| \leqslant \operatorname{Max}_i \sum_k |A_{ik}| \qquad \text{(A7–100)}$$

7. Die Gleichung $\Lambda = \boldsymbol{U}^+ \boldsymbol{A} \boldsymbol{U}$ kann man von links mit $\boldsymbol{U}$ und von rechts mit $\boldsymbol{U}^+$ multiplizieren, wobei sich wegen $\boldsymbol{U}^+ \boldsymbol{U} = \boldsymbol{1}$ ergibt

$$\boldsymbol{A} = \boldsymbol{U} \Lambda \boldsymbol{U}^+ \qquad \text{(A7–101)}$$

Man kann also jedes hermitische $\boldsymbol{A}$ aus seinen Eigenwerten und Eigenvektoren aufbauen. Man nennt (A7–101) die *Spektraldarstellung* der Matrix $\boldsymbol{A}$. Wir werden von dieser in Abschn. A7.6 Gebrauch machen.

Da Eigenwerte und Eigenfunktionen reeller hermitischer 2 × 2-Matrizen in der Praxis besonders häufig vorkommen, wollen wir für dieses Beispiel noch die vollständige Lösung angeben.

Sei

$$\boldsymbol{A} = \begin{pmatrix} a & b \\ b & c \end{pmatrix} \qquad \text{(A7–102)}$$

dann ist das charakteristische Polynom

$$P(\lambda) = \lambda^2 - \lambda(a+c) + ac - b^2 \qquad \text{(A7–103)}$$

Die Nullstelle von $P(\lambda)$ und damit die Eigenwerte von $\boldsymbol{A}$ sind

$$\lambda_{1,2} = \frac{1}{2}(a+c) \pm \frac{1}{2}\sqrt{(a-c)^2 + 4b^2} \qquad \text{(A7–104)}$$

Setzen wir λ_1 bzw. λ_2 in das Gleichungssystem $(\boldsymbol{A} - \lambda_k \boldsymbol{1})\vec{c}_k = 0$ ein, so erhalten wir die Eigenvektoren $\vec{c}_1$ und $\vec{c}_2$, die wir anschließend auf 1 normieren, und für die sich nach etwas Umformung ergibt:

$$\vec{c}_1 = \frac{1}{\sqrt{2}} \left\{ \sqrt{1 - \frac{a-c}{\sqrt{(a-c)^2 + 4b^2}}}, \; \sqrt{1 + \frac{a-c}{\sqrt{(a-c)^2 + 4b^2}}} \right\}$$

$$\vec{c}_2 = \frac{1}{\sqrt{2}} \left\{ \sqrt{1 + \frac{a-c}{\sqrt{(a-c)^2 + 4b^2}}}, \; -\sqrt{1 - \frac{a-c}{\sqrt{(a-c)^2 + 4b^2}}} \right\} \qquad \text{(A7–105)}$$

Für den Fall, daß $a = c$, wird das Ergebnis natürlich besonders einfach:

$$\lambda_{1,2} = a \pm b$$

$$\vec{c}_1 = \frac{1}{\sqrt{2}}(1, 1)$$

$$\vec{c}_2 = \frac{1}{\sqrt{2}}(1, -1) \qquad \text{(A7–106)}$$

Es sei erwähnt, daß das hier angegebene Rezept zur Berechnung von Eigenwerten und Eigenvektoren über die Nullstellen des charakteristischen Polynoms keine praktische

Bedeutung hat, außer für Rechnungen von Hand an sehr kleinen Matrizen. Bei Benutzung von programmierbaren Rechenmaschinen bedient man sich anderer Verfahren, von denen dasjenige von Jacobi das wichtigste ist. Man geht dabei so vor, daß man die Matrix $\boldsymbol{A}$ sukzessiv mit Matrizen $\boldsymbol{U}$ der Form

$$
\boldsymbol{U} = \begin{array}{cc}
 & \begin{array}{cccccccc} & & & i & & k & & \end{array} \\
\begin{array}{c} \\ \\ \\ i \\ \\ \\ k \\ \\ \\ \\ \end{array} &
\begin{pmatrix}
1 & & & \cdot & & \cdot & & & \\
 & 1 & & \cdot & & \cdot & & & \\
 & & \ddots & \vdots & & \vdots & & & \\
 & & & \cos\alpha & & \sin\alpha & & & \\
 & & & \vdots & \ddots & \vdots & & & \\
 & & & \cdot & 1 & \cdot & & & \\
 & & & -\sin\alpha & & \cos\alpha & & & \\
 & & & \vdots & & \vdots & \ddots & & \\
 & & & \cdot & & \cdot & & 1 & \\
 & & & \cdot & & \cdot & & & 1
\end{pmatrix}
\end{array}
\qquad \text{(A7–107)}
$$

transformiert, d.h. mit einer Matrix, die eine unitäre Transformation zwischen i-ter und k-ter Zeile und Spalte von $\boldsymbol{A}$ durchführt, eine sog. 2×2-Rotation. Man wählt $\boldsymbol{U}$ in jedem Schritt so, daß es das größte Nichtdiagonalelement von $\boldsymbol{A}$ zum Verschwinden bringt.

A 7.6. Funktionen hermitischer Matrizen

Da die Multiplikation zweier Matrizen definiert ist, und diese assoziativ ist, ist auch eine Potenz $\boldsymbol{A}^n$ mit ganzzahligen n definiert (und eindeutig), ebenso kann man Polynome von Matrizen

$$\boldsymbol{P(A)} = a_0 \cdot \boldsymbol{A}^0 + a_1 \boldsymbol{A} + a_2 \boldsymbol{A}^2 + \ldots\ldots a_n \boldsymbol{A}^n \qquad \text{(A7–108)}$$

definieren (wobei $\boldsymbol{A}^0 = \mathit{1}$). Die Spektraldarstellung von $\boldsymbol{P(A)}$ ist

$$
\begin{aligned}
\boldsymbol{P(A)} &= a_0\, \boldsymbol{U}\, \mathit{1}\, \boldsymbol{U}^+ + a_1\, \boldsymbol{U} \Lambda \boldsymbol{U}^+ + a_2\, \boldsymbol{U} \Lambda \boldsymbol{U}^+ \boldsymbol{U} \Lambda \boldsymbol{U}^+ \\
&\quad + \ldots\ldots a_n\, \boldsymbol{U} \Lambda \boldsymbol{U}^+ \boldsymbol{U} \Lambda \boldsymbol{U}^+ \ldots\ldots \boldsymbol{U} \Lambda \boldsymbol{U}^+ \\
&= a_0\, \boldsymbol{U}\, \mathit{1}\, \boldsymbol{U}^+ + a_1\, \boldsymbol{U} \Lambda \boldsymbol{U}^+ + a_2\, \boldsymbol{U} \Lambda^2 \boldsymbol{U}^+ \\
&\quad + \ldots\ldots a_n\, \boldsymbol{U} \Lambda^n \boldsymbol{U}^+ = \\
&= \boldsymbol{U} \left\{ a_0\, \mathit{1} + a_1 \Lambda + a_2 \Lambda^2 + \ldots\ldots a_n \Lambda^n \right\} \boldsymbol{U}^+
\end{aligned}
\qquad \text{(A7–109)}
$$

Λ ist eine Diagonalmatrix mit den Elementen $\lambda_1, \lambda_2 \ldots\ldots \lambda_n$. Man überzeugt sich leicht davon, daß Λ^m ebenfalls eine Diagonalmatrix mit den Elementen $\lambda_1^m, \lambda_2^m \ldots \ldots \lambda_n^m$ ist. Folglich ist

$$\boldsymbol{P(A)} = \boldsymbol{U P}(\Lambda) \boldsymbol{U}^+ , \qquad \text{(A7–110)}$$

wobei $\boldsymbol{P}(\Lambda)$ eine Diagonalmatrix mit den Elementen $P(\lambda_1)$, $P(\lambda_2) \ldots\ldots P(\lambda_n)$ ist.

Eine Potenzreihe $f(x)$ stellt den Grenzwert einer Folge von Polynomen $P_n(x)$ für $n \to \infty$ dar, sofern diese Folge konvergiert. Analog definieren wir die Potenzreihe $f(\boldsymbol{A})$ einer Matrix. Offenbar gilt (A7–110) für jedes Element der Folge; das bedeutet, die Folge $\boldsymbol{P}_n(\boldsymbol{A})$ kann nur konvergieren, wenn die Folge $P_n(\lambda_k)$ konvergiert für alle Eigenwerte λ_k von $\boldsymbol{A}$. Da z.B. die Potenzreihe von $\exp(x)$ für beliebige x konvergiert, können wir auch $\exp(\boldsymbol{A})$ für beliebige hermitische Matrixen bilden.

$$\exp(\boldsymbol{A}) = \sum_{k=0}^{\infty} \frac{\boldsymbol{A}^k}{k\,!} = \boldsymbol{U} \exp(\Lambda)\, \boldsymbol{U}^+ \qquad \text{(A7–111)}$$

Man kann noch einen Schritt weiter gehen und beliebige Funktionen $f(\boldsymbol{A})$ einer hermitischen Matrix, die zunächst nicht definiert sind, über die Spektraldarstellung einführen, z.B.

$$\boldsymbol{A}^{\frac{1}{2}} \overset{\text{def}}{=} \boldsymbol{U}\, \Lambda^{\frac{1}{2}}\, \boldsymbol{U}^+ \qquad \text{(A7–112)}$$

Diese Definition ist nur sinnvoll, wenn die Eigenwerte von $\boldsymbol{A}$ alle reell sind, sonst ist $\boldsymbol{A}^{\frac{1}{2}}$ nicht hermitisch, wir müssen uns also auf solche $\boldsymbol{A}$ beschränken, für die alle $\lambda_i \geqslant 0$. Damit $\boldsymbol{A}^{\frac{1}{2}}$ eindeutig ist, nehmen wir alle Wurzeln positiv:

$$\lambda_i^{\frac{1}{2}} = + \sqrt{\lambda_i} \qquad \text{(A7–113)}$$

Das oben definierte $\boldsymbol{A}^{\frac{1}{2}}$ hat sicher die Eigenschaft, daß

$$\boldsymbol{A}^{\frac{1}{2}} \cdot \boldsymbol{A}^{\frac{1}{2}} = \boldsymbol{A}$$

Unsere Definition ist also nicht unvernünftig.

In der Quantenchemie spielt die Matrix $\boldsymbol{S}^{-\frac{1}{2}}$ eine gewisse Rolle, wobei $\boldsymbol{S}$ die Überlappmatrix zu einer gegebenen Basis von Funktionen ist.

Register